大视场星敏感器星光制导技术及应用

王宏力　陆敬辉　崔祥祥　著

国防工業出版社

·北京·

内 容 简 介

本书是作者及团队近十年来在基于大视场星敏感器的星光制导技术研究成果的基础上总结归纳加工而成。全书共分为 9 章。第 1 章对星光制导、星敏感器及其关键技术进行了介绍与分析。第 2 章主要针对星图地面模拟问题展开论述。第 3 章讨论了星图运动模糊的影响因素、运动模糊的复原方法以及星体质心提取算法。第 4 章针对导航星选取、导航星表存储方法、视场参数确定方法、全天域导航星表构建以及适用于弹道导弹的导航星选取方法等进行了讨论。第 5 章针对星敏感器的自主星图识别问题进行了讨论，详细介绍了 7 种自主星图识别算法。第 6 章主要分析星敏感器误差源、主要误差因素、误差对星敏感器测量精度的影响，重点介绍了误差标定方法。第 7 章在分析组合导航原理的基础上，重点探讨了非线性滤波算法在解决飞行器的姿态估计以及导弹姿态运动模型等非线性问题上的应用。第 8 章介绍了星光制导半实物仿真系统设计思路、系统标定和半实物仿真试验。第 9 章介绍了星敏感器、星光制导技术及其应用的发展趋势。

本书内容新颖，突出实际和应用，适用于从事星光制导、星敏感器及其相关科研的工程技术人员和研究生参考、阅读，也可以作为高等院校有关专业的教材使用。

图书在版编目（CIP）数据

大视场星敏感器星光制导技术及应用/王宏力，陆敬辉，崔祥祥著. —北京：国防工业出版社，2015.11

ISBN 978-7-118-10691-6

Ⅰ. ①大… Ⅱ. ①王… ②陆… ③崔… Ⅲ. ①航天器－制导 Ⅳ. ①V448.2

中国版本图书馆 CIP 数据核字（2015）第 296520 号

※

国防工業出版社出版发行

（北京市海淀区紫竹院南路 23 号　邮政编码 100048）

腾飞印务有限公司印刷

新华书店经售

*

开本 787×1092　1/16　插页 2　印张 16¼　字数 400 千字

2015 年 11 月第 1 版第 1 次印刷　印数 1—2000 册　**定价 89.00 元**

（本书如有印装错误，我社负责调换）

国防书店：（010）88540777　　发行邮购：（010）88540776

发行传真：（010）88540755　　发行业务：（010）88540717

前　言

星光制导技术以已知准确(精确)空间位置和已知运动规律、不可毁灭的自然天体为基准,并通过光电或射电方式被动探测天体位置,经解算确定测量点所在平台的经度、纬度、航向和姿态等信息。它起源于航海,用于判断船位,并给出准确的信息。但由于其关键设备星敏感器属于光学器件,易受大气等因素的影响,更适用于航空航天领域,受到世界各军事强国的青睐。

航空航天技术的不断发展,对飞行器的制导精度、自主导航能力提出了越来越高的要求。星光制导以其自主性强、精度高、抗干扰能力强、成本低等优势越来越广泛地应用于航空航天领域,特别在军事领域更加引起关注,如以美、俄为代表的世界各军事大国都在积极推动星光制导在战略轰炸机和中远程弹道导弹上的应用。美国早在20世纪50年代就开始研制弹载惯性/星光(INS/CNS)组合导航系统,70年代开始在远程弹道导弹中使用,取得了较好的应用效果,其"三叉戟"II型潜地洲际弹道导弹,采用INS/CNS,射程为11100km时圆概率误差(Circular Error Probability,CEP)仅为90m,截至2009年实现了连续120次的成功发射。俄罗斯的SS-N-8、SS-N-18导弹射程分别为7950km、9200km,采用INS/CNS,命中精度分别为930m和370m;"解剖刀"SS-24三级固体洲际弹道导弹,采用惯性/星光修正的制导方式,射程10000km时CEP仅为200m。采用星光制导技术的中远程弹道导弹不但能对惯导系统进行综合校正及漂移补偿,大幅提高导弹的命中精度,还可以在未来应急作战中,有效应对各种突发情况,缩短测试与发射准备时间,提高导弹的快速反应和机动发射能力。

本书重点研究基于大视场星敏感器的星光制导技术的基本原理、方法及应用,全书内容共9章。第1章对星光制导技术及其关键设备星敏感器进行了归纳和总结。第2章介绍了星图模拟方法,给出星图模拟原理及过程。第3章讨论了星敏感器成像过程中的影响因素,给出运动模糊星图的复原方法、星体质心提取算法以及效果评价准则。第4章重点介绍了导航星表的构建方法,包括对导航星选取、导航星表存储方法、视场参数确定方法、全天域导航星表构建以及适用于弹道导弹的导航星选取方法等进行了讨论。第5章在分析经典星图识别算法的基础上,针对星敏感器的自主星图识别问题进行了讨论,并给出相应的自主星图识别算法。第6章介绍了星敏感器的误差源和误差因素,并对各误差因素的影响进行分析,构建星敏感器误差标定模型,并给出误差标定方法。第7章探讨非线性滤波算法在解决飞行器的姿态估计以及导弹姿态运动模型等非线性问题上的应用。第8章基于大视场星敏感器星光制导半实物仿真,介绍了星光制导半实物仿真系统设计思路,系统标定和半实物仿真实验。第9章对星光制导技术的发展趋势进行展望。

本书内容是作者及其团队多年从事星光制导技术及应用领域研究取得的成果提炼而成。作者及其团队自“十一五”以来，先后承担了多项与星光制导技术相关的研究项目，取得了多项研究成果，申报国家发明专利1项，在国内外学术期刊及国际会议上发表学术论文50余篇。

本书在编写过程中参阅和摘引了国内外许多前人的著作和论文，在此谨致谢意。需要特别指出的是，本书的很多内容直接引用了研究团队中历届博士生、硕士生的研究成果，感谢他们的聪明才智、辛勤劳动和无私奉献为本书增加的新亮点。星光制导技术内容涉及多门学科前沿，且相关理论和应用还在不断发展中。由于水平、时间有限，书中难免存在不妥和错误之处，恳请广大同行、读者批评指正。

感谢国防工业出版社在出版过程中给予的大力支持和责任编辑冯晨同志对本书编辑出版付出的辛勤劳动。

作 者

2015年9月

目　录

第1章 绪　论

1.1 引　言

近年来,随着我国航空航天事业的飞速发展,空间站、星际探测、星际通信等空间活动越来越频繁,卫星、中远程弹道导弹的技术越来越复杂,这将对制导精度和自主导航能力提出越来越高的要求[1]。而制导精度是建立在姿态测量的精确度基础之上,因此如何准确地获得飞行器最接近真实的姿态数据信息成为世界各国亟需解决的问题。星光制导以已知准确空间位置、不可毁灭的自然天体为基准,并通过光电或射电方式被动探测天体位置,经解算确定测量点所在平台的经度、纬度、航向和姿态等信息[2-5],广泛应用于航空、航天、航海等领域。相对于其他制导方式,星光制导具有的优点包括:被动探测,隐蔽性好,不受电磁干扰,可靠性高;自主工作,精度高,其中定向精度目前最高,可达到角秒(″)级甚至更高,如美国 BALL 公司生产的 HAST 星敏感器测姿精度可达 0.2″(1σ),定位精度仅次于 GPS;可全天候工作等[6]。

在军事领域中,星光制导技术得到更为广泛的应用。主要应用平台包括:

(1)海基平台。海基平台具有其特定的应用环境。星光制导技术的关键设备星敏感器,属于光学设备,工作于大气层内,需要考虑地面光环境、蒙气差等影响,同时舰船具有加速度小、水平机动性强、运动路径相对简单等特点。

(2)机载平台。星光制导技术在机载平台上的应用存在白天探测恒星较晚上困难、受气动光学效应影响等问题,但随着信息处理技术、光电探测技术的发展,星光制导技术在该平台上的应用将更加广泛。目前世界各国都积极开展星光制导在近地面空间应用的相关研究,如美国的 B2、B252、B21B、B22A 中远程轰炸机和 EP23、SR271 高空侦察机等,以及俄罗斯的 TU216 和 7U295 轰炸机等。

(3)天基平台。天基平台是星光制导技术的最佳应用环境。以美、德、英等国家最为突出,并且在卫星、空间站、飞船上得到应用,如美国的 EOSAM - 1、GeoEye - 1、Clementine 和 Cassini 卫星,苏联的“和平”号空间站,我国的天绘一号卫星、嫦娥一号等。

(4)弹载平台。将星光制导技术应用于中远程弹道导弹上,也有其特殊性。弹道导弹的飞行时间短,且飞行的区域只是局部天域,如何充分发挥星光制导技术在弹载平台的优势成为亟待解决的问题。随着现代战争作战背景的复杂化和作战目标自身性能的不断提高,中远程弹道导弹具有高精度、高可靠性、射程远、快速发射以及突防能力强等重要特征,星光制导技术越来越受到弹载平台的青睐。例如,俄罗斯的 SS - N - 8、SS - N - 18 导弹和美国“三叉戟”II 型潜射弹道导弹都加装了星光制导技术,其总体系统的优良性能令人赞叹。

由此可见,星光制导技术的基本问题是如何根据不可毁灭的自然天体的方位信息实时准确地为运动载体提供姿态、位置等参数。本章首先介绍星光制导技术的特点、发展现状、工作过程。在此基础上,介绍星光制导的关键设备——星敏感器的关键技术。

1.2　星光制导技术概述

星光制导(Stellar Guidance,SG),又称惯性/星光复合制导,是利用恒星作为固定参考点,飞行中用星敏感器观测星体的方位来校正惯性基准随时间的漂移,以提高命中精度的制导方式[7]。

1.2.1　星光制导的特点

星光制导的主要优点有:精度高、反应快、成本低、可靠性高等[8]。此外,星光制导还具有修正初始方位和位置误差的能力,可以提高武器的机动能力[9]。

1. 精度高

采用全惯性制导方式时,由于陀螺漂移误差的影响,惯性坐标基准随时间漂移,导致制导精度随时间递减。由于星光制导系统以恒星为参考点,因此不存在随时间或距离增长而积累的误差,可以修正陀螺漂移引起的制导误差。根据相关资料,采用惯性/星光组合导航可以将陆基洲际战略导弹的命中精度提高14.3%[9]。当惯性水平较低时,打击精度的提高程度可达30%以上。在相同惯性技术水平下,采用惯性/星光组合导航的陆基战略导弹圆概率误差(CEP)减小了40%,而洲际导弹采用惯性/星光组合导航后,其打击精度的提高还将更加明显。美国“三叉戟”I导弹的射程为7400km,比“海神”导弹多2800km,但由于采用了星光制导技术,精度达到了0.46km,高于“海神”导弹0.56km的精度。苏联的SS-N-8导弹采用星光制导技术后,命中精度达到0.8~1.55km,高于SS-N-6导弹1.85km的精度。SS-N-18导弹采用改进后的星光制导系统,命中精度提高到0.56~0.93km[8]。

2. 反应快

星光制导系统可以修正初始方位对准误差,具有较好的快速反应能力。资料显示:半休眠式全惯性制导系统的反应时间为几个小时,而半休眠式星光制导系统的反应时间只有15min(所谓半休眠式系统是指系统保持工作温度,但不工作)。发射前,星光制导系统的方位对准要求为全惯性制导系统的1%。由于制导系统需要的对准时间是仪表噪声与测震噪声的函数,因此在假设地震频谱存在的情况下,全惯性制导系统的对准时间要比星光制导系统长4.6倍[9]。

3. 成本低

采用星光制导系统可降低系统成本,主要有两个因素:①星光制导系统对惯性敏感元件的精度要求比全惯性系统低得多;②为了获取快速反应能力,全惯性系统必须处于全工作状态,而星光制导系统则可处于休眠或半休眠状态[9]。

4. 可靠性高

采用星光惯性制导系统可以提高弹道导弹的可靠性与灵活性。

5. 机动能力高

对于机动发射的陆基导弹,其发射位置具有不确定性,采用星光制导可修正这个误差,从而降低对发射点坐标定位和方位瞄准的要求。即使初始位置误差增加100倍,达到数千米,对CEP的影响也不大,这对提高导弹机动发射能力有重要意义。

星光制导系统也存在一些缺点,如结构复杂、易受外界光环境影响、低空使用时易受阴云等气象条件影响。

1.2.2 星光制导技术的发展现状

美国从20世纪40年代末开始研制飞航式导弹的惯性制导系统,1950年首次将MK-1星光/惯性制导系统应用于诺斯罗普公司研制的SM-62A“鲨蛇”飞航式导弹上。奥托纳提克分公司从40年代末开始研制SM-64A“娜伐霍”飞航式导弹的惯性制导系统,1950年XN-1(N-1)系统研制成功,装于“娜伐霍”导弹上。1952年又在XN-1基础上研制成功了XN-2星光惯性制导系统,这种系统即使在白天也能在云层上自动跟踪星体。1965年11月星光惯性制导系统在“北极星”AI运载火箭上率先试验成功。70年代,美国在“三叉戟”I型潜射远程弹道导弹上首先正式应用了星光/惯性组合制导系统,射程达7400km,命中精度为370m。90年代研制的“三叉戟”II型弹道导弹的射程达11100km,命中精度为240m。苏联在该技术上的发展也很快,例如:SS-N-8导弹射程7950km,命中精度930m;SS-N-18导弹射程9200km,命中精度370m[3]。部分陆基机动战略导弹也采用了星光制导技术,如美国研制的陆基机动战略导弹“侏儒”,射程超过10000km,命中精度可达140~180m。

我国从20世纪80年代起开始对惯性/星光制导方案的原理与实现进行跟踪研究,得到了一些有益的结果,研究的内容主要集中在单星方案。单星方案需要测量最佳方位的星体才能达到与双星方案同样的精度[10-12],由于目前我国对单星方案实现原理的研究还不是很透彻,因此只能采用纯数值计算选星的方法,这增加了导弹的射前准备时间,限制了星光制导的广泛应用。

1.2.3 星光制导的工作过程

本书以星光制导双星方案为例,简单介绍星光制导的工作过程。

(1)导弹发射前,在水平方向利用加速度表将平台相对地垂线调平,用陀螺罗盘定出平台的大致方位,向计算机装订必要的制导参数,再从计算机储存的星历表中选择一组合适的导航星(两颗)。对每组预选的导航星,必须根据所要求的射击方位和发射时间,精确计算出每颗星相对发射坐标系的方位角与高低角。由于地球的旋转,恒星相对发射坐标的方向不断变化,恒星预期的方位角和高低角必须在发射瞬间计算出来并存入计算机,并把星敏感器指向第一颗星的预期方向。

(2)导弹发射后,在飞行的初始阶段,系统的工作完全和全惯导系统一样。待导弹飞行到适当的高度(约20km),计算机命令星敏感器对第一颗星进行观测(见图1.1),测量这颗星相对平台的方位角和高低角。然后,计算机命令星敏感器转向第二颗星,测量它相对平台的高低角。根据测得的三个角度,与预期计算值比较,即可定出平台的角误差。计算机利用误差值作为修正量,进行导航修正,再把导弹纠正到正确的轨道上来。从观测到修正这一段过程都在发动机末级关机之前完成。

利用星光制导技术还可确定发射场的位置,其方法是:发射前用加速度表把平台相对地垂线调平,发射后利用星光测量平台相对恒星的方向,则平台沿垂线相对恒星的方向就是发射场地垂线相对恒星的方向的量度,如与发射时间联系起来,即可确定发射场的经纬度。

需要注意的是:星敏感器在助推段的末段确定惯导系统姿态误差。这一信息可用于修正同姿态有关的所有误差,这些误差来自发射前的位置、调平或方位误差,以及助推段的陀螺漂移。如果姿态误差源比较单一,修正则很容易进行。例如,如果系统误差只是初始方位误差,要观测的星体又在发射水平面内,则星光观测误差就等于方位误差(根据定义,观测俯仰误差为零)。知道射程后,弹着点误差就能很容易地计算出来。实际上,星敏感器观测的姿态误差同很多误差源都有关,飞行计算机软件可利用系统统计的先验知识进行最佳修正。

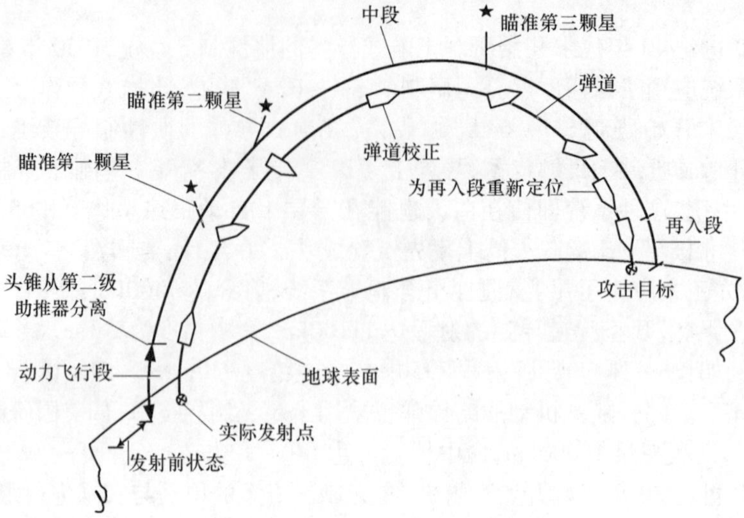

图 1.1　星光制导的工作过程

1.2.4　利用星光折射技术确定导弹位置

通过星光折射间接敏感地平来确定导弹位置的方法,是 20 世纪 80 年代初发展起来的一种航天器低成本自主定位方案。其基本原理如下:在导弹的星敏感器上同时观测两颗星。一颗星的星光高度远大于大气层的高度,星光未受折射,另一颗星的星光受到大气折射,这样两颗星光之间的角距将不同于标称值,此角距的变化 t 即为星光折射角。星光折射角与大气密度的关系较密切,大气密度随高度的变化也有较准确的模型,从而可以较精确地确定出星光在大气层中的高度,这个高度的观测量反映了导弹与地球之间的几何关系。因此,利用大气模型的星光折射观测法确定导弹轨道是可行的。

美国对于星光折射自主导航的研制工作开始于 20 世纪 60 年代。在实施“阿波罗”计划的过程中,美国就对星光折射自主导航的方案进行了研究。1975 年,美国海军研究局(ONH)和美国国防高级研究计划局(DARPA)共同投资,麻省理工学院 Draper 实验室对星光折射自主导航的方案进行了研究和论证,为精确测量星光折射提出了几种敏感器设计方案。1979 年,海军研究局、Draper 实验室利用掌握的两颗 NASA 卫星的高精度在轨数据对大气平流层的密度变化量进行了深入的研究,对利用星光折射的自主导航方案进行了误差分析和全过程仿真研究,结果该系统导航精度可达到 50~200m。80 年代初期,法国也进行了利用星光折射法进行自主导航的研究,导航精度达到了 300m。

我国在星光自主导航方面的研究起步较晚,但是也已积累了一定的技术基础。20 世纪 90 年代初期,国内有关单位对星光折射自主导航方案进行了预先研究。中国科学院南京天文台、北京航空航天大学等单位均进行了大量的研究测试工作,已达到 10″ 的精度水平。

1.3　星敏感器

星敏感器是以恒星为参考、以天空为工作对象的高精度空间姿态测量装置,通过探测天球上不同位置的恒星并进行解算,为卫星、洲际战略导弹、航天飞船提供准确的空间方位和基准,具有重要的应用价值[13]。

星敏感器的雏形最早出现在1946年左右，早期主要应用于大型天文望远镜指向控制、航天器发射前标定和导弹制导等。美国“鲨蛇”导弹和“娜伐霍”导弹的制导系统应用了相关技术[14]。早期的星敏感器由一个望远镜、一套扫描机构和一个光敏感器组成，装置简单，不能直接应用于空间环境，但包括了星敏感器系统设计的大多数要点[15]。

1960年左右，苏联“Geofizika”研制了用于航天器姿态控制的星敏感器[15]，该星敏感器及其系列产品在月球、火星探测以及空间飞船“Granat”上都进行了应用，但其受杂光干扰严重。1970年左右，“Geofizika”研制了改进型星敏感器，它可以在较大杂光环境下工作。此时，使用的光敏感器主要为光电倍增管(Photomultipler Detector)和图像析像管(Image Dissector Tube)。

随着航天任务持续时间的延长和复杂度的增加，图像析像管在温度、磁场灵敏度、高压稳定性等方面的问题变得十分突出。1969年，贝尔实验室(Bell Laboratories)的科学家Willard和George发明了一种命名为“电荷‘气泡’元件”的装置，可以形成数字影像。到70年代，贝尔实验室的研究人员已经能够使用该装置捕捉影像，电荷耦合器件(Charge Coupled Device，CCD)就此诞生。1973年，Mchon和Bur在IEEE国际固体电路会议(ISSCC)上提出了电荷注入摄像的原理；1975年，他们研制了244×248单元的电荷注入器件(Charge Injection Device，CID)，标志CID研制成功。CCD和CID同属固态图像设备，在可靠性、分辨率等方面具有优势，为提高星敏感器的稳定性和精度奠定了物质条件。1975年，Goss在美国喷气推进实验室(Jet Propulsion Laboratory，JPL)首先展示了CCD星敏感器，并验证了CCD星敏感器在分辨率、抗辐射性、几何光学线性(Geometric Photometriclinearity)等方面优于一般的析像管星敏感器[16]。由于CCD具有供电电压低、体积小、几何精度高、光谱范围宽等一系列优点，大约只用了10年时间，星敏感器光电转换元件几乎都被CCD所取代。在这一阶段，星敏感器开始同微处理器结合，使其不仅具有姿态测量功能，而且具有了计算功能。

在星敏感器发展史上，重要科研机构和公司的研发经历：1975年，第一代固态星敏感器STELLAR(Star Tracker For Economical Long LifeAttitude reference)在美国喷气推进实验室产生。它由100×100像素的CCD构成，采用INTEL 8080微处理器，可同时跟踪10颗星，精度为1/16像素(约7arc sec)，视场(Field of View，FOV)大小为3°。之后，CCD像素数和微处理器不断更新，如第二代STELLAR系列ELACSSTELLAR(Extended Life Attitude Control System)采用非对称FOV的380×488像素CCD。其新研制的ASC(Advanced Stellar Compass)星敏感器，已应用于Orsted地磁探测卫星上。其他研究机构包括Jena－Optronik、NASA、Ball Aerospace、HDOS(Hughes Danbury Optical Systems)等都研发了各自的产品。

(1)德国Jena－Optronik(耶那光电有限公司)研制的ASTRO系列星敏感器，采用了模块化设计，自主姿态确定能力较强，其第一代产品ASTRO1曾成功应用于MIR空间站。ASTROS(Advanced Star and Target Reference Optical Sensor)星敏感器是CCD星敏感器的典型代表，采用340×512像素CCD，2.5°×3.5°视场，TI SBP 9989微处理器，12K bytes ROM和8K bytes RAM。ASTROS可以同时跟踪3颗星(亮度分布在－0.8～8.2星等)，功耗为38W，质量28kg。1990年12月，ASTROS成功应用于美国ASTRO－1 Ultraviolet航天任务中。

(2)美国Ball Aerospace(鲍尔宇航系统集团公司)在星敏感器发展史中占重要地位，从1967年开始，共研发了6代星敏感器，两代星扫描器，发售了约350个星敏感器产品[8]。其典型星敏感器为CT－600系列，其结构设计采用多应用接口，软件修改简便。CT－601视场大小为7.8°×7.8°，质量8.2kg，可跟踪5颗恒星，提供航天器两轴姿态信息。CT－621视场大小为20°×20°，可提供三轴姿态信息。CT－631采用小封装结构，视场大小为18°×18°，质量5.5 lb，其应用主要面向小卫星市场，特别适合用于无陀螺姿态确定系统(Gyroless Stellar Attitude

Determination Systems)和低速旋转航天器(Slowly Rotating Spacecraft)。CT-633为全自主(Autonomous)星敏感器,具有捕获、跟踪、识别等功能,可从太空迷失状态下计算出视轴在惯性空间的指向,并通过标准数据总线输出姿态四元数,其具体参数为:尺寸5.6ft① ×5.3 ft,质量5.5lb,焦距38mm,512×512像素CCD,18°×18°视场,灵敏度4.5星等,5Hz帧率(Updaterate),具有较好的通用性,用于地球轨道卫星和空间站等。

(3)HDOS(Hughes Danbury 光学系统公司)从1973年开始发展CCD星敏感器,其研制的HD-1000星敏感器已应用于NASA/CNE TOPEX太空船中,其最新型星敏感器为HD-1003,具有质量小、可靠性高、抗辐射等特点,可同时跟踪6颗星,两轴姿态精度优于28μrad(1σ),帧率为10Hz。

截至1980年,星敏感器一般都能达到10角秒左右的姿态精度,甚至更高,但此时典型的星敏感器需要将星图传输到地面进行后处理,包括校准修正、星图识别、姿态解算等[16]。这类星敏感器也称为第一代CCD星敏感器,其输出为视场中亮星在焦平面坐标系中的坐标,且只能跟踪为数不多的亮星,需要依赖外部处理来完成捕获及参考坐标系到惯性坐标系的修正和转换任务,所以也称为非自主式CCD星敏感器。通常非自主星敏感器完成姿态确定需要附加姿态信息,因此,它常与其他精度较低的姿态敏感器,例如太阳敏感器、红外地平仪等结合在一起。先由太阳敏感器或地平仪获得航天器的初始姿态,再由星敏感器进行精确定姿。对于宽视场而言,第一代CCD星敏感器精度在100角秒以内;对于窄视场,其精度可以达到3角秒[17]。

随着集成电路设计和工艺水平的大幅度提高,以及CCD在商业领域的大量使用,CCD产品在集成度、噪声水平、量子效率和抗辐射等方面都得到快速发展[18]。同时,计算机技术、微程序设计也有了广泛的应用和提高,为星敏感器技术的进步提供了条件。

到1990年,Clementine任务要求星敏感器能够在航天器上实时完成标定纠正、星图识别和姿态确定任务[19,20]。第一代CCD星敏感器已不能满足这一任务要求,导致了第二代CCD星敏感器的出现[21]。第二代CCD星敏感器主要由光学系统和信息处理系统两部分组成,其中:光学系统主要包括遮光罩、镜头、CCD阵列及其控制逻辑单元;信息处理系统包括硬件和软件两大部分,前者主要包括图像预处理器、A/D变换器、高性能微处理器和大容量存储器,后者主要包括质心提取算法[22,23]、星图识别算法[24,25]、姿态估计算法和内部星表等。第二代CCD星敏感器真正实现了“星光入,姿态出”的姿态确定功能,是一种高度智能化姿态敏感器。

相对第一代CCD星敏感器而言,第二代CCD星敏感器的优点主要体现在:①实现了自主星图识别和自主姿态确定,使航天器具备了初始姿态捕获、快速故障恢复的能力;②不需要地面人为干预,不需要其他姿态敏感器配合,所有补偿和校正均由仪器自动完成;③使用大视场和高分辨率图像传感器,提高了星敏感器的捕获概率、姿态精度以及全天球工作能力;④导航星表、识别算法、姿态估计算法等均固化在星敏感器内部电路中,姿态数据直接输出,从而减轻了中央处理器的负担,使航天器工作状态更加平稳[26,27]。

美国20世纪90年代CCD星敏感器产品水平为:灵敏度6.0星等,视场大小8°×8°,功耗11W,俯仰轴和偏航轴精度(单星)2~4角秒,滚动轴精度(5颗星)120角秒,星等误差正负0.25星等。俄罗斯90年代星敏感器水平为:灵敏度6.0星等,视场大小9°×9°,功耗18W,俯仰轴和偏航轴(单星)精度2角秒,滚动轴精度108角秒。典型星敏感器的参数及性能指标如表1.1所列。

---

①1ft=0.3048m。

表 1.1　典型星敏感器的参数及性能指标

	Ball CT - 602	Ball CT - 633	ST5000	Clementine	Orsted ASC	HD1003S	ASTROS
更新频率/Hz	10	5	10/5	10	1	10	4
质量/lb	12	6	5	6.6	3	7	
功耗/W	8	8	8	4.5	4.5	11	
视场角/deg	8 × 8	18 × 18	9.2 × 6.7	28.9 × 43.4	22 × 16	8 × 8	2.2 × 3.5
探测星等	6	4.5	8.0/8.7			6.0	-0.2 ~ 8
测角精度/are sec	3				5.7	5	4
跟踪星数量	1 ~ 5	1 ~ 5	1 ~ 8				
自主导航	否	是	是				

小卫星、微小卫星对星敏感器的质量、精度、抗辐射等性能的苛刻要求，推动了 APS 星敏感器（见图 1.2）的发展。20 世纪 90 年代，美国 JPL 实验室研制了一种 CMOS 图像传感器，之后通过在 CMOS 图像传感器的每个像素的光电二极管加上一个放大器，构成了一种有源像素结构（Active Pixel），使其性能得到改善[28]。JPL 实验室的 Fossum 等最先提出了星敏感器应用 APS（Active Pixel Sensor）器件的设想，为发展新型星敏感器指明了方向。1998 年，Liebe 考察了 APS 器件的绝对灵敏度和亚像素精度（Sub - Pixel Pixel Accuracy），指出 APS 是设计星敏感器的理想材料[29]。2001 年，Bruce 等深入研究了 APS 噪声对亚像素精度的影响[30]，并通过试验验证了结论。

图 1.2　未安装遮光罩的 ASTRO APS EM 星敏感器

相对 CCD 器件，APS 器件的优点体现在：①功耗低（CCD 功耗的 1/1000 ~ 1/100）；②供电简单（工作电压低，且只需要一种供电电压，而 CCD 器件需要 3 或 4 种）；③成本低；④单片集成能力强（可以很容易集成放大器、AD 转换器、色彩处理电路、数据压缩电路等）；⑤体积小；⑥随机访问；⑦支持多窗口模式；⑧高速成像；⑨抗饱和（No Blooming）、抗辐射（More Radiationresistant）[27]。这些优点是 CCD 无法达到的。但是 APS 也具有读出噪声过高、填充因数和量子效率过低的缺点，由于星敏感器探测和处理的恒星通常亮度较低，因此其要求较高的探测灵敏度和较低的噪声，这在过去限制了 APS 探测器在高性能星敏感器上的应用。随着先进的 3 - 晶体管有源像素技术和薄膜 CMOS 技术的出现，传统 APS 探测器在灵敏度和噪声上的缺陷已经得以解决[31]。

典型的 APS 星敏感器介绍：JPL 开发的第一代基于 APS 的星敏感器——可编程智能化微型跟踪器(Programmable Intelligent Microtracker, PIM)[32]，256×256 像素，设计质量 <400g，设计功耗≤400mW，单轴精度为 3arc sec；Sira Electro-optics 生产的 APS 星敏感器，视场为 20°×20°，更新率 10Hz，512×512 像素，灵敏度 5 星等，精度 1 arc min，功耗 3.3W，体积 78mm×57mm×57mm，质量 310g；Jena-optronik 生产的 APS 星敏感器——ASTRO APS，20°圆形视场，更新率为 1～30Hz，1024×1024 像素，灵敏度 5.8 星等，俯仰/偏航轴精度 1arc sec；SODERN 公司生产的多视场 APS 星敏感器——HYDRA，更新率 30Hz，具备高精度、高可靠性的特点。

目前，典型的 APS 芯片为 FillFactory 半导体公司生产的商用 CMOS 图像传感器——STAR250、STAR1000 和 HAS APS。其中：STAR250 是专门针对卫星间光通信设计的芯片，也可应用于其他范围，如太阳敏感器和星敏感器；STAR1000 是针对星敏感器应用设计的芯片，芯片上集成了固定模式噪声修正功能(Fixed Pattern Noise Correction)，可修改增益的放大器和 10byte 模数转换器；HAS APS 是 STAR1000 的改进型，专为高精度星敏感器研发，性能比 STAR1000 有了很大提升。三种芯片都采用了 CMOS 抗辐射工艺，具有较强的抗辐射能力，提高了其在空间应用的可靠性。

图 1.3　ASTRO 15 星敏感器

国内星敏感器研究工作起步较晚，始于 20 世纪 80 年代，主要研究机构有哈尔滨工业大学[33]、北京航空航天大学[34]、清华大学[35]、长春光机所、西安光机所[36]、北京控制工程研究所[37]、中国科学院光电技术研究所[38]、中国科学院北京国家天文台、中国气象科学研究院[39]、华中科技大学、第二炮兵工程大学[40]等。其中：长春光机所研制了 XG-1 星敏感器，用于弹道导弹的星光制导[36]；北京控制工程研究所研制了用于“尖兵 3 号”卫星的星敏感器；北京天文台研制了应用于“空间太阳望远镜”的 CCD 星敏感器[39]；北京航空航天大学研发了多款星敏感器，代表了国内星敏感器技术的最高水平(其中，YK010 型、SS2K 型星敏感器，视场角都是 20°×20°，全天识别时间为 0.5s，功耗 1.5W，质量为 1.5kg；中国气象科学研究院研制了用于“风云四号”卫星的星敏感器[39]。

星敏感器不是标准产品，它由制造商根据用户具体要求来定制。不同的星敏感器，在成本、功耗、质量、精度等方面差别很大。星敏感器的发展趋势是自主化、小型化和智能化，在将来单片智能星敏感器也可能成为现实[39]。

1.4 星光制导关键技术

星光制导技术是融合光学、天文学、电子学、计算机等多门学科知识的综合性应用技术[41]，其关键技术包括光学系统参数确定、导航星优选、星提取、星图识别和姿态解算。下面对相关技术的发展情况进行简单介绍。

1.4.1 星图模拟

国外很早就开始研究星图模拟技术。D. Mortari 等[42]设计了一个星图仿真器，它把星敏感器参数如视场、像素数和姿态作为输入，通过给出星敏感器位置和姿态得到其光轴指向，然后计算视场内可观测到的星，结合前面的参数生成星图。Katake[43]指出 D. Mortari 的方法没有考虑星敏感器中的特殊效应，如点扩散函数、像差、量子效应、光学灵敏度等，其星图模拟精度较低，对算法的测试不充分。通过考虑这些参数影响，Katake 设计了一个高精度的星图模拟仿真器，用于对星提取和星图识别算法进行仿真验证。

国内也有很多学者开展了星图模拟研究。许世文等[44]研究了实时星场模拟器中的坐标变换问题。张钧萍等[45]提出了一种用计算机模拟 CCD 星图的方法，分析了观测星选取、坐标转换和灰度转换等问题。郝胜国等[46]开展了关于星敏感器星像模拟软件的研究。唐建国等[47]研究了星图模拟中观测星的选取方法。全伟等[48]提出了一种使用 TFT 液晶光阀的改进星图模拟方法，并提出了星图模拟的有效性验证方法，提高了星图模拟的实时性和精度。杨君等[49]提出了一种动态的全天球星图模拟算法，对星图模拟的过程进行了详细讨论，考虑了星云、月光、太阳光等干扰进入视场的情况，可以更好地测试星敏感器的鲁棒性。

1.4.2 星提取

从星图中提取星像并估计星像中心位置的过程称为星提取[43]，可分为两个子过程：星粗提取和星像细分定位。星粗提取主要完成星图分割和提取单星星像；星像细分定位完成星像中心位置计算。目前，星提取研究主要集中于对其中一个或几个步骤进行改进[50]。

针对星像粗提取，李广泽等[51]提出了基于双正交小波的星提取算法，采用双正交自适应小波阈值法完整保留了弱星点目标，达到了很好的提取效果。田金文等[52]提出了一种将高通滤波和动态阈值相结合的星提取算法，通过使用动态阈值减少了星提取中的虚假目标。这两种算法都采用动态阈值，其星图分割的准确性较高，但与固定阈值法相比，其处理速率较低。田玉龙等[53]提出了一种基于局部熵的星提取算法，利用图像局部熵具有平滑滤波作用，使处理过的含噪声星像变得比较平滑，提高了星提取精度。

对提取出来的星点目标还要进行连通性分析，常用的方法是扩展像素标记法[54]，其原理是对整幅星图从上至下、从左至右逐行扫描。若当前被扫描像素灰度值大于阈值则按顺序进行标记，在标记过程中对该像素的上边和左边进行判断(8 连通域)；若相连的像素已经做过标记，则当前像素标记为相连像素中的最小标记号。整幅星图标记完毕后还要进行第二次扫描，以完成相同星体像素的合并。该方法除需要遍历星图外，邻域像素经常发生标记冲突，还要回溯扫描，限制了速度。姚大雷等[55]对扩展像素标记法进行了改进，在标记像素的同时以行为基准进行判断，避免了二次扫描。郝雪涛等[56]基于嵌入式技术，采用 FPGA 硬件实现了 4 连通域分析和星提取，处理速度较快。柳健等[57]讨论了基于径向基核函数的最小二乘支持向量机(Least Square Support Vector Machine, LSSVM)技术在星提取中的应用，研究了 LSSVM 的参数优化算法,最后提出了星提取的极值点法,仿真结果表明该算法与向量法的效率相当,但性能更好。王兆魁等[58]通过对CCD星图的图像特点进行分析,提出了以最大概率实现背景噪声滤除的星图预处理准则,在此基础上提出了交叉投影星提取算法,通过竖直和水平方向上的两次投影检测,得到各个星像外接四边形的顶点坐标,以此确定每个星像的分布范围。

针对星像细分定位,王广君等[59]研究了一种递推的高斯曲面拟合技术,克服了高斯曲面的非线性多参数问题。曲面拟合方法精度较高,抗噪性能优于带阈值的质心算法和加权质心算法。蔡喆等[60]针对星像中心位置在单个像素内不同位置出现的情况,对各种细分定位算法进行了仿真比较,得出平方加权质心法和高斯曲面拟合法精度较高。

为了提高星提取的速度,Samaan 等[21]研究了基于速率陀螺提供的姿态角速度信息进行星像位置预测的算法,根据预测位置采用窗口模式提取星像,减小了星提取的数据处理量,提高了星提取速度。Knutson 等[61]研究了星敏感器跟踪模式下基于星敏感器自主完成位置预测的星提取算法,推导了星敏感器三轴姿态角与星图中的星像位置变化之间的关系,并基于前一时刻估计的星敏感器三轴姿态角来预测星像在当前时刻的位置,该算法采用窗口工作模式,具有自主性强、效率高的特点。李葆华等[62]针对递推模式下的星像位置预测,研究了基于姿态四元数的星像位置预测算法,更适合于采用速率陀螺与星敏感器的组合姿态控制系统。金雁等[63]针对动态星敏感器星图的星提取问题开展了研究,并根据星敏感器运动特性,提出了能自适应调整处理窗口大小和方向的星提取方法,可适用于高动态星敏感器。

1.4.3 导航星表

导航星表是星敏感器不可缺少的组成部分,其导航星总数及分布决定了星敏感器视场内导航星的个数,这对星敏感器的性能影响很大。Vedder[64]提出,实现导航星分布均匀化应该成为导航星优选的目标,并建立了星表全局均匀性准则和局部均匀性准则。目前,大部分导航星优选算法也都基于该目标开展研究。

Vedder 将天球划分成一系列等面积的连续网格,然后在每个网格中只选择一颗导航星,该方法易于实现,但导航星分布的均匀性较差。Yates 等[65]为每颗恒星定义了一个邻近距离,其取值为距离该星最近的3颗星与该星的角距之和。邻近距离最小的恒星被剔除,其周围的恒星重新计算邻近距离。当剩余恒星总数满足导航星表要求时,该过程停止。Kudva[66]在天球上建立了均匀分布的参考点集,距离参考点最近的恒星被选为导航星。Bauer[67]提出基于Voronoi 密度递减方法来选取导航星。Voronoi 图将天球划分成多边形网格,使每颗恒星对应一个多边形网格,该网格代表了天球上距离该恒星最近的天球区域。将该网格面积的倒数定义为 Voronoi 密度,其代表了网格内恒星的密度。Voronoi 密度最大的恒星被剔除,直至剩余恒星数满足导航星表要求。Voronoi 密度递减方法的选星效果较好,但计算比较复杂。Prakash 等[68]参考 Kudva 的算法,提出一种基于球面螺旋点的导航星优先算法。该算法以球面螺旋点为参考点集,运行效率高,得到的导航星表均匀性较好。张晨等[69]讨论了 Boltzmann 熵在导航星优选中的应用,以 Boltzmann 熵最小为准则进行导航星优选,可以剔除冗余星,提高导航星表的均匀性。恒星的亮度也是导航星优选过程中需要考虑的重要问题,陈聪等[70]在研究基于球面螺旋点的导航星优选算法时,提出了“距离—星等”加权方法对候选星进行筛选,使选取的导航星更加合理。

也有学者通过考察天球局部区域内导航星分布的均匀性来研究导航星优选算法。Kim 等[71]分析了星敏感器可以捕获导航星时导航星与星敏感器光轴应该满足的相对位置关系,在此基础上提出了一种自组织导航星优选算法,命名为瘦法。该算法在满足任意光轴指向下视场内导航星数量达到一定值的前提下,根据恒星的位置关系,逐个挑选导航星,使导航星的分布比较均匀。郑胜等[72]从另一个角度研究天球上的恒星分布，提出了星敏感器任意光轴指向下视场内导航星数量达到某定值时的最小星等阈值分布概念。基于统计学习理论的支持向量机方法，求解等密度星等阈值分布函数，实现了导航星自动选择。仿真表明，该算法选取的导航星分布均匀性较好。

1.4.4 星图识别

早在 1969 年，Vagle，Soosaar 和 Iuzzalino 在研究基于星敏感器的姿态估计问题时就提出了星图识别问题，即确定星敏感器视场中的每一个星像对应于星表中的哪一颗恒星[73]。星图识别是星敏感器的核心技术，Padgett 将星图识别算法分成两大类：子图同构和模式识别。子图同构算法将恒星作为一个无向图的顶点，将恒星之间的角距作为无向图的边。当星敏感器捕获的星图被唯一识别为该无向图的某一部分时，就认为识别完成。这类算法需要使用角距信息，典型的算法包括三角形、四边形、金字塔、凸多边形算法等。模式识别算法基于恒星邻域特征为每颗恒星定义了一个唯一的模式，星图识别就转化成模式匹配问题，找到最相近的模式，就认为识别完成。典型算法包括栅格算法和基于神经网络的星图识别算法等。

三角形算法比较直观，相关的研究成果也较多。Quine 等[74]提出了一种三角形构造方法，其以靠近星图中心的恒星为待识别恒星（主星），并在以其为中心的圆形区域内再取两颗最亮的星组成三角形，在搜索三角形特征库时使用了二叉树搜索法，一定程度上提高了识别速度。李立宏等[75]对导航三角形的存储模式进行了改进，其将具有公共边的导航三角形存储在一起，使算法的性能接近多边形算法。郑胜等[76]基于三角形三边角距构建了一个能部分描述三角形结构的匹配特征量，减少了识别过程需要比较的特征量个数。张广军等[77]在三角形识别中引入了验证识别环节，有效解决了三角形识别的冗余问题。Cole 和 Crassidis 于 2004 年和 2006 年分别提出了基于球面三角形[78]和平面三角形[79]的星图识别算法。在基于球面三角形的星图识别中，引入了球面三角形面积和形心极惯性矩特征，提高了识别成功率，随后面积和惯性矩特征又被引入到基于平面三角形的星图识别中。杨建等[80]利用主成分分析法将三角形的三条边整合成一维特征量，实现了候选导航三角形的快速检索。张华等[81]提出了使用星等信息的模糊决策自主星图识别算法，使用星像的灰度值统计量作为仪器星等的度量，基于模糊决策方法来剔除三角形匹配过程中的冗余匹配结果，提高了星图识别率。伍玲玲等[82]提出以三角形三个角距组成特征平面，计算其单位法向量作为代表该三角形的特征点，寻找最优投影主轴使所有三角形的特征点在其上的投影点最分散。识别时，利用观测三角形特征点在最优投影主轴上的投影值进行索引，得到候选导航三角形，再用角距匹配剔除冗余结果。樊巧云等[83]以三角形的形心惯性比和最长边的角距值为匹配特征量，在搜索特征量时还采用了散列函数，提高了识别速度。

Mortari 等[84]在三角形算法的基础上开发了金字塔识别算法，在三角形识别的基础上增选了一颗星，构成类四面体结构，增加了识别的可靠性；同时由于使用了 k－vector 搜索技术，该算法的识别速度也很快。Needelman 等[85]基于 k－vector 搜索技术的思想，提出了一种“Bucket”搜索技术，且在搜索速度上与 k－vector 技术相当。

林涛等[86]提出了四边形全天自主星图识别算法，将四边形分解成两个具有公共边的三角形，然后采用三角形识别算法进行识别，但由于有公共边约束，算法具有较高的识别率。董瑛等[87]在金字塔算法的基础上，提出 4 星匹配算法。该算法使用可靠性较高的 4 星—6 角距模式，并提出了一种导航星标记矩阵来辅助星图识别，提高了识别效率。

刘朝山等[88]提出了不依赖星等的凸多边形星图识别算法，将星敏感器视场中的恒星看作平面上的点，由此构造的最小凸多边形能唯一地描述星图特征，算法具有识别率高、鲁棒性强等特点。

在栅格算法研究方面,1997 年 Padgett 和 Kreutz – Delgado[89]首次提出栅格算法的概念,为每颗恒星定义了一个栅格模式(见图 1.4):①选择星图中的一颗恒星 r 作为参考星;②将参考星 r 及其周围部分天区(定义为 sky[r, pr])进行移动使 r 位于星图中心;③找到天区 sky[r, pr]中距离 r 最近且距离大于 pr 的恒星 n,以 r 为圆心旋转矢径 rn 使其指向东向;④对天区 sky[r, pr]建立 $g \times g$ 栅格,除参考星 r 外,该天区内恒星都投影到相应的栅格中;⑤建立一个 $g \times g$ 的向量 $v[0 \cdots g^2-1]$,对应于 $g \times g$ 栅格,当某一栅格内存在恒星时向量 v 的对应位置取值为 1。基于上述步骤建立了全天星表,星图识别问题转化为在全天星表中找到与星图模式最接近的恒星。试验表明,栅格算法的鲁棒性较好,在一定程度上不需要调整算法参数去适应敏感器噪声。为了解决小视场星敏感器的星图识别问题,Clouse 等[90]基于贝叶斯决策理论对 Padgett 和 Kreutz – Delgado 的栅格算法进行了拓展,深入研究了星图识别决策阈值确定问题。那盟等[91]指出传统栅格算法的识别率随星图中星像的位置和星等噪声增加而迅速下降,提出了一种弹性灰度栅格算法,使用灰度模式和弹性模板匹配代替了原算法中的逻辑与匹配,增强了改进算法对星像位置和星等噪声的鲁棒性。Yoon 等[92]提出了一种基于相关理论的星图识别算法,通过计算星敏感器捕获星图与数据库中存储的参考星图的互相关函数,来描述它们之间的相似性。该算法采用了类似栅格算法的思想,但由于相关函数能够定量描述图像之间的相似性,因此其识别率更优。

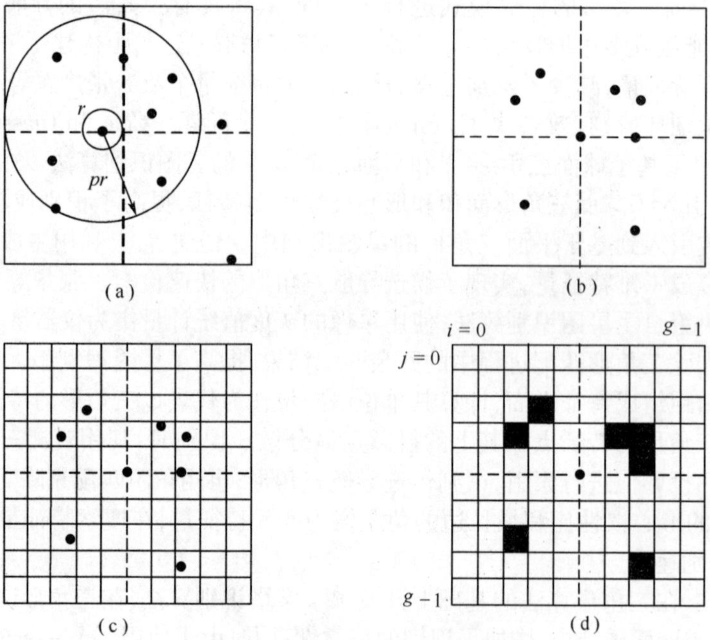

图 1.4　栅格模式构造原理图

在基于神经网络的星图识别算法研究方面,Alveda[93]提出应用神经网络技术解决星图识别问题。Bardwell[94]讨论了人工神经网络在自主星图识别中的优势。Lindsey 等[95]指出对于相同图像传感器,小视场星敏感器具有更高的精度,为保证视场内导航星的数量就必须提高星等门限。传统算法的星表存储量随星等门限提高而增加很快,此时神经网络在存储量上比较有优势。Hong 等[96]提出了一种基于模糊神经逻辑网络(Fuzzy NLN)的自主星图识别算法,结合了神经网络和专家系统的特性,具有训练速度快、识别精度高的特点。Accardo 等[97]讨论了学习向量量化(Learning Vector Quantization,LVQ)神经网络在星图识别中的应用,并对特征选取、网络结构设计和训练策略等问题进行了研究。李春艳等[98]研究了基于 BP 神经网络的星图识别技术。Roberts 等[99]开展了对向传播神经网络(Counter Propagation Network,CPN)在自主星图识别中的应用研究,利用该网络具有的分类功能,得到了非常好的实验结果。黄勇等[100]提出利用自组织特征映射网络聚类功能进行全天星图识别的方法,提高了抗噪性和识别速率。张少迪等[101]基于三角形剖分构建全天星表的识别模式,并以此为训练集对 BP 神经网络进行训练,且利用粒子群优化算法(Particle Swarm Optimization,PSO)加快了网络训练速度。

2003 年,Juang 等[102]将星光向量组成参考矩阵,并证明了其奇异值和奇异向量不随坐标变换而改变,由此提出了一种基于奇异值分解的星图识别算法。该方法的显著优点在于星图识别和姿态确定同时进行,且只需要比较三个特征量,识别速度快;缺点在于星等排序误差可能导致识别失败。

Samaan 等[103]研究了递推模式下的星图识别算法,提出了两种新算法:①基于球面多边形搜索算法,建立覆盖星敏感器视场内导航星的局部星表,并基于星敏感器姿态动力学方程实时增减该局部星表内的导航星,然后基于模式识别完成星图识别;②使用邻域信息和星表邻域指针矩阵来获得星表。由于减小了星表搜索量,该算法效率明显提高。

1.4.5 星敏感器误差标定

星敏感器的标定是实现其姿态准确测量必不可少的环节[104]。星敏感器的参数标定是指对其不同的物理参数(如光学镜头的焦距、主点偏移等)进行估计[105]。星敏感器的标定分为在轨标定和地面标定[106]。

现有的在轨标定方法分为两类[106]:一类是根据外部的姿态信息校准;另一类是根据星间角距不变原理校准。第一类方法需要提供一个已知的精确姿态,若提供的姿态信息存在一定误差,则该误差会引入校准过程中。由于星敏感器已经是复合制导系统中精度最高的姿态测量部件,要为其提供更高精度的姿态信息是非常困难的。第二类方法是基于星间角距不变的原理,检测在轨飞行期间星间角距测量值和真实值的偏差,利用相关的优化算法估计出标定参数。

国外研究在轨标定起始于 1981 年,Shuster M. D. 和 Oh S. D. 对姿态敏感器相对准线安装误差进行了研究;1989 年,Bar – Itzhack I. Y. 提出了一种估计姿态敏感器准线安装误差的滤波算法,使用了四元数作为系统状态向量,使协方差矩阵产生了奇异性,建立的系统模型中多个状态量都是不可观测的;1990—1994 年,Shuster M. D. 、Pitone D. S. 和 Shuster M. D. 等提出了姿态敏感器相对和绝对准线安装误差的在轨标定[107,108]算法,但敏感器的采样时间要求同步;2001 年,Pittelkau M. E. 提出一种对姿态敏感器安装误差进行在轨标定的卡尔曼滤波算法,算法考虑了两个星敏感器的绝对准线安装误差,系统模型是非线性的,且其线性化的误差很小,该算法对地面标定同样适用。

国内对于星敏感器在轨标定方法的研究相对落后,但发展速度也很快,使得星敏感器的精度不断提高。2005 年,北京控制研究所对惯性敏感器与星敏感器的在轨标定进行了比较[109],总结了惯性敏感器对星敏感器标定的使用准则;2007 年,哈尔滨工业大学卫星技术研究所提出了一种基于天基载荷对星敏感器的在轨标定算法,设计了一种新滤波算法对星敏感器进行在轨标定,并进行了仿真分析,结果表明算法对星敏感器系统常值误差标定结果比较理想;2007 年,袁彦红等提出了一种最小二乘法与滤波算法相结合的方法,对星像点偏移及透镜焦距变化进行了在轨标定[110];2008 年,哈尔滨工业大学卫星技术研究所提出三种星敏感器的在轨标定方法，以最小二乘最优估值为量测，用卡尔曼滤波算法设计了星敏感器在轨自主标定模型、高精度陀螺对星敏感器进行标定的算法研究、基于陆标敏感器对星敏感器在轨标定算法；同年，北京科技大学提出了一种基于 RAC 约束（Radial Alignment Constraint）的星敏感器在轨校准方法，能有效消除内部参数与外部参数耦合，实现其准确分离和解算；2010 年，北京控制工程研究所和中国空间技术研究院提出了一种基于现有在轨方法改进的一种算法[111]，该算法只使用于内部参数标定，尚不可用于待定系数标定；2011 年，张伟娜等提出了一种基于改进遗传算法的星图畸变校正方法[112]，通过改进适应度函数并适时调整变异概率，避免产生早熟收敛问题。

由于导弹技术的特殊性，星敏感器的在轨标定存在时间段、环境因素等很多限制条件。采用地面测试、星图模拟等方法，对星敏感器的安装误差、光学系统参数误差（如 CCD 平面倾斜角、旋转角，镜头畸变，主点偏差等）、加工装配误差、电子线路误差等进行标定[106]，这种标定方法称为地面标定方法。地面标定方法根据实施方法的不同分为两大类：非设备式标定方法和采用地面标定设备方法。按照工作方式的不同，一般又把星模拟器分为两大类：标定型星模拟器和功能检测型星模拟器。

国外主要研究标定型模拟器。德意志民主共和国蔡司厂研制了一种静态星模拟器，在不透光的分划板上刻有可透光的微孔；美国休斯公司研制了一种星场模拟器，使用液晶光阀作为星图的核心显示器件，在显示屏上可以通过计算机控制星点的亮灭来完成星图的动态显示；美国 McDonnell Douglas Aerospace 公司公布的星敏感器地面测试设备可以提供三组互不相关的模拟星图。

国内对星模拟器的研究是从 20 世纪 70 年代末开始的，到 90 年代后国内的相关研究达到了一定水平。80 年代国内主要开展对单星模拟器的研究，长春光机所率先研制出单星模拟器，具有良好的性能。90 年代星模拟器的发展更进一步，1995 年中科院光电所与北京 502 所联合研究了小型动态星模拟器；1998 年哈尔滨工业大学研制了多星模拟器。进入 21 世纪后，星敏感器的精度要求越来越高，促进了星模拟器的迅猛发展。北京航空航天大学研制了一款高精度且低成本的星模拟器，实现了星图的静态和动态的高精度模拟；中国科学院西安光学精密机械研究所研制的模拟 17 个星等的高精度星模拟器，使用闭环控制方式，对光源的稳定性进行自动控制，系统具有高稳定性；北京航空航天大学与航天时代电子公司合作设计研制了一套天文导航半物理仿真系统，对星图识别算法及星敏感器性能进行了静态试验和动态试验；2003 年电子科技大学与中国科学院光电技术研究所研制了小型星模拟器，可以满足实际检测需要，而且结构简单。随着星模拟器研制精度的不断提高，地面标定的精度不断提升，从而大大提高了星敏感器的测量精度。

1.4.6 姿态确定

星敏感器的姿态确定问题可归结为 Wahaba 问题[113,114]，其算法分为两类：确定性算法和估计算法。

确定性算法根据某时刻的一组向量测量值求解星敏感器的姿态，一般需要两个或两个以上不平行的观测向量，无需先验姿态信息，计算量小，但其精度受限于星敏感器的观测噪声（某些不确定因素，如 CCD 噪声）。常用的确定性算法有最小二乘算法、TRAID 算法、QUEST（QUaternion ESTimator）算法、SVD（Singular Value Decomposition）算法、FOAM（Fast Optimal Attitude Matrix）算法等。其中，TRAID 法和 QUEST 法应用最广泛[15]。Yang 等[115]指出，经典 QUEST 模型不适用于大视场星敏感器，针对大视场星敏感器的实际噪声分布可建立新的模型，仿真证明了新模型的有效性。

估计算法需要建立载体姿态运动的状态方程和观测方程，然后利用连续时间点上的观测信息估计载体姿态，能从一定程度上消除星敏感器观测噪声的影响，从而提高姿态估计精度。常用的估计算法为卡尔曼滤波[15]，但由于飞行器的运动往往是非线性的，其应用受到限制。为解决非线性滤波问题，人们提出了非线性滤波方法，主要有扩展卡尔曼滤波(Extended Kalman Filtering)、自适应卡尔曼滤波(Adaptive Kalman Filtering)、预测卡尔曼滤波(Predictive Kalman Filtering)、递归四元数估计(Recursive Quaternion Estimation)、扩展四元数估计(Extended Quaternion Estimation)、无迹卡尔曼滤波(Unscented Kalman Filtering)、粒子滤波(Particle Filtering)等。史话[116]对扩展卡尔曼滤波和无迹卡尔曼滤波进行了仿真，证明无迹卡尔曼滤波的精度高于扩展卡尔曼滤波。粒子滤波算法可以处理非线性、非高斯系统的状态估计问题，但其计算量较大，目前还处于研究中。

Khosravian 等[117]研究了只使用 3 轴陀螺信息和单一观测向量的卫星姿态确定方法，提出了一个基于卫星姿态确定和控制的非线性估计器和控制器，并基于李亚普诺夫理论证明了其渐进收敛性。

参考文献

[1] 陆敬辉．面向中远程弹道导弹的星图识别及姿态滤波算法研究[D]．西安：第二炮兵工程大学，2011.

[2] 房建成，宁晓琳，田玉龙．航天器自主天文导航原理与方法[M]．北京：国防工业出版社，2006.

[3] 申功勋，孙远峰．信息融合理论在惯性/天文/GPS 组合导航系统中的应用[M]．北京：国防工业出版社，1998.

[4] 袁国雄，任章．星光/惯性复合制导在战略导弹上的应用前景分析[J]．战术导弹控制技术，2006，53(2)：19－22.

[5] 王鹏，张迎春，强文义，等．捷联惯导与星敏感器组合导航算法研究[J]．中国空间科学技术，2005，12(6)：19－24.

[6] Jonghee Bae, Youdan Kim. Satellite Attitude Determination and Estimationusing Two Star Trackers[C]. Toronto, Ontario Canada: AIAA Guidance, Navigation, and Control Conference, 2010.

[7] 王永平．星光－惯性制导方程研究[J]．航天控制，1984，02：58－63.

[8] 张宗美．星光惯性制导系统[J]．国外导弹技术，1985，02：11－25.

[9] Stephen F Rounds. 先进洲际弹道导弹星光惯性制导系统的性能[J]．张宗美译，康家仁校．国外导弹技术，1984，11：43－51.

[10] David H. Titterton, John L. Weston 著．捷联惯性导航技术[M]．张天光，王秀萍，王丽霞，等译．国防工业出版社，2007.

[11] A R Eisenman, C C Liebe. The Advancing State－of－the－art in Second Generation Star Trackers[C]. IEEE Aerospace Conference, Aspen, 1998：111－118.

[12] J F Kordas, I T Lewis. Star Tracker Stellar Compass for the Clementine Mission, Space Guidance Control, and Tracking[C]. Proceeding of SPIE, Bellingham, Washington USA, 1995, 2466: 70－83.

[13] 崔祥祥．基于弹载大视场星敏感器的星图识别方法研究[D]．西安：第二炮兵工程大学，2010.

[14] Sungkoo B. GLAS spacecraft attitude determination using CCD star tracker and 3－axis gyros [D]. University of Texas, USA, 1998.

[15] 张晨．基于星跟踪器的航天器姿态确定方法研究[D]．武汉：华中科技大学，2005.

[16] Goss W. CCD star tracker[C]. Proceeding of symposium on charge－coupled device technology for scientific imaging applications, Pasadena, CA, JPL, USA, 1975：31－45.

[17] Ju G, Kim H, Pollock T, et al. A low cost micro star tracker[C]. AIAA Space Technology Conference, Albu-

querque, 1999, 4603.
[18] 朱长征．基于星敏感器的星模式识别算法及空间飞行器姿态确定技术研究[D]．长沙：中国人民解放军国防科学技术大学, 2004.
[19] Kordas J, Lewis I. Star tracker stellar compass for the clementine mission, space guidance control, and tracking[C]. Proceeding of SPIE, Bellingham, Washington USA, 1995, 2466: 70 - 83.
[20] Strikwerda T, Fisher H. Analysis of the NEAR star tracker flight data, space sciencecraft control and tracking in the new millnenjum[C]. Proceeding of SPIE, 1996, 2810: 265 - 273.
[21] Eisenman A, Liebe C, Toergensen J. The new generation of autonomous star trackers, sensor systems and next - generation satellites[C]. Proceeding of SPIE, 1997, 3221: 524 - 534.
[22] Samaan M, Pollock T, Junkins J. Predictive centroiding for star trackers with the effect of image smear[J]. The Journal of the Astronautical Sciences, 2002, 50(1) :113 - 123.
[23] VanRheeden D, Jones R. Noise effects on centroid tracker aim point estimation[J]. IEEE Transactions on Aerospace and Electronic Systems, 1998, 24(3): 177 - 185.
[24] 陈元枝, 郝志航．适用于星敏感器的星图识别方法[J]．光电工程, 2000, 27(5): 5 - 10.
[25] Bezooijen R. True sky demonstration of an autonomous star tracker[C]. Proceeding of SPIE, 1994, 2221: 156 - 168.
[26] Borghi G, Buccheri A, Cumeni D. Star detect and tracking using CCDs[C]. Proceeding of IFAC Automatic Control in Space, Noordwijkerout, Netherlands, 1982: 289 - 295.
[27] Eisenman A, Liebe C. Operation and performance of a second generation solid state star tracker[J]. Acta Astronautica, 1996, 39(9 - 12): 697 - 705.
[28] 李杰．APS 星敏感器关键技术的研究[D]．长春：长春光学精密机械与物理研究所, 2005.
[29] Liebe C. Active pixel sensor based star tracker[J]. IEEE Transactions on Aerospace and Electronic Systems. 1998: 119 - 125.
[30] Hancock B, Stirbl R, Cunningham T, et al. CMOS active pixel sensor specific performance effects on star tracker/imager position accuracy[C]. Proceeding of SPIE, 2002, 4284: 44 - 47.
[31] Bank I. Analysis of the CT - 633 star tracker's attitude estimation capability[J]. Journal of the Astronautical Sciences, 1997, 45(2): 179 - 198.
[32] 谭汉清, 刘垒．惯性/星光组合导航技术综述[J]．飞航导弹, 2008, (5): 44 - 51.
[33] 林涛, 钱国蕙．视场内导航星分布的预测[J]．空间科学学报, 1999, 19(3): 253 - 259.
[34] 周志明, 申功勋．适合航天飞机应用的星体跟踪器[J]．航空学报, 1987, 8(5): 259 - 266.
[35] 刑飞, 尤政, 董瑛．基于导航星域和 K 向量的快速星图识别算法[J]．宇航学报, 2010, 31(10): 2302 - 2307.
[36] 李光蕊．适用于星敏感器的导航星表构造算法研究[J]．光学技术, 2010, 36(5): 695 - 700.
[37] 鞠雁志．星敏感器用 CCD 星等的近似计算方法[J]．控制工程, 1986, (2): 29 - 34.
[38] 张文明, 王效才, 马屹, 等．星敏感器单星模拟光源系统[J]．光电工程, 1998, 25(S1): 74 - 78.
[39] 王素娟．基于恒星敏感器的风云四号气象卫星姿态确定方法研究及实现[D]．北京：中国气象科学研究院, 2009.
[40] 王宏力, 崔祥祥, 陆敬辉．基于惯导姿态信息的高鲁棒性星图识别算法[J]．中国惯性技术学报, 2010, 18(6): 729 - 732.
[41] 崔祥祥．面向小卫星的双视场星敏感器星图识别算法研究[D]．西安：第二炮兵工程大学, 2015.
[42] D Mortari, C Bruccoleri, S LaRosa, et al. CCD Data Processing Improvements[C]. the International Conference on Dynamics and Control of Systems and Structures in Space, 2002.
[43] Anup Bharat Katake. Modeling, Image Processing and Attitude Estimation of High Speed Star Sensor[D]. Texas A&M University, 2006.
[44] 张世文, 龙夫年, 付苓, 等．实时星场模拟器中的坐标变换[J]．哈尔滨工业大学学报, 1998, 30(5): 118 - 120.
[45] 张钧萍, 林涛, 周建林, 等．一种模拟 CCD 星图的方法[J]．中国空间科学技术, 1999, 19(3):46 - 50.

[46] 郝胜国,郝志航. 星敏感器星像模拟软件的研究[J]. 光学精密工程,2000,8(3):208 - 211.
[47] 唐建国,袁家虎,吴钦章,等. 液晶光阀星图模拟设计与实现[J]. 光电工程,1999,26(增刊):75 - 78.
[48] 全伟,房建成. 高精度星图模拟及有效性验证新方法[J]. 光电工程,2005,32(7):22 - 26.
[49] 杨君,张涛,宋靖雁,等. 全天球地面动态星模拟器算法研究[J]. 系统仿真学报,2010,22(增刊):202 - 206.
[50] 陆敬辉,王宏力,郑佳华. 一种改进的星图中星提取算法[J]. 传感器与微系统,2008,27(6):31 - 36.
[51] 李广泽,刘金国,郝志航. 基于双正交小波的星点细分定位方法研究[J]. 光学精密工程,2005,13(增刊):217 - 221.
[52] 田金文,欧阳桦,郑胜,等. 一种星图中星的提取方法[J]. 华中科技大学学报(自然科学版),2005,33(4):38 - 40.
[53] 田玉龙,王广君,房建成,等. 基于局部熵的星敏感器星图提取方法[J]. 哈尔滨工业大学学报,2005,8(27):1068 - 1070.
[54] 魏新国,张广军,江洁. 星敏感器中星图图像的星体细分定位方法研究[J]. 北京航空航天大学,2003,29(9):812 - 815.
[55] 姚大雷,汶德胜. 适用于星敏感器的星体识别研究[J]. 长春理工大学学报(自然科学版),2008,31(1):71 - 73.
[56] 郝雪涛,江洁,张广军. CMOS 星敏感器图像驱动及实时星点定位算法[J]. 北京航空航天大学学报,2005,31(4):381 - 384.
[57] 柳健,郑胜,田金文. 一种新的星图中星获取算法[J]. 光电工程,2005,32(2):1 - 4.
[58] 王兆魁,张育林. 一种 CCD 星图星点快速定位算法[J]. 空间科学学报,2006,26(3):209 - 214.
[59] 王广君,房建成. 一种星图识别的星体图像高精度内插算法[J]. 北京航空航天大学学报,2005,31(5):566 - 569.
[60] 蔡喆,邓年茂. 单星星图细分定位算法的研究[J]. 计算机仿真,2006,23(3):34 - 36.
[61] Matthew W Knutson. Fast Star Tracker Centroid Algorithm for High Performance CubeSat with Air Bearing Validation[D]. Massachusetts Institute of Technology, 2012.
[62] Baohua Li, Yang Pan, Jin Li, et al. An Autonomous Predictive Star Locations Algorithm for Star Sensor[J]. Advanced Science Letters, 2012, 6: 285 - 291.
[63] 金雁,江洁,张广军. 高动态星体目标提取方法[J]. 红外与激光工程,2011,40(11):2281 - 2285.
[64] John D Vedder. Star Trackers, Star Catalogs, and Attitude Determination: Probabilistic Aspects of System Design [J]. Journal of Guidance, Control, and Dynamics, 1993, 16(3): 498 - 504.
[65] Barry K, Hindman M, Yates R. Application of Flight Data to Space Shuttle CCD Star Tracker Catalog Design [C]. 16th Annual AAS Guidance and Control Conference, 1993.
[66] Kudva P. Flight Star Catalog Development for EOS - AM1 [R]. NASA GSFC Contract TM - 421 - 97 - 008.
[67] Robert, Bauer. Distribution of Points on a Sphere with Application to Star Catalogs [J]. Journal of Guidance, Control and Dynamics, 2000, 23(1): 130 - 137.
[68] Arun Prakash, Andy Wu, John Y Liu, et al. Performance Based Evaluation of Star Catalog Generation Methods [C]. AIAA Guidance, Navigation, and Control Conference and Exhibit, 2002. AIAA 2002 - 4669.
[69] C Zhang, C Chen, X Shen. Boltzmann Entropy - Based Guide Star Selection Algorithm for Star Tracker [J]. IEE Electronics Letters, 2004, 40(2):109 - 110.
[70] 陈聪,王宏力,陆敬辉,等. 基于螺旋基准点的导航星选取方法[J]. 弹箭与制导学报,2012,32(5):29 - 32.
[71] Hye - Young Kim, John L Junkins. Self - Organizing Guide Star Selection Algorithm for Star Trackers: Thinning Method [J]. IEEE on Aerospace Conference Proceedings, 2002: 2275 - 2284.
[72] 郑胜,吴伟仁,田金文,等. 一种新的导航星选取算法研究[J]. 宇航学报,2004,25(1):35 - 40.
[73] Meng Na, Peifa Jia. A Survey of All - sky Autonomous Star Identification Algorithm [C]. Systems and Control in Aerospace and Astronautics ISSCAA, 2006: 896 - 901.
[74] Brendan Quine, Hugh F. Durrant - Whyte. Rapid Star Pattern Identification [C]. Proc. Of SPIE, 1996,

2739: 351 - 360.
[75] 李立宏,林涛,宁永臣,等. 一种改进的全天自主三角形星图识别算法[J]. 光学技术,2000,26(4):372 - 374.
[76] 郑胜,吴伟仁,田金文,等. 一种基于三角形几何结构的星图识别算法[J]. 光学技术,2004,30(1):70 - 73.
[77] 张广军,魏新国,江洁. 一种改进的三角形星图识别方法[J]. 航空学报,2006,27(6):1150 - 1154.
[78] Craig L Cole, John L Crassidis. Fast Star Pattern Recognition Using Spherical Triangles [C]. AIAA/AAS Astrodynamics Specialist Conference, 2004. AIAA 2004 - 5389.
[79] Craig L Cole, John L. Crassidis. Fast Star - Pattern Recognition Using Planar Triangles [J]. Journal of Guidance, Control, and Dynamics, 2006, 29 (1): 64 - 71.
[80] 杨建,张广军,江洁. P向量实现快速星图识别的方法[J]. 航空学报,2007,28(4):897 - 900.
[81] Hua Zhang, Hongshi Sang, Xubang Shen. Fuzzy Decision - Based Star Identification Algorithm Using Star Magnitudes[C]. 2008 International Symposium on Computational Intelligence and Design, 2008: 116 - 119.
[82] 伍玲玲,杨静. 一种改进的三角形星图识别算法[J]. 宇航学报,2011,32(8):1740 - 1745.
[83] 樊巧云,陆壮志,魏新国,等. 基于惯性比特征的三角形星图识别算法[J]. 红外与激光工程,2012,41(10):2838 - 2843.
[84] Daniele Mortari, Malak A Samaan, Christian Bruccoleri, et al. The Pyramid Star Identification Technique [EB/OL]. http:// aerounix. tamu. edu/ ~mortari /pubbl /2004 /ION - Pyramid. pdf.
[85] David D Needelman, James P Alstad, Petter C Lai, et al. Fast Access and Low Memory Star Pair Catalog for Star Pattern Identification [J]. Journal of Guidance, Control and Dynamics, 2010, 33(5): 1396 - 1403.
[86] 林涛,周建林,张钧萍,等. 四边形全天自主星图识别算法[J]. 宇航学报,2000,21(1):82 - 85.
[87] Dong Ying, Xing Fei, You Zheng. Brightness Independent 4 - Star Matching Algorithm for Lost - in - Space 3 - Axis Attitude Acquisition [J]. Tsinghua Science and Technology, 2006, 11(5):543 - 548.
[88] 刘朝山,黄欣,刘光斌. 凸多边形星图识别算法[J]. 光电工程,2004,31(9):7 - 9.
[89] Curtis Padgett, Kenneth Kreutz - Delgado. A Grid Algorithm for Autonomous Star Identification [J]. IEEE Transactions on Aerospace and Electronic Systems, 1997, 33(1): 202 - 213.
[90] Daniel S Clouse, Curtis W Padgett. Small Field - of - View Star Identification Using Bayesian Decision Theory [J]. IEEE Transactions on Aerospace and Electronic Systems, 2000, 36(3): 773 - 783.
[91] Meng Na, Danian Zheng, Peifa Jia. Modified Grid Algorithm for Noisy All - Sky Autonomous Star Identification [J]. IEEE Transactions on Aerospace and Electronic Systems, 2009, 44(2): 516 - 522.
[92] Hyosang Yoon, Yeerang Lim, Hyochoong Bang. New Star - Pattern Identification Using a Correlation Approach for Spacecraft Attitude Determination [J]. Journal of Spacecraft and Rockets, 2011, 48(1): 182 - 186.
[93] Alveda P. Neural Network Star Pattern Recognition of Spacecraft Attitude Determination and Control [C]. Advances in Neural Information Processing System, Denver, 1989: 213 - 322.
[94] Bardwell G. On - Board Artificial Neural Network Multi - Star Identification System for 3 - Axis Attitude Determination[J]. Acta Astronautica, 1995, 35: 753 - 761.
[95] Clark S. Lindsey and Thomas Lindblad. A Method for Star Identification Using Neural Networks [C]. SPIE, 1997, 3077: 471 - 478.
[96] Jian Hong, Julie A. Dickerson. Neural - Network - Based Autonomous Star Identification Algorithm[J]. Journal of Guidance, Control and Dynamics, 2000, 23(4): 728 - 735.
[97] Domenico Accardo, Giancarlo Rufino. Star Field Feature Characterization for Initial Acquisition by Neural Networks [C]. IEEEAC paper#344, 2001: 2319 - 2330
[98] 李春艳. 利用神经网络技术实现星敏感器的星图识别[D]. 大连:辽宁师范大学,2003.
[99] Peter J Roberts, Rodney A Walker. Application of a Counter Propagation Neural Network for Star Identification [C]. AIAA Guidance, Navigation, and Control Conference and Exhibit, 2005. AIAA 2005 - 6469.
[100] 黄勇,陈琳. 一种基于SOFM聚类的星图识别算法[J]. 光学精密工程,2004,12(3):346 - 351.
[101] 张少迪,王延杰,孙宏海. 三角形剖分以及PSO - BP神经网络在星图识别中的应用[J]. 光电工程,

2011,38(6):30 - 37.
[102] Jer - Nan Juang, Hye Young Kim, John L Junkins. An Efficient and Robust Singular Value Method for Star Pattern Recognition and Attitude Determination [C]. NASA, NASA/TM - 2003 - 212142, 2003.
[103] Malak A Samaan, Daniele Mortari, John L Junkins. Recursive Mode Star Identification Algorithms [J]. Journal of IEEE Trans. on Aerospace and Electronic Systems, 2005, 41(3): 1 - 7.
[104] 袁彦红. 星敏感器在轨标定算法研究[D]. 哈尔滨:哈尔滨工业大学, 2007: 1 - 74.
[105] 钟红军,杨孟飞,卢欣. 星敏感器标定方法研究[J]. 光学学报,2010,30(5):1334 - 1348.
[106] 孙高飞,张国玉,郑茹,等. 星敏感器标定方法的研究现状与发展趋势[J]. 长春理工大学学报(自然科学版),2010,33(4):9 - 14.
[107] Shuster M D, Oh D S. Three - axis Attitude Determination from Vector Observations [J]. Journal of Guidance, Control, and Dynamics, 1981, 4(1):70 - 77.
[108] Schaub H, Junkins J. Analytical Mechanics of Space Systems[M]. AIAA, 2002:63 - 114.
[109] 刘一武. 惯性敏感器与星敏感器之间在轨自主标定比较研究[J]. 航天控制,2005,23(2):59 - 63.
[110] 袁彦红,耿云海,陈雪芹. 星敏感器自主在轨标定算法[J]. 上海航天,2008,3:6 - 10.
[111] 彭媛. 基于遗传算法的摄像机标定方法研究[D]. 长沙: 国防科学技术大学,2009.
[112] 张伟娜,全伟. 基于改进遗传算法的星图畸变校正方法[J]. 航天控制,2012,29 (5) :3 - 7
[113] G WAHBA. A Least Square Estimation of Spacecraft Attitude[J]. SIAM Review,1965,7(3):409 - 411.
[114] M D Shuster, S D Oh. Three Axis Attitude Determination from Vector Observations[J]. Journal of. Guidance, Control, 1981, 4(1):70 - 77.
[115] Yang Cheng, John L. Crassidis and F. Landis Markley. Attitude Estimation for Large - of - View Sensors [C]. AAS - 05 - 462.
[116] 史话. 星图识别算法及空间飞行器姿态确定研究[D]. 哈尔滨:哈尔滨工业大学,2006.
[117] Alireza Khosravian, Mehrzad Namvar. Rigid Body Attitude Control Using a Single Vector Measurement and Gyro [J]. IEEE Transactions on Automatic Control, 2012, 57(5): 1273 - 1279.

第2章　星图模拟

2.1　引　言

星图数据是开展星提取和星图识别研究的基础。真实的星图一般是通过航天试验或地面拍摄夜空试验获得，但航天试验费用较高，一般很难获得大量数据；地面试验也需要相应硬件系统支持，门槛较高。实际中常通过星图模拟来获得星图数据，具有费用低、速度快、灵活性好等优点，非常适合星提取、星图识别、姿态确定等算法验证以及星敏感器光学系统性能评估等。本章在分析星图特点的基础上，对星图模拟问题进行分析，阐述了星图模拟的原理及过程，并给出了一种基于 k - vector 搜索的星图模拟算法，可以模拟星敏感器在任意给定姿态下获得的星图。

2.2　星图特点分析

星敏感器是以星空为观测对象、以恒星为观测目标的高精度空间姿态敏感器，通过 CCD 或 CMOS 图像传感器对光轴指向的部分星空进行成像，得到相应星图，然后通过星提取、星图识别和姿态解算估计出星敏感器的光轴指向和姿态。

恒星可视为无穷远处具有一定光谱特性的点光源，如果聚焦正确，其在星敏感器光敏面上的像将只占一个像素。由于 CCD 的分辨率不可能无限制提高，因此通过提高 CCD 的分辨率来提高星像定位精度的效果有限。采用散焦技术使星像分布在有限个像素上，然后通过细分定位算法使星像定位精度达到亚像素级，是提高星像定位精度的有效方法。采用散焦技术后，恒星在星敏感器光敏面上的像为分布在较暗背景上的点状光斑[1,2]。

星图具有显著的特点，可近似看成是由大量黑暗背景和若干个灰度不一的亮点组成[3]，其中的亮点就是星像。一般上星图背景灰度较低，星像灰度较高，可通过设置背景阈值的方式将星图背景和星像分离开[1,4]。

星敏感器受到各种噪声的影响，主要包括：①图像传感器的噪声（如 CCD 的散粒噪声、暗电流噪声、光响应非均匀性等）；②电子线路噪声（由于图像传感器信号微弱，需要相应的信号放大、滤波、整形等处理，引入了模拟电路噪声）；③模数转换噪声（模拟信号转换成数字信号过程中产生的量化噪声）。这些噪声导致星图背景的灰度值发生了变化，因此在星提取时必须考虑噪声对星图的影响[5]。

2.3　星图模拟原理

恒星的位置通常采用天球坐标系描述，常用的天球坐标系有地平坐标系、赤道坐标系、黄道坐标系和银道坐标系等。本章提到的天球坐标系是指地心第一赤道坐标系 $O_C - x_C y_C z_C$，其

原点是地心 O_C[6]。其中,天球是一个假想球面,以观测者为中心,以任意长为半径。天球上某点的位置可由两个球面坐标——赤经和赤纬描述,其与地球上的经度、纬度相似。每颗恒星可抽象为天球上的一个点。但由于岁差影响——一种沿着地轴方向的缓慢运动[7],春分点的位置在缓慢发生变化,导致恒星的天球坐标也发生变化。天文学家通过长期观察,得到了恒星在历元时刻对应的赤经、赤纬坐标——恒星平位置,并给出了用于估计观测时刻恒星位置的修正量。某观测时刻恒星的瞬时位置可由历元时刻恒星平位置加上修正量得到[6]。

大部分恒星距离地球都非常遥远,如距离地球最近的恒星(比邻星)距太阳 4.2 光年[8],因此可近似认为人们观测到的恒星星光是平行光。对于同一颗恒星,人们观测到的星光向量应具有同一方向,不随观测地点改变而改变。所以,某观测时刻恒星在天球坐标系下的星光向量与星敏感器观测到的星光向量只存在一个坐标转换关系,假设转换矩阵为 $\boldsymbol{M}$,恒星在天球坐标系下的星光向量为 $\boldsymbol{S}$,星敏感器观测到的星光向量为 $\boldsymbol{S}'$,则存在如下关系,即

$$\boldsymbol{S}' = \boldsymbol{M} \times \boldsymbol{S} \tag{2.1}$$

恒星在天球坐标系下的星光向量 $\boldsymbol{S}$ 可以用天球坐标(赤经和赤纬)的三角函数表示,如假设恒星的天球坐标为 (α,δ),则星光向量可表示为 $(\cos\alpha\ \cos\delta,\ \sin\alpha\ \cos\delta,\sin\delta)^{\mathrm{T}}$。星敏感器观测到的星光向量 $\boldsymbol{S}'$ 是与向量 $(x,y,\ -f)^{\mathrm{T}}$ 平行的单位向量,其中:x,y 表示某恒星在星敏感器像平面上的坐标,f 表示星敏感器光学系统的焦距。

因此,星图模拟本质上是一个坐标转换的过程,其原理可描述为:首先通过坐标转换矩阵,得到某恒星在星图中的坐标;然后基于星光成像原理,对其进行成像仿真;最后与背景叠加,得到模拟星图。

2.4 星图模拟过程分析

星图模拟需要完成以下 5 个步骤,分别是指定天区观测星搜索、星体坐标计算、星等与光电子数的变换、星像能量分布、星图噪声及模拟星图的生成[9]。

2.4.1 指定天区观测星搜索

当星敏感器对天空拍照时,透过 CCD 相机看到的天球视场是一定的[6]。假设星敏感器视场为矩形,范围为 $\mathrm{FOV}_x \times \mathrm{FOV}_y$,则只有位于星敏感器视场范围内的星体才需要进行成像模拟。由于天球坐标系中矩形边界不便于计算,这里计算以矩形视场对角距一半为半径的圆形边界。设角距半径用 θ_r 表示,可根据球面三角形公式求得

$$\theta_r = \arccos\left(\cos\frac{\mathrm{FOV}_x}{2} \times \cos\frac{\mathrm{FOV}_y}{2}\right) \tag{2.2}$$

由于该圆形边界范围大于矩形视场范围,因此圆形视场内的星体不一定处于星敏感器的视场范围内,需要在计算出星体坐标后,比较其坐标与星图边界的关系,位于星图边界内的星体才是观测星。

对于观测星的搜索有两种方式:一种是通过圆形边界角距半径计算圆形边界的赤经、赤纬坐标范围;另一种是转换成单位向量,计算圆形边界对应的单位向量的坐标范围(基于 k – vector 搜索)。下面分别进行讨论。

1. 观测星的搜索方式一

假设星敏感器光轴指向为 (α_g,δ_g),采用第一种方法,需要计算出天球上以 (α_g,δ_g) 为圆心、θ_r 为半径的圆形区域的赤经、赤纬坐标范围。天球坐标系中,赤纬的分布是均匀的,赤纬

范围可表示为 $[\delta_g - \theta_r, \delta_g + \theta_r)$；赤经分布不均匀，假设圆形边界点的天球坐标用 (α_j, δ_j) 表示，对于给定的 δ_j，α_j 可表示为

$$\alpha_j = \alpha_g \pm \arccos\left(\frac{\cos\theta_r - \sin\delta_j \sin\delta_g}{\cos\delta_j \cos\delta_g}\right) \tag{2.3}$$

$$\delta_g \in [\delta_j - \theta_r, \delta_g + \theta_r]$$

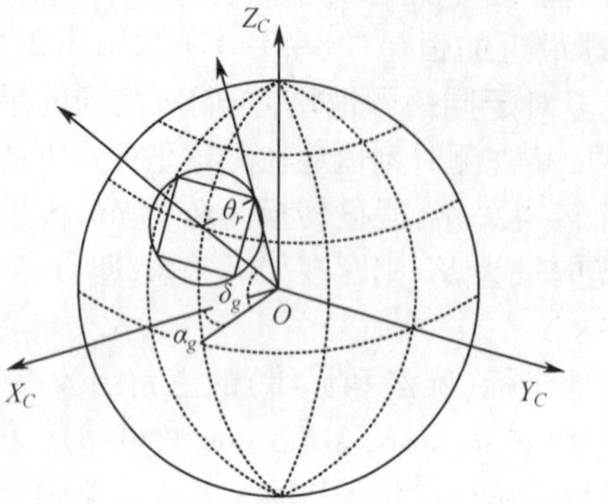

图 2.1　星敏感器视场与天球面的关系

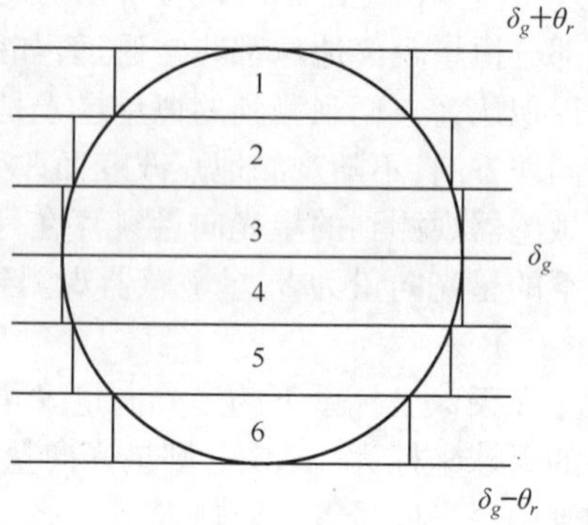

图 2.2　视场分区示意图

星表中赤经、赤纬在边界点坐标范围内的星体才可能进入视场。这里采用分区搜索方法，讨论星表越界和搜索效率的问题，具体搜索过程如下。

(1)通过光轴的天球坐标 (α_g, δ_g) 和视场范围 θ_r 求得边界点的赤纬变化范围，并对其进行分区（此处考虑了星表越界问题，若 $\delta_g - \theta_r < -90°$ 或 $\delta_g + \theta_r > 90°$，取 $\delta_g - \theta_r = -90°$ 或 $\delta_g + \theta_r = 90°$）。若分为 6 个分区（见图 2.2），则有 7 个分区点，其中 $\delta_g - \theta_r$、δ_g、$\delta_g + \theta_r$ 分别为 1、4、7 分区点。

(2)对于给定的分区，分别计算其赤经范围。以分区 1 为例，$\delta_{q1} \in \left[\delta_g - \theta_r, \delta_g - \frac{2}{3}\theta_r\right]$，代入式(2.3)分别求出分区点 $\delta_g - \theta_r$ 和 $\delta_g - \frac{2}{3}\theta_r$ 对应的赤经范围 α_{j1} 和 α_{j2}。设分区 1 对应的星体为 $(\alpha_{q1}, \delta_{q1})$，则 $\alpha_{q1} \in \left[\min\{\alpha_{j1}, \alpha_{j2}\}, \max\{0\alpha_{j1}, \alpha_{j2}\}\right]$（此处对星表越界问题也进行了考虑，当 $\min\{\alpha_{j1}, \alpha_{j2}\} < 0°$ 或 $\max\{\alpha_{j1}, \alpha_{j2}\} > 360°$ 时，对其进行分区，即 $\left[\min\{\alpha_{j1}, \alpha_{j2}\}, 0°\right]$ 和 $\left[0°, \max\{\alpha_{j1}, \alpha_{j2}\}\right]$，或 $\left[\min\{\alpha_{j1}, \alpha_{j2}\}, 360°\right]$ 和 $\left[360°, \max\{\alpha_{j1}, \alpha_{j2}\}\right]$，分别搜索结果，最后进行组合）。

2. 观测星的搜索方式二

第二种搜索方式存储了星体的单位星光向量坐标，对星表进行了一些改变。星敏感器光轴指向向量（见图 2.3）可通过计算其天球坐标的三角函数得到，即 $(\cos\alpha_g \cdot \cos\delta_g, \sin\alpha_g \cdot \cos\delta_g, \sin\delta_g)^{\mathrm{T}}$，简记为 $(x_g, y_g, z_g)^{\mathrm{T}}$。对于角距半径为 θ_r 的圆形边界，其对应的单位向量坐标范围可表示为[10]

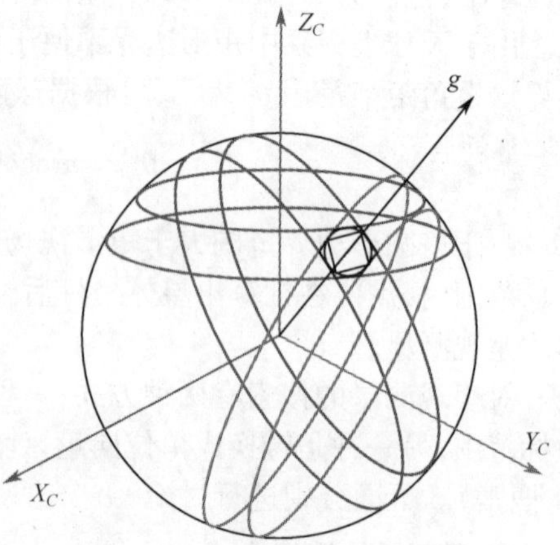

图 2.3　星敏感器视场与其单位向量坐标范围的关系

$$\begin{cases} x \in \left[\cos\theta_r \cdot x_g - \sin\theta_r \cdot \sqrt{1-x_g^2}, \cos\theta_r \cdot x_g + \sin\theta_r \cdot \sqrt{1-x_g^2}\right] \\ y \in \left[\cos\theta_r \cdot y_g - \sin\theta_r \cdot \sqrt{1-y_g^2}, \cos\theta_r \cdot y_g + \sin\theta_r \cdot \sqrt{1-y_g^2}\right] \\ z \in \left[\cos\theta_r \cdot z_g - \sin\theta_r \cdot \sqrt{1-z_g^2}, \cos\theta_r \cdot z_g + \sin\theta_r \cdot \sqrt{1-z_g^2}\right] \end{cases} \tag{2.4}$$

搜索结果表明，星表中单位星光向量坐标均属于给定范围内的星体，当然其中包含了可能不在星图中出现的恒星。

从搜索结果可以看出，该方法需要解决坐标极值附近的坐标范围计算问题。例如，当 $z_g = 1$ 时，设 $\theta_r = 6.15°$，由式(2.4)计算得到的 $z_{\min} = -0.9942$，$z_{\max} = 0.9942$，而实际坐标范围为 $z = [0.9942, 1]$。该问题可以通过设立比较过程解决，即：当光轴指向接近坐标极值方向时（在上述条件下为 $z_g \geqslant 0.9942$ 或 $z_g \leqslant -0.9942$），坐标范围的最值取为极值（$z_{\max} = 1$ 或 $z_{\min} = -1$），各坐标具有对称性。相应的比较条件为

$$\begin{cases} x_g \geqslant \sin(90° - \theta_r) \text{ 或 } x_g \leqslant \sin(-90° + \theta_r) \\ y_g \geqslant \sin(90° - \theta_r) \text{ 或 } y_g \leqslant \sin(-90° + \theta_r) \\ z_g \geqslant \sin(90° - \theta_r) \text{ 或 } z_g \leqslant \sin(-90° + \theta_r) \end{cases} \tag{2.5}$$

以上分析采用 D. Mortari 等提出的一种效率很高的区间搜索算法[11,12]，得到了搜索范围。假设 y 是一个 n 维向量，s 是 y 向量按升序排列的向量，满足 $s(i) \leqslant s(i+1), i = 1, \cdots, n-1$，且 $s(1) = y_{\min}$，$s(n) = y_{\max}$。其中，$y_{\min} = \min\limits_i y(i)$，$y_{\max} = \min\limits_i y(i)$。

建立向量 I，存储 s 中每个量在 y 中的位置，使 $y(I(i)) = s(i)$。过两点 $(i, y_{\min} - \xi)$，$(n, y_{\max} + \xi)$ 构造直线方程（其中 $\xi = \varepsilon\max[|y_{\min}|, |y_{\max}|]$，$\varepsilon$ 是计算机的机器精度），即

$$z(x) = mx + q \tag{2.6}$$

式中：$m = \dfrac{y_{\max} - y_{\min} + 2\xi}{n-1}$；$q = y_{\min} - m - \xi$。

通过以下条件，建立 k - vector，即

$$\begin{cases} k(1) = 0 \\ k(i) = j \quad \text{当 } s(j) \leqslant z(i) < s(j+1) \text{ 时，其中 } i = 2n-1 \\ k(n) = n \end{cases} \tag{2.7}$$

当搜索 $y(i) \in [y_a, y_b]$ 时，有

$$j_i = \left\lfloor \frac{y_a - q}{m} \right\rfloor \quad j_k = \left\lfloor \frac{y_b - q}{m} \right\rfloor \tag{2.8}$$

其中：$\lfloor x \rfloor$ 表示向下取整，即最接近 x 且小于 x 的整数；$\lceil x \rceil$ 表示向上取整，即最接近 x 且大于 x 的整数。$y(I(k))$ 就是搜索的结果，其中 $k = k(j_l) + 1, k(j_l) + 2, \cdots, k(j_k)$。

使用该方法对得到的赤经、赤纬坐标范围或单位星光向量坐标范围进行搜索，可以很快得到满足条件的星体。由于搜索条件分别是两个和三个，为提高搜索效率，引入了标志位向量，通过星体的标志位判断其是否满足条件以简化搜索过程。

随机设定星敏感器光轴指向（见图 2.4），通过仿真来比较以上两种方法的搜索时间和搜星的个数，如图 2.5 和图 2.6 所示。

从图 2.5 和图 2.6 可看出：两种方法的搜星个数接近，第一种方法略比第二种方法精确；从搜索时间上看，第二种方法搜索时间变化不大（接近 1ms），第一种方法多数情况下搜索时间较短（约为 0.8ms），但有时搜索时间较长，达到 3.3ms。第一种方法存储星表的 .Mat 文件为 185KB；第二种方法存储星表的 .Mat 文件为 365KB。由于第二种方法可以直接获得星体单位

向量,便于下步计算,因此采用第二种方法。

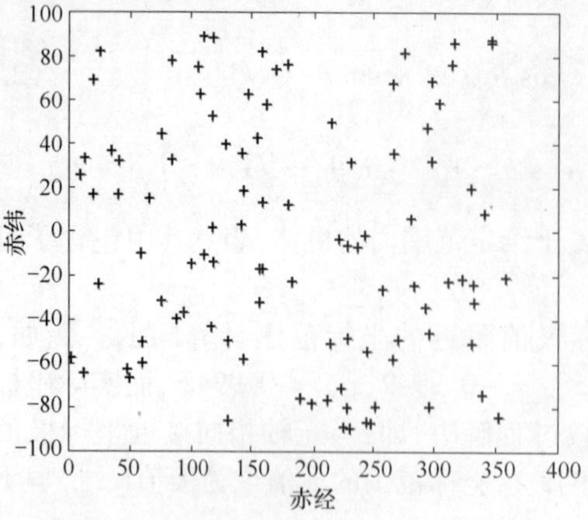

图 2.4 星敏感器光轴指向的赤经赤纬坐标

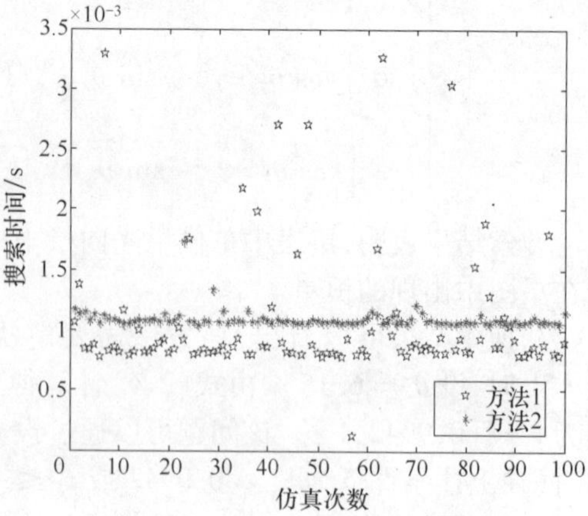

图 2.5 两种方法的搜索时间比较

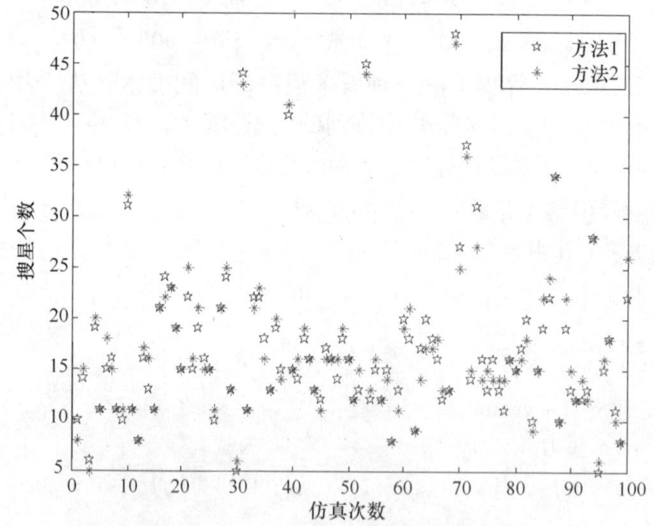

图 2.6 两种方法的搜星个数比较

2.4.2 星体坐标计算

由定义的天球坐标系、星敏感器焦平面坐标系和星敏感器坐标系,假设星敏感器光轴指向为 (α_g,δ_g)。定义星敏感器绕光轴的旋转角为 θ_g,当星敏感器焦平面坐标系的 x_{APS} 轴方向与光轴赤经赤纬坐标对应的赤纬平面的东向一致时,定义 $\theta_g = 0°$,取逆时针为正,则星敏感器在天球坐标系的姿态可由 (α_g,δ_g) 和 θ_g 描述。可以经过三次旋转将天球坐标系变换到星敏感器像空间坐标系(见图 2.7):绕 OZ_C,轴旋转 $90° + \alpha_g$,得 $O - x_1y_1z_1$;绕 Ox_1 轴旋转 $90° - \delta_g$,得 $O - x_2v_2z_2$,其中 Oz_2 轴与星敏感器像空间坐标系 OZs 轴重合;绕 Oz_2 轴旋转 θ_g,得 O -

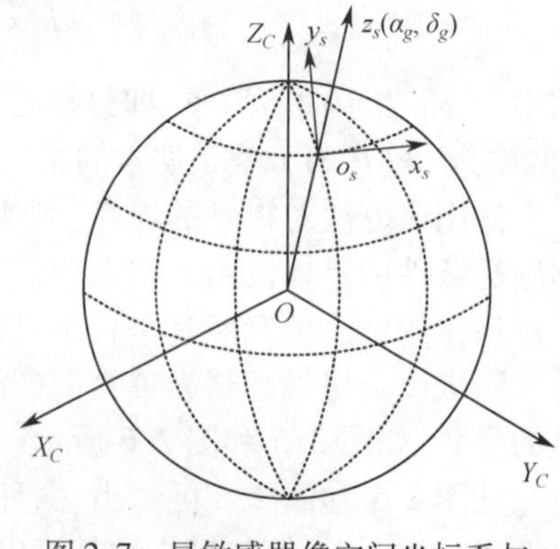

图 2.7 星敏感器像空间坐标系与天球坐标系的关系

$x_3v_3z_3$，其中 $O-x_3v_3z_3$ 与 $O_s-x_sy_sz_s$ 重合。

由天球坐标系到星敏感器像空间坐标系的转换矩阵 $\boldsymbol{C}_C^s$ 为

$$\boldsymbol{C}_C^s=\begin{bmatrix}\cos\theta_g & \sin\theta_g & 0\\ -\sin\theta_g & \cos\theta_g & 0\\ 0 & 0 & 1\end{bmatrix}\times\begin{bmatrix}1 & 0 & 0\\ 0 & \cos(90°-\delta_g) & \sin(90°-\delta_g)\\ 0 & -\sin(90°-\delta_g) & \cos(90°-\delta_g)\end{bmatrix}\times \begin{bmatrix}\cos(90°+\alpha_g) & \sin(90°+\alpha_g) & 0\\ -\sin(90°+\alpha_g) & \cos(90°+\alpha_g) & 0\\ 0 & 0 & 1\end{bmatrix} \tag{2.9}$$

经简化，得

$$\boldsymbol{C}_C^5\begin{bmatrix}-\sin\theta_g\cdot\sin\delta_g\cdot\cos\alpha_g-\cos\theta_g\cdot\sin\alpha_g & -\sin\theta_g\cdot\sin\delta_g\cdot\sin\alpha_g+\cos\theta_g\cdot\cos\alpha_g & \sin\theta_g\cdot\cos\alpha_g\\ -\cos\theta_g\cdot\sin\delta_g\cdot\cos\alpha_g+\sin\theta_g\cdot\sin\alpha_g & -\cos\theta_g\cdot\sin\delta_g\cdot\sin\alpha_g-\sin\theta_g\cdot\cos\alpha_g & \cos\alpha_g\cdot\cos\delta_g\\ \cos\delta_g\cdot\cos\alpha_g & \cos\delta_g\cdot\sin\alpha_g & \sin\delta_g\end{bmatrix} \tag{2.10}$$

设在天球坐标系下某恒星的单位星光向量为 $\boldsymbol{S}$，当星敏感器光轴指向为 (α_g,δ_g)，星敏感器绕光轴的旋转角为 $\boldsymbol{S}$ 时，星敏感器观测到的该恒星在星敏感器像空间坐标系下的单位向量 $\boldsymbol{S}'$ 为

$$\boldsymbol{S}'=\boldsymbol{C}_i^s\times\boldsymbol{S} \tag{2.11}$$

设 $\boldsymbol{S}'$ 可表示为 $(\bar{x},\bar{y},\bar{z})^{\mathrm{T}}$，则恒星在星敏感器焦平面上的坐标可表示为

$$\begin{cases}x\times d_h=f\times\dfrac{\bar{x}}{\bar{z}}\\ y\times d_v=f\times\dfrac{\bar{y}}{\bar{z}}\end{cases} \tag{2.12}$$

$$f=\frac{N_xd_h}{2\tan(\mathrm{FOV}_x/2)}=\frac{N_yd_v}{2\tan(\mathrm{FOV}_y/2)} \tag{2.13}$$

式中：f 为星敏感器光学系统的焦距，N_x 和 N_y 分别为行、列像素个数；FOV_x 和 FOV_y 分别表示 x 轴、y 轴方向视场大小；d_h 和 d_v 分别为像素的宽和高。

对于恒星 i，其单位向量坐标为 $(\cos\alpha_i\cdot\cos\delta_i,\sin\alpha_i\cdot\cos\delta_i,\sin\delta_i)^{\mathrm{T}}$。取 $\theta_g=0°$，其对应的星敏感器焦平面坐标为(采用赤经、赤纬表示)

$$\begin{cases}x\times d_h=\dfrac{N_x\times d_h}{2\tan(\mathrm{FOV}_x/2)}\times\dfrac{\cos\delta_i\sin(\alpha_i-\alpha_g)}{\sin\delta_i\sin\delta_g+\cos\delta_i\cos\delta_g\cos(\alpha_i-\alpha_g)}\\ y\times d_v=\dfrac{N_y\times d_v}{2\tan(\mathrm{FOV}_y/2)}\times\dfrac{\sin\delta_i\cos\delta_g\cos\delta_i\sin\delta_g\cos(\alpha_i-\alpha_g)}{\sin\delta_i\sin\delta_g+\cos\delta_i\cos\delta_g\cos(\alpha_i-\alpha_g)}\end{cases} \tag{2.14}$$

经简化，得

$$\begin{cases}x=\dfrac{N_x}{2\tan(\mathrm{FOV}_x/2)}\times\dfrac{\cos\delta_i\sin(\alpha_i-\alpha_g)}{\sin\delta_i\sin\delta_g+\cos\delta_i\cos\delta_g\cos(\alpha_i-\alpha_g)}\\ y=\dfrac{N_y}{2\tan(\mathrm{FOV}_y/2)}\times\dfrac{\sin\delta_i\cos\delta_i-\cos\delta_i\sin\delta_g\cos(\alpha_i-\alpha_g)}{\sin\delta_i\sin\delta_g+\cos\delta_i\cos\delta_g\cos(\alpha_i-\alpha_g)}\end{cases} \tag{2.15}$$

2.4.3 星等与光电子数的变换

直接用肉眼观测天体，会发现不同天体明亮程度不同。为了表示恒星的亮度，公元前 2 世纪，希腊天文学家依巴谷建立了星等概念，把肉眼能见的星体分成 6 个等级，其中最亮的星为

1 等,肉眼刚好能看得见的星为 6 等,恒星越亮,星等越低[13]。

19 世纪人们通过光度计测定发现:星等每降低一等,亮度增加为前一星等的 2.51 倍[13]。由此,文献[14]推导了 G2 类恒星的星等与其光线能量的关系。恒星的光线频谱与其表面温度有关,太阳的表面温度约为 5800K,属于 G2 类恒星,其视星等为 $mv=-26.7$,对应的光线能量达到了 $1.3\mathrm{kW/m^2}$。可依据星等估算同类型恒星的光线能量。文献[14]对 $mv=0$ 的 G2 类恒星在典型 CCD 芯片上的成像情况进行了仿真,结果显示当曝光时间为 1s,光学孔径为 $1\mathrm{mm}^2$ 时,CCD 芯片上会产生 19100 个光电子,由此建立了近似估计光电子个数的公式。设星等为 mv,星敏感器光学孔径为 d_{len},曝光时间为 t_{in},则典型 CCD 芯片上将产生的光电子数可近似表示为

$$n_{pe}=19100\cdot\frac{1}{2.5^{mv-0}}\cdot t_{\mathrm{in}}\cdot\pi\cdot\left(\frac{d_{\mathrm{len}}}{2}\right)^2\cdot10^6 \tag{2.16}$$

2.4.4 基于高斯点扩散函数模拟星像能量分布

由几何光学原理可知,物像的光强分布由物体光强分布函数与光学系统点扩散函数卷积得到。恒星可视为点光源,其光强分布可近似为 δ 函数。理想光学系统点扩散函数应为 δ 函数,但由于光学系统的像差以及散焦处理等影响,星像能量有一定的分散,其能量分布可近似由高斯点扩散函数表示,即

$$I(x,y)=\frac{I_0}{2\pi\sigma_{\mathrm{psf}}^2}\exp\left[-\frac{(x-x_c)^2+(y-y_c)^2}{2\sigma_{\mathrm{psf}}^2}\right] \tag{2.17}$$

式中:I_0 为曝光时间内恒星投射到光敏面的总能量;(x_c-y_c) 为星像能量中心坐标,σ_{psf} 为高斯弥散半径[15]。

某星像点获得的恒星辐射能量占总能量的比例为

$$p(x,y)=\frac{1}{2\pi\sigma_{\mathrm{psf}}^2}\exp\left[-\frac{(x-x_c)^2+(y-y_c)^2}{2\sigma_{\mathrm{psf}}^2}\right] \tag{2.18}$$

某像素获得的恒星辐射能量占总能量的比例为

$$p(c,l)=\iint_s p(x,y)\,\mathrm{d}x\mathrm{d}y \tag{2.19}$$

式中:s 为像素 (c,l) 所在的矩形区域。

该像素内含有的光电子数可近似为

$$n(c,l)=n_{pe}\times p(c,l) \tag{2.20}$$

CCD 芯片单个像素能产生的最大电子数,称为电子容量(Full - Well Capacity),表示为 n_{ec}。假设 CCD 芯片的灰度等级为 0 ~ 255,则每一灰度等级对应的电子数为 $n_e=\frac{n_{ne}}{256}$。当获得某像素的电子数时,其灰度值为

$$g(c,l)=\frac{n(c,l)}{n_e} \tag{2.21}$$

2.4.5 星图噪声及模拟星图的生成

星敏感器获得星图的过程引入了很多噪声,主要有散粒噪声(Shot Noise)、暗电流噪声(Dark Current)、复位噪声(Reset Noise)和光响应非均匀性(Photo - Response Non - Uniformity)[13]。

(1)散粒噪声。散粒噪声的产生是由于单位时间注入光敏区的光子数目是波动的,这一

波动导致了光电子数目的波动。散粒噪声与信号强度相关，由于光子发射过程是一个泊松过程，因此散粒噪声引起的电子数波动理论上满足泊松分布，其方差等于信号电子数，即

$$\sigma_{\text{Shot}}^2(c,l) = n(c,l) \tag{2.22}$$

式中：$\sigma_{\text{Shot}}^2(c,l)$ 为散粒噪声引起的像素 (c,l) 的电子数波动的方差；$n(c,l)$ 为像素 (c,l) 的信号电子数。

(2)暗电流噪声。暗电流噪声是指由热效应产生的电流引起的噪声。热效应产生的电子数与工作温度、曝光时间、像素大小有关，可近似表示为

$$n_{\text{Dark}} = \frac{J_D A_D t_{\text{int}}}{q} \tag{2.23}$$

式中：n_{Dark} 为热效应产生的电子数；A_D 为单位像素面积；t_{int} 为曝光时间；q 为单位电子的电量 $1.6\times10^{-19}\text{C}$；$J_D$ 为暗电流密度(Dark Current Density)。J_D 满足以下比例条件，即

$$J_D \propto T^2 \mathrm{e}^{-\frac{\alpha}{k_B T}} \tag{2.24}$$

式中：T 为热力学温度；α 为常数，依赖于半导体能带隙(Semiconductor Energy Bandgaps)；k_{B} 为玻耳兹曼常数(Boltzmann Constant)。通常温度每升高 8～9℃，暗电流密度会增加一倍，因此通过采用降温技术可有效降低暗电流噪声[16]。

(3)复位噪声。复位噪声是由像素电容效应引起的，采用浮置栅放大器能有效降低复位噪声。

由于器件制造工艺的问题，各像素在几何结构和响应度上略有不同。这使得各像素在均匀光照条件下可能输出不相等的信号，这就是光响应非均匀性。由于光响应非均匀性的随机性很大，没有一定的规律，且因器件而异，因此需要进行实际测量。

这里主要讨论散粒噪声和暗电流噪声对模拟星图的影响，噪声引起的像素电子数方差可表示为

$$\sigma^2(c,l) = n(c,l) + n_{\text{Dark}} \tag{2.25}$$

式中：$n(c,l)$ 为由成像模拟计算得到的像素 (c,l) 的信号电子数；n_{Dark} 为暗电流产生的电子数。

采用高斯分布模拟噪声引起的像素电子数变化，星图中像素 (c,l) 的灰度值可表示为

$$g(c,l) = \frac{n(c,l) + \text{Random}G(0,\sigma(c,l))}{n_e} + g_{\text{Bg}} \tag{2.26}$$

式中：$g(c,l)$ 为像素 (c,l) 的灰度值；n_e 为每一灰度等级对应的电子数；g_{Bg} 为背景星图的灰度值，这里星图背景等效为视星等 10 等。

2.5 基于 k－vector 搜索的星图模拟算法

2.4 节分析了星图模拟过程。在指定天区观测星搜索的过程中，特别给出了两种观测星搜索的方式，提出了基于 k－vector 搜索的星图模拟算法，其具体实现流程如下[17]。

(1)对星表建立 k－vector 索引。本星表由 SKY2000 主星表中星等小于 6.0Mv 的恒星组成，为便于分析，剔除了其中的双星与变星，剩余 3716 颗(角距大于 1°的情况下)。星表只存储星体的单位向量坐标、星等以及其在星表中的序号。对该星表中星体的单位向量坐标分别建立 k－vector 索引。

(2)由光轴的天球坐标 (α_g,δ_g) 求解光轴指向向量坐标为 $(\cos\alpha_g\cdot\cos\delta_g, \sin\alpha_g\cdot\cos\delta_g, \sin\delta_g)^{\text{T}}$，简记为 $(x_g,y_g,z_g)^{\text{T}}$。由 θ_r 求解边界单位向量坐标范围，见式(2.4)。

(3)根据 $(x_g, y_g, z_g)^T$ 取值对计算得到的边界坐标范围进行检验。若光轴指向接近坐标极值方向，则对计算得到的边界坐标范围进行修改，检验条件见式(2.5)。

(4)分别对 x、y 的坐标范围进行 k－vector 搜索，将搜到星体的标志位加 1，然后对 z 的坐标范围进行 k－vector 搜索，结果中标志位等于 2 的星体就是要搜索的星体。

(5)由式(2.15)对搜索结果进行坐标转换，并基于焦平面坐标最大值与最小值判断星像是否位于模拟星图中，获得星像位于模拟星图中的星体集。

(6)对上述得到的星体集进行单星成像模拟运算，代入星图灰度计算公式，得到星图灰度值。

(7)与背景星图叠加，得到最终星图。

2.6 仿真验证

为了说明基于 k－vector 搜索的星图模拟算法灵活性，并模拟任何参数星敏感器在给定姿态下的星图，采用两种不同参数条件下的星敏感器进行数学仿真。

2.6.1 仿真验证一

设定仿真条件：星敏感器视场为 20°×16°，单个像素长、宽各为 27μm，曝光时间为 0.08s，光学系统焦距约为 78.4mm，电子容量 n_{ec} 为 13000，高斯弥散半径为 0.5 像素。

该条件下 0 等星中心像素获得的光电子数约为 500000，邻近像素的光电子数约为 11500；2 等星中心像素获得的光电子数约为 80000；4 等星中心像素获得的光电子数约为 13000；6 等星中心像素获得的光电子数约为 2000。设由暗电流噪声引起的电子数为 50，星图背景等效为视星等 10 等，对应的电子数为 113。

在星敏感器光轴指向为(60°,40°)，星敏感器绕光轴的旋转角为 0°时，得到的模拟星图如图 2.8 所示。

图 2.8 视场为 20°×16°、电子容量为 13000 时算法得到的模拟星图

从图 2.8 可以看出，由于图像像素较多，星点所占像素少，且多数星点的灰度值较低，星点位置不明显。因此，将电子容量 n_{ec} 设为 1000，提高暗星的显示灰度，得到的模拟星图如图 2.9 所示。

为了更好地说明模拟星图的正确性,使用Sky Map Pro8 软件得到的以(60°,40°)为中心的20°×16°视场星图,如图2.10所示。

图2.9　视场为20°×16°、电子容量为1000时算法得到的模拟星图

图2.10　Sky Map Pro8 得到的视场为20°×16°的模拟星图

为了检验生成的模拟星图在星等的分布上也符合星敏感器拍摄时的灰度分布,将一幅某型星敏感器获得真实星图与星图模拟获得的模拟星图进行局部放大,以比较其灰度分布。图2.11为某型星敏感器获得的实际星图,图2.12为图2.8和图2.11的局部放大图对比。

图2.11　某型星敏感器获得的实际星图

从仿真结果图2.9和通过星空模拟软件Sky Map Pro8 生成的图2.10可以看出,对于以(60°,40°)为中心的20°×16°视场星图内生成的星图方位基本一致,且观测星的数目也一致,说明给出的观测星选取方法和星体坐标转换方法是正确的;从仿真图2.12比较模拟星图和真实星图局部放大图,可以看出两幅图中星像的灰度分布也基本相同,说明本算法可以很好模拟恒星星像的灰度信息。

以上只是定性分析本节提出的星图模拟算法能够很好地实现星图模拟。为了定量分析本节提出的星图模拟算法能够很好地实现星图模拟，主要从星图的两个重要特征即恒星之间相对位置（恒星之间角距）和恒星灰度分布（星像信息）对本节算法进行讨论。

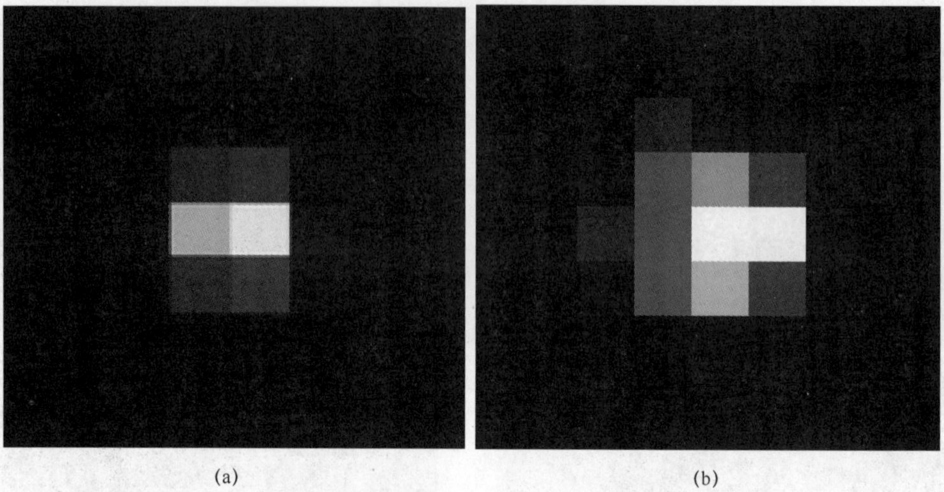

图 2.12　图 2.8 和图 2.11 的局部放大图对比

（a）图 2.8 局部放大图；（b）图 2.11 局部放大图。

图 2.8 是以（60°，40°）为中心，视场大小为 20°×16°，采用本节算法得到的模拟星图共 19 颗星，任意组合 12 个星对，计算仿真位置对应的角距。同时，计算这些星在星表中对应的角距，比较 12 对恒星在模拟星图中的角距和在导航星表中的真实角距，如表 2.1 所列。

表 2.1　恒星之间角距比较

序号	仿真角距/(°)	真实角距/(°)
1	8.75607452243343	8.75607452243343
2	8.720167236687951	8.720167236688036
3	6.737229610794465	6.737229610794682
4	5.880109676740894	5.880109676740894
5	4.937689062048271	4.937689062048198
6	5.445654942035761	5.445654942035761
7	7.054124238607762	7.054124238607658
8	4.874177447494095	4.87417744749402
9	4.651451069967797	4.651451069967797
10	3.284483273084347	3.284483273084236
11	1.664030469511287	1.66403046951063
12	6.53392441688815	6.533924416888206

从表 2.1 可以看出，仿真星图之间的角距与导航星表中恒星之间的真实角距几乎相等，说明了本节的算法能够以很高的精度实现恒星位置的模拟。

恒星星像的灰度近似服从高斯分布。为了说明本节算法能够很好地模拟恒星星像的灰度分布，分别给出了真实星图和模拟星图中星像的各像素灰度占星像总灰度的比例矩阵，两者相似，则说明本节算法能够很好地模拟恒星的灰度分布。

将真实星图 2.11 通过软件导入，可以求出在高斯弥散半径为 0.5 像素的情况下，各像素灰度占星像总灰度的比例矩阵。图 2.12(b)中局部放大的恒星其在 333 ~ 337、258 ~ 262 范围内的各像素灰度占星像总灰度的比例矩阵如表 2.2 所列。

表 2.2　真实星图中某恒星灰度信息分布矩阵

0.0035	0.0239	0.0035	0.0106	0.0035
0.0028	0.0669	0.0832	0.0549	0.0028
0.0275	0.0669	0.26796	0.18620	0.0035
0.0035	0.0676	0.09138	0.0423	0.0035
0.0035	0.0106	0.0035	0.0035	0.0035

将模拟星图 2.8 通过软件导入,可以求出在高斯弥散半径为 0.5 像素的情况下,各像素灰度占星像总灰度的比例矩阵。图 2.12(a)中局部放大的恒星其在 448 ~ 452、138 ~ 142 像素范围内的各像素灰度占星像总灰度的比例矩阵如表 2.3 所列。

表 2.3　模拟星图中某恒星灰度信息分布矩阵

0.0053	0.0053	0.0040	0.0053	0.0040
0.0066	0.0584	0.0704	0.0093	0.0040
0.0133	0.2550	0.3240	0.0266	0.0066
0.0066	0.0717	0.0863	0.0093	0.0053
0.0040	0.0040	0.0053	0.0053	0.0040

表 2.2 和表 2.3 分别表示仿真星图和真实星图的各像素灰度占星像总灰度的比例数据,表示恒星光子落在对应像素上的概率,也代表了恒星能量在星图上分布的信息。对比表 2.2 和表 2.3 可以看出,本节算法模拟的恒星星像灰度分布信息与真实星图中恒星星像灰度分布信息均近似服从于高斯分布,因此也说明了本节的算法可以实现恒星灰度信息的模拟。

2.6.2　仿真验证二

仿真条件的设置为:星敏感器视场为 8° × 8°,像素数为 512 × 512,光学系统焦距约为 98.8mm,其他条件参照仿真实验方案一。仿真星敏感器光轴指向为(89°, 38°),星敏感器绕光轴的旋转角为 0°时的模拟星图如图 2.13 所示。

图 2.13　视场为 8° × 8°、电子容量为 13000 时算法得到的模拟星图

提高星像灰度,得到的模拟星图如图 2. 14 所示。

为了比较仿真星图星点数目及位置的正确性,使用 SkyMap Pro8 软件得到的以(89°, 38°)为中心的 8°×8°视场星图,如图 2. 15 所示。为了说明模拟星图模拟星像灰度分布的正确性,将图 2. 14 进行部分放大,如图 2. 16 所示。

图 2. 14　视场为 8°×8°、电子容量为 1000 时算法得到的模拟星图

图 2. 15　SkyMap Pro8 得到的视场为 8°×8°的模拟星图

图 2. 16　图 2. 14 的局部放大图

从仿真试验二可知:图 2. 13 和图 2. 14 是以星敏感器视场大小为 8°×8°、光轴指向为 8°×8°得到的模拟星图;图 2. 15 是由 SkyMap Pro8 软件生成的星图。经比较可知,星图中恒星的方位和数量均一致。图 2. 16 是图 2. 14 的局部放大图,其灰度分布也与理论分析相同,能够实现恒星星像灰度信息的描述。

总之,通过两次仿真实验可以看出,虽然仿真条件中设置星敏感器的视场大小、焦距以及像素数等参数不同,但该算法仍然可以实现星图的模拟,也说明了本节提出的星图模拟方法可行、有效，可以很好地模拟出不同参数的星敏感器在给定姿态下的星图数据。

2.7 本章小结

本章首先介绍了基于 CCD 星敏感器的星图模拟算法，分析了星图模拟原理，给出了模拟过程；其次根据研究提出了一种基于 k - vector 搜索的星图模拟算法。通过引入 k - vector 技术，提高了观测星的搜索速度；推导了从天球坐标系到星敏感器像空间坐标系的转换过程，给出了转换矩阵和星像中心坐标的计算公式；使用高斯点扩散函数模拟星像能量分布，使模拟星图具有和实际星图接近的灰度分布。本章得到的模拟星图可用于星提取和星图识别研究，也可用于星敏感器性能的测试，同时对星光制导技术的研究具有重要意义。

参考文献

[1] 魏新国，张广军，江洁．星敏感器中星图图像的星体细分定位方法研究[J]．北京航空航天大学学报，2003，29(9)：812 - 815.

[2] 段小庆．提高 LSIMU/星敏感器复合体使用精度关键技术研究[D]．西安：第二炮兵工程学院，2008.

[3] 郝雪涛，江洁，张广军．CMOS 星敏感器图像驱动及实时星点定位算法[J]．北京航空航天大学学报，2005，31(4)：381 - 384.

[4] 段小庆，王宏力．运动模糊图像复原技术在星图中的应用[J]．微计算机信息，2008，33： 296 - 297，291.

[5] 张辉，钟建勇，袁家虎，等．电路噪声对星敏感器星点定位精度的影响[J]．光学精密工程，2006，14(6)：1052 - 1056.

[6] 张锐．基于 CCD 星敏感器的星图识别算法的设计与实现[D]．郑州：中国人民解放军信息工程大学，2007.

[7] 朱长征．基于星敏感器的星模式识别算法及空间飞行器姿态确定技术研究[D]．长沙：国防科学技术大学，2004.

[8] 张世文，龙夫年，付苓，等．实时星场模拟器中的坐标变换[J]．哈尔滨工业大学学报，1998，30(5)：118 - 120.

[9] 陆敬辉．面向中远程弹道导弹的星图识别及姿态滤波算法研究[D]，西安：第二炮兵工程大学，2011.

[10] Samaan M A, Mortari D, Junkins J L. Recursive Mode Star Identification Algorithms[C]. Proceedings of the 2002 AAS/AIAA Space Flight Mechanics Meeting, Santa Barbara, CA, 2001.

[11] MORTARI D, NETA B . K - vector Range Searching Technique[C]. 10th Annual AIAA/AAS Space Flight Mechanics Meeting, Clearwaters, FL, 2000.

[12] D Mortari. Search Less Algorithm for Star Pattern Recognition[J]. The Journal of Astronautical Sciences, 1997,45(2):179 - 194.

[13] 欧阳桦．基于 CCD 星敏感器的星图模拟和导航星提取的方法研究[D]．武汉：华中科技大学，2005.

[14] Carl Christian Liebe. Accuracy Performance of Star Trackers - A Tutorial[J]. IEEE Transactions on Aerospace and Electronic Systems, 2002,38(2):587 - 599.

[15] 李杰．APS 星敏感器关键技术的研究[D]．长春：中国科学院长春光学精密机械与物理研究所，2005.

[16] Anup Bharat Katake. Modeling, Image Processing and Attitude Estimation of High Speed Star Sensor[D]. Texas A&M University, 2006.

[17] 崔祥祥，基于弹载大视场星敏感器的星图识别方法研究[D]．西安：第二炮兵工程大学，2010.

第 3 章　运动模糊星图复原及效果评价

3.1 引　言

理想清晰的星图是进行星图识别和姿态输出的基础。而实际星敏感器在导弹上工作时受到各种杂散噪声干扰,导弹振动等原因都会使星图产生模糊,甚至出现严重拖尾的情况。星图模糊不但给星图中星提取带来困难,也势必会影响星图识别的速度和识别的成功率。为了后续的精确姿态确定,对模糊星图进行复原变得尤为重要。

3.2 造成星图运动模糊的因素分析

当星敏感器与恒星存在足够快的相对运动时,所摄取的星像就会出现运动模糊,运动模糊是场景能量在星敏感器在像平面上的非正常积累。由于导弹的运动速度非常快,每秒钟达到几千米,因此对星图要考虑运动模糊的问题[1]。

因为发动机的振动会严重影响星图的质量,所以一般情况下只有发动机关机后星敏感器才开始工作。但是由于弹体转弯时喷管瞬时推力的不平衡会使弹体发生振动,星敏感器与激光陀螺一起安装在一个框架内,为了消除激光陀螺的闭锁效应而加入了高频抖动,那么这个抖动也是星图产生模糊的原因之一。导弹在飞行中,各个天体引力的不平衡也会使得弹体存在振动。

要想得到清晰的星图,就必须对由这些振动造成的模糊星图进行复原,而复原的基础是图像退化的先验知识已知,而且这些振动的合成是一个相当复杂的过程,退化模型是很难确定的。一般情况下,任意振动都可以分解成各阶简谐振动的合成[2],所以采用简谐振动作为激励研究振动对星图造成的模糊[3]。

3.3 运动模糊的基本理论

3.3.1 图像的退化模型

设原图像为 $g(x, y)$,经过一个退化过程 $\boldsymbol{H}$,这里可理解成一个系统或加于 $\boldsymbol{g}(x, y)$ 上的一个算子,然后再叠加一个噪声 $\boldsymbol{n}(x, y)$,从而形成了一个退化图像 $\boldsymbol{f}(x, y)$,如图 3.1 所示。于是,原图像和退化图像之间可以用如下关系式加以描述[4-7],即

$$\boldsymbol{f}(x,y) = \boldsymbol{H}\boldsymbol{g}(x,y) + \boldsymbol{n}(x,y) \tag{3.1}$$

在下面的讨论中,有下列假设,包括:

(1)噪声是随机的,并且具有有限的幅值;

(2)运算 $\boldsymbol{H}$ 是线性的,即满足线性性质,即

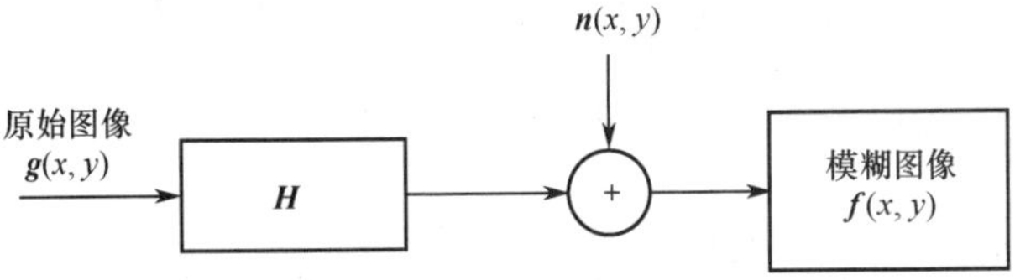

图 3.1　图像退化模型

$$\boldsymbol{H}[K_1\boldsymbol{g}_1(x,y) + K_2\boldsymbol{g}_2(x,y)] = K_1\boldsymbol{H}[\boldsymbol{g}_1(x,y)] + K_2\boldsymbol{H}[\boldsymbol{g}_2(x,y)] \tag{3.2}$$

(3)运算算子 $\boldsymbol{H}$ 是位移不变的,如果输入、输出关系为

$$\boldsymbol{f}(x,y) = \boldsymbol{Hg}(x,y) \tag{3.3}$$

对于任意的 $\boldsymbol{g}(x, y)$ 和 α,β 有

$$\boldsymbol{f}(x-\alpha,y-\beta) = \boldsymbol{Hg}(x-\alpha,y-\beta) \tag{3.4}$$

也就是说,图像上任何一点的运算结果,只和该点的灰度值大小有关,而和它所处的坐标位置无关。

用二维 δ 函数来表示 $\boldsymbol{g}(x, y)$,令

$$\boldsymbol{g}(x,y) = \int_{-\infty}^{\infty}\int_{-\infty}^{\infty}\boldsymbol{g}(\alpha,\beta)\delta(x-\delta,y-\beta)\,\mathrm{d}x\mathrm{d}\beta \tag{3.5}$$

则有

$$\begin{aligned}\boldsymbol{f}(x,y) &= \boldsymbol{Hg}(x,y) + n(x,y)\\ &= \boldsymbol{H}\int_{-\infty}^{\infty}\int_{-\infty}^{\infty}\boldsymbol{g}(\alpha,\beta)\delta(x-\delta,y-\beta)\,\mathrm{d}x\mathrm{d}\beta\\ &+ \boldsymbol{n}(x,y)\int_{-\infty}^{\infty}\int_{-\infty}^{\infty}\boldsymbol{g}(\alpha,\beta)H\delta(x-\delta,y-\beta)\,\mathrm{d}x\mathrm{d}\beta + n(x,y)\end{aligned} \tag{3.6}$$

若记

$$\boldsymbol{h}(x,\alpha,y,\beta) = \boldsymbol{H}\delta(x-\alpha,y-\beta) \tag{3.7}$$

来表示系统 $\boldsymbol{H}$ 对脉冲函数的响应,称为该系统的点扩散函数,则有

$$\boldsymbol{f}(x,y) = \int_{-\infty}^{\infty}\int_{-\infty}^{\infty}\boldsymbol{g}(\alpha,\beta)\boldsymbol{H}\delta(x,\alpha,y,\beta)\,\mathrm{d}x\mathrm{d}\beta + \boldsymbol{n}(x,y) \tag{3.8}$$

因此,在不考虑噪声影响时,系统输出被输入和点扩散函数唯一确定。显然,系统的点扩散函数是描述图像特性的重要函数。

根据位移不变性假设,式(3.5)和式(3.7)还可以写成

$$\boldsymbol{h}(x,\alpha,y,\beta) = \boldsymbol{H}\delta(x,\alpha,y,\beta) \tag{3.9}$$

$$\boldsymbol{f}(x,y) = \int_{-\infty}^{\infty}\int_{-\infty}^{\infty}\boldsymbol{g}(\alpha,\beta)\boldsymbol{h}(x,\alpha,y,\beta)\,\mathrm{d}x\mathrm{d}\beta + \boldsymbol{n}(x,y) \tag{3.10}$$

如果不计噪声影响,$\boldsymbol{f}(x, y)$ 便是原图像 $\boldsymbol{g}(x, y)$ 和引起退化的图像系统的点扩散函数 $\boldsymbol{h}(x, y)$ 的卷积,这正是一维系统输入输出关系的一种推广。

对于离散情况,这里只讨论一维的情况。

设 $\boldsymbol{g}(x)$ 为具有 A 个采样值的离散函数,$\boldsymbol{h}(x)$ 为具有 B 个采样值的系统脉冲响应,$\boldsymbol{f}(x)$ 为系统输出的离散函数。假设系统是线性和移不变的,于是系统输出 $\boldsymbol{f}(x)$ 为其输入 $\boldsymbol{g}(x)$ 和脉冲响应 $\boldsymbol{h}(x)$ 的离散卷积。在用 FFT 计算这一卷积时,将引起卷积结果的周期循环。为避免循环卷积和真实卷积的差异,需要对 $\boldsymbol{g}(x)$ 和 $\boldsymbol{h}(x)$ 添加适当的零点。由于卷积结果长为 $M = A + B - 1$,故令

$$\boldsymbol{g}_e(x) = \begin{cases}\boldsymbol{g}(x) & (0 \leqslant x \leqslant A-1)\\ 0 & (A \leqslant x \leqslant M-1)\end{cases} \tag{3.11}$$

$$\boldsymbol{h}_e(x) = \begin{cases} \boldsymbol{h}(x) & (0 \leqslant x \leqslant B-1) \\ 0 & (B \leqslant x \leqslant M-1) \end{cases} \tag{3.12}$$

$$\boldsymbol{h}_c(x) = \boldsymbol{h}_e(x + kM) \quad (x = 0, \pm 1, \pm 2, \cdots) \tag{3.13}$$

则有

$$\boldsymbol{f}_e(x) = \boldsymbol{f}(x) = \sum_{m=0}^{m-1} \boldsymbol{g}_e(m)\boldsymbol{h}_e(x-m) \quad (x = 0,1,\cdots,M-1) \tag{3.14}$$

上述卷积还可以用矩阵运算来描述,即

$$\boldsymbol{f} = \boldsymbol{Hg} \tag{3.15}$$

式中:g ,f 均为 M 维向量,即

$$\boldsymbol{g} = \begin{bmatrix} g_e(0) \\ g_e(1) \\ \vdots \\ g_e(M-1) \end{bmatrix} \quad \boldsymbol{f} = \begin{bmatrix} f_e(0) \\ f_e(1) \\ \vdots \\ f_e(M-1) \end{bmatrix} \tag{3.16}$$

$\boldsymbol{H}$ 为 $M \times M$ 维的矩阵,即

$$\boldsymbol{H} = \begin{bmatrix} h_e(0) & h_e(-1) & h_e(-2) & \cdots & h_e(-M+1) \\ h_e(1) & h_e(0) & h_e(-1) & \cdots & h_e(-M+2) \\ h_e(2) & h_e(1) & h_e(0) & \cdots & h_e(-M+3) \\ \vdots & & & & \vdots \\ h_e(M-1) & h_e(M-2) & h_e(M-3) & \cdots & h_e(0) \end{bmatrix} \tag{3.17}$$

考虑到 $h_e(x)$ 的周期性,上述矩阵还可以写成

$$\boldsymbol{H} = \begin{bmatrix} h_e(0) & h_e(M-1) & h_e(M-2) & \cdots & h_e(1) \\ h_e(1) & h_e(0) & h_e(M-1) & \cdots & h_e(2) \\ h_e(2) & h_e(1) & h_e(0) & \cdots & h_e(3) \\ \vdots & & & & \vdots \\ h_e(M-1) & h_e(M-2) & h_e(M-3) & \cdots & h_e(0) \end{bmatrix} \tag{3.18}$$

可以看出,这一矩阵的每一行都是前一行右移一位的结果。所谓有循环移位,是指上一行的最右一个元素将移到最左一位处。移 $M-1$ 次后,最末一行的最右边一个元素,将等于第一行最左边的元素,这意味着循环移位结束。这种矩阵称为循环矩阵。

当含有加性噪声时,模糊图像的退化模型表示为

$$\boldsymbol{f} = \boldsymbol{Hg} + n \tag{3.19}$$

3.3.2 退化图像的传递函数及点扩散函数

假设原始图像 $\boldsymbol{g}(x,y)$ 在平面内运动,运动模糊图像为 $\boldsymbol{f}(x,y)$,运动方向与 x 轴正向成 θ 角,令 $x_0(t)$ 和 $y_0(t)$ 分别为 x 和 y 方向上 t 时刻的位移,曝光时间为 T,则运动模糊图像是 $f(x,y)$ 曝光时间内像平面上能量的积累,即

$$\boldsymbol{f}(x,y) = \int_0^T \boldsymbol{g}[x - x_0(t), y - y_0(t)]\mathrm{d}t \tag{3.20}$$

对式(3.21)进行傅里叶变换得

$$\begin{aligned} \boldsymbol{F}(u,v) &= \int_{-\infty}^{\infty}\int_{-\infty}^{\infty} \boldsymbol{g}(x,y)\exp(-\mathrm{j}2\pi)(ux+vy)\mathrm{d}x\mathrm{d}y \\ &= \int_{-\infty}^{\infty}\int_{-\infty}^{\infty}\int_0^T [\boldsymbol{g}(x - x_0(t), y - y_0(t))\mathrm{d}t]\exp(-\mathrm{j}2\pi(ux+vy))\mathrm{d}x\mathrm{d}y \end{aligned} \tag{3.21}$$

改变积分顺序,式(3.21)可以表示为

$$\begin{aligned} \boldsymbol{F}(u,v) &= \int_0^{\mathrm{T}}\left[\int_{-\infty}^{\infty}\int_{-\infty}^{\infty}[\boldsymbol{g}(x,x_0(t),y-y_0(t))]\exp(-\mathrm{j}2\pi)(ux+vy)\mathrm{d}x\mathrm{d}y\right]\mathrm{d}t \\ &= \int_0^{\mathrm{T}}\boldsymbol{G}(u,v)\exp[-\mathrm{j}2\pi(ux_0(t)+vy_0(t))]\mathrm{d}t \\ &= \boldsymbol{G}(u,v)\int_0^{\mathrm{T}}\exp[-\mathrm{j}2\pi(ux_0(t)+vy_0(t))]\mathrm{d}t \end{aligned} \tag{3.22}$$

若令

$$\boldsymbol{H}(u,v) = \int_0^{\mathrm{T}}\exp[-\mathrm{j}2\pi(ux_0(t)+vy_0(t))]\mathrm{d}t \tag{3.23}$$

则有

$$\boldsymbol{F}(u,v) = \boldsymbol{H}(u,v)\boldsymbol{F}(u,v) \tag{3.24}$$

变换到空间域则有

$$\boldsymbol{f}(u,y) = \boldsymbol{h}(u,y) * \boldsymbol{g}(u,y)$$

式中:$\boldsymbol{H}(u,v)$为运动模糊的传递函数;$\boldsymbol{h}(x,y)$为运动模糊的点扩散函数。显然,如果$x_0(t)$和$y_0(t)$的性质已知,那么$\boldsymbol{H}(u,v)$就可以根据式(3.23)求出,进而可以恢复出$\boldsymbol{g}(x,y)$。下面对匀速运动模糊和正弦振动模糊的点扩散函数和模糊传递函数进行研究。

1. 匀速运动模糊的点扩散函数和传递函数

在所有的运动模糊中,由匀速直线运动造成的模糊图像的复原问题更具有一般性和普遍性意义。因为变速、非直线运动在某些条件下可以认为是分段匀速直线运动的[8],因此本节首先考虑一维水平匀速直线运动产生的运动模糊。

假设图像沿x方向运动,移动的像素个数为L,曝光时间为T,即$x_0(t) = \frac{L}{T}t, y_0(t) = 0$,此时根据式(3.20)可求得

$$\boldsymbol{f}(x,y) = \frac{1}{T}\int_0^{\mathrm{T}}\boldsymbol{g}[x-x_0(t),y-y_0(t)]\mathrm{d}t = \frac{1}{T}\int_0^{\mathrm{T}}\boldsymbol{g}[x-Lt/T,y]\mathrm{d}t \tag{3.25}$$

由式(3.25)可知,一维匀速运动模糊的点扩散函数是一个矩形函数,即

$$\mathrm{psf}(x) = h(x,y) = \begin{cases} \dfrac{1}{L} & 0 \leqslant x \leqslant L \\ 0 & \text{其他} \end{cases} \tag{3.26}$$

对应的传递函数为点扩散函数的二维傅里叶变换,即

$$\begin{aligned} \boldsymbol{H}(u,v) &= \iint h(x,y)\exp(-2\mathrm{j}\pi(ux+vy))\mathrm{d}x\mathrm{d}y \\ &= \int_0^{\mathrm{L}}\frac{1}{L}\exp(-2\mathrm{j}\pi ux)\mathrm{d}x = \frac{\sin(\pi uL)}{\pi uL}\exp(-\mathrm{j}\pi uL) \end{aligned} \tag{3.27}$$

假设$\boldsymbol{g}(x,y)$是$m\times n$像素的矩阵,那么傅里叶变换后的$\boldsymbol{G}(u,v)$也为$m\times n$像素的矩阵。$\boldsymbol{H}(u,v)$若能和$\boldsymbol{G}(u,v)$进行点乘,则$\boldsymbol{H}(u,v)$也必须是$m\times n$像素的,即$\boldsymbol{h}(x,y)$也是$m\times n$像素的。但是由式(3.18)计算得到的$\boldsymbol{h}(x,y)$是$1\times L$的列向量,那么就必须对$\boldsymbol{h}(x,y)$进行补零拓展,有

$$\boldsymbol{h}(x,y) = \begin{bmatrix} 1/L & 1/L & \cdots & 0 \\ 0 & 0 & \cdots & 0 \\ \vdots & \vdots & \ddots & \vdots \\ 0 & 0 & \cdots & 0 \end{bmatrix} \tag{3.28}$$

对矩阵 $\boldsymbol{h}(x,y)$ 进行二维傅里叶变换，就可以得到离散形式的传递函数 $\boldsymbol{H}(u,v)$，即

$$\begin{aligned}\boldsymbol{H}(u,v) &= \sum_{x=1}^{n-1}\sum_{y=0}^{m-1}\boldsymbol{h}(x,y)\exp\left(-\mathrm{j}2\pi\left(\frac{ux}{n}+\frac{vy}{m}\right)\right)\\ &= \sum_{y=0}^{m-1}\exp\left(-\mathrm{j}2\pi\frac{vy}{m}\right)\sum_{x=0}^{n-1}\boldsymbol{h}(x,y)\exp\left(-\mathrm{j}2\pi\frac{ux}{n}\right) = \sum_{0}^{n-1}\frac{1}{L}\exp\left(-\mathrm{j}2\pi\frac{ux}{n}\right)\end{aligned} \tag{3.29}$$

式(3.29)说明 $\boldsymbol{H}(u,v)$ 与 v 无关，仅与 u 有关，即 $\boldsymbol{H}(u,v)$ 在每一列中的 v 个值是相等的。令

$$\boldsymbol{H}(u) = \sum_{0}^{n-1}\frac{1}{L}\exp\left(-\mathrm{j}2\pi\frac{ux}{N}\right) \quad 0 \leqslant u \leqslant n-1 \tag{3.30}$$

由连续和离散传递函数表达式可以看出，当 $u=0$ 时，$\boldsymbol{H}(u,v)=1$；而当 $\frac{uL}{n}$ 为整数时，$\sin\left(\frac{uL}{n}\pi\right)=0$，故 $\boldsymbol{H}(u,v)$ 也为零，此时 u 的值为 $n/L, 2n = L, \cdots, (L-1)n/L$，共 $L-1$ 个零点，表现在 $\boldsymbol{H}(u,v)$ 的频谱上为一条条竖直的暗纹，共 $L-1$ 条。这里的 $L-1$ 称为匀速运动模糊的模糊尺度，图 3.2 是当 $L=10$ 像素时 $\boldsymbol{H}(u,v)$ 的频谱图。

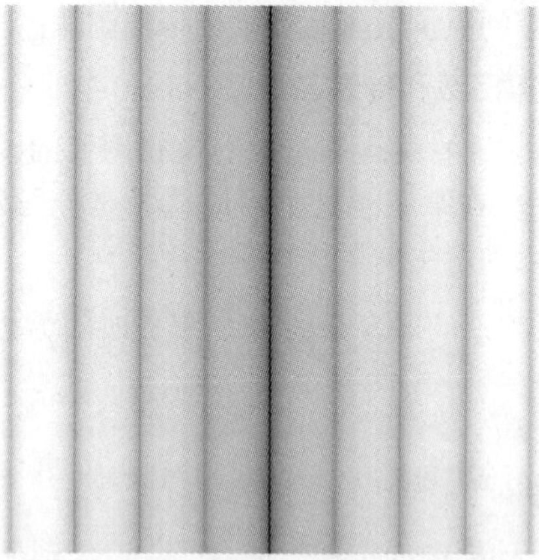

图 3.2　匀速运动模糊传递函数的频谱图

从图 3.2 很容易看出存在 9 条暗纹，这代表传递函数共有 9 个零点，与前面所述内容一致。

2. 一维快速简谐振动模糊的点扩散函数及模糊传递函数

由于导弹的高速运动，在相机相对曝光时间内，相面内的目标相对运动引起图像的模糊。另外，天体引力的不平衡，会使导弹弹体发生微振，机载激光陀螺工作时会使得整个激光捷联惯组与星敏感器复合体处于一个振动的环境中，加速度计工作也是产生振动的原因之一[9]。因此，分析简谐振动模糊复原问题变得尤为重要。

设一维简谐振动为

$$x(t) = A\cos(2\pi ft + \phi) \tag{3.31}$$

式中：A 为振幅；f 为振动频率；ϕ 为相机快门开启时刻振动的初始相位[10-12]。

由于假定星敏感器曝光时间远远大于振动周期，故积分过程中非整周期部分的影响可以忽略不计，可令 $\varphi=0$，则振动表达式就变为

$$x(t) = A\cos(2\pi ft) \tag{3.32}$$

假定一理想光点，它随着简谐振动 $x(t)$ 而运动，扫过 $[-A,A]$ 范围内的像素（因此，模糊

尺度$L=2A$)，则其 psf 值即为各个像素的灰度值，与光点在该像素上的停留时间 $t_1 = \Delta t_1 + \Delta t_2 + \Delta t_3 + \cdots$ 成正比。由余弦曲线的周期性及对称性可知，$\Delta t_1 = \Delta t_2 = \Delta t_3 = \cdots$，只需求归一化的 psf 值，即可求得 psf 值的相对大小，所以这里只考察半个周期。

对式 $x(t) = A\cos(2\pi ft)$ 进行微分计算，有 $\mathrm{d}x = -2\pi fA\sin(2\pi ft)\mathrm{d}t$，因此有

$$\mathrm{d}t = \frac{1}{-2\pi fA\sin(2\pi ft)}\mathrm{d}x = \frac{1}{-\pi f\sqrt{A^2 - x^2}}\mathrm{d}x \tag{3.33}$$

通常 CCD 像素尺寸是均匀的，即 $\mathrm{d}x$ 大小不变，又因为有 $\mathrm{psf}(x) \propto \mathrm{d}t$，故可令 $\mathrm{psf}(x) = \frac{k}{-2\pi f\sqrt{A^2 - x^2}}$，由 $\int_{-A}^{A}\mathrm{psf}(x)\mathrm{d}x = 1$，有 $k = -2f$，所以快速简谐振动的点扩散函数的表达式为

$$\mathrm{psf}(x) = h(x,y) = \frac{1}{\pi\sqrt{A^2 - x^2}} \tag{3.34}$$

假设星敏感器的曝光时间为40ms，振动周期为4ms，这里曝光时间是振动周期的10倍，可认为满足上述要求。设振动的振幅为3个像素，其振动的点扩散函数的图像如图3.3所示。

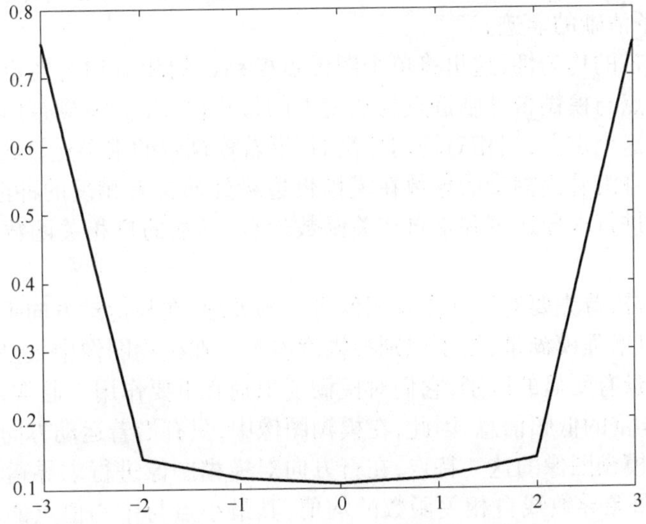

图3.3　振动模糊振幅为5像素时的 psf

由文献[13－16]可知，高频振动的 OTF 近似于第一类零阶贝塞尔函数，即

$$H(u,v) = J_0(2\pi Au) \tag{3.35}$$

图3.4是振幅为3像素时模糊传递函数的频谱图。

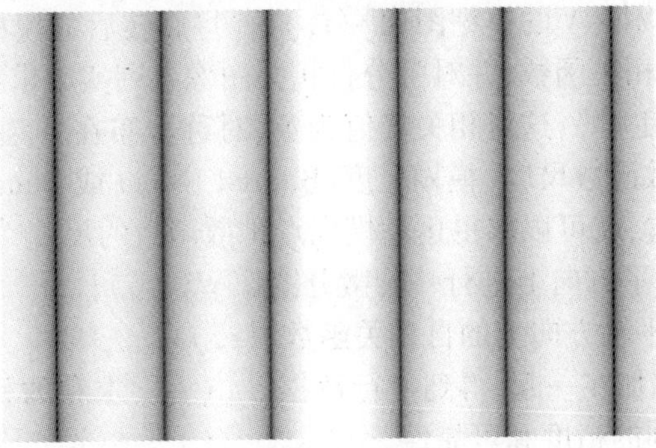

图3.4　振幅为3个像素时模糊传递函数的频谱图

从图 3.4 中可以发现，共有 6 条暗线，说明存在 6 个零点，即模糊尺度为 6，与前面描述的 $2A$ 相一致。

3.4 模糊尺度鉴别

图像复原的关键问题在于建立正确的退化模型，而实际拍摄的星图难以知道其模糊函数的某些参数，因此就必须对模糊尺度进行鉴别，确立点扩散函数的参数。

3.4.1 运动模糊度估计原理

在运动模糊图像中，模糊度参数是指原始图像中点目标在模糊图像中形成模糊的宽度[17]，准确估计模糊尺度对估计运动模糊函数有重要意义。

由于摄像机与物体之间存在相对运动，原始图像中的点在模糊图像中沿着摄像机运动的反方向形成一条模糊带。模糊带的痕迹决定着退化图像的模糊函数[18]。在模糊图像中，模糊带都是原始图像的目标点在模糊图像形成的灰度值相近的均匀痕迹。当目标与背景区别明显时，模糊带形成一条清晰的痕迹。

为了估计模糊带的均匀性，这里将单个图像点模糊带的相对均匀性定义为 d_1/d_2。d_1 为模糊带内边缘像素点与模糊带外临近点的灰度差的最小值，d_2 为模糊带内两个邻近点的灰度差的最大值。根据这个定义，当相对均匀性高时，沿着模糊带的求导运算将抑制模糊内部均匀区域，增强边缘，并且沿着模糊带的导数在模糊带边缘处通常有相反的冲激。根据这一特点，在运动方向上先后进行求导运算和求自相关函数运算，导数的自相关函数在距离为模糊度处时为最小值[19]。

为了增强模糊带，首先要对运动模糊图像进行预处理，在与运动方向垂直的方向对模糊图像进行求导运算，以增强模糊带，便于识别模糊度参数。在模糊图像中，边界、边缘及小目标中的模糊带与周围背景有明显的区别，它们对模糊度识别有重要作用。通常，图像中大部分区域是平滑区域，包含丰富的低频信息，因此，在模糊图像中，只有沿着运动方向的少部分区域有清晰的模糊带。根据模糊图像的这一特点，在行方向对模糊图像进行求导运算和图像导数的自相关运算，并计算图像导数线自相关函数的均值，其最小点与中心值点的距离便是模糊度参数，即模糊尺度。

3.4.2 运动模糊点扩散函数模糊尺度鉴别流程

假设运动模糊图像的运动模糊方向已经被鉴别出来，并通过图像旋转，将运动模糊方向旋转到水平轴，得到大小为 $M \times N$ 的模糊图像 $y(i, j)$。将旋转后的模糊图像在水平轴上进行一阶微分，然后求各行的自相关函数，并对微分自相关图像各列实施求和，得到一条鉴别曲线，曲线上会出现一对共轭的相关峰，这对相关峰值为负，对称分布在零频尖峰两侧，两相关峰间的距离等于运动模糊点扩散函数尺度（模糊尺度，Blurred Extent 或 Blurred Scale）的两倍。因此，鉴别出这两个相关峰位置，就可以求得运动模糊点扩散函数的尺度[10]。具体的流程如下[20]。

（1）对模糊图像在水平方向上进行一阶微分图像 $y'(i, j)$；

（2）求 $y'(i, j)$ 在水平轴方向上的自相关函数 $s(i, j)$；

（3）将 $s(i, j)$ 的各列加在一起，得到一行数据 $S_{\mathrm{add}}(\cdot)$，求和的目的是为了抑制噪声的影响，突出相关峰，提高鉴别的精度和可靠性；

（4）画出 $S_{\mathrm{add}}-j$ 曲线，得到运动模糊点扩散函数尺度鉴别曲线，评定数值为负的那对共

轫相关峰位置,记为 x_1 和 x_2,那么模糊尺度 L 就等于 $| x_1 - x_2 | / 2$。

运动模糊尺度鉴别流程如图 3.5 所示。

$$y'(i,j) = y(i,j) \cdot 1/2[1-1]$$

$$Y(i, :) = \mathrm{fft}(y'(i, :))$$
$$S(i,:) = \mathrm{conj}(Y(i, :))Y(i, :)$$
$$s(i, :) = \mathrm{ifftshift}(\mathrm{ifft}(S(i, :)))$$

$$s_{\mathrm{add}}(j) = \sum_{i=0}^{M-1} s(i, j)$$

$$\mathrm{figure};\ \mathrm{plot}(s_{\mathrm{add}})$$

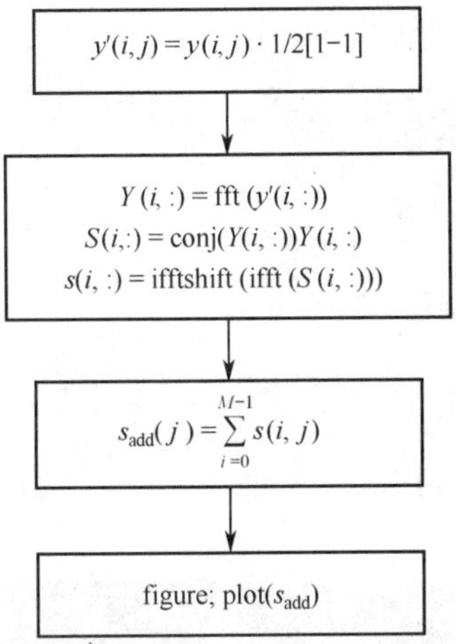

图 3.5　运动模糊尺度鉴别流程

3.4.3　模糊尺度鉴别仿真分析

假设视场大小为 $8° \times 6°$,CCD 像平面 600×800 像素,星等灵敏度为 6 等星,赤经 $2h$ $(30°)$,赤纬 $40°$,方位角为 $90°$,利用 SkyMap 软件模拟的原始星图如图 3.6 所示。

图 3.6　模拟的原始星图

为了更好地显示运动模糊的效果,这里截取星图中包含三颗星的星图来进行仿真。截取的星图如图 3.7(a)所示,图 3.7(b)为模拟匀速运动模糊 10 像素的图像,图 3.7(c)为加入均值为 20 的噪声后模糊 10 像素的星图,图 3.7(d)为模拟正弦振动 3 像素后的图像。

从图 3.7(d)可以明显看出,星图中出现双星的现象,这是在星表制定时要绝对避免的情况。如果由振动造成模糊的星图不进行复原,那么这幅星图系统就会认为和星表不相符,这对于星图识别和匹配来说会出现很大的误差。因此,由振动引起的模糊要特别关注,而且必须采用相应的方法进行复原。

图 3.7(b)运动方向在水平轴上,通过一阶微分、水平方向求自相关,各列求和得到鉴别曲线及局部放大图如图 3.8 所示。

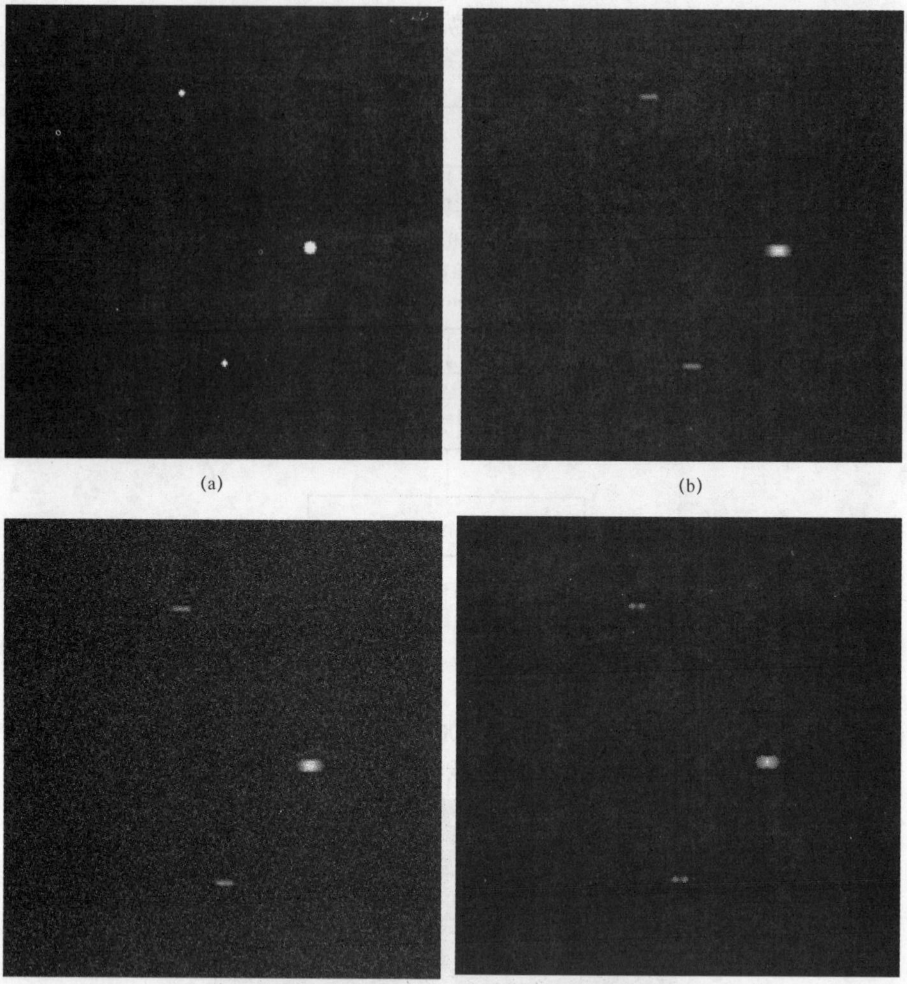

(a) (b) (c) (d)

图 3.7 剪切星图及运动模糊图

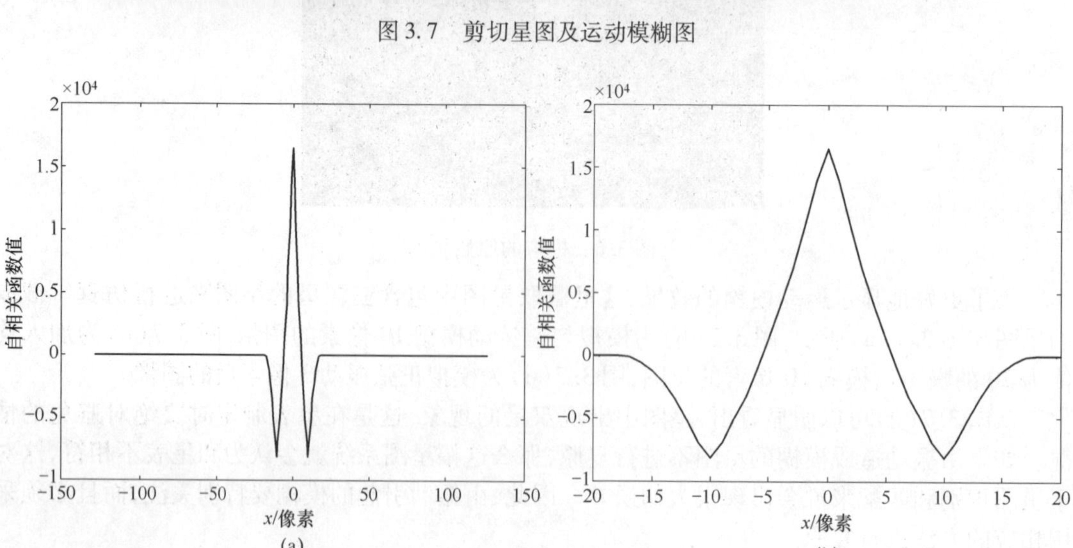

图 3.8 匀速运动模糊尺度鉴别曲线 s_{add} 及局部放大图

(a)匀速运动模糊尺度鉴别曲线 s_{add};(b)局部放大图。

根据 3.4.2 节介绍的理论可知，模糊尺度 $L = |x_1 - x_2|/2 = 10$，与本节设定的仿真条件完全相符。因此，本方法能有效鉴别匀速运动点扩散函数的模糊尺度。

由正弦振动引起的模糊，尺度鉴别采用相同的方法，对于图 3.7(d) 的模糊尺度鉴别曲线及局部放大图如图 3.9 所示。

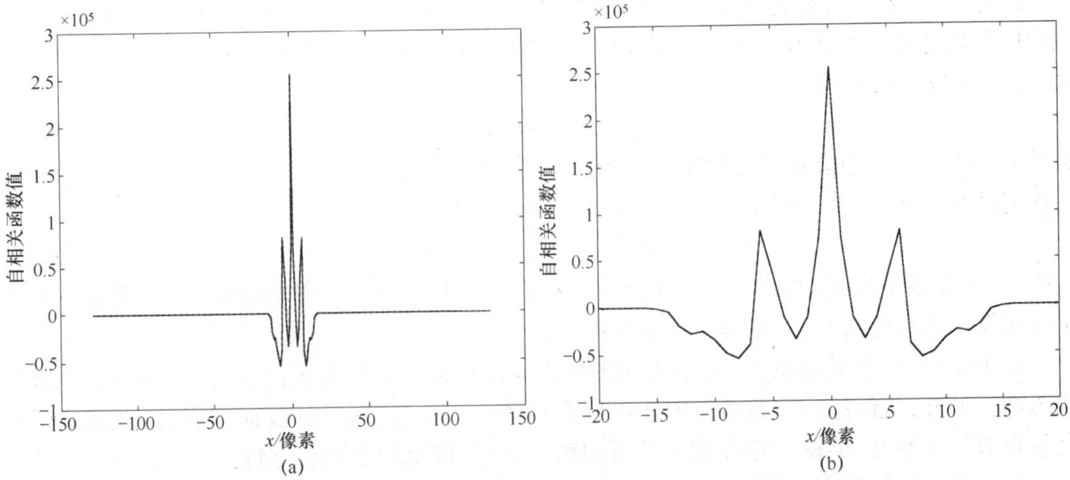

图 3.9 正弦振动模糊尺度鉴别曲线 s_{add} 及局部放大图

(a) 正弦振动模糊尺度鉴别曲线 s_{add}；(b) 鉴别曲线 s_{add} 局部放大图。

从图 3.9(b) 可以看出，模糊尺度为 7 像素，与实际的 $2A = 6$ 像素存在 1 个像素的误差。鉴别经验表明，这个误差是可以修正的，因为鉴别误差总是正的。实际上，邹谋炎[17]认为：即使鉴别的 L 有 1 ~ 2 个像素的误差，对恢复图像的清晰度影响不大；而且，在盲恢复迭代计算过程中，有时故意把点扩散函数的支持放大到 1 ~ 2 个像素，以求获得更清晰的恢复图像。

3.5 运动模糊复原方法

图像复原是试图利用退化过程的先验知识使已退化的图像恢复本来面目，即：根据退化的原因，分析引起退化的环境因素，建立相应的数学模型，并沿着使图像降质的逆过程恢复图像[21]。目的在于消除或减轻在图像获取以及传输过程中造成的图像品质下降，恢复图像的本来面目。因此，复原技术就是把退化模型化，并采用相反的过程进行处理，以便复原出原图像。

广义上讲，图像复原是一个求逆问题。逆问题经常存在非唯一解，甚至无解，要想复原全真的景物图像比较困难。为了得到逆问题的有用解，图像复原本身往往需要有一个质量标准，即衡量接近全真景物图像的程度。或者说，对原图像的估计是否达到最佳的程度，需要对造成模糊的原因有先验知识以及对解的附加约束条件。引起退化的因素很多，而且性质也不尽相同，描述图像退化过程所建立的数学模型往往多种多样，而复原的质量标准也往往存在差异性。因此，图像复原是一个复杂的数学过程，图像复原的方法也各不相同。图像复原技术分类可以根据不同的标准有不同的分类，主要有以下三种分类方法[22]：

(1) 在给定退化模型条件下，分为无约束复原和有约束复原两大类；

(2) 根据是否需要外界干预，分为自动复原和交互复原方法两大类；

(3) 根据处理所在的域不同，又可以分为空域复原和频域复原。

下面就频域内比较常用的几种方法进行分析描述。

3.5.1 有约束的复原方法

首先对恢复中存在的病态问题进行阐述。大多数图像恢复问题都不具有唯一解，或者说恢复具有病态性质。

由退化模型可知，影响图像恢复的因素包括噪声干扰 $\boldsymbol{n}$ 和成像系统的传递函数 $\boldsymbol{H}$。后者包含图像传感器中光学和电子学的影响。首先抛开噪声，按照退化模型所述，要恢复原图像 $\boldsymbol{g}$，就需要对 $\boldsymbol{H}$ 求逆，即

$$\boldsymbol{g} = \boldsymbol{H}^{-1}\boldsymbol{f} \tag{3.36}$$

数学上要求这个逆矩阵存在并且唯一。但事实上，由于模糊图像上存在即使非常小的扰动时，在恢复结果图像中，都会产生一个完全不能忽略的强扰动，可表示为[21,22]

$$\boldsymbol{H}^{-1}[\boldsymbol{f}+\boldsymbol{\varepsilon}] = \boldsymbol{g}+\boldsymbol{\delta} \tag{3.37}$$

式中：ε 为任意小的扰动；$\delta \gg \varepsilon$。无论是成像系统和数字化器还是截断误差，对采集到的数字化图像产生一些扰动，几乎是不可避免的。

至于噪声，由于其随机性，使得模糊图像 $\boldsymbol{f}$ 可以有无限的可能情况，因而也导致了恢复的病态性。另外，从传递函数的图像中还可以看到 $\boldsymbol{H}(u,v)$ 有很多暗纹，即零点，因此在求逆时会使得 $\boldsymbol{H}^{-1}$ 不存在，但确实还存在 g 的近似解，这称为恢复问题的病态性。

为克服恢复问题中的病态性，需要在恢复过程中对运算施加某种约束，从而在一组可能结果中选择一种，这便是有约束的恢复。

设对原图像施加某一线性运算 $\boldsymbol{Q}$，约束条件为

$$\|\boldsymbol{f}-\boldsymbol{H}\hat{\boldsymbol{g}}\|^2 = \|\boldsymbol{n}\|^2 \tag{3.38}$$

使得 $\|\boldsymbol{H}\hat{\boldsymbol{g}}\|^2$ 为最小的原图 $\boldsymbol{g}$ 的最佳估计 $\hat{\boldsymbol{g}}$。

利用拉格朗日乘数法，先构造一个辅助函数，即

$$J(\hat{\boldsymbol{g}},\lambda) = \|\boldsymbol{Q}\hat{\boldsymbol{g}}\| - \lambda(\|\boldsymbol{f}-\boldsymbol{H}\hat{\boldsymbol{g}}\|^2 - \|\boldsymbol{n}\|^2) \tag{3.39}$$

令

$$\frac{\partial J(\hat{\boldsymbol{g}},\lambda)}{\partial \hat{\boldsymbol{g}}} = \frac{\partial}{\partial \hat{\boldsymbol{g}}}\left[(\boldsymbol{Q}\hat{\boldsymbol{g}})^{\mathrm{T}}(\boldsymbol{Q}\hat{\boldsymbol{g}})\right] + \frac{\partial}{\partial \hat{\boldsymbol{g}}}\left[(\boldsymbol{f}-\boldsymbol{H}\hat{\boldsymbol{g}})^{\mathrm{T}}(\boldsymbol{f}-\boldsymbol{H}\hat{\boldsymbol{g}})\right] = 0 \tag{3.40}$$

据向量微分运算知识可得

$$2\boldsymbol{Q}^{\mathrm{T}}\boldsymbol{Q}\hat{\boldsymbol{g}} - 2\lambda\boldsymbol{H}^{\mathrm{T}}(f-\boldsymbol{H}\hat{\boldsymbol{g}}) = 0 \tag{3.41}$$

解之得

$$\hat{\boldsymbol{g}} = (\boldsymbol{H}^{\mathrm{T}}\boldsymbol{H}+\gamma\boldsymbol{Q}^{\mathrm{T}}\boldsymbol{Q})^{-1}\boldsymbol{H}^{\mathrm{T}}\boldsymbol{f} \tag{3.42}$$

式中：$\gamma = 1/\lambda$。把式(3.42)代入式(3.38)，可以证明，$\|\boldsymbol{n}\|^2$ 是 γ 的单调增函数。因此，可以用迭代法求出满足约束条件式(3.38)的待定系数 γ，代入式(3.42)，把求得的 $\hat{\boldsymbol{g}}$ 再代入式(3.38)。当结果大于 $\|\boldsymbol{n}\|^2$ 时，便减小 γ，反之增大 γ，再重复上述过程，直到约束条件式(3.38)被满足为止（实际求解时，只能使 $\|\boldsymbol{f}-\boldsymbol{H}\hat{\boldsymbol{g}}\|^2$ 和 $\|\boldsymbol{n}\|^2$ 之差小于某一给定值就可以了）。把求得的 γ 代入式(3.42)，便得到最佳估计 $\hat{\boldsymbol{g}}$。

3.5.2 逆滤波方法

根据图像退化模型，即

$$\boldsymbol{f}(x,y) = \boldsymbol{h}(x,y) * \boldsymbol{g}(x,y) + \boldsymbol{n}(x,y) \tag{3.43}$$

两边取傅里叶变换，有

$$\boldsymbol{F}(u,v) = \boldsymbol{H}(u,v)\boldsymbol{F}(u,v) + \boldsymbol{N}(u,v) \tag{3.44}$$

由此可求得

$$\boldsymbol{G}(u,v)=\frac{\boldsymbol{F}(u,v)}{\boldsymbol{H}(u,v)}-\frac{\boldsymbol{N}(u,v)}{\boldsymbol{H}(u,v)} \tag{3.45}$$

在噪声未知或不可分离的情况下,可近似取

$$\hat{\boldsymbol{G}}(u,v)=\boldsymbol{F}(u,v)/\boldsymbol{H}(u,v) \tag{3.46}$$

由 $\hat{\boldsymbol{G}}(u,v)$ 取傅里叶反变换可得恢复后的图像。可以证明,逆滤波法就是无约束最小二乘法在频域内的解。

由于通常退化的频率响应函数(模糊传递函数)$\boldsymbol{H}(u,v)$随着 u,v 的增大而迅速衰减,当 u,v 较大时,通常 $\boldsymbol{H}(u,v)$很小,而 $\boldsymbol{N}(u,v)$却接近一常数,由于忽略了 $\boldsymbol{N}(u,v)$而造成的估计误差,即

$$\boldsymbol{E}(u,v)=\boldsymbol{G}(u,v)-\hat{\boldsymbol{G}}(u,v)=\frac{\boldsymbol{N}(u,v)}{\boldsymbol{H}(u,v)} \tag{3.47}$$

在 u,v 较大时,$\boldsymbol{E}(u,v)$也很大,造成复原图像质量很差。为此,在使用逆滤波方法复原图像时,一般先要对图像进行平滑处理,以减少噪声影响;同时,实际恢复时,仅对平面原点附近一个较小的区域进行处理。

一般情况下,逆滤波器并不正好是 $1/\boldsymbol{H}(u,v)$,而是 u 和 v 的某个函数[5,21],记为 $\boldsymbol{M}(u,v)$。$\boldsymbol{M}(u,v)$常称为恢复转移函数,这样图像退化和恢复模型可用图 3.10 表示。

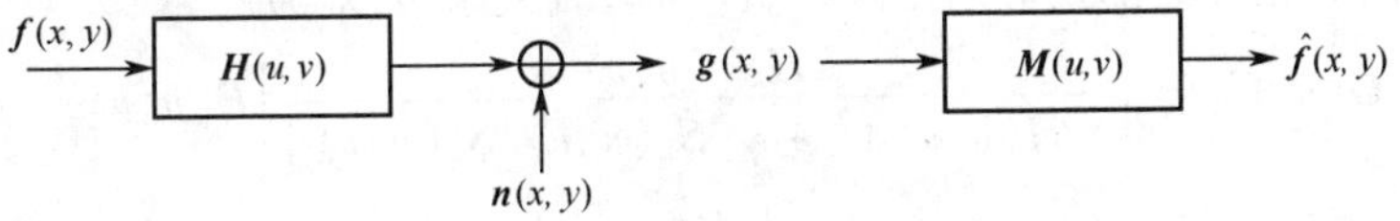

图 3.10 图像退化和恢复模型

一种常见的方法是取 $\boldsymbol{M}(u,v)$为如下函数,即

$$\boldsymbol{M}(u,v)=\begin{cases}1/\boldsymbol{H}(u,v) & (u^2+v^2\leqslant w_0^2)\\ 1 & (u^2+v^2>w_0^2)\end{cases} \tag{3.48}$$

其中,w_0 的选取原则是将 $\boldsymbol{H}(u,v)$为零的点除去,这种方法的缺点是恢复结果的振铃效应较明显。一种改进的方法是取 $\boldsymbol{M}(u,v)$为

$$\boldsymbol{M}(u,v)=\begin{cases}k & (\boldsymbol{H}(u,v)\leqslant d)\\ 1/\boldsymbol{H}(u,v) & (\boldsymbol{H}(u^2+v^2)>d)\end{cases} \tag{3.49}$$

式中:k 和 d 均为小于 1 的常数,而且 d 值越小越好。

3.5.3 维纳滤波方法

采用维纳滤波是假设图像信号可近似为平稳随机过程的前提下,按照使 $\boldsymbol{g}(x,y)$ 和 $\hat{\boldsymbol{g}}(x,y)$ 之间的均方差达到最小的准则函数来实现图像复原的,即

$$\boldsymbol{\varepsilon}^2=\min\boldsymbol{E}\{[\boldsymbol{g}(x,y)-\hat{\boldsymbol{g}}(x,y)]^2\} \tag{3.50}$$

式中:$\boldsymbol{E}\{\cdot\}$ 为期望值。

由式(3.42)出发,维纳滤波就是选用变换矩阵,即

$$\boldsymbol{Q}^{\mathrm{T}}\boldsymbol{Q}=\boldsymbol{R}_g^{-1}\boldsymbol{R}_n \tag{3.51}$$

式中:$\boldsymbol{R}_g$ 和 $\boldsymbol{R}_n$ 分别为图像 $\boldsymbol{g}$ 和噪声 $\boldsymbol{n}$ 的相关矩阵,可以表示为

$$\boldsymbol{R}_g=\boldsymbol{E}\{\boldsymbol{g}\boldsymbol{g}^{\mathrm{T}}\} \tag{3.52}$$

$$\boldsymbol{R}_n=\boldsymbol{E}\{\boldsymbol{n}\boldsymbol{n}^{\mathrm{T}}\} \tag{3.53}$$

因为图像 $\boldsymbol{g}$ 和噪声 $\boldsymbol{n}$ 的每个元素值都是实数,所以 $\boldsymbol{R}_g$ 和 $\boldsymbol{R}_n$ 都是实对称矩阵。在大部分

图像中，邻近的像素点是高度相关的，而距离较远的像素相关性却较弱。由此，可以认为典型的图像自相关函数通常随着与原点距离的增加而下降。由于图像的功率谱是其自相关函数的傅里叶变换，可以认为图像的功率谱随着频率的升高而下降。也就是说，典型的相关矩阵只在主对角线下方有一条非零元素带，而在右上角和左下角的区域将为零值。根据像素的相关性，只是它们相互距离而不是位置函数的性质，可将 $\boldsymbol{R}_g$ 和 $\boldsymbol{R}_n$ 都用块循环矩阵表达。利用循环矩阵的对角化，设 $\boldsymbol{W}$ 为变换矩阵，即

$$\begin{cases}\boldsymbol{R}_g = \boldsymbol{WAW}^{-1} \\ \boldsymbol{R}_n = \boldsymbol{WBW}^{-1}\end{cases} \tag{3.54}$$

式中：$\boldsymbol{A}$ 和 $\boldsymbol{B}$ 分别对应于 $\boldsymbol{R}_g$ 和 $\boldsymbol{R}_n$ 相应的对角矩阵。根据循环矩阵对角化的性质可知，$\boldsymbol{A}$ 和 $\boldsymbol{B}$ 中的诸元素分别为对应于 $\boldsymbol{R}_g$ 和 $\boldsymbol{R}_n$ 中诸元素的傅里叶变换，并用 $\boldsymbol{S}_g(u, v)$ 和 $\boldsymbol{S}_n(u, v)$ 表示。

把式(3.54)代入式(3.42)，并考虑到 $\boldsymbol{H}$ 也是循环矩阵，也可以对角化，即可以写成 $\boldsymbol{H} = \boldsymbol{WDW}^{-1}$，可得

$$\hat{\boldsymbol{g}} = (\boldsymbol{WD} * \boldsymbol{DW}^{-1} + \gamma \boldsymbol{WA}^{-1}\boldsymbol{BW}^{-1})^{-1} \boldsymbol{WD} * \boldsymbol{W}^{-1}\boldsymbol{f} \tag{3.55}$$

式中：* 为求共轭运算。

式(3.55)两边同乘以 $\boldsymbol{W}^{-1}$，得到

$$\boldsymbol{W}^{-1}\hat{\boldsymbol{g}} = (\boldsymbol{WD} * \boldsymbol{DW}^{-1} + \gamma \boldsymbol{WA}^{-1}\boldsymbol{BW}^{-1})^{-1} \boldsymbol{D} * \boldsymbol{W}^{-1}f \tag{3.56}$$

可以看出，括号内的矩阵的都是对角矩阵，式(3.42)各元素可以写成

$$\begin{aligned}\hat{\boldsymbol{G}}(u,v) &= \left[\frac{\boldsymbol{H} * (u,v)}{|\boldsymbol{H}(u,v)|^2 + \gamma[\boldsymbol{S}_n(u,v)/\boldsymbol{S}_g(u,v)]}\right]\boldsymbol{F}(u,v) \\ &= \left[\frac{1}{\boldsymbol{H}(u,v)} \times \frac{|\boldsymbol{H}(u,v)|^2}{|\boldsymbol{H}(u,v)|^2 + \gamma[\boldsymbol{S}_n(u,v)/\boldsymbol{S}_g(u,v)]}\right]\boldsymbol{F}(u,v)\end{aligned} \tag{3.57}$$

(1) 如果 $\gamma = 1$，方括号内的项称为维纳滤波器。需要指出的是，当 $\gamma = 1$ 时是在约束条件下得到的最佳解，此时并不一定满足约束条件 $\|\boldsymbol{f} - \boldsymbol{H}\hat{\boldsymbol{g}}\|^2 = \|\boldsymbol{n}\|^2$。如果 γ 为变数，则称为参变维纳滤波器。

(2) 无噪声时，$S_n(u,v) = 0$，式(3.57)退化成逆滤波器。因此，逆滤波器可看成是维纳滤波器的一种特殊情况。可以这样理解，维纳滤波器是在有噪声存在的情况下，在统计意义上对传递函数的修正，提供了有噪声情况下的均方意义上的最佳复原。

真正利用式(3.57)进行图像复原，需要了解图像和噪声的某些统计的先验知识，即图像信号和噪声信号的频谱密度 $\boldsymbol{S}_g(u,v) = 0$ 和 $\boldsymbol{S}_n(u,v) = 0$ 等。实际上，对随机噪声的统计特性的了解往往是十分困难的和有限的。因而，最一般的假设是白噪声，即频谱密度为一常数，并且与图像不相关。此时 $\boldsymbol{S}_n(u,v)$ 等于在零点时的谱密度 $\boldsymbol{S}_n(0,0)$。

(3) 如果不知道图像与噪声的统计特性，即当 $\boldsymbol{S}_g(u,v)$ 和 $\boldsymbol{S}_n(0,0)$ 未知时，式(3.57)可以近似表示为

$$\hat{\boldsymbol{G}}(u,v) \approx \left[\frac{\boldsymbol{H} * (u,v)}{|\boldsymbol{H}(u,v)|^2 + K}\right]\boldsymbol{F}(u,v) \tag{3.58}$$

式中：K 为噪声对信号的频谱密度之比。此时，可得到在一定程度上的复原，但是，得不到最佳复原。为了克服振铃效应和鬼影效应，式(3.58)中的 K 值的取值范围一般在 0.0001 ~ 0.01 之间[2]。虽然如此，有时也很难得到更为清晰的图像。

3.5.4 平滑约束的最小二乘方滤波方法

维纳滤波复原是一种统计意义上的复原方法。维纳滤波的最优准则以图像和噪声的相关

矩阵为基础,所得到的结果是一组图像在平均意义上的最佳,同时要求图像和噪声都属于随机场,并且它的频谱密度是已知的,但是在实际情况下,这一方面的先验知识一般很难得到,除非采取适当的功率谱模型。

有约束的最小平方复原是一种以平滑度为基础的图像复原方法,例如使某个函数的倒数为最小。这意味着在用该方法复原过程中,对每个给定的图像都是最佳的。它只需要知道有关噪声的均值和方差的先验知识,就可对每个给定的退化图像进行复原。约束最小平方滤波方法也是从式(3.42)出发,其基本问题还是要确定矩阵 $\boldsymbol{Q}$。由于式(3.42)实际上是一个病态方程[4],有时该方程的解将振荡非常厉害。为了减小振动,可以建立一种基于平滑测度的最优准则进行复原[5],例如使某些二阶为微分函数最小化等。函数 $\boldsymbol{g}(x, y)$ 在 (x, y) 处的二阶微分可以用下式来近似表示:

$$\frac{\partial^2 \boldsymbol{g}}{\partial x^2} + \frac{\partial^2 \boldsymbol{g}}{\partial y^2} = 4\boldsymbol{g}(x,y) - [\boldsymbol{g}(x+1,y) + \boldsymbol{g}(x-1,y) + \boldsymbol{f}(x,y) + 1, + \boldsymbol{f}(x,y-1)] \tag{3.59}$$

上述微分可以使用拉氏算子与 $g(x, y)$ 卷积得到,即

$$p(x,y) = \begin{bmatrix} 0 & -1 & 0 \\ -1 & 4 & -1 \\ 0 & -1 & 0 \end{bmatrix} \tag{3.60}$$

为了避免卷积周期重叠,需要将 $p(x, y)$ 的周期扩充为 $g(x, y)$ 的周期,即

$$p_e(x,y) = \begin{cases} p(x,y) & (0 \leqslant x \leqslant 2 \text{ 和 } 0 \leqslant y \leqslant 2) \\ 0 & (3 \leqslant x \leqslant M-1 \text{ 或 } 3 \leqslant y \leqslant N-1) \end{cases} \tag{3.61}$$

经常使用一个基于二阶微分的最优准则表达式为

$$\min\left\{\left(\frac{\partial^2 \boldsymbol{g}}{\partial x^2} + \frac{\partial^2 \boldsymbol{g}}{\partial y^2}\right)\right\} \tag{3.62}$$

式(3.59)的矩阵形式为

$$\min\{(\boldsymbol{f}^{\mathrm{T}}\boldsymbol{C}^{\mathrm{T}}\boldsymbol{C}\boldsymbol{f})\} \tag{3.63}$$

$$\boldsymbol{C} = \begin{bmatrix} C_0 & C_{M-1} & C_{M-2} & \cdots & C_1 \\ C_1 & C_0 & C_{M-1} & \cdots & C_2 \\ C_2 & C_1 & C_0 & \cdots & C_3 \\ \vdots & \vdots & \vdots & \ddots & \vdots \\ C_{M-1} & C_{M-2} & C_{M-3} & \cdots & C_0 \end{bmatrix} \tag{3.64}$$

$\boldsymbol{C}$ 的每个子矩阵 $\boldsymbol{C}_j$ 都是由 $\boldsymbol{p}(x, y)$ 的第 j 行元素组成的矩阵,和二维离散退化模型的点扩散矩阵类似,有

$$\boldsymbol{C}_j = \begin{bmatrix} p(j,0) & p(j,N-1) & p(j,N-2) & \cdots & p(j,1) \\ p(j,1) & p(j,0) & p(j,N-1) & \cdots & p(j,2) \\ p(j,2) & p(j,1) & p(j,0) & \cdots & p(j,3) \\ \vdots & \vdots & \vdots & \ddots & \vdots \\ p(j,N-1) & p(j,N-2) & p(j,N-3) & \cdots & p(j,0) \end{bmatrix} \tag{3.65}$$

式(3.63)的 $\boldsymbol{C}$ 称为平滑矩阵,由 $\boldsymbol{p}$ 的周期性可知,$\boldsymbol{C}$ 是一分块循环矩阵,于是对 $\boldsymbol{C}$ 进行对角化,有

$$\boldsymbol{C} = \boldsymbol{WEW}^{-1} \tag{3.66}$$

式中:$\boldsymbol{E}$ 为一对角矩阵,其对角元素为 $\boldsymbol{p}(x, y)$ 相应元素的傅里叶变换。如果令 $\boldsymbol{Q}=\boldsymbol{C}$,那么有

$$\hat{\boldsymbol{g}} = (\boldsymbol{H}^{\mathrm{T}}\boldsymbol{H} + \gamma\boldsymbol{C}^{\mathrm{T}}\boldsymbol{C})^{-1}\boldsymbol{H}^{\mathrm{T}}\boldsymbol{f} \tag{3.67}$$

将式(3.66)代入到式(3.67),于是可得

$$\hat{\boldsymbol{g}} = (\boldsymbol{WD}^{\mathrm{T}}\boldsymbol{DW}^{-1} + \gamma\boldsymbol{WE}^{\mathrm{T}}\boldsymbol{EW}^{-1})^{-1}\boldsymbol{D}^{\mathrm{T}}\boldsymbol{W}^{-1}\boldsymbol{f} \tag{3.68}$$

将式(3.68)两边同乘以 $\boldsymbol{W}^{-1}$ 并化简,可得

$$\boldsymbol{W}^{-1}\hat{\boldsymbol{g}} = (\boldsymbol{D}^{\mathrm{T}}\boldsymbol{D} + \gamma\boldsymbol{E}^{\mathrm{T}}\boldsymbol{E})^{-1}\boldsymbol{D}^{\mathrm{T}}\boldsymbol{W}^{-1}\boldsymbol{f} \tag{3.69}$$

故有

$$\hat{\boldsymbol{G}}(u,v) = \left[\frac{\boldsymbol{H}*(u,v)}{|\boldsymbol{H}(u,v)|^2 + \gamma|\boldsymbol{p}(u,v)|^2}\right]\boldsymbol{F}(u,v) \tag{3.70}$$

式中:$\boldsymbol{p}(u, v)$ 为 $\boldsymbol{p}_e(x, y)$ 的二维傅里叶变换。显然,式(3.68)就是一个参变的维纳滤波器的形式。对于这个参变滤波器,最突出的问题就是要调整 γ 的值,使之满足约束条件式(3.38)。只有 γ 满足这一条件,才能够根据式(3.70)求出最优复原解。γ 可以用迭代的方法来确定,迭代过程如下。

定义剩余向量 $\boldsymbol{R}$ 为

$$\boldsymbol{R} = \boldsymbol{f} - \boldsymbol{H}\hat{\boldsymbol{g}} \tag{3.71}$$

将式(3.67)代入式(3.71)可得

$$\boldsymbol{R} = \boldsymbol{f} - \boldsymbol{H}(\boldsymbol{H}^{\mathrm{T}}\boldsymbol{H} + \gamma\boldsymbol{C}^{\mathrm{T}}\boldsymbol{C})^{-1}\boldsymbol{H}^{\mathrm{T}}\boldsymbol{f} \tag{3.72}$$

经分析可得,$\|\boldsymbol{R}\|^2$ 是 γ 的单调函数,因此力求调整 γ 使之满足

$$\|\boldsymbol{R}\|^2 \leqslant \|\boldsymbol{n}\|^2 + \alpha \tag{3.73}$$

式中:α 为准确度因子,α 的值越小越符合约束条件的要求。从以上分析可以看出,如果想确定 γ,那么必须了解 $\|\boldsymbol{n}\|^2$ 的情况。$\|\boldsymbol{n}\|^2$ 可以由噪声的平均值和方差计算得出。假设噪声方差为

$$\sigma_n^2 = E\{[\boldsymbol{n}(x,y) - \bar{\boldsymbol{n}}]^2\} = E\{\boldsymbol{n}^2(x,y) - \bar{\boldsymbol{n}}^2\} \tag{3.74}$$

$$\bar{\boldsymbol{n}} = \frac{1}{MN}\sum_{x=0}^{M-1}\sum_{y=0}^{N-1}\boldsymbol{n}(x,y) \tag{3.75}$$

如果使用采样平均值来近似 $\boldsymbol{n}^2(x,y)$ 的期望值,那么式(3.74)变为

$$\sigma_n^2 = \frac{1}{MN}\frac{1}{MN}\sum_{x=0}^{M-1}\sum_{y=0}^{N-1}\boldsymbol{n}^2(x,y) - \bar{\boldsymbol{n}}^2 = \frac{|\boldsymbol{n}\|^2}{MN} - \bar{\boldsymbol{n}}^2 \tag{3.76}$$

于是可知

$$\|\boldsymbol{n}\|^2 = MN(\sigma_n^2 + \bar{\boldsymbol{n}}^2) \tag{3.77}$$

通过以上的分析可知,约束最小平方滤波复原的流程如下:

(1)给定 α 以及 γ 增减的步长,并选择 γ 的初始值,利用式(3.77)估计 $\|\boldsymbol{n}\|^2$;

(2)利用式(3.70)求出 $\hat{\boldsymbol{G}}(u,v)$,计算其傅里叶反变换,得到 $\hat{\boldsymbol{g}}$;

(3)根据式(3.71)计算 $\boldsymbol{R}$ 和 $|\boldsymbol{R}\|^2$;

(4)如果 $\|\boldsymbol{R}\|^2 < \|\boldsymbol{n}\|^2 - \alpha$,那么 γ 增加一个步长;如果 $\|\boldsymbol{R}\|^2 > \|\boldsymbol{n}\|^2 + \alpha$,那么 γ 减小一个步长;

(5)如果 $|\boldsymbol{R}\|^2 \leqslant \|\boldsymbol{n}\|^2 \pm \alpha$,那么复原过程结束,根据此时的 γ 值计算的得出 $\hat{\boldsymbol{g}}$ 就是复

原后的图像，否则继续进行第(2)步。

3.5.5 模糊星图复原仿真结果分析

下面就对匀速运动和一维快速简谐振动的模糊复原进行仿真分析。

1. 消除匀速运动模糊仿真及分析

采用3.4.3节的仿真条件，原始星图及剪切的星图如图3.6和图3.7(a)所示，对某含有噪声匀速运动模糊的星图(如图3.11所示)首先进行去噪处理，然后通过模糊尺度鉴别(鉴别曲线如图3.12所示)鉴别出模糊的像素数后，计算匀速运动的点扩散函数，进而确定模糊传递函数，采用上述三种频域内复原的方法对其进行复原，如图3.11和图3.12所示。

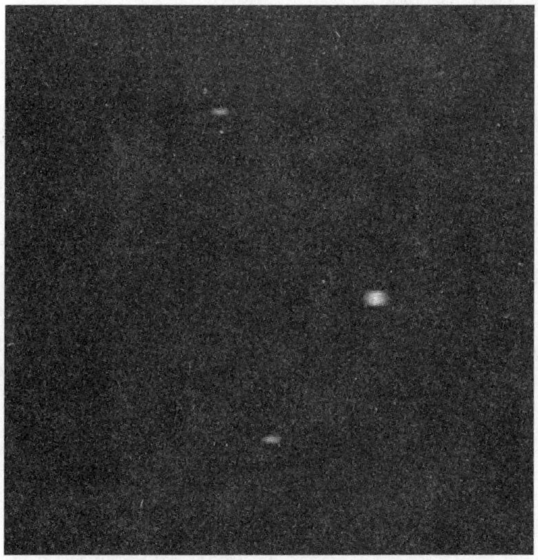

图3.11 未知匀速运动模糊的星图

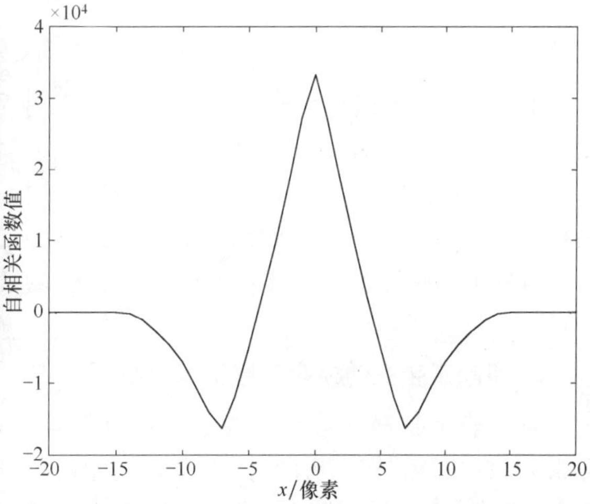

图3.12 未知模糊星图鉴别曲线

从图3.12可以看出，此幅星图模糊的像素数为7，那么它的点扩散函数为psf = (1/7 1/7 1/7 1/7 1/7 1/7 1/7)，逆滤波、维纳滤波和平滑最小二乘方滤波后的图像如图3.13所示。

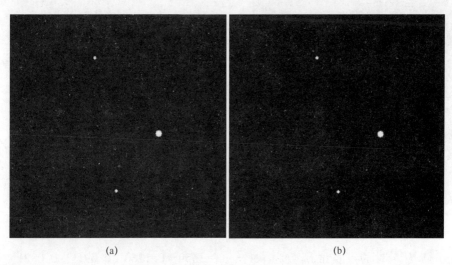

(a)

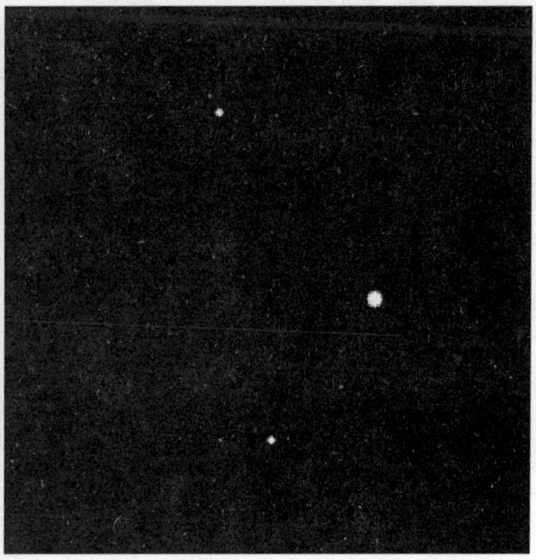

(b)

(c)

图 3. 13　模糊复原后的星图

由于逆滤波中模糊传递函数中含有零点，故采用式(3. 49)对模糊图像进行复原，这里 d 取为 0. 0001 +0. 0001j，k 取为 0. 001。

由于采用了式(3. 37)的约束，使得逆滤波中去掉了零点对复原星图的影响，因此复原效果和维纳滤波算法直观上复原效果相当，而最小二乘方滤波方法存在明显的振铃效应，这是因为平滑最小二乘方滤波方法没有采用原图像的统计信息，因此复原效果不如维纳滤波方法的好。

2. 消除正弦振动模糊复原仿真分析

对于某正弦振动模糊的星图（见图 3. 14），其模糊尺度鉴别曲线如图 3. 15 所示。从图 3. 15可以看出，模糊尺度为 10，即正弦振动的振幅为 5。由前面的分析可知，对于正弦振动模糊的图像，模糊尺度鉴别曲线往往要有 1 ~2 个像素的误差，这时可取振幅为 4，模糊复原效果如图 3. 16 所示。

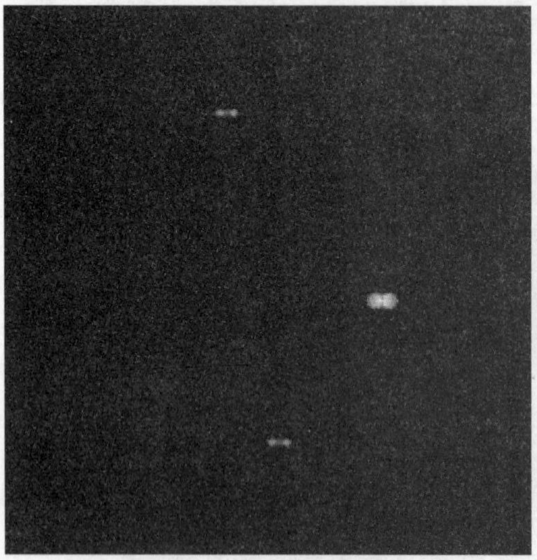

图 3. 14　未知振动模糊的星图

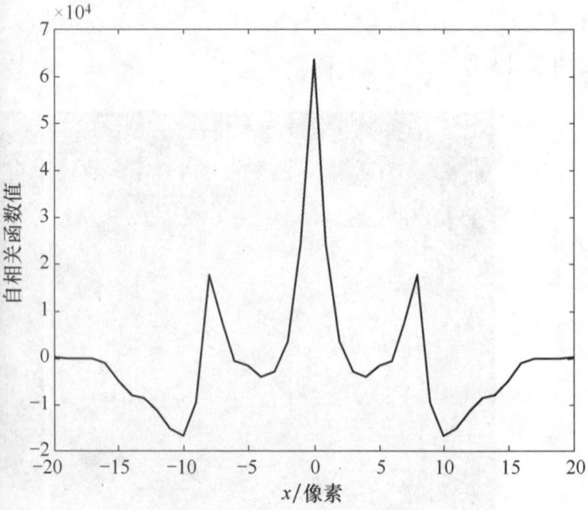

图 3. 15　未知振动模糊尺度鉴别曲线

对于振幅为 4 时的点扩散函数为 psf = (0. 3559　0. 1166　0. 0911　0. 0821　0. 0796

0.0821　0.0911　0.1166　0.3559）。

采用逆滤波、维纳滤波和平滑最小二乘法得到的复原星图如图 3.16 所示。

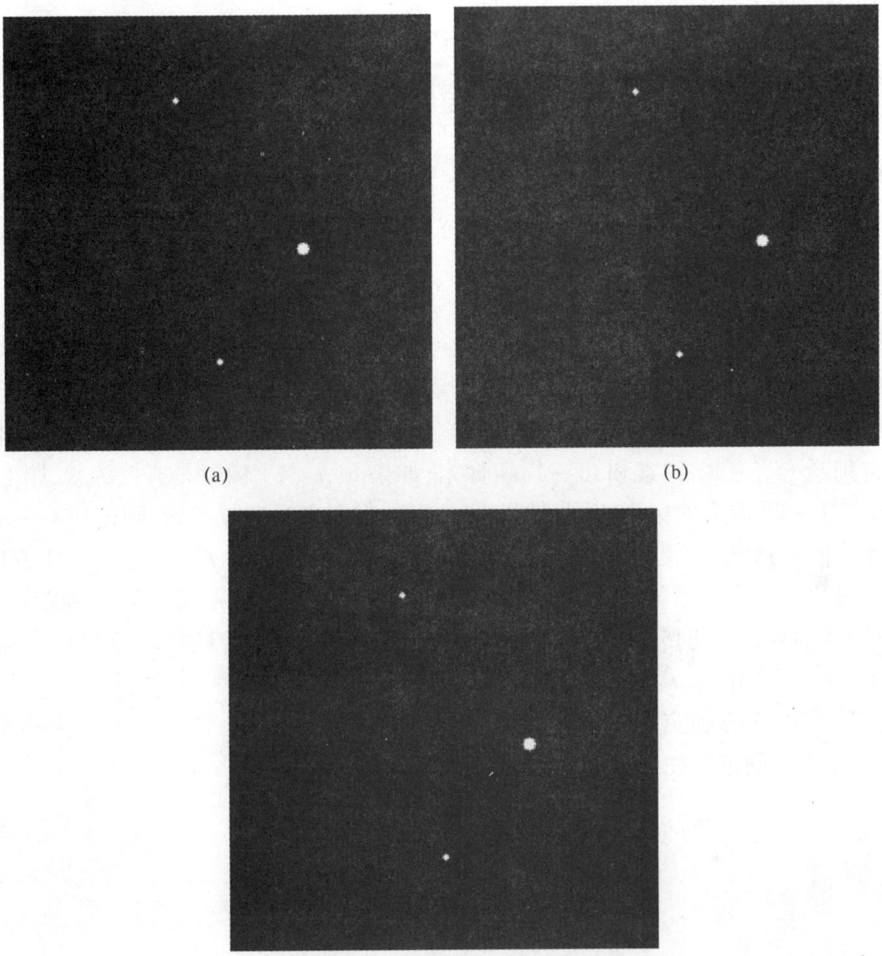

(a)　(b)　(c)

图 3.16　振动模糊复原后的星图

从图 3.16 可以看出,维纳滤波和平滑最小二乘滤波的复原效果都不如逆滤波复原的效果好,这是因为维纳滤波采用的阈值较小,而维纳滤波的 K 值取值范围为 0.0001 ~ 0.01,过小或过大都会产生振铃效应和鬼影效应,因此采用阈值的逆滤波效果在振动模糊复原时效果较好。

3.6　星体质心提取算法

星体位置提取有三种途径[23]。

(1)由硬件电路来实现,这需要一个独立的图像处理电路,完成 CCD 信号的模拟转换以及全部星点提取和星目标质心求取的过程。它可以和星敏感器的数据处理电路并行运行,实时处理 CCD 拍摄的星图,不占用星敏感器主处理器的时间。因此,这种方法完成星点提取速度快,占用内存少,但硬件电路复杂,成本较高。

(2)采用软硬件结合的方法进行质心提取。硬件电路将大于某一灰度门限点的灰度值、行坐标、列坐标信息存入存储单元,用软件来完成星体目标点的提取和判别,并求取质心。本节研究的主要是软件部分,即采用相关的算法求取质心。

(3)采用软件的方法。硬件电路只将从 CCD 出来的模拟信号,经 A/D 转换后存入存储单元,软件完成星点提取和计算质心。和第二种方法相比,这种方法需要处理的数据量增加了两个数量级[6]。因此,这种方法速度慢,占用内存大,虽然成本最低,但实时性差。

下面就质心提取算法进行研究。

3.6.1 星体位置粗确定方法

从星图中识别有用星点的过程实际上是一个从噪声中检测有用信号的过程。在传统的 CCD 星图预处理中,对星体位置的确定和提取一般分为两个步骤[7,24]:①确定星图阈值,将星体目标和背景分离;②将单个星体目标与其他星体目标分离。

文献[8]介绍了一种星图扫描法的改进方法,其基本思想是:如果判断出 (i,j) 像素是有效像素,再判断 $(i,j-1)$ 像素和 $(i-1,j)$ 像素;如果 $(i,j-1)$ 像素是有效像素,则 (i,j) 像素的标记与 $(i,j-1)$ 像素的标记相同;如果 $(i-1,j)$ 像素也是有效像素,则记住 $(i-1,j)$ 像素的标记;继续向后判断,直到判断出与 (i,j) 像素同行的一个无效像素为止。此方法简明易懂,但扫描过程是一个非常耗时的过程,因此实时性较差。文献[7]提出了一种投影检测实现星点位置测量的算法。与传统的方法相比,这种方法实现简单,节约了计算量和存储量,对于大尺寸 CCD 比较适用。

首先,进行阈值的确定。实际中星敏感器的系统噪声不能简单视为高斯分布的白噪声[12],因此在阈值确定时往往采用下面的表达式来表达,即

$$V_{\text{th}} = E + \alpha \cdot \sigma \tag{3.78}$$

$$E = \frac{\sum_{i=1}^{m}\sum_{j=1}^{n} f(i,j)}{mn} \tag{3.79}$$

$$\sigma = \sqrt{\frac{\sum_{i=1}^{m}\sum_{j=1}^{n} [f(i,j) - E]^2}{mn - 1}} \tag{3.80}$$

式中:E 为图像的均值,即整幅图像所有像素灰度值的平均;σ 为图像的方差;α 为一个与噪声有关的系数,为固定值。通过大量的试验检验统计,选择 α 为5,因此,式(3.78)变为 $V_{\text{th}} = E + 5\sigma$ 。

本节采用交叉投影[7,10]星点分离算法对星图中星体位置进行粗提取。其基本原理和步骤为[25]:

(1)对于一幅 $m \times n$ 的灰度星图,在确定星图阈值后,对其进行竖直投影,求取图像每一列的像素灰度值的和,即 $P(x) = \sum_{n=1}^{m} f(x,y)$,这里的 $P(x, y)$ 代表了经过阈值分割后的灰度值,在没有星点的位置上为零。因此,只要 P 的值不为零,就说明在坐标范围内存在星点。在有星的情况下,记录存在星点的区域 x 的坐标范围。

(2)对高度为原始图像高度的图像在存在星点的区间内进行水平投影检测,进而得到每个星点区域对应的纵坐标范围,这样就确定了每个星点外接四边形的坐标范围。如果星体位

于 3×3 或 5×5 的像素范围内，那么就可根据这个范围对其进行目标质心的细分定位，进而求得精确的质心坐标。

3.6.2 星体目标质心的细分定位方法

点状光斑目标的细分定位方法可以分为基于灰度和基于边缘两大类[11]。基于灰度的方法一般利用目标的灰度分布信息，如质心法、高斯曲面拟合法等。基于边缘的方法一般利用目标的边缘形状信息，如边缘拟合、Hough 变换等。一般而言，基于灰度的方法比较适合较小的且灰度分布均匀的目标。实际观测星图中星体目标的直径一般为 3～5 个像素的大小，且灰度近似成高斯分布。因此，对于星体目标，本节采用基于灰度的方法进行细分定位处理，主要包括 3 种质心提取算法[12,26,27]。

1. 质心法

设包含目标的图像表示为 $f(x,y)$，其中：$x=1,2,\cdots,m,y=1,2,\cdots,n$。阈值化过程可表示为

$$F(x,y)=\begin{cases}f(x,y) & (f(x,y)\geqslant T)\\ 0 & (f(x,y)<T)\end{cases} \tag{3.81}$$

式中：T 为背景阈值。质心法实际上就是计算二值化后图像的一阶矩，即

$$\begin{cases}x_0=\dfrac{\sum\limits_{x=1}^{m}\sum\limits_{y=1}^{n}F(x,y)x}{\sum\limits_{x=1}^{m}\sum\limits_{y=1}^{n}F(x,y)}\\ y_0=\dfrac{\sum\limits_{x=1}^{m}\sum\limits_{y=1}^{n}F(x,y)y}{\sum\limits_{x=1}^{m}\sum\limits_{y=1}^{n}F(x,y)}\end{cases} \tag{3.82}$$

在实际使用中，往往使用带阈值的质心法和平方加权质心法。

2. 带阈值的质心法

带阈值的质心法计算公式为

$$\begin{cases}x_0=\dfrac{\sum\limits_{x=1}^{m}\sum\limits_{y=1}^{n}[F(x,y)-T]x}{\sum\limits_{x=1}^{m}\sum\limits_{y=1}^{n}[F(x,y)-T]}\\ y_0=\dfrac{\sum\limits_{x=1}^{m}\sum\limits_{y=1}^{n}[F(x,y)-T]y}{\sum\limits_{x=1}^{m}\sum\limits_{y=1}^{n}[F(x,y)-T]}\end{cases} \tag{3.83}$$

这种方法相当于将原图像与二值化的阈值相减，然后对相减后的图像求质心。由于图像可以看成是目标与背景的叠加，因此，这里的 T 常常采用背景阈值。可以从理论证明，带阈值的质心法具有更高的精度，且处理速度也比较快。

3. 平方加权质心法

平方加权质心法的计算公式为

$$
\begin{cases}
x_0 = \dfrac{\sum\limits_{x=1}^{m}\sum\limits_{y=1}^{n} F^2(x,y)x}{\sum\limits_{x=1}^{m}\sum\limits_{y=1}^{n} F^2(x,y)} \\
y_0 = \dfrac{\sum\limits_{x=1}^{m}\sum\limits_{y=1}^{n} F^2(x,y)y}{\sum\limits_{x=1}^{m}\sum\limits_{y=1}^{n} F^2(x,y)}
\end{cases}
\tag{3.84}
$$

这种方法采用灰度值的平方代替灰度值作为权值，突出了离中心较近的较大值像素点对中心位置的影响。

由于恒星是一种点光源，分布近似的可以看作是一个对称的高斯曲面，曲面下的体积对应星等，成像灰度值随着离中心位置的距离增加而降低很快，其曲面方程可以表示为

$$
p = A\exp(-r^2/B) \tag{3.85}
$$

式中：$r^2=(x-x_0)^2+(y-y_0)^2$，(x_0,y_0) 对应高斯曲面的中心位置；A 为高斯曲面的最大值，代表灰度幅值的大小；B 对应星光斑的标准偏差。利用平方加权法可以计算出高斯函数的中心，即星体中心位置的坐标。

3.6.3 质心提取仿真分析

下面采用灰度成高斯分布的点状目标来模拟恒星成像，图像大小为 80×80，背景是灰度为 10 的均匀分布，图像中只有一个目标源，高斯中心位置为(40,40)，灰度幅值为 255，标准方差为 5，模拟一幅简单的星图，并在此基础上加上均值为零、标准差为一定值的高斯噪声来模拟混杂噪声的星图，如图 3.17 所示。

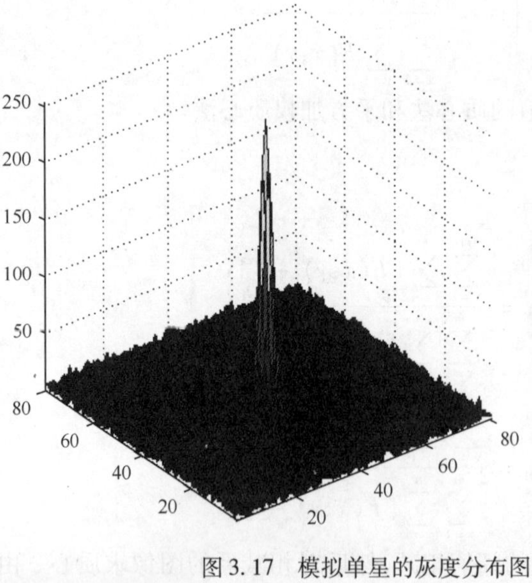

图 3.17 模拟单星的灰度分布图与星图

采用交叉投影方法对模拟单星的星图进行竖直和水平投影，如图 3.18 所示。

从投影的像素—灰度图很容易看出，在竖直方向[38,42]和水平方向[38,42]范围内存在一颗星。下面采用 3.6.2 节介绍的细分定位方法，对模拟星图中的单星进行精确质心提取。用不同的方法提取的质心坐标如表 3.1 所列。

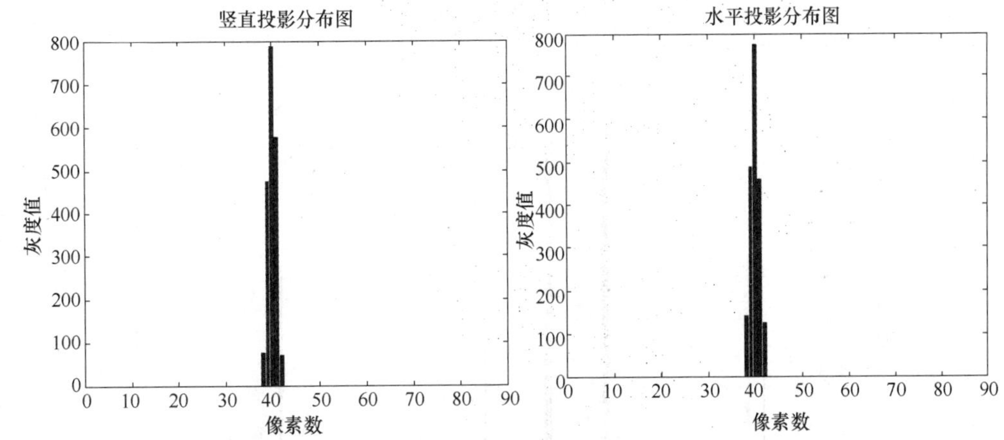

图 3.18　模拟单星竖直和水平方向投影

表 3.1　采用不同方法计算星体质心位置

	x 像素	y 像素	偏差
质心法	39.9750	39.9668	0.0416
带阈值质心法	39.9978	40.0102	0.0104
平方加权质心法	39.9901	39.9952	0.0110

从表 3.1 所列的偏差值可以看出，传统的质心法和平方加权质心法算出的星体质心位置的精度都不如带阈值质心法高，加上它简单易于实现、计算量小、精度受噪声的影响也较小，因此该方法被广泛使用。

对于第 4 章模拟的星图，进行竖直投影和水平投影如图 3.19 和图 3.20 所示。

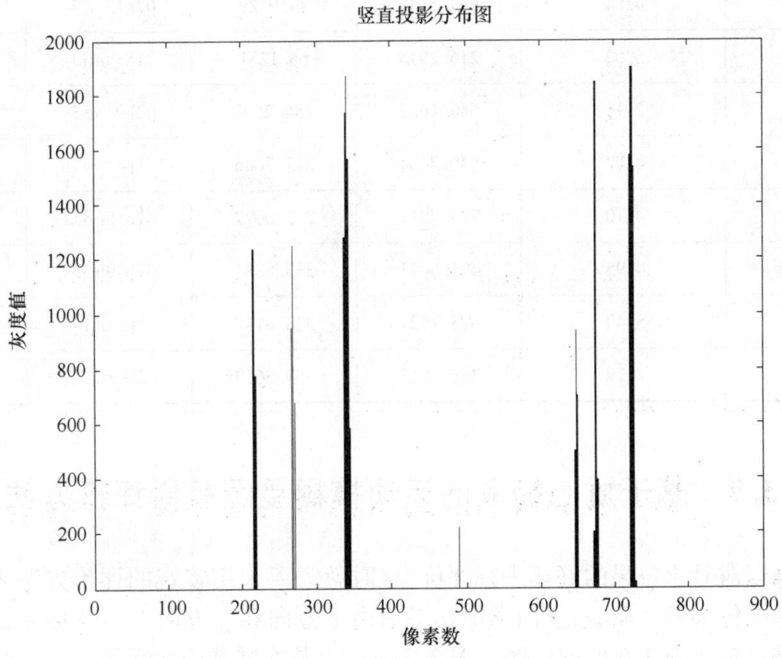

图 3.19　竖直投影灰度分布图

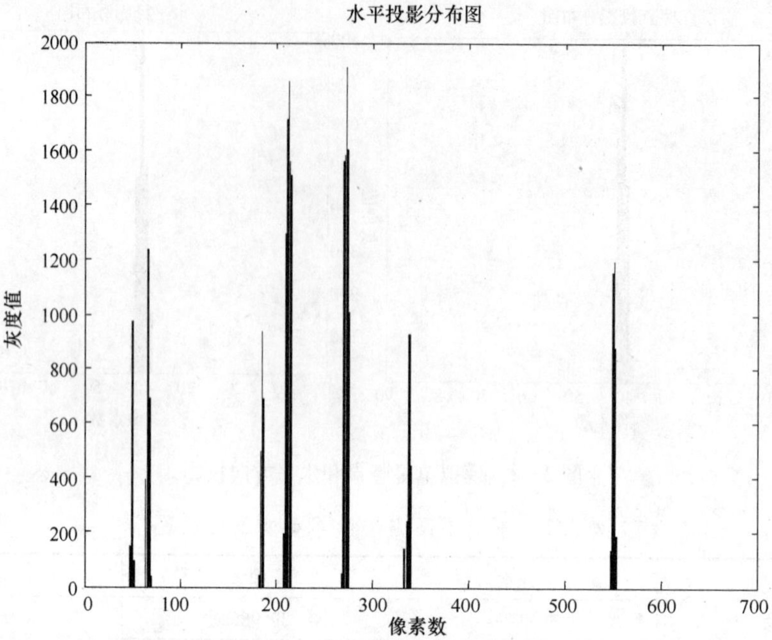

图 3.20　水平投影灰度分布图

确定星体位置后,采用带阈值的质心法对星图进行质心提取如表 3.2 所列。

表 3.2　带阈值质心法提取模拟星图星体位置

目标序号	星等	像平面坐标		天球坐标	
		x	y	赤经 α	赤纬 δ
1	4.84	674.5639	49.9129	02h13m13s	44°13′54″
2	5.02	216.2943	66.1231	01h39m42s	44°23′10″
3	2.16	648.2625	186.2592	02h03m53s	42°19′47″
4	4.97	340.7164	213.7086	01h41m47s	42°36′48″
5	4.10	723.7811	273.0677	01h36m48s	41°24′23″
6	4.95	491.0023	333.6884	01h40m35s	40°34′37″
7	5.40	673.7924	338.6117	01h53m17s	40°43′47″
8	4.79	268.1513	550.5689	02h08m29s	37°51′33″

3.7　基于质心提取的运动模糊星图复原评价方法

直观上难以对复原效果的好坏进行评价,这时就需要采用客观的评价方法来评定。这里采用对复原后图像求星体质心,进而求得相平面内 x 方向和 y 方向上总体偏差最小的方法来评定复原效果。对于图 3.6 的剪切图像图 3.7(a),对其在其平面内采用上述方法进行质心提取的结果如表 3.3 所列[28]。

表 3.3 截取星图质心位置

星号	X/像素	Y/像素
1	104.3295	50.3240
2	179.9220	137.0876
3	129.6862	202.7353

下面对通过尺度鉴别、图像复原后的星图进行质心位置提取。

对于未知匀速运动模糊复原的星图如图 3.13 所示，三种方法求得的星体质心位置及与原始星图质心位置的偏差分别如表 3.4、表 3.5 和表 3.6 所列。

表 3.4 逆滤波复原后星图星体质心位置提取结果

星号	1		2		3	
	X	Y	X	Y	X	Y
质心位置	101.3295	50.3240	176.7312	137.0833	126.6862	202.7353
偏差	-3.0000	0.0000	-3.1908	-0.0043	-3.0000	0.0000
总体偏差	3.0000		3.1908		3.0000	

表 3.5 维纳滤波复原后星图星体质心位置提取结果

星号	1		2		3	
	X	Y	X	Y	X	Y
质心位置	104.3299	50.3253	179.9257	137.0877	129.6861	202.7376
偏差	0.0004	0.0013	0.0037	0.0001	-0.0001	0.0023
总体偏差	0.0014		0.0037		0.0023	

表 3.6 平滑最小二乘滤波复原后星图星体质心位置提取结果

星号	1		2		3	
	X	Y	X	Y	X	Y
质心位置	101.2713	50.3576	176.7248	136.9277	126.7638	202.7205
偏差	-3.0582	0.0336	-3.6972	-0.0599	-2.9224	-0.0148
总体偏差	3.0584		3.6977		2.9225	

从上述表格可以看出，虽然逆滤波的复原结果直观上和维纳滤波相当，但是有大约 3 个像素的误差，因此维纳滤波复原效果最好。

对于正弦振动模糊采用三种方法复原的星图如图 3.7 所示，采用带阈值的质心法求取的质心位置如表 3.7、表 3.8 和表 3.9 所列。

表 3.7 逆滤波复原星图星体位置提取结果

星号	1		2		3	
	X	Y	X	Y	X	Y
质心位置	104.3294	50.3255	179.9218	137.0880	129.6868	202.7352
偏差	0.0001	0.0015	-0.0002	0.0006	0.0006	-0.0001
总体偏差	0.0015		0.00063		0.0006	

表 3.8　维纳滤波复原星图星体位置提取结果

星号	1		2		3	
	X	Y	X	Y	X	Y
质心位置	104.3317	50.3272	179.9230	137.0882	129.6848	202.7379
偏差	0.0022	0.0032	0.0010	0.0006	-0.0014	0.0026
总体偏差	0.0039		0.0012		0.0030	

表 3.9　平滑最小二乘方滤波复原星图星体位置提取结果

星号	1		2		3	
	X	Y	X	Y	X	Y
质心位置	104.3290	50.3251	179.9241	137.0876	129.6866	202.7386
偏差	-0.0005	0.0011	0.0021	0.0000	0.0004	0.0033
总体偏差	0.0012		0.0021		0.0033	

从提取的结果可以看出，当模糊为振动模糊时，改进的逆滤波复原效果明显优于其他两种方法，验证了 3.5.5 节的消除消除正弦振动模糊复原直观结果。

3.8　本章小结

本章首先从星图处理的特点出发，分析了造成星图模糊的原因；其次在研究图像模糊复原的理论基础上，建立了匀速运动、一维快速简谐振动的点扩散函数和模糊传递函数；最后，通过计算模糊图像的自相关函数均值，设计了模糊图像进行模糊尺度鉴别的流程，对匀速运动 10 像素和正弦振动 3 像素的星图进行了模糊仿真，并采用模糊尺度鉴别算法进行了鉴别，鉴别结果能正确反映模糊的像素数。

参 考 文 献

[1] 段小庆，提高 LSIMU/星敏感器复合体使用精度关键技术研究[D]. 西安：第二炮兵工程学院，2008.

[2] 孙辉，张葆，刘晶红. 基于维纳滤波的运动模糊消除算法及其在航空成像系统中的应用[J]. 光学精密工程，2005，13(6).

[3] 段小庆，王宏力. 运动模糊图像复原技术在星图中的应用[J]. 微计算机信息，2008，33：296-297，291.

[4] 徐飞，等. MATLAB 应用图像处理[M]. 西安：西安电子科技大学出版社，2002.

[5] KENNETH R CASTLEMAN. DIGITAL IMAGE PROCESSING[M]. Prentice-Hall Internatioanal Inc.，2000.

[6] 田宏，袁家虎，等. 星敏感器在地面观星实验的结果分析[J]. 光电工程，2001，28(5).

[7] 王兆魁，张育林. 一种 CCD 星图星点快速定位算法[J]. 空间科学学报，2006，26(3).

[8] 杨清珍，陈朝阳，沈续榜，等. 用 FPGA 实现星图目标的质心提取[J]. 计算机与数字工程，2005，33(10).

[9] 詹巧林. 气动光学效应对星图影响的仿真研究[D]，西安：第二炮兵工程大学，2011.

[10] 何斌，等. Visual C++数字图像处理[M]. 2 版. 北京：人民邮电出版社，2002.

[11] Shortis M R, Clarke T A, Short T. A comparison of some techniques for the subpixel location of discrete target images[J]. SPIE, 1994, 2350: 239-250.

[12] 李学夔，郝志航，李杰，等. 星敏感器的星点定位方法研究[J]. 电子器件，2004，27(4).

[13] S Raiter, O Hadar, N S Kopeika. The influence of motion sensor error on Image restoration from vibrations and motion[J]. SPIE 2001, 4306.

[14] O Hadar, I Dror, N S Kopeika. Real – Time Numerical Calculation of Optical Transfer Function for Image Motion and Vibration 8th Meeting on Optical Engineering in Israel, SPIE, 1971, 1992.

[15] 汪国宝,王石刚,于新瑞,等. 高频振动振幅的视觉测量[J]. 机械工程学报,2004,40(4).

[16] 王超峰,刘利,汪国宝,等. 高频振动方向和振幅测量的模糊图像处理方法[J]. 振动与冲击,2005,24(5).

[17] 邹谋炎. 反卷积和信号复原[M]. 北京:国防工业出版社,2001.

[18] Y Yitzhaky, N S Kopeika. Identification of the Blur Extent from Motion Blurred Image[M]. SPIE, 2005 2470: 2 – 11.

[19] 孟祥固. 卫星图像运动模糊与散焦模糊复原技术研究[D]. 哈尔滨:哈尔滨工业大学,2003.

[20] 陆敬辉. 弹体角振动对星图成像影响研究[R]. 第二炮兵工程大学,2013.

[21] 章毓晋. 图像处理和分析(上册)[M]. 北京:清华大学出版社,1998.

[22] 赵荣椿,等. 数字图像处理导论[M]. 西安:西北工业大学出版社,1995.

[23] 崔祥祥. 基于弹载大视场星敏感器的星图识别方法研究[D]. 西安:第二炮兵工程学院,2010.

[24] 孙晓熊. 基于星敏感器的星提取及星图识别算法研究[D]. 西安:第二炮兵工程学院,2009.

[25] 陆敬辉,王宏力,郑佳华,等. 一种改进的星图中星提取方法[J]. 传感器与微系统,2008,06:31 – 33.

[26] Shortis M R, Clarke T A, Short T. A comparison of some techniques for the subpixel location of discrete target images[J]. SPIE, 1994, 2350: 239 – 250.

[27] 赵剡,张怡. 星图识别质心提取算法研究[J]. 空间电子技术,2004,4.

[28] 崔祥祥,王宏力,陆敬辉. 一种新的星图中星的提取方法[J]. 传感器与微系统,2011,04:17 – 18.

第4章 导航星表

4.1 引 言

星图模拟和星提取算法是研究星图识别、姿态确定等星光制导关键技术的基础,本章主要分析导航星表。将装载于星敏感器的存储器内,用于与观测星相匹配的恒星星表,称为导航星表。它是进行星图识别和姿态计算的基础,不但为星图识别提供匹配模板,而且为姿态确定提供参考矢量。因此,导航星表必须是合理、完备的。同时,导航星表的存储内容和存储方式是由航天任务和星图识别算法本身决定的,它们直接影响到星图识别的效率、成功率以及姿态确定精度等[1-3]。

弹道导弹作为一种高技术的精确打击武器,具有飞行时间短、速度快、精度要求高等特点,将星光制导应用于弹道导弹有利于提高其制导精度和自主导航能力[4-6]。但是,由于导弹飞行速度较快,因此对星敏感器的数据输出率具有一定要求。同时,提高星图识别效率对提高星敏感器的数据输出率有重要的意义,而导航星表的存储容量和方式对星图识别效率影响很大,因此开展弹载导航星表的研究对星光制导在弹道导弹上的应用有重要意义。

4.2 导航星的选取

4.2.1 基本天文星表分析

天文星表是关于天体信息的数据库,通常包含星体的星号、星名、星等、对应某一基本历元星的位置、自行等数据记录[7]。现代恒星星表既有直接使用精密仪器测定恒星位置的星表,也有综合多个星表编制出来的精简星表。常用的星表有 SAO(Smithsonian Astrophysical Observatory)星表、HIC(Hipparcos Input Catalog)星表、SKYMAP 2000 星表、YBSC(Yale Bright Stars Catalog)星表、FC(Fundamental Catalog)星表、Tycho2 星表等。

本章采用的基本天文星表均以国际天文协会(International Astronomical Union,IAU)公布的标准星表 SKYMAP SKY2000 Version 4 Master Catalog(第4版的 SKY2000 主星表)作为基本星表,它包含了恒星的星号、星名、星位置、星位置的变化、星等、星等变化以及各种光谱和辐射数据。该星表中恒星的位置信息以赤经赤纬的形式给出,精度为 0.001 角秒,而恒星的亮度信息则用星等表示(本章采用可视星等),其精度为 0.1 星等。SKY2000 共记录了 310482 颗亮星,亮度小于 10 星等的恒星有 274335 颗,并有 1574 颗星没有给出亮度信息记录。在星等记录信息中,亮度小于等于 1.0 星等的恒星有 13 颗,亮度小于等于 5.0 星等的恒星约为 1700 颗,亮度小于等于 6.0 星等的恒星约为 5000 颗,小于等于 7.0 星等的恒星约为 16000 颗。

SKY2000 主星表是以字节为单位对每颗恒星信息进行存储的,即每一颗恒星的信息用 520B 来表示,用一个字节或者几个字节共同表示恒星的某项数据,数据格式如表 4.1 所列。

表 4.1 SKY2000 主星表数据格式

字节	含义
1 ~ 27	IAU 识别码
28 ~ 35	SKYMAP 星表编号
36 ~ 43	HD 星表编号
44 ~ 50	SAO 星表编号
51 ~ 63	DM 星表编号
⋮	⋮
518 ~ 519	频带 3 源数据:星等或颜色
520	频带 3 混合数据:星等或颜色标记

4.2.2 恒星分布规律

星图识别时利用的信息主要包括恒星的星等和恒星与恒星之间的相对位置。因此,为了研究恒星在天球上的分布规律,首先分析天球中恒星的总数与星等门限之间的关系,如图 4.1 所示。

图 4.1 给出了 SKY2000 主星表中的恒星星等在 0 ~ 8 时恒星数量与星等门限之间的关系。由图 4.1 可知,随着星等门限的增加,恒星的数量大致呈指数关系递增。其恒星数量与星等门限之间的关系可近似表示为

$$N = 6.57 \times e^{1.08M} \tag{4.1}$$

式中:N 为恒星数量;M 为星等门限。

此外,在某一星等门限下的恒星在天球上的分布也是不均匀的。如图 4.2 所示为星等门限为 7 星等时天球上恒星分布大致情况。可以看出,从绝对数量上讲,在接近天球两极的区域时,恒星数量较少。

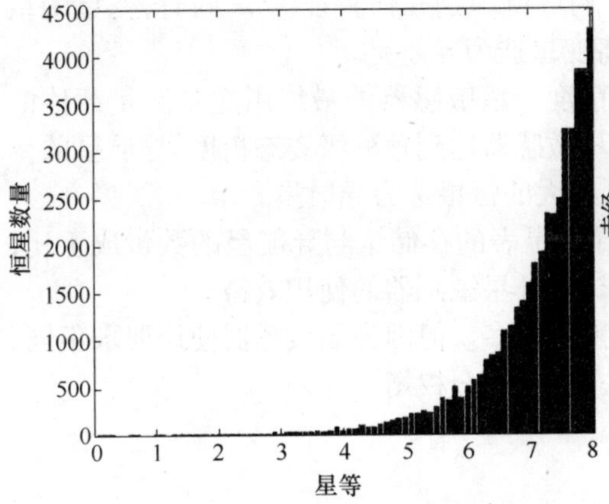

图 4.1 恒星数量与星等门限的关系

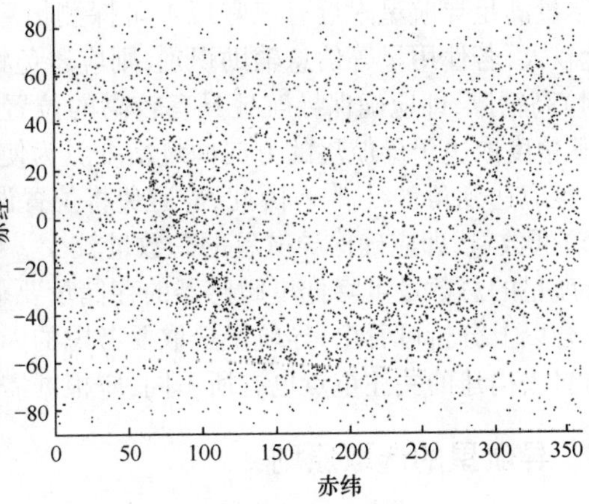

图 4.2 天球上恒星分布大致情况(7 星等)

4.2.3 构建导航星表的基本要求

导航星表是星敏感器进行星图识别和姿态确定的基础[8],其作用主要体现在两个方面:一是为星图识别提供匹配模板;二是为姿态确定提供参考矢量[7,9]。其中,导航星的数量与空间分布将很大程度上决定星敏感器视场中的恒星数量,进而决定匹配模板的有效性;导航星的

位置精度决定参考矢量精度，进而直接影响星敏感器精度指标。因此，导航星表构建被认为是星敏感器设计工作的重要组成部分之一[10]。

导航星一般从天文星表中选出[11]。天文学中，将包含一定数量恒星的一个总编目称为星表，其给出了表明每颗恒星特征的数据资料，包括恒星在天球上的位置坐标、自行、视差和光谱型等[11]。星表包含的恒星数量多，每颗恒星的数据也很全，但数据量很大。以 SKY2000 V.4 星表为例，包含约30 万颗恒星的数据，压缩后仍有约30MB。如此大的数据量是不适合在星敏感器中应用的，而且其中很多恒星不适宜作为导航星，如双星、变星以及星敏感器无法探测到的低亮度恒星等。因此，往往根据导航星内在要求选取部分恒星作为导航星。由于星敏感器的灵敏度、分辨率、存储量等都存在限制，因此构建导航星表时必须进行导航星优选，在满足星敏感器性能指标的同时，尽可能降低星敏感器的硬件要求。在导航星表构建时，应尽量满足以下要求[12,13]。

(1)可探测，即应确保导航星能被星敏感器探测到。恒星距离地球较远，其辐射到地球的光能较弱，给星敏感器探测造成困难。一般在设计时，综合光学元件灵敏度、曝光时间、光学系统通光孔径和散射率等，会给出星敏感器探测的极限星等，即高于该星等的恒星，星敏感器将不能保证探测到。因此，导航星的星等应低于极限星等，且在满足该条件下应尽可能低[14,15]。

(2)可分辨，即应确保导航星在星敏感器拍摄星图中能被分辨，即避免导航星与其周围恒星混淆。星敏感器的分辨率是一定的，一旦设计完成就不能改变。若两颗恒星距离接近，且亮度相近，将导致星敏感器无法分辨这两颗恒星，会给星图识别和姿态解算造成困难。特别是距离较近的双星[16]，在拍摄星图中可能呈现为一个模糊光斑，导致星敏感器无法分辨它们。因此，导航星应与其邻近恒星具有较大差别，包括位置和亮度[17]。

(3)可识别，即应确保导航星能被星敏感器识别。导航星要参与姿态解算，必须首先完成识别。可用于星识别的恒星特征包括星等、光谱、赤经赤纬、相邻恒星构成的几何特征，以及它们之间的组合[18]。在现有技术条件下，一般使用相邻恒星构成的几何特征进行识别，星等信息作为星识别的补充特征[18]。但通常三颗以上恒星构成的几何特征才能完成自主识别，因此，应尽量满足导航星附近有三颗以上可探测恒星构成待识别几何特征[19]。同时，变星的星等变化较大，若使用星等信息辅助识别，则应避免将变星选为导航星。

(4)高精度，即应确保导航星具有较高的位置精度。星敏感器的最终用途是测量载体的姿态，其精度取决于导航星的方向向量精度。为使星敏感器达到角秒级姿态精度，导航星的位置精度也应达到角秒级[10]。因此，应避免将位置误差大的恒星选为导航星。

(5)低数量，即应确保导航星的总数量较少。导航星表的存储量与导航星的数量成正比，降低导航星的总数量可降低星敏感器的存储量要求，提升星敏感器的使用效益。

综合以上分析可看出，导航星选取要考虑的因素比较多。但因为星敏感器使用要求不同，其导航星表构建的关注重点也有所不同，应根据需求进行综合权衡。

4.2.4 导航星的选取原则

由于基本星表提供的恒星数量太多，如果全部将其作为导航星，不但需要有很大的存储空间，而且过多的星数也不利于星图识别，因此需要从基本星表中选取一部分恒星作为导航星。

导航星的选取对星图识别算法有着重要的影响，其选取原则为[20-22]：

(1)剔除基本星表中变星和双星；

(2)导航星亮度越大越好；

(3)视场中的星数满足星图识别所需最少星数要求；

(4)满足(3)的条件下，视场中星数越少越好；

(5) 导航星在天球上的分布尽量均匀；

(6) 导航星之间的角距要大于一定门限。

4.2.5 导航星表分布分析

通过对基本星表分析和恒星分布规律研究，结合导航星的选取原则，本节采用星等滤波算法选取导航星，即选取 SKY2000 主星表中亮度在 6 星等以上的恒星作为导航星，剔除变星和双星后，在天球上的大致分布如图 4.3 所示[6]。

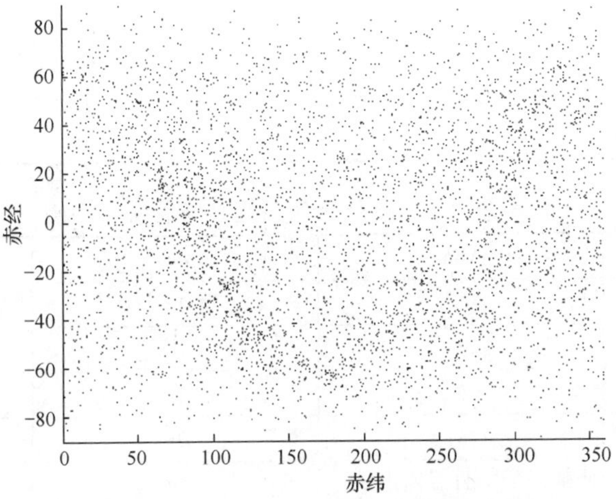

图 4.3 所选导航星大致分布情况

图 4.3 给出所选导航星在天球上的大致分布情况。为了更进一步分析其在不同区域的分布规律，选取天球赤道附近天区、北极天区、南极天区作为研究区域。取赤经为 $0° \leqslant \alpha \leqslant 360°$、赤纬为 $-10° \leqslant \beta \leqslant 10°$ 作为赤道附近天区；取赤经为 $0° \leqslant \alpha \leqslant 360°$、赤纬为 $70° \leqslant \beta \leqslant 90°$ 作为北极天区；取赤经为 $0° \leqslant \alpha \leqslant 360°$、赤纬为 $-70° \leqslant \beta \leqslant -90°$ 作为南极天区。观察星敏感器不同视场尺寸中恒星数量的情况。在上述三个天区中，分别利用计算机进行仿真，随机生成 1000 个视轴指向，即得到 1000 个视场中恒星数量，统计的结果如表 4.2、表 4.3 和表 4.4 所列。

表 4.2 赤道附近天区恒星分布情况

FOV	Min	Max	Mean
8° × 8°	0	22	5.22
10° × 10°	1	29	8.14
12° × 12°	3	38	11.34
14° × 14°	5	46	16.13
16° × 16°	6	57	20.44
18° × 18°	10	64	26.12
20° × 20°	13	76	32.31

注：FOV 为星敏感器视场大小；Min 为视场中恒星数量的最小值；Max 为视场中恒星数量最大值；Mean 为视场中恒星数量平均值

表 4.3　北极天区恒星分布情况

FOV	Min	Max	Mean
8° × 8°	1	12	5.6
10° × 10°	3	16	8.43
12° × 12°	4	21	12.24
14° × 14°	8	26	16.24
16° × 16°	11	33	21.71
18° × 18°	15	42	27.31
20° × 20°	21	53	33.79
注:FOV 为星敏感器视场大小;Min 为视场中恒星数量的最小值;Max 为视场中恒星数量的最大值;Mean 为视场中恒星数量平均值			

表 4.4　南极天区恒星分布情况

FOV	Min	Max	Mean
8° × 8°	1	14	5.48
10° × 10°	2	20	8.82
12° × 12°	5	27	12.53
14° × 14°	8	35	17.36
16° × 16°	11	54	23.33
18° × 18°	17	67	29.48
20° × 20°	23	84	36.95
注:FOV 为星敏感器视场大小;Min 为视场中恒星数量的最小值;Max 为视场中恒星数量的最大值;Mean 为视场中恒星数量平均值			

从表 4.2 ~ 表 4.4 分析可知,不同天区的恒星数量相差比较大,当视场尺寸比较小时还存在空拍现象。要保证星敏感器视轴在任意方向下拍摄的星图中至少有 3 颗星,则星敏感器视场大小至少为 12° × 12° 。

4.3　存储导航星表的典型方法

构建导航星表作为星图识别的一项基础工作,其存储容量、存储内容、存储方式和读取方式都是影响星图识别时间和识别成功率的关键。当然,针对不同的星图识别方法,其导航星表的存储也不同。目前,导航星表的构建及存储方法主要有球形矩阵分割法、重叠区域法、赤纬带法等,下面将逐一进行介绍。

4.3.1　球形矩阵分割法

球形矩阵分割法是直接以赤径、赤纬为标准对天球进行分割,得到大小并不完全相同的多个分区,如图 4.4 所示。对于区域分格的间距,通常根据视场大小确定,所有区域内的导航星信息均按照一定的规则进行顺序存储。此外,为避免重叠区域的重复现象,一般先定义一主星,再计算与其落入同一视场内的星点(副星)信息,最后以主星信息为基准存储所有的星点信息。

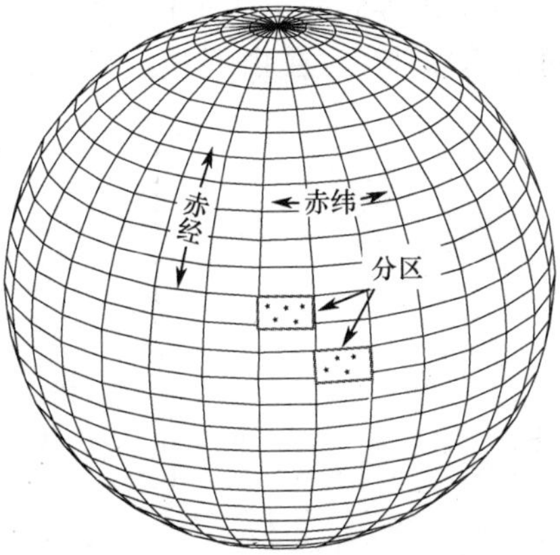

图 4.4　球形矩阵分割法

例如,以 10° × 10° 视场的星敏感器为例,可将天球以 9° × 9° 为间隔划分为 800 个球形矩阵子区。在已知星敏感器的粗姿态对星表进行检索的计算方法如下。

设星敏感器视轴粗姿态指向为 (α_0, δ_0),则检索星表子区时,赤纬上界为

$$D_{up} = \left\lceil \frac{\delta_0 + R/2 + \varepsilon}{B} \right\rceil + \frac{N}{2} \tag{4.2}$$

星表子区的赤纬下界为

$$D_{low} = \left\lceil \frac{\delta_0 - R/2 - \varepsilon}{B} \right\rceil + \frac{N}{2} \tag{4.3}$$

式中:R 为视场的对角度数;ε 为星敏感器姿态的估计偏差;B 为赤纬的分区间隔;N 为将赤纬划分的总数;$\lceil \cdot \rceil$ 为向上取整运算。

由于对赤纬划分时,赤纬分布是均匀的,而赤经分布不均匀,球面上的弧长随赤纬的增加而缩短,即:在某一赤纬 δ,球形矩阵的赤经覆盖范围"鼓胀"了 $1/\cos\delta$。因此,星表子区的赤经左边界的计算方法为

$$J_{left} = \left\lceil \frac{\alpha_0 - (R/2 + \varepsilon)/\cos\delta_0}{B} \right\rceil + \frac{N}{2} \tag{4.4}$$

星表子区的赤经右边界的计算方法为

$$J_{right} = \left\lceil \frac{\alpha_0 + (R/2 + \varepsilon)/\cos\delta_0}{B} \right\rceil + \frac{N}{2} \tag{4.5}$$

可见,此方法优点是能够根据方向快速确定检索区域,在一定情况下适合星象跟踪模式;但缺点是区域大小不定,同一视场在不同指向下检索的区域数目不相同。同时,在全天识别模式下需要对全天星点进行检索比对时,依据这种存储方式的模式库处理效率较为低下。

4.3.2　重叠区域法

重叠区域法是按各星点为中心,根据视场大小生成相应分区(一般按视场大小的两倍),再存储其中所有的导航星信息,如图 4.5 所示。由于这种方式使得每一星点被重复存储在多个区域,因而容量较大。

4.3.3　赤纬带法

赤纬带法是以天球赤纬为分区标准,把天球划分成若干个平行于天赤道的带区,存储其中

的导航星点及模式信息。同时,在区内存储两个用于控制检索开始和结束的数值。在实际工作时,根据视轴指向的赤纬确定基本带区,在依据相应的控制数值定位对应检索区域,如图4.6所示。

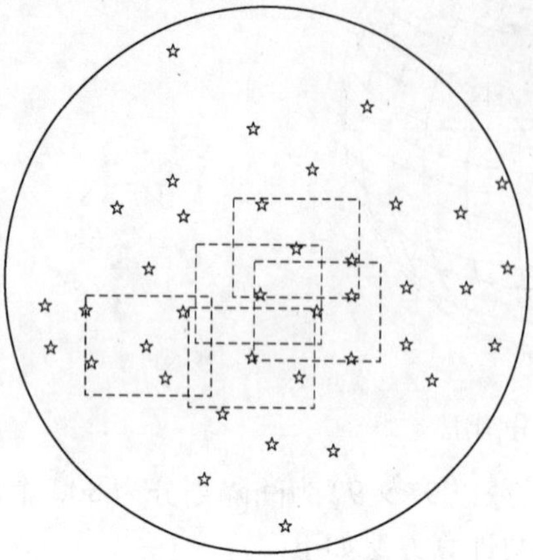

图4.5 重叠区域法

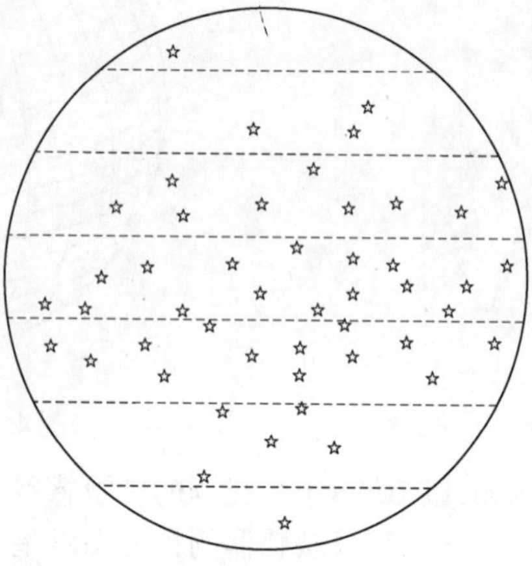

图4.6 赤纬带法

可见,由于靠近天赤道部分的带区较长,且本身天球星点在此区域内分布较密,相应的区域模式存储量会很大。这会导致检索速度降低等系列问题的发生。

4.4 星敏感器视场参数确定方法

4.4.1 视场参数的制约因素

视场参数的选择要综合考虑多方面因素,从以下4个方面分别进行分析[25]。

1. 精度

精度是星敏感器的核心指标,而视场对其影响很大。美国休斯公司曾给出了估计星敏感器精度的经验公式,星敏感器的俯仰/偏航姿态角误差为[24]

$$\sigma_{p/y} = \sigma_{xy}/\sqrt{N} \tag{4.6}$$

式中:$\sigma_{p/y}$为俯仰/偏航角误差;σ_{xy}为平均星提取误差(以角秒为单位);N为参与计算的恒星矢量数量。从式(4.6)可以看出:星敏感器的俯仰/偏航姿态角误差与平均星提取误差呈正比,与参与计算的导航星数量的平方根呈反比。平均星提取误差越小,参与姿态解算的导航星个数越多,星敏感器的俯仰/偏航姿态角精度越高。

星敏感器的滚动姿态角误差为

$$\sigma_z = \sqrt{[2/(N-1)]} \times \sigma_{xy}/\theta_{sep} \tag{4.7}$$

式中:σ_z为滚动角误差;θ_{sep}为星敏感器视场内观测恒星之间的平均角距。从式(4.7)可以看出:星敏感器的滚动姿态角误差与平均星提取误差呈正比,与参与姿态解算的导航星数量的平方根呈反比,与视场内观测恒星间的平均角距呈反比。平均星提取误差越小,参与姿态解算的导航星个数越多,观测恒星间平均角距越大,星敏感器滚动姿态角精度越高。

对比式(4.6)、式(4.7)还可看出:星敏感器的滚动姿态角误差可认为是其俯仰/偏航姿态角误差的若干倍(7~90倍),其倍数与观测恒星间的平均角距呈反比[24]。平均角距越大,倍数越低,星敏感器滚动姿态角精度越高。

星敏感器的平均星提取误差为

$$\sigma_{xy} = \mathrm{FOV} \times E_p / \#P \tag{4.8}$$

式中：FOV 为星敏感器的视场大小；E_p 为以像素为单位的星提取误差，也称为亚像素细分定位误差；$\#P$ 为图像传感器阵列某一维上的总像素数。从式(4.8)可以看出：平均星提取误差与星敏感器视场角呈正比，与亚像素细分定位误差呈正比，与图像传感器阵列某一维上的总像素数呈反比。其中，亚像素细分定位误差主要由星像质心确定算法决定，图像传感器阵列的总像素数主要由微电子加工工艺决定，两者很难提高。因此，可笼统地说，星敏感器的平均星提取误差主要由星敏感器视场角决定：视场角越大，平均星提取误差越大；视场角越小，平均星提取误差越小。

将式(4.8)代入式(4.6)，经化简得

$$\sigma_{p/y} = \frac{\mathrm{FOV} \times E_p}{\#P \times \sqrt{N}} \tag{4.9}$$

从式(4.9)可以看出：星敏感器的俯仰/偏航姿态角精度，与星敏感器视场角呈反比，与参与姿态解算的导航星个数呈正比。视场角越小，参与姿态解算的导航星数量越多，星敏感器这两个通道的姿态角精度越高。

将式(4.8)代入式(4.7)，经化简得

$$\sigma_z = \frac{\mathrm{FOV} \times E_p}{\#P \times \sqrt{(N-1)}} \times \frac{\sqrt{2}}{\theta_{\mathrm{sep}}} \tag{4.10}$$

同时，对于观测恒星间的平均角距 θ_{sep}，其取值与星敏感器视场相关（观测恒星间的最大角距必然小于星敏感器视场角）。若假设观测恒星服从均匀分布，则平均角距可采用视场角的一半来估计，即 $\theta_{\mathrm{sep}} = \mathrm{FOV}/2$。将其代入式(4.10)，经化简得

$$\sigma_z = \frac{2\sqrt{2} \times E_p}{\#P \times \sqrt{(N-1)}} \tag{4.11}$$

从式(4.11)可以看出：星敏感器的滚动姿态角精度，与星敏感器视场角的关系不明显，与参与姿态解算的导航星数量呈正比。参与姿态解算的导航星数量越多，星敏感器滚动姿态角精度越高。

由于星敏感器滚动姿态角精度一般较俯仰/偏航姿态角精度低一个数量级，因此，应用中往往不使用星敏感器测量的滚动姿态角，分析星敏感器精度时也更关注其俯仰/偏航姿态角精度。结合美国休斯公司给出的估计星敏感器精度的经验公式和上述分析可得：视场与星敏感器精度呈反比；在现有技术条件下，给定星敏感器期望工作精度，则星敏感器的最大视场角也即确定下来。

2. 安装方向

星敏感器的测量对象是太空中的恒星，其信号比较微弱。为提高检测概率，必须降低所拍摄星图的背景噪声。背景噪声的一个重要来源是进入星敏感器视场的外部杂散光，主要包括太阳光、地球反照光等，常通过为星敏感器安装遮光罩的方式对其进行抑制[25]。遮光罩的关键设计指标之一是杂散光抑制角。当太阳等强外杂散光源与系统光轴的夹角大于杂散光抑制角时，遮光罩能起到较好的抑制效果[26,27]；而当其小于杂散光抑制角时，遮光罩的效果就变差了（见图4.7）。因此，杂散光抑制角成为确定星敏感器安装方向的一个限制条件，即星敏感器光轴指向与太阳等强杂散光源所成角度应大于遮光罩的杂散光抑制角。

同时，遮光罩的杂散光抑制角必须大于星敏感器视场。因为遮光罩的作用是抑制非目标光线辐射，同时保证目标光线直接进入星敏感器，即视场内恒星的光线能直接进入星敏感器，因此，星敏感器视场的大小为遮光罩的杂散光抑制角设定了下限，进而对星敏感器安装方向产

生影响。

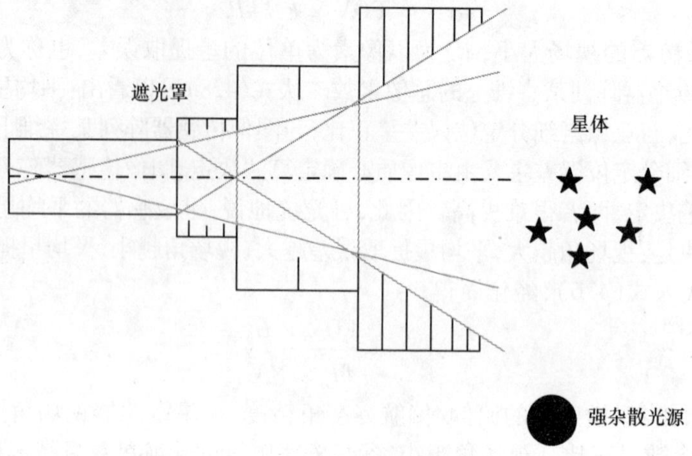

图 4.7　遮光罩杂光抑制原理示意图

如果从星敏感器使用角度考虑,则应尽量减小星敏感器安装方向的限制,即选择小的杂散光抑制角比较有利,也就是小视场星敏感器比较有利。

3. 光学系统 F 数

星敏感器的视场大小由其图像传感器阵列的尺寸和光学系统的焦距决定[18]。为便于讨论,设图像传感器阵列呈正方形,边长为 l ,光学系统焦距为 f ,星敏感器视场大小为 FOV,则三者之间关系为

$$\tan\left(\frac{\mathrm{FOV}}{2}\right)=\frac{l}{2f} \tag{4.12}$$

式中:FOV 为星敏感器的视场大小。由式(4.12)可知:当图像传感器阵列选定时,星敏感器的视场越大,光学系统焦距越小;星敏感器的视场越小,光学系统焦距越大。

光学系统 F 数是光学系统焦距与孔径的比值,设焦距为 f ,孔径为 D ,则光学系统的 F 数为

$$F=\frac{f}{D} \tag{4.13}$$

在光学系统设计加工过程中,F 数越小,光学系统的设计加工难度越大。因此,在实际应用中,光学系统的 F 数是有取值下限的。文献[28]中给出了某型星敏感器的设计参数,其中光学系统 F 数为 1.45,可作为 F 数的参考取值。

孔径是描述光学系统获得星光能量大小的量。在其他条件相同时,光学系统的孔径越大,单位时间星敏感器采集的星光能量就越大,恒星在星图中的亮度就越高。因此,孔径对星敏感器的极限星等影响很大,实际中不宜取得过小。文献[28]中介绍的某型星敏感器,其焦距为 25.5mm,极限星等为 5.4Mv,与常见的 6.0Mv 有较大差距,一个重要原因就是孔径较小,约为 17.59mm。

由于光学系统的 F 数和孔径都有下限值,则由式(4.13)可知,焦距 f 也有下限值,对应的星敏感器视场大小存在上限值。因此,当给定图像传感器阵列尺寸时,可以结合光学系统 F 数和孔径的下限值,可估计出此时星敏感器视场的最大值。

4. 导航星选取

星敏感器是以恒星为观测目标的高精度姿态敏感器,其中作为观测目标的恒星被称为导

航星,其方向精确已知。由于距离地球非常远,导航星是非常好的惯性参考基准,通过测量其相对星敏感器的方向就可以确定出星敏感器相对惯性基准的姿态。

由以上分析可知,对导航星的观测是星敏感器测量姿态的基础。因此,必须确保视场内有导航星,且应满足一定数量要求。导航星是依据一定的数量和分布要求,从基本星表中选出的部分恒星构成的集合。天文学研究发现,恒星在天球上的分布极不均匀,且不同星等恒星的数量差别很大,参见图 4.8 和图 4.9。文献[29]指出视星等小于某星等门限的恒星的数量和星等门限近似满足如下关系式,即

$$N = 6.57 \cdot e^{1.08 \cdot M} \tag{4.14}$$

式中: M 为星等门限; N 为天球中星等小于 M 的恒星的数量。

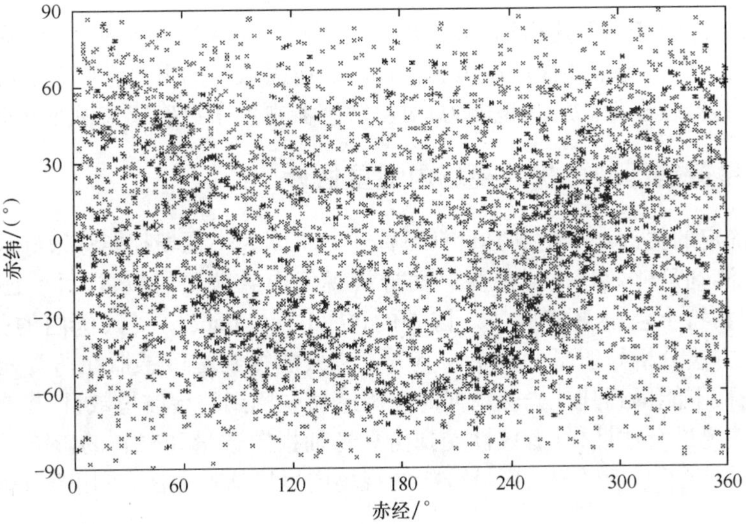

图 4.8 恒星在天球上的赤经赤纬分布(星等阈值 6.0)

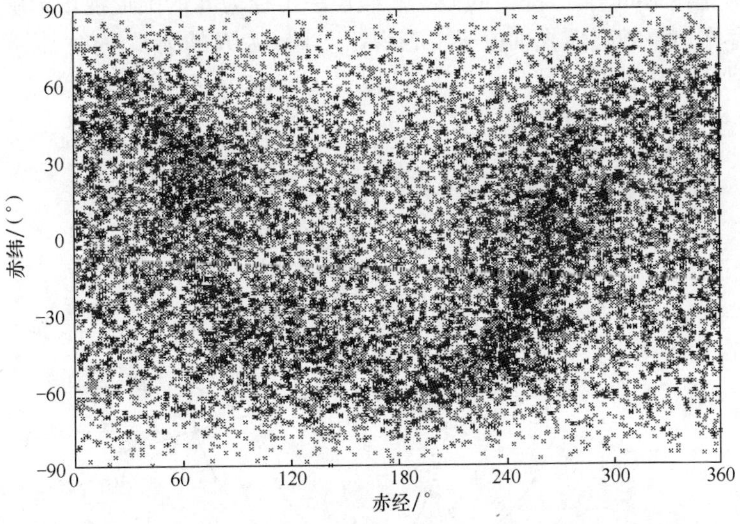

图 4.9 恒星在天球上的赤经赤纬分布(星等阈值 7.0)

大视场星敏感器观测天区范围大,覆盖同样面积的天区,其所需的导航星数目少,因此选择亮度较高的少数导航星即可满足要求;小视场星敏感器观测天区范围小,覆盖同样面积的天

区，其需要更多的导航星，因此往往需要选择亮度较低的导航星，且数量较多。导航星数量少，相应的识别特征也就较少，意味着其所需存储量较小，星图识别过程中的识别特征搜索范围小，速度快，可靠性高；导航星数量多，相应的识别特征也就较多，意味着其所需存储量较大，星图识别过程中的识别特征搜索范围大，速度较慢，且易出现相似匹配。经过对比可以看出：单从导航星选取角度看，选择大视场、减少导航星数量，对提高星敏感器性能有益。

综合以上4个方面分析结果，可得出：从精度、安装方向和光学系统F数三方面考虑，要求视场不能过大；从导航星选取角度考虑，要求视场不能过小。这些因素使得目前市场上的星敏感器产品都选择了相似的视场，是考虑多个因素条件下的折中。而采用大视场与小视场组合的双视场星敏感器，能更好地照顾到前述的矛盾指标，更有利于发挥各自的优势，但如何最终确定星敏感器的视场参数则又是一个优化过程，需要找到最佳的组合。

具体而言，应综合考虑上述指标，特别是星敏感器的全天球观星能力，以确定星敏感器视场参数。因为若所选视场不能保证星敏感器观测到所需数量的恒星，则其他功能都无法实现。因此，分析星敏感器在全天球的观星能力，对星敏感器视场参数确定来说非常重要。

4.4.2 基于星覆盖区域分析的视场内恒星估计

视场参数确定的关键在于达到其设计目标——不同大小视场都能够很好地完成各自被赋予的任务，能观测到足够数量的导航星。而分析视场内导航星的数目，目前还没有很好的方法，一般常采用蒙特卡洛仿真实验法。国外的 Vedder[8]、Bauer[30]等，国内的张晨[7]、张锐[9]等，都采用类似方法分析导航星的分布。但该方法只能得到星敏感器在仿真光轴指向下观测到的导航星数目，不能得到其他光轴指向时星敏感器观测到的导航星数目，最终只能通过统计结果来对实际情况进行估计，其有效性受到仿真光轴指向数量和分布的影响只能是大概的结论。为此，本节提出了基于星覆盖区域分析的视场内恒星估计方法，可用于分析不同视场内的恒星及其数量。

1. 基于球面网格数据模型的星覆盖区域分析方法

星覆盖区域是由 Kim 等[19]提出的概念。假设一半径为 R 的圆形视场星敏感器，对于任意一颗恒星 S_1，存在该星敏感器光轴位于中心为 S_1、半径为 R 的圆 C_1 内时，恒星 S_1 一定能被该星敏感器观测到。其中，圆 C_1 就是恒星 S_1 的覆盖区域，如图4.10所示。

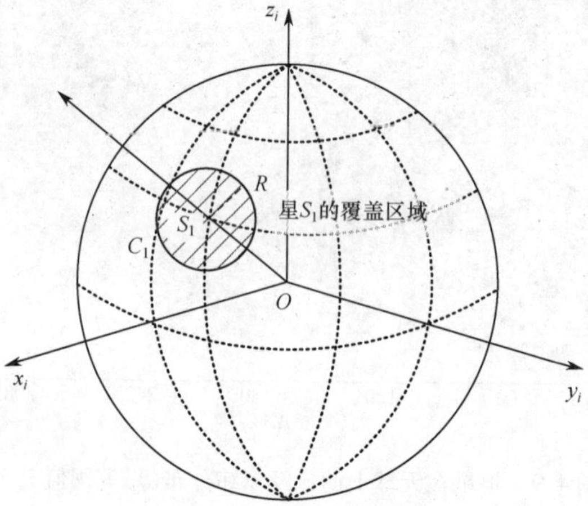

图4.10 星覆盖区域示意图

由以上分析可知：恒星的覆盖区域是对应于某视场的星敏感器确定可观测到该恒星时，其光轴在天球上的指向范围。这一概念描述了恒星对某视场星敏感器的可观测范围，其在只考虑一颗恒星时意义不大，但如果考虑了星表中的所有恒星，则其分析结果对估计星敏感器观星能力（星敏感器视场设计是否合适）是非常重要的。换句话说，如果能定量地描述星表中所有恒星的覆盖区域，通过统计某局部天球区域分别属于哪些恒星的覆盖区域，就可以得出星敏感器光轴指向该天球区域时，星敏感器确定可以观测到的恒星；通过分析全天球任意光轴指向下的星敏感器观测恒星数量，就可以判断出星敏感器视场是否合适。该结果可用于星敏感器视场的评估。

上述思路非常明确，但在具体实现上存在问题——恒星的覆盖区域难以定量化描述。具体分析如下。

对于任意恒星 S_i 而言，其覆盖区域都可表示为以该恒星为圆心、以星敏感器视场半径 R 为半径的球面圆，记为 C_i 。C_i 内的点 p 可以用数学公式精确地表示出来，即

$$\{p \in C_i \mid \mathrm{angle\_dis}(p, S_i) \leqslant R\} \tag{4.15}$$

式中：$\mathrm{angle\_dis}(a,b)$ 为球面上 a，b 两点之间的角距。因此，某颗恒星能被星敏感器观测到的光轴指向是可以精确表示的，点 p 就是满足条件的光轴指向。

理论上，如果将天球上任意点分别属于哪些恒星的覆盖区域都存储下来，就可以知道当星敏感器光轴指向某方向时，哪些恒星可以被观测到。且光轴指向天球上某点时，星敏感器可观测恒星数目等于该点所属的星覆盖区域的数目。

但实际上，由于天球上点的个数是无穷多个，且每一个点代表一个光轴指向，记录每一点的信息将耗费巨大的计算量和存储量，是非常困难的。因此，需要找到点集 P，其包含有限个点，但可代表天球上所有的点，且这些点应具有某种几何特性，便于开展星覆盖区域分析。

这里引入了球面网格数据模型[31]。在该模型中，球面被分为 8 个全等的球面三角形，通过四元剖分法（见图 4.11），进一步将每一个球面三角形细分为一系列近似全等的球面三角形（见图 4.12 展示了天球剖分过程）。此时，天球上的点就被划分到这些球面三角形内，对天球上点的分析就转化为对每一球面三角形内的点进行分析，恒星的覆盖区域就可以由位于该覆盖区域内的球面三角形来近似描述。这样，星覆盖区域的定量描述问题就简化了。

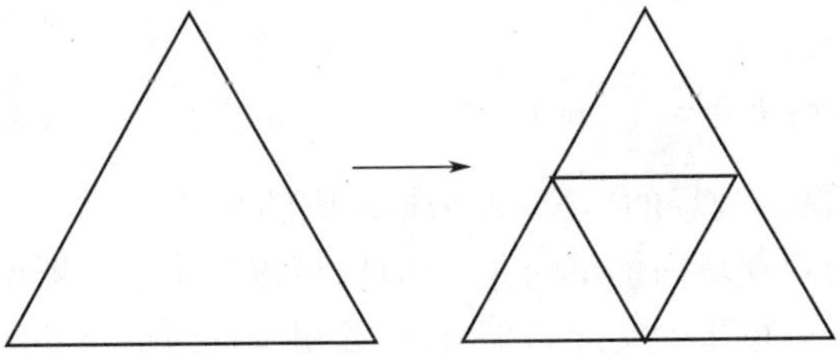

图 4.11　正三角形四元剖分示意图

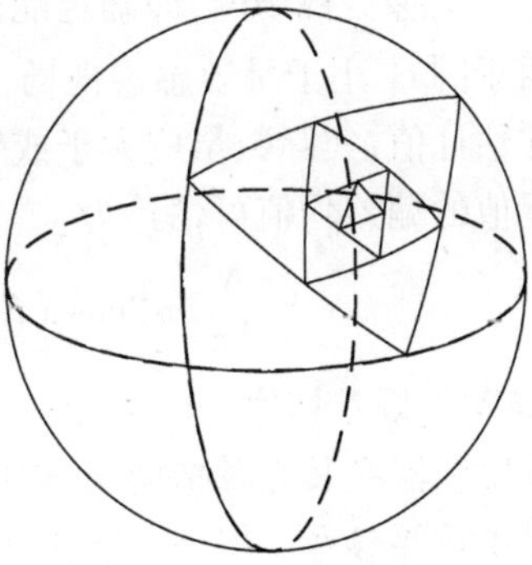

图 4.12　球面四元剖分示意图

以任一球面三角形与恒星 S_1 的分析为例，由于只关注球面三角形内的点与恒星 S_1 的角距，因此可以通过球面三角形的外接圆来简化问题。以 c_1 表示球面三角形的外接圆，t_1 表示外接圆圆心，r_1 表示外接圆半径（见图 4.13）。如果 t_1 位于圆心为恒星 S_1、半径为 $R - r_1$ 的圆 C_1' 内，则球面三角形内的所有点都将位于恒星 S_1 的覆盖区域 C_1 内。找到所有满足上述条件

的球面三角形,就得到了恒星 S_1 的覆盖区域 C_1 的一个估计(图 4.13 所示的左斜线覆盖的三角形)。

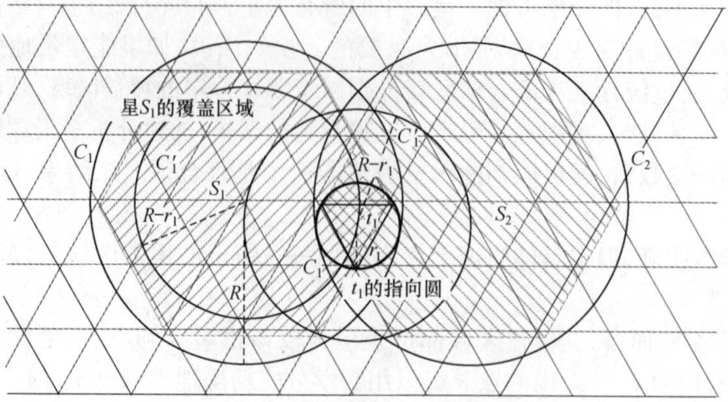

图 4.13 指向圆和星覆盖区域示意图

由于三角形外接圆较大,因此其无法精确描述恒星 S_1 的覆盖区域,如图 4.13 所示的圆 C_1 内未被左斜线覆盖的区域。该部分区域的面积可以估计为

$$RS = 2\pi[\cos(R - r_i) - \cos R] \tag{4.16}$$

式中:RS 为未考虑的视场的面积;R 为圆形视场的半径;r_i 为指向圆的半径(球面三角形外接圆)。因此,减小 r_i 可以提高星覆盖区域估计的精度。而通过四元剖分,总可以得到恰当的 r_i 来使未考虑的面积满足分析的精度要求,但较小的 r_i 会导致较大的计算量和存储量。

同时,该方法还可以分析星敏感器在不同光轴指向下视场内恒星的数量。以图 4.13 为例,当星敏感器的光轴位于圆 c_1 内时,恒星 S_1 将被半径为 R 的圆形视场星敏感器观测到。这里定义球面三角形的外接圆 c_1 为点 t_1 的指向圆,可由圆心 t_1 和半径 r_1 来描述(每一指向圆的圆心与半径都可通过球面三角形计算公式得到)。当星敏感器的光轴位于点 t_1 的指向圆内时,只要导航星位于以 t_1 为圆心、$(R - r_1)$ 为半径的圆 c_1' 内,就一定能被星敏感器观测到。这是因为圆 c_1' 一定位于星敏感器视场内。如图 4.13 所示,恒星 S_1 和 S_2 位于圆 c_1' 内,它们也一定位于星敏感器视场内,即确定能被光轴位于点 t_1 的指向圆内的星敏感器观测到。

由于圆 c_1' 小于星敏感器视场,因此,使用该方法得到的星敏感器视场内恒星的数量是一个保守估计值,实际数量应大于或等于该值。假设恒星在天球上的分布是均匀的,那么估计值与实际值的偏差均值可估计为

$$EN = \frac{N}{4\pi}2\pi[\cos(R - r_i) - \cos R] = \frac{N}{2}[\cos(R - r_i) - \cos R] \tag{4.17}$$

式中:EN 为偏差均值;N 为恒星总数;R 为圆形视场的半径;r_i 为指向圆的半径。

星敏感器在其光轴指向天球任意方向时对视场内恒星的保守估计,可以为星敏感器设计、评估提供重要参考。但该方法无法给出视场内恒星的实际结果,且只给出视场内恒星的下限,使其应用受到较大限制。为进一步解决视场内恒星估计问题,在该算法的基础上,本章提出了基于夹逼准则的星敏感器视场内恒星估计方法。

2. 基于夹逼准则的星敏感器视场内恒星估计方法

如图 4.13 所示,对于半径为 R 的圆形视场星敏感器,当其光轴位于点 t_1 的指向圆 c_1 内时,圆 c_1' 就是星敏感器观测天球区域的下限估计,其始终位于星敏感器实际观测天球区域的内部

是该区域的一个子集。

如果能同时确定出光轴位于该指向圆内时，星敏感器观测天球区域的上限估计，就可以对实际位于星敏感器视场内的恒星给出一个估计范围。更进一步地，如果上限估计和下限估计确定的可观测恒星相同，就可依据夹逼准则，得出实际星敏感器视场内恒星等于估计。这样的结果更利于星敏感器视场设计有效性的评估。

实现上述目的的关键，在于找到星敏感器观测天球区域的上限估计。借鉴圆形视场星敏感器观测天球区域下限的分析过程，可以同理得出如下分析结果。

对于半径为 R 的圆形视场星敏感器，其可以观测到的天球区域是以其光轴指向为中心、半径为 R 的球面圆。如图 4.14(a)所示，实线圆是星敏感器光轴指向 c 点时，其视场能观测到的天球区域。由几何关系可知，对于圆心为 c 点、半径为 r 的指向圆 C_1 来说，当星敏感器光轴位于 C_1 内时，其视场覆盖的天球区域将包含圆 C_3 且包含于圆 C_2。其中，圆 C_3 是以点 c 为圆心、$R-r$ 为半径的球面圆；圆 C_2 是以点 c 为圆心、$R+r$ 为半径的球面圆。由前述内容可知，圆 C_3 是圆形视场星敏感器观测天球区域的下限估计。这里圆 C_2 可以作为星敏感器观测天球区域的上限估计。为进一步直观显示上述分析情况，图 4.14(b)描绘了星敏感器光轴偏离点 c 后的示意图[23]，可以得出上述结论。

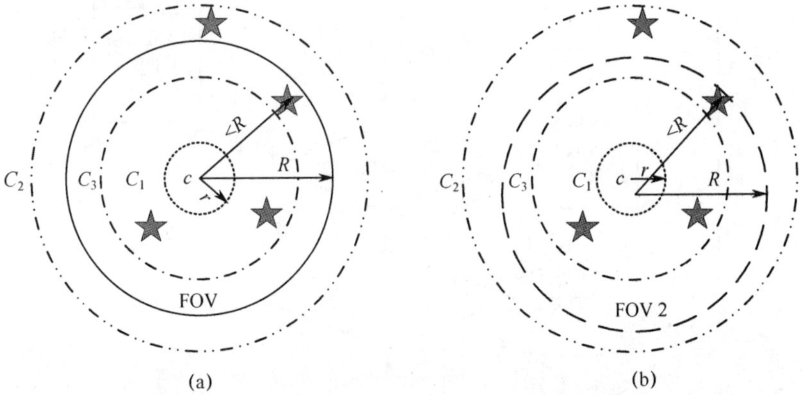

图 4.14　圆形视场观测天球区域上下限示意图

由星敏感器视场观测天球区域上下界，可以进一步得出星敏感器观测恒星上下界。其中：位于圆 C_2 内的恒星，作为光轴位于指向圆 C_1 内时星敏感器的观测上界恒星，记为 SH_{c1}；位于圆 C_3 内的恒星，作为光轴位于指向圆 C_1 内时星敏感器的观测下界恒星，记为 SL_{c1}。将实际进入星敏感器视场内的恒星记为 SF_{c1}，则 $SL_{c1} \subseteq SF_{c1} \subseteq SH_{c1}$。

如果 $SL_{c1} = SH_{c1}$，由夹逼准则可得 $SF_{c1} = SL_{c1} = SH_{c1}$，此时 SF_{c1} 就是 SH_{c1} 或 SL_{c1}。这种情况是不常见的，因为 SH_{c1} 和 SL_{c1} 针对的天球区域面积不同，两者间的差值可以表示为

$$RS = 2\pi[\cos(R-r) - \cos(R+r)] \tag{4.18}$$

式中：RS 为两球面圆的面积差；R 为圆形视场的半径；r 为指向圆的半径。由式(4.18)可知，给定视场半径 R，则指向圆半径 r 越小，两球面圆的面积差越小，星敏感器观测恒星上下界的偏差也就越小。可通过多次剖分，使 r 达到要求值。

星敏感器视场内恒星估计流程如图 4.15 所示。其中，若某一球面三角形对应的观测上界恒星 SH_{ci} 和观测下界恒星 SL_{ci} 相等，则星敏感器光轴位于该球面三角形内部时，进入视场的恒星是可以确定的，其数目就是 SH_{ci} 中包含的恒星数目；否则，进入视场的恒星不能完全确定，但其上下限分别对应于 SH_{ci} 中包含的恒星和 SL_{ci} 中包含的恒星。

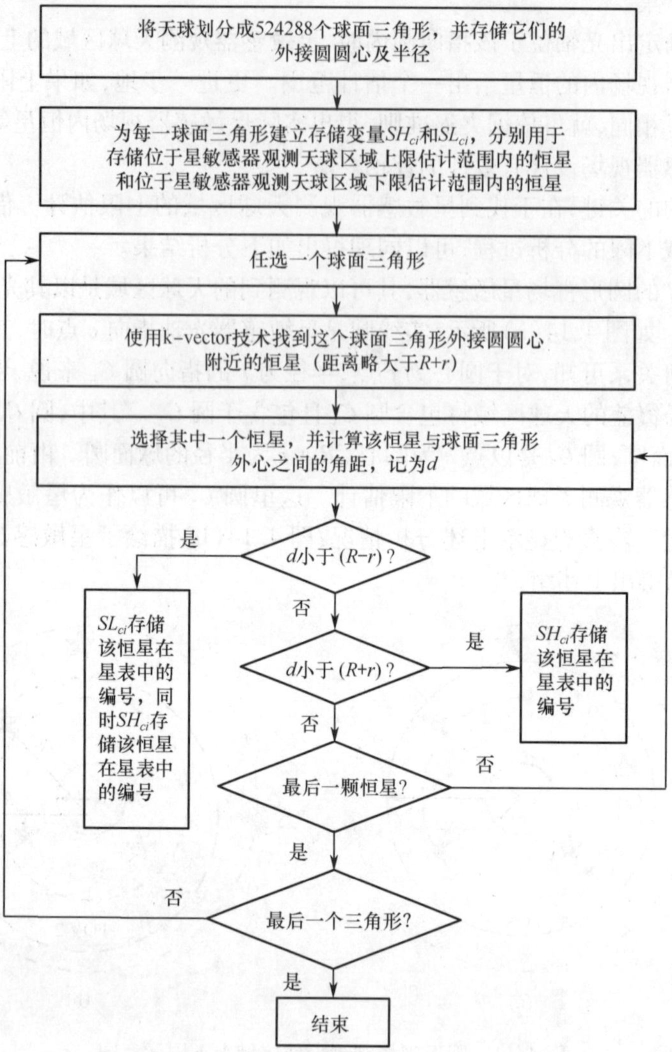

图 4.15　星敏感器视场内恒星估计流程

3. 估计方法的仿真分析

为了验证相关方法的有效性，开展了针对性的仿真实验。实验条件如下：星敏感器设为12°圆形视场，星表以 NASA GSFC SKY2000 V.4 星表为参考，剔除其中的双星、变星以及星等大于6.0 的恒星，得到4820 颗恒星，其分布如图 4.16 所示。

使用基于夹逼准则的星敏感器视场内恒星估计方法，可以分别得出星敏感器光轴位于指向圆内时其视场内恒星的上限和下限，其中各指向圆圆心的赤经赤纬分布如图 4.17 所示。

分别依据各指向圆对应的恒星上限和下限进行绘图，如图 4.18 和图 4.19 所示。其中，暖色代表该指向圆对应的恒星数量多，冷色代表该指向圆对应的恒星数量少。

在 524 288 个指向圆中，共有 70 553 个指向圆对应的恒星上限与下限相等。由夹逼准则可知，当星敏感器光轴位于这些指向圆内时，星敏感器视场内的恒星是可确定的，其圆心分布如图 4.20 所示，其恒星数目分布如图 4.21 所示。为验证上述结论，在 70 553 个指向圆中随机选取 10000 个光轴指向，确定此时星敏感器视场内的实际恒星，并与视场内恒星估计方法的结果进行比较（见表 4.5），两者完全一致，有力支持了之前的分析结论。

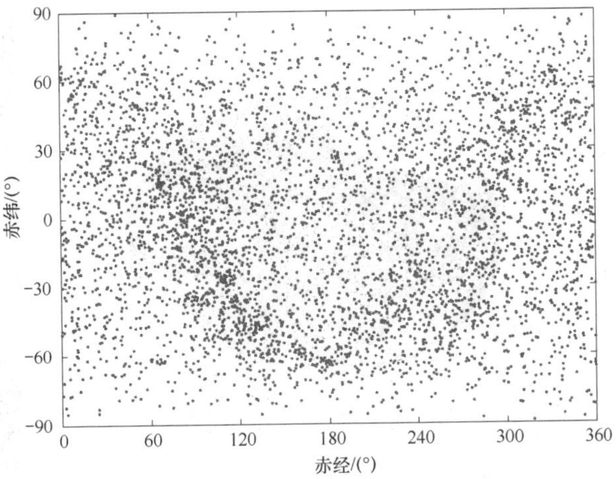

图 4.16 恒星的赤经赤纬分布(4820 颗)

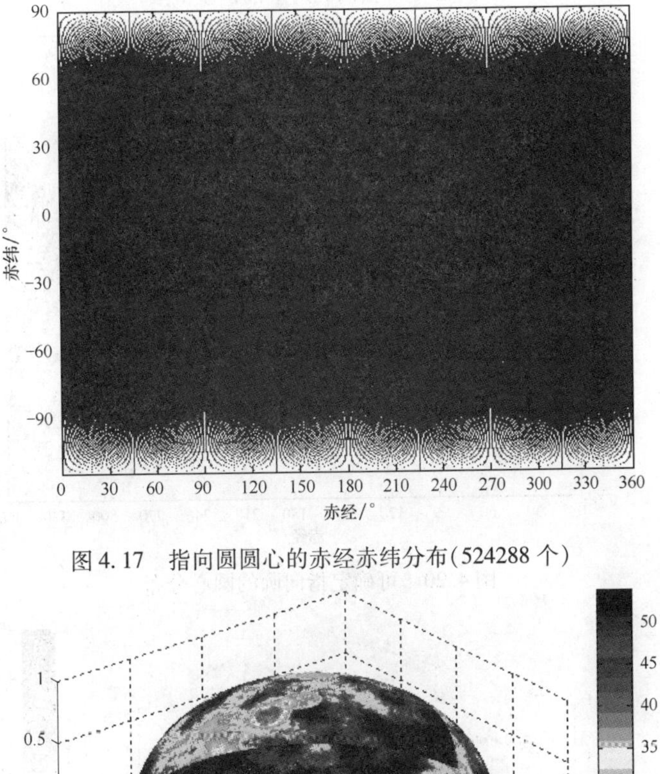

图 4.17 指向圆圆心的赤经赤纬分布(524288 个)

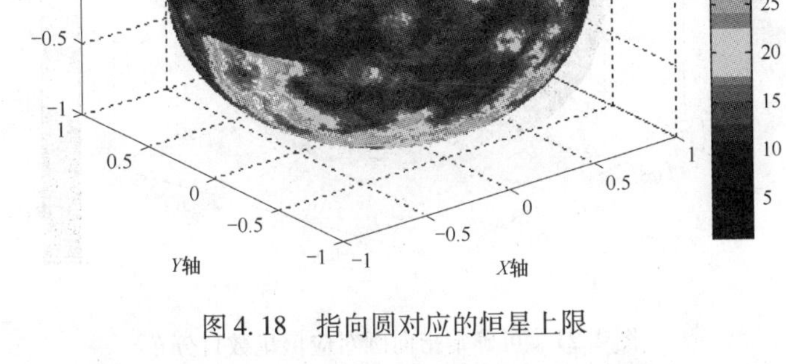

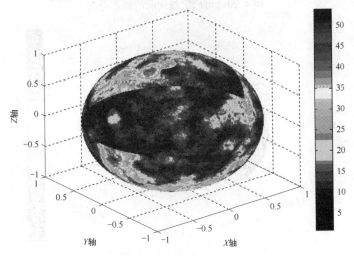

图 4.18 指向圆对应的恒星上限

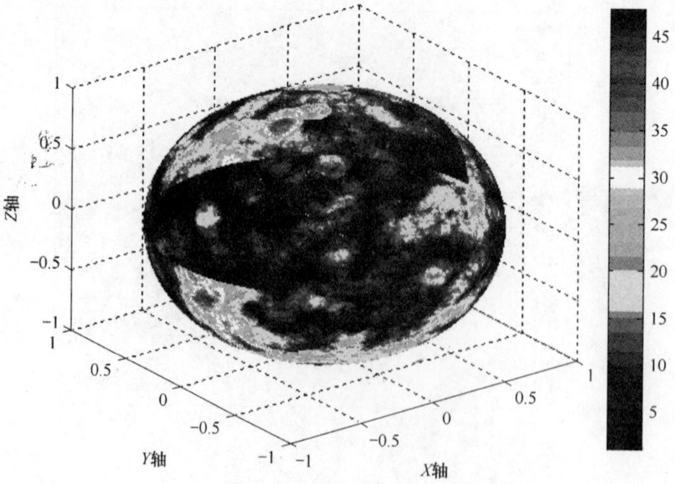

图 4.19　指向圆对应的恒星下限

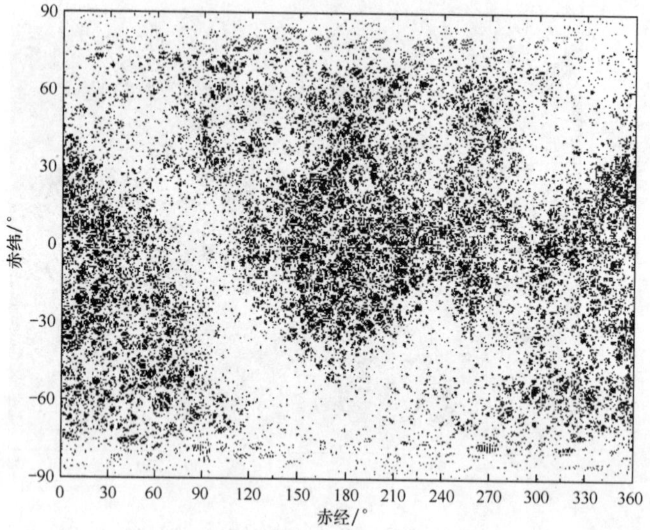

图 4.20　可确定指向圆的圆心分布

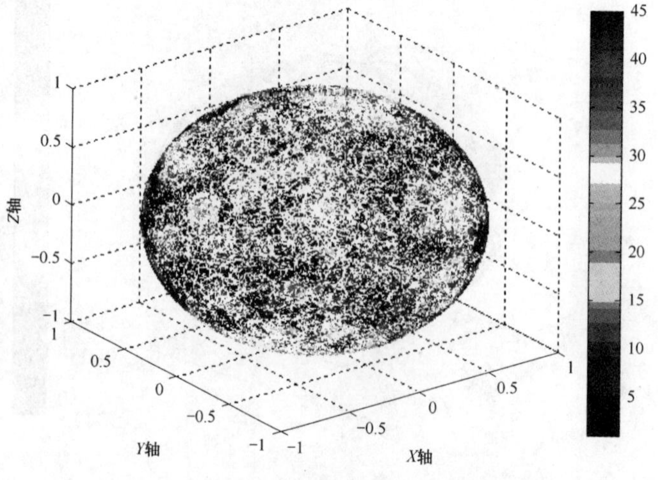

图 4.21　可确定指向圆对应恒星数目分布

表 4.5　可确定指向圆估计值与实际值对比

光轴指向序号	实际恒星数目	估计上下限数目
3	4	4
793	11	11
1249	13	13
2379	5	5
4449	14	14
5573	22	22
6701	40	40
8986	6	6

剩余 453 735 个指向圆对应的恒星下限包含于恒星上限，两者数目的平均差为 2.2554，标准差为 1.7448。为了验证恒星上下限估计的有效性，在 453 735 个指向圆中随机选取 10000 个光轴指向，确定此时星敏感器视场内的实际恒星，并与相应指向圆的恒星上、下限比较（见表 4.6），得出对任意测试光轴指向均存在 $SL \subseteq SP \subseteq SH$，其中：$SL$ 是相应指向圆的恒星下限估计；SP 是测试光轴指向下视场内的实际恒星；SH 是相应指向圆的恒星上限估计。

表 4.6　不可确定指向圆估计值与实际值对比

光轴指向序号	下限估计数目	实际恒星数目	上限估计数目
6	2	3	4
586	6	6	7
1092	12	13	13
2379	9	11	13
4449	15	16	16
5573	20	22	23
6701	27	28	31
8986	46	48	51

以上实验验证了该方法的有效性，表明该方法在分析圆形视场星敏感器观星结果时非常可靠。该方法得到的视场内恒星上、下限，能有效代表光轴位于相应指向圆内时星敏感器视场内的实际恒星，弥补了蒙特卡洛实验法以均值和方差估计视场内实际恒星数存在偏差较大的不足，对星敏感器视场参数确定意义重大。

4.4.3　基于星覆盖区域分析的视场参数确定方法

星敏感器的视场参数确定是视场在一定取值空间范围内的寻优，确定流程如图 4.22 所示。

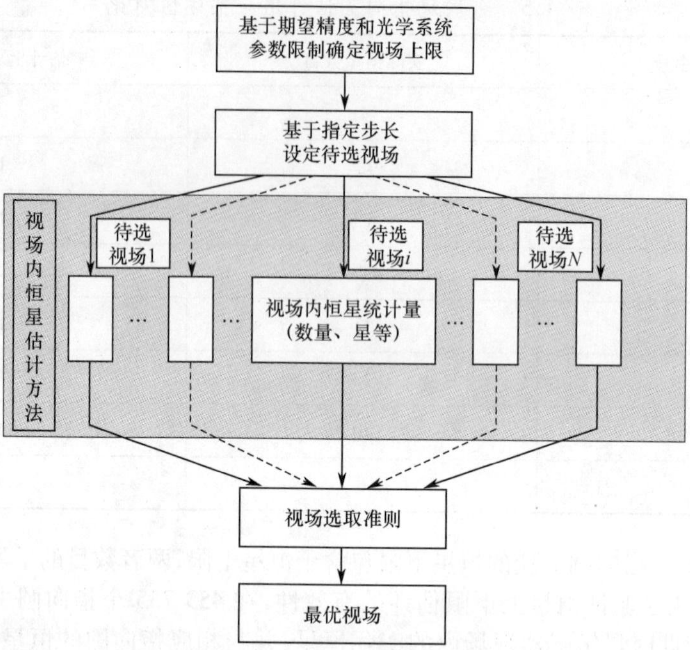

图 4.22 星敏感器视场参数确定流程

1. 基于星敏感器期望精度和光学系统参数限制确定视场上限

由于星敏感器的精度与视场密切相关,给定星敏感器期望精度时,也就限定了星敏感器视场大小。同时,星敏感器的光学系统 F 数和孔径存在下限值,从而限定了星敏感器视场的上限值。因此,应根据星敏感器的期望精度指标和光学系统参数限制,确定出星敏感器的视场上限[28,32]。

2. 以视场内恒星的统计特性最优确定视场参数

确定了视场选择上限,配合视场内恒星估计方法,就可以按照一定步长设定待选视场大小,并得到待选视场在全天球可观测恒星的上下限估计。星敏感器的可观测恒星是其导航星选取的基础,因此视场内恒星的统计特性也就影响着视场内导航星的统计特性,并最终影响星敏感器的性能。确定星敏感器的视场参数,也必须将视场内恒星的统计特性考虑在内。视场参数具体包括:

(1)视场内恒星的数量。视场内恒星的数量必须满足星敏感器完成其工作的要求。为保证星敏感器完成星图识别和姿态解算,星敏感器视场内必须有足够多导航星,而视场内导航星是视场内恒星的子集,因此确保视场内恒星数量满足要求是星敏感器完成其工作的必要条件。具体来说,为确保自主星图识别可靠,应确保视场内导航星数量多于 5 个。

(2)视场内恒星的星等。视场内恒星的星等应尽量便于星敏感器对导航星的观测。星等是恒星亮度的描述,星等越低,代表其亮度越高,越便于星敏感器观测。要确保星敏感器完成星图识别和姿态解算,就必须确保星敏感器对导航星的观测。这包含两个方面要求:一方面,要求导航星的星等应较低,便于星敏感器观测和与非导航星区别;另一方面,要求导航星的星等差不应过大,便于在相同曝光时间下获得相近亮度的星像。具体来说,应特别关注视场内恒星的平均星等和星等最大值。

3. 具体实现过程

设某型星敏感器视场上限为 40°,待选视场以 5°为步长分别取 20°、25°、30°、35°、40°。用于分析的恒星为满足星等阈值6.0的恒星，使用的球面网格不变，通过视场内恒星估计方法得到相应球面三角形对应的视场内恒星的下限估计。这里使用的统计量与前面不同，由于更关心大视场的自主星图识别性能，即恒星的数量和亮度，因此这里主要统计比较视场内恒星下限估计中8颗最亮恒星的星等，如表4.7所列。

表4.7 视场内恒星下限估计的星等统计特性对比（大视场待选视场）

视场/(°)	最小值	最大值	平均值	标准差
20	2.79	5.77	4.6868	0.4338
25	2.53	5.38	4.305	0.4445
30	2.34	5.17	3.9787	0.4532
35	2.23	4.9	3.7281	0.4512
40	2.02	4.67	3.5069	0.4485

从表4.7可以看出：随着视场增大，统计量中的最大值逐渐减小，在35°时首次低于5；统计量中的平均值也逐渐提高，在30°时首次低于4；标准差呈现先增加后降低的趋势，在30°时达到最大值。

从导航星选取角度可以看出：导航星的星等越低，其亮度一般越高，有利于星提取；同时星等越低，导航星的总数越少，有利于降低星表存储量、提高星图识别速度。因此，在该条件下，视场越大越有利。但大视场的畸变控制难度较大，考虑到工程实现，本章大视场参数确定为35°。

4.5 基于亮度优先和差异优先的导航星表构建方法

对于大视场导航星表构建而言，导航星总数量较少的要求容易满足。这得益于大视场单次拍摄的天区面积大，容易观测到导航星。但同时，视场内非导航星的数量也大大增多，这会降低自主星图识别的效率。因此，大视场导航星表构建，重点考虑如何提高导航星的自主识别性能，即如何选择导航星以使其在视场内大量观测恒星中更突出，以及如何选择导航星以确保其能被可靠识别。

对于前一个问题，主流的方法是根据观测星的亮度挑选导航星[33-35]。这主要因为亮度与恒星的关联性更强，光轴指向变化对其影响不大，因此很多学者在考虑星图识别时往往倾向于首先识别星图中亮度高的观测星。Silani 和 Lovera[33]在其提出的 PoleStar 算法中指出应根据观测星的亮度安排其被识别的顺序；Ho 和 Nakasuka[34]在分析双视场组合星图的识别问题时，也提出了类似思想；Huffman 等[36]在导航星选取时更直接以恒星的亮度作为选择条件；魏新国等[37]在基于对数极坐标变换的星图识别算法中也挑选亮度较高的观测星优先进行识别；江万寿等[38]、原玉磊等[39]也在各自星图识别算法中优先选择亮度较高的观测星进行识别。因此，为便于在观测星中选出导航星，选择亮度高的恒星作为导航星是一种有效的方法，并已被广泛使用。

对于提高导航星的识别可靠性，学者们一致认为，提高视场内导航星的识别特征维数是有效方法[40]。Mortari 等[41]提出的金字塔星图识别算法使用4颗导航星相互间形成的6个星对角距，实现了导航星的可靠识别；Kolomenkin 等[42]则使用更多导航星形成的星对角距，进一步提高了导航星的识别可靠性；刑飞等[43]提出的基于导航星域的星图识别算法也使用了类似的策略来提高星图识别可靠性。因此，提高视场内导航星的数量，客观上有利于提高导航星的识别特征维数。

综合以上分析,大视场导航星表构建应使导航星的亮度高于视场内其他恒星,且同一视场内应包含多颗导航星(可提高识别特征维数)。

4.5.1 原理分析

以美国 CT-601 星敏感器导航星表构建[44]为例,对导航星表构建过程进行介绍。基础星表采用 SKY2000 V.3.5 星表,包含 248 563 颗恒星。导航星选取过程如下:①对星表中恒星进行仪器星等转换,将视星等数据转换成仪器星等数据;②保留星等不大于 9 等的恒星(165 324 颗),其他恒星不予考虑;③受限于 CT-601 的设计要求,只保留星等位于 2 等与 5 等之间,且光谱类型属于 O, B, A, F, G, K, M 的恒星(1 578 颗),作为待选恒星子集;④去除待选恒星子集中与其邻近恒星距离过近的恒星(剩余 1 310 颗),具体指标为距离 4 等以下恒星角距不大于 0.1°、或距离 3 等以下恒星角距不大于 0.2°、或距离 1 等以上恒星角距不大于 0.5°;⑤去除剩余恒星中位置误差过大、星等变化较大的恒星(剩余 1 223 颗)。通过以上步骤最终共选得导航星 1 223 颗,已经满足任务要求。若存在导航星总数过多,还可以对导航星密度进行优化,以进一步提高导航星表的均匀性、减少导航星总数,但此处不需要。

从上述步骤可看出,导航星选取过程大致能分为两个阶段:确定导航星待选子集和依据选取准则选取导航星。CT-601 星敏感器导航星表构建是以星表整体作为研究对象进行考虑,因此容易满足关于导航星的一般性总体指标,如导航星的可探测要求、可分辨要求、精度要求和总数量要求等。但对于导航星表是否满足星敏感器全天球自主识别要求,即任意光轴指向下视场内都具有一定数目的导航星,就难以保证。因此,出现了以全天球视场采样选取导航星的方式,当采样点在全天球的分布足够密集时,其选取的导航星将能满足星敏感器全天球自主识别要求。Huffman 等[47]以 1°为间隔对全天球进行视场采样,其中视场为 30°×24.25°,选取每一采样视场中亮度最高的 8 颗恒星作为导航星,得到共 540 颗导航星构成的导航星表。陈元枝等[45]在全天球采样了 450 个视场,分别分析星等阈值为 5 等、5.5 等和 6.5 等时 12°×12°视场中的恒星数目,最终选定将 6.5 星等以上的恒星作为导航星。郑胜等[46]没有直接通过视场采样选取导航星,而是提出了最小星等阈值概念,即满足视场内导航星数达到设定值时的最小星等阈值。其通过视场采样得到最小星等阈值的分布样本,然后使用支持向量机求解最小星等阈值分布函数,最后以解得的最小星等阈值分布函数作为导航星选取的动态星等阈值,实现了导航星自动选取。李光蕊[2]采用了类似思想,但改用球面螺旋基准点作为采样光轴指向,提高了分布样本的性能。

全天球视场采样方式更关注视场内导航星的亮度和数量,这契合了大视场导航星表构建的需求,因此,大视场导航星表构建采用全天球视场采样方式,具体步骤包括:①获取任意光轴指向下的导航星待选子集;②基于亮度、精度和分布选取导航星。其中,步骤一是研究难点,因为现有的视场采样方式还存在问题,主要表现为采样视场的代表性比较局限:现有视场采样方式的分析结果是针对星敏感器在采样光轴指向下视场内恒星的分析结果,只能代表采样光轴指向,相较于全天球还有很多光轴指向没有考虑,其具体情况如何只能基于现有样本进行估计,基于现有视场采样方式得到的导航星表实际性能是难以保证的。而对于步骤二,相关的讨论已经比较充分,只是要针对具体情况适当调整导航星选取准则,以确保选取的导航星满足具体要求。

为解决现有视场采样方式存在代表性局限的问题,结合视场内恒星估计方法引入导航星表构建过程,通过将球面网格数据模型与三角形外接圆结合,巧妙地给出了采样视场的代表范围、分析条件以及分析结果误差,为在全天球范围分析星敏感器视场内恒星分布提供了很好的解决方法。该方法能很好地解决现有视场采样方式的代表性局限问题，得到全天球任意区域代表范围明确的导航星待选子集。而对于导航星选取准则，结合大视场工作模式的特点，则更看重导航星相对视场内其他恒星的亮度，因此，视场内恒星的相对亮度成为导航星选取的重要依据[47]。

4.5.2 星表构建实现过程

大视场导航星表构建分为两个步骤，即获取导航星待选子集和基于导航星选取准则选取导航星。根据基于星覆盖区域分析的视场内恒星估计方法，得到代表一定光轴指向范围的导航星待选子集，包含确定位于视场内的恒星和可能位于视场内的恒星，这些结果将作为导航星选取的依据。然后根据导航星选取准则（亮度优先），从导航星待选子集中选取导航星即可。构建流程如图 4.23 所示。

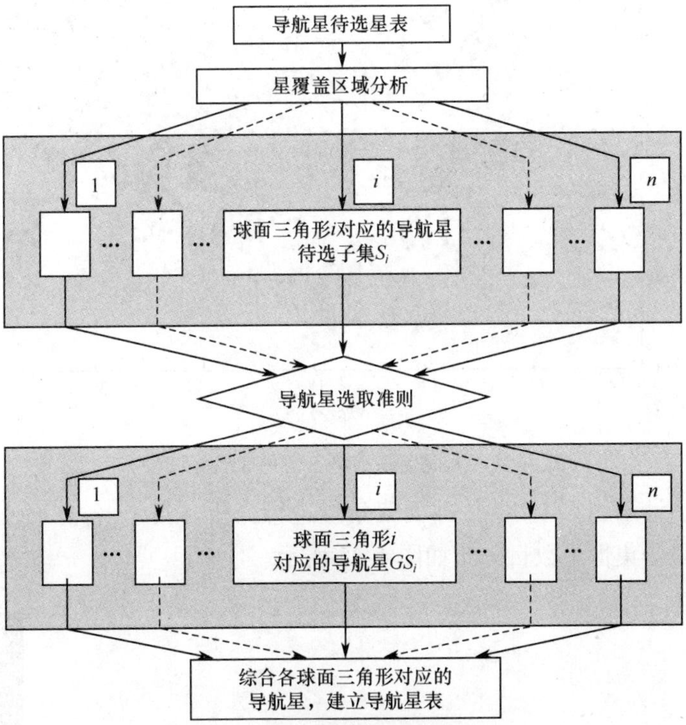

图 4.23　大视场导航星表构建流程

（1）采用星等滤波法获得星等不大于星敏感器极限星等的恒星，并剔除其中距离过近或星等变化剧烈的恒星，得到导航星待选星表。

（2）将全天球划分成 8 个全等的球面三角形。通过四元剖分，将每一球面三角形进一步剖分成 4 个近似全等的球面三角形，共得到 524288 个球面三角形，为星覆盖区域分析准备条件。

（3）获得每一球面三角形对应的视场内恒星估计上限和视场内恒星估计下限，将其分别存储作为该球面三角形对应的导航星待选子集，分别记为导航星待选上限子集和导航星待选下限子集。

（4）基于导航星选取准则，选取每一球面三角形对应的导航星。由于存在导航星待选上限子集和导航星待选下限子集，会分别得出上限选星结果和下限选星结果。当两者存在冲突时，以下限选星结果为主，并适当增加上限选星结果部分恒星作为导航星。

(5)综合所有球面三角形选出的导航星,并建立包含上述导航星的导航星表。

4.5.3 导航星表构建及性能分析

针对双视场星敏感器中大视场——35°圆形视场构建其导航星表。基础星表选用SKY2000 V.4 星表,并去除其中的双星、变星以及星等大于5.0的恒星,共包含1523颗恒星,其分布如图4.24所示。

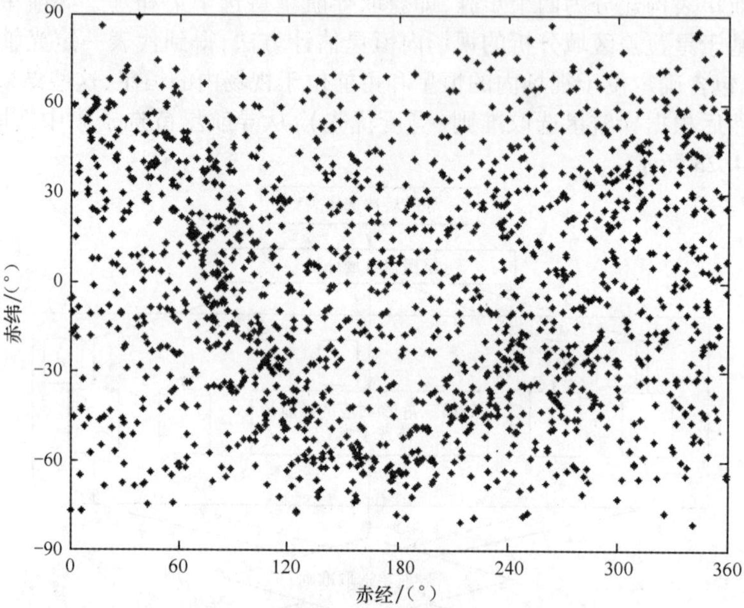

图4.24 大视场基本星表恒星赤经赤纬分布

视场内恒星估计采用524 288个球面三角形进行分析。其中,各球面三角形对应的大视场导航星待选下限子集恒星数目分布如图4.25所示。

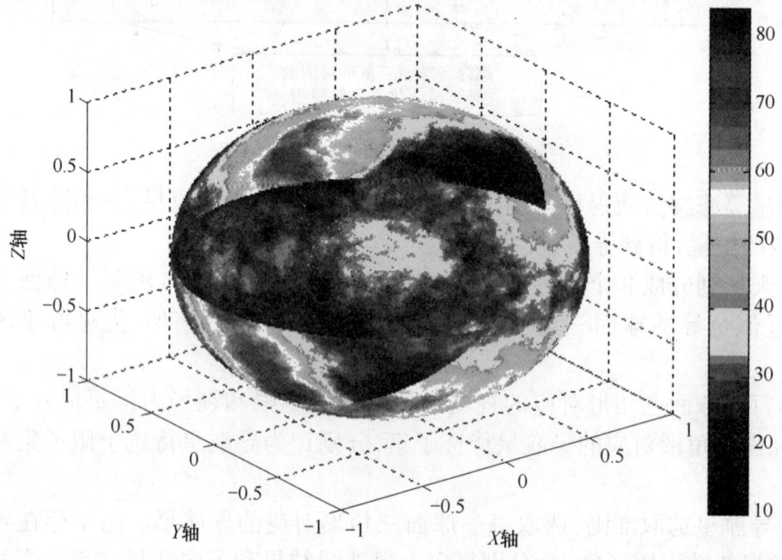

图4.25 大视场导航星待选下限子集恒星数目分布

针对各球面三角形对应的导航星待选子集，依据其中恒星的亮度选择导航星，这里选择其中亮度最高的 8 颗恒星作为导航星，并综合上限选星结果和下限选星结果。最终建立的导航星表共包含 715 颗导航星，其分布如图 4.26 所示。

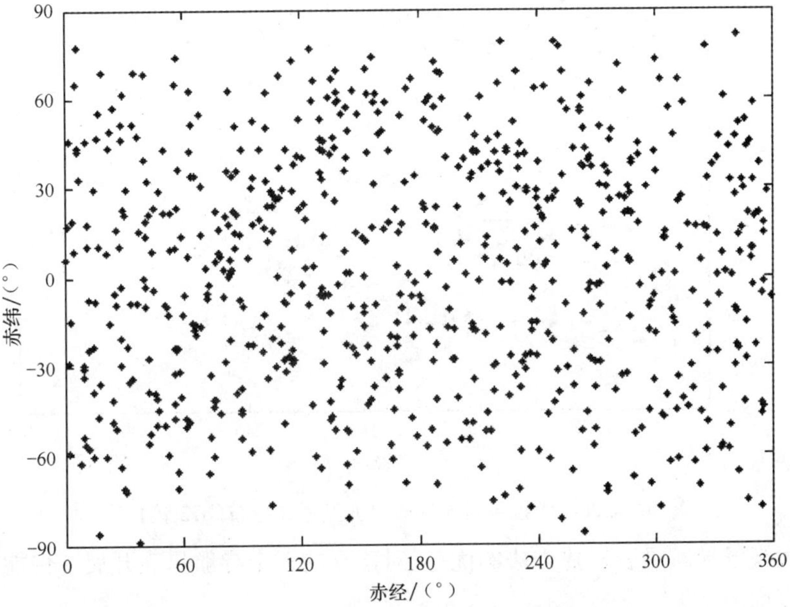

图 4.26　大视场导航星赤经赤纬分布(715 颗)

参考 Huffman 等[36]提出的方法建立对比导航星表，视场采样间隔分别取为 1°和 1.5°，得到的导航星分别 681 颗和 672 颗，其赤经赤纬分布如图 4.27 和图 4.28 所示。

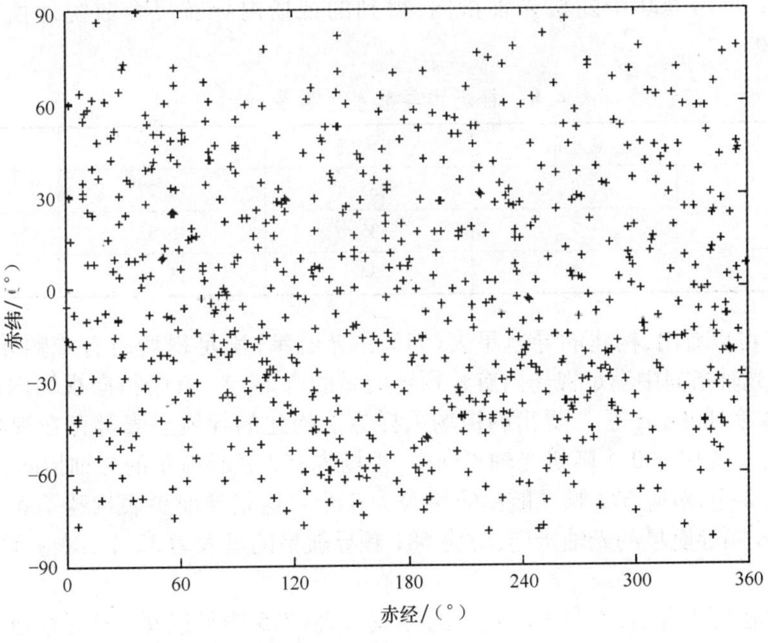

图 4.27　大视场对比导航星赤经赤纬分布(681 颗)

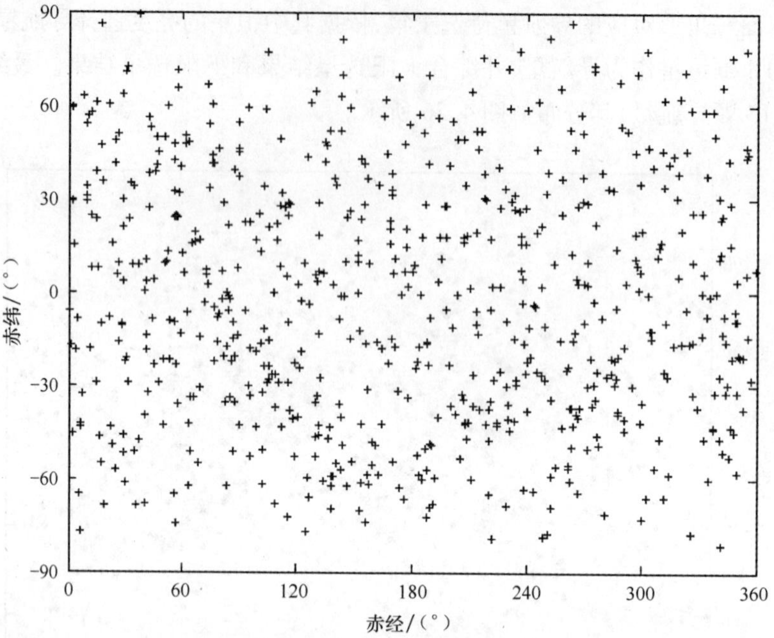

图 4.28　大视场对比导航星赤经赤纬分布(672 颗)

为检验大视场导航星表构建方法的优势,对建立的三个导航星表开展了性能分析,具体包括以下三个方面。

(1)视场内导航星个数。

视场内导航星的个数对星图识别可靠性和姿态解算精度都有较大影响,因此视场内导航星个数是否达到设计目标将决定导航星表构建方法是否成功。为此,采用蒙特卡罗方法,通过在全天球范围随机均匀设置光轴指向来采样视场,以对导航星表的全天球可观测性能进行检验。仿真设置了 10 000 个随机光轴指向,得到的视场内导航星个数统计值对比如表 4.8 所列。

表 4.8　视场内导航星个数统计值对比

	最小值	最大值	平均值	标准差
715 星表	8	35	15.77	4.36
681 星表	7	35	15.53	4.19
672 星表	7	34	15.31	4.22

从表 4.8 可以看出,构建的导航星表(715 颗导航星)满足视场内有 8 颗导航星的要求,10000 个随机光轴指向中满足视场内有 8 颗导航星的有 14 个,其余指向视场内都有超过 8 颗导航星。而参考 Huffman 等[36]提出的视场采样方法构建的导航星表都存在视场内导航星不足 8 颗的情况。在 10 000 个随机光轴指向中,视场内有 7 颗导航星的光轴指向,对应 681 颗导航星的星表为 2 个,对应 672 颗导航星的星表为 4 个。这是导航星表构建不希望看到的。同时,视场内有 8 颗导航星的光轴指向,对应 681 颗导航星的星表为 32 个,对应 672 颗导航星的星表为 41 个。

从以上比较可以看出,本节方法建立的导航星表(715 颗导航星)能更好地满足设计要求(视场内导航星至少达到 8 颗),说明本节方法更适合大视场导航星表构建。

(2)视场内导航星的星等分布。

导航星的星等越低，其亮度一般越高，越有利于缩短星敏感器曝光时间。同时，视场内导航星的星等差别越小，代表其星光能量差别越小，相同曝光时间获得的星像亮度差别越小，越有利于星提取。仿真设置了10000个随机光轴指向，统计视场内导航星的平均星等和其标准差，对比结果如表4.9所列。

表4.9　视场内导航星平均星等对比

	平均值	标准差
715 星表	3.58	0.30
681 星表	3.56	0.31
672 星表	3.55	0.31

从表4.9可以看出：对于平均星等，本节方法构建的导航星表(715颗导航星)略高于其他两个用于对比的导航星表，这意味着其中导航星的平均亮度相对略低，但与其他两星表差别不大，分别达到0.02(与681颗导航星的导航星表比较)和0.03(与672颗导航星的导航星表比较)，说明其平均亮度差别非常小；对于标准差，本节方法构建的导航星表(715颗导航星)略低于其他两个用于对比的导航星表，但差别不大，达到0.01，在该指标上略优。

从以上对比可以看出，本节方法建立的导航星表(715颗导航星)在协调星敏感器曝光时间方面占有优势，但从整体上看，三个导航星表中导航星的星等分布差别不大。

(3)视场内导航星的位置分布。

导航星在视场内的位置将对星敏感器的姿态解算精度产生影响。一般上，导航星在视场内的分布越均匀，星敏感器的姿态解算精度就越高。为比较三个导航星表其视场内导航星的位置分布，设置了10000个随机光轴指向，统计视场内导航星与光轴指向的平均角距和标准差，对比结果如表4.10所列。

表4.10　视场内导航星平均角距对比

	平均值	标准差
715 星表	11.69°	0.33
681 星表	11.68°	0.31
672 星表	11.69°	0.31

从表4.10可以看出，三个导航星表在该指标上的差别不大。需要注意的是，本节方法构建的导航星表(715颗导航星)，其视场内导航星的平均角距的标准差略大于其他两个用于对比的导航星表，这说明本节方法构建的导航星表的导航星在仿真视场内的分布略好于另外两个导航星表。

综合以上三方面对比分析，本节方法在构建大视场导航星表时具有优势。特别是在满足视场内导航星数目要求方面，本节方法能克服现有方法存在的不足，使建立的导航星表避免星表“空洞”(星敏感器不能观测到足够导航星的区域)，具有很高的应用价值。

4.6　适用于弹道导弹的导航星选取方法

快速、机动发射是未来战争对弹道导弹的基本要求[48]，但在作战条件下，初始定位、瞄准难以快速精确实现，是制约导弹快速机动的主要因素之一。为解决这一问题，通常采用组合导航系统。在各类组合导航系统中，捷联惯性/星光组合导航系统(Strap - down Inertial Navigation System/Celestial Navigation System, SINS/CNS）利用星敏感器输出的高精度、无漂移的姿态信息，对 SINS 进行误差补偿和综合校正，充分发挥两种导航系统自主性强、隐蔽性好、精度和可靠性高等优点[49]。将 SINS/CNS 应用于弹道导弹，还能够有效地缩短发射准备时间，降低对惯性器件的精度要求，较好地修正初始条件和各种干扰造成的误差，因此 SINS/CNS 对陆基机动发射和潜艇发射的弹道导弹特别适用[49,50]。

随着星敏感器技术的发展，弹道导弹应用大视场星敏感器，且采用全捷联工作方式，成为一种发展趋势[48]。由于弹道导弹飞行时间相对较短、飞行速度较快，对星敏感器的数据更新率有较高的要求。选取导航星、构建合理的导航星表是星图识别算法和姿态确定的基础和依据，直接影响着星图识别的成功率和效率，进而对星敏感器的数据更新率产生影响。

现有的导航星选取方法大多是与全天星图识别算法相对应的，如星等滤波方法[51]、自组织选择法[52]、基于支持向量机理论的选取方法[53]等，用以解决“太空迷失”问题。对于弹道导弹这种一次性使用的武器而言，研究了基于视场几何覆盖的导航星视场构造算法[54]、椭圆投影法[55]、基于惯导姿态信息生成瞬时导航星表的方法[56]等。因此，根据弹道导弹的特点，研究适用于弹道导弹的弹载导航星表是十分必要的。

4.6.1 根据标准弹道均匀化选取导航星的方法

1. 星敏感器视场扫描区域的确定

弹道导弹在发射前，根据发射任务，通过导弹动力学和运动学方程计算出标准弹道和诸元参数，并装订于弹上；同时设计飞行程序，还可以估计出导弹的飞行姿态。由于导弹自由飞行段基本处于真空阶段，外界干扰因素很小，且导弹飞行姿态比较稳定，因此，星敏感器一般工作于这一阶段。从理论上讲，根据导弹的弹道特点和飞行姿态，就可以预先估计得出星敏感器视场可能扫描到的天空区域。因此，在星敏感器可能的扫描区域内选取导航星，构建弹载导航星表，即可实现星图识别及姿态确定，满足星光制导的要求[57]。

1）起始位置

基本假设：①星敏感器捷联安装于弹体的 y_b 轴；②星敏感器在导弹发动机关机后开始工作，导弹再入后不再工作。导弹飞行弹道如图 4.29 所示。

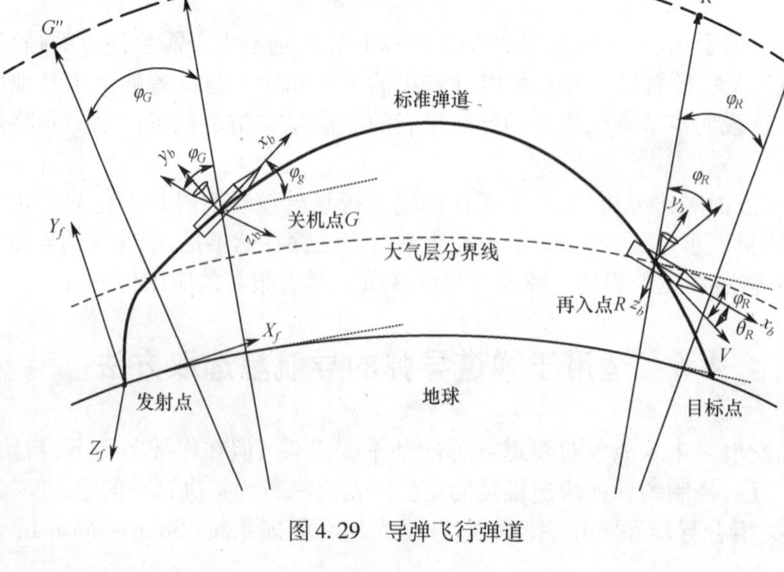

图 4.29 导弹飞行弹道

导弹自由飞行段开始于关机点 G,关机后星敏感器开始工作。因此,星敏感器视场扫描区域的起始位置应在关机点附近,即关机时刻星敏感器的视场边界在天球上的投影点 G''。

导弹主动段飞行时间比较短,约为几十秒或数百秒,可忽略地球自转的影响[49]。关机点的地理位置(α_g,δ_g)可在计算标准弹道时得到,关机点的天球投影点 G' 的天文位置(α'_g,δ'_g)可表示为

$$\begin{cases}\delta' = \delta \\ \alpha' = S_{gp} + \alpha \\ S_{gp} = S_{gp0} + t - 8\end{cases} \tag{4.19}$$

$$\begin{aligned}S_{gp0} &= 6^{\mathrm{h}}41^{\mathrm{m}}50^{\mathrm{s}}.54841 + 8640184^{\mathrm{s}}.812866T \\ &\quad + 0^{\mathrm{s}}.093104T^2 - 6^{\mathrm{s}}.2\times10^{-6}T^3\end{aligned} \tag{4.20}$$

式中:α,δ 分别为发射坐标系下地理经、纬度;α',δ' 分别为天球坐标系下天文经、纬度;S_{gp0} 为世界零时春分点时角;T 为儒略世纪数;t 为观测时刻(北京时)。

根据导弹的飞行程序,可预先得到关机时刻 t_g 的飞行程序角为 $\varphi_{cx}(t_g)$;导弹实际飞行中,t_g 时刻的俯仰角 φ_g 为

$$\varphi_g = \varphi_{cx}(t_g) + \Delta\varphi \tag{4.21}$$

式中:$\Delta\varphi$ 为 $\varphi_{cx}(t_g)$ 与 φ_g 的偏差。

导弹按预定飞行程序角 $\varphi_{cx}(t_g)$ 飞行,$\Delta\varphi$ 一般较小,约为 $0\sim3°$[49]。确定起始位置时,应考虑星敏感器所有可能扫描到的区域,则视场边界在天球上的投影点 G'' 与关机点的天球投影点 G' 间的夹角为

$$\begin{aligned}\varphi_G &= \max(\varphi_g) + \frac{\theta_{\mathrm{FOV}}}{2} \\ &= \varphi_{cx}(t_g) + \frac{\theta_{\mathrm{FOV}}}{2} + \max(\Delta\varphi)\end{aligned} \tag{4.22}$$

式中:θ_{FOV} 为星敏感器的视场大小。

2)结束位置

扫描区域的结束位置应在自由飞行段的终点(再入点)R 附近,即再入时刻 t_r 时星敏感器视场边界在天球上的投影点 R''。再入点的地理位置(α_z,δ_z)可预先计算得到,中远程弹道导弹在再入时刻,飞行时间已达到几百秒甚至几千秒,此时应考虑地球自转的影响。根据飞行时间、地球自转速度和式(4.19)、式(4.20),计算出再入点在天球上的投影点 R'(α'_z,δ'_z)。

根据导弹不同突防任务需要,再入角 Θ 及攻角 θ_R 预先计算并装订于弹上。在再入时刻 t_r 时,星敏感器视场边界的投影点 R'' 与再入点投影 R' 之间的夹角为

$$\varphi_R = \Theta + \frac{\theta_{\mathrm{FOV}}}{2} - \theta_R + \Delta \tag{4.23}$$

式中:Δ 为 Θ 和 θ_R 的总体误差。

3)边界位置

大部分导弹都安装有姿态控制装置(如姿控喷管),以保证弹体稳定飞行及调姿需要,同时也保证了星敏感器能够在比较稳定的条件下工作。此时分析星敏感器工作区间内可能扫描区域的边界位置,主要考虑弹体姿态的影响。

(1)导弹在标准弹道附近飞行时,由于俯仰角偏差 $\Delta\varphi$,使星敏感器视轴指向在射面内向前或向后相应地改变 $\Delta\varphi$ 角,但由于 $\Delta\varphi$ 角一般较小,对扫描区域的影响不会超过起始和结束位置。

(2)导弹飞行中产生偏航角 ψ 时，对安装于弹体 y_b 轴的星敏感器，其视轴同时绕 y_b 轴旋转 ψ 角，但不会立即对视场观测区域产生影响，即 ψ 角的影响不是瞬时的，需要飞行一段距离后，视轴才会产生较大的偏移，从而改变视场的观测区域。由于偏航角对弹道导弹命中精度影响较大，往往要求姿态控制系统实时地消除偏航角误差。因此，实际中偏航角很小，确定区域边界时，只需整体考虑导弹的实际命中精度，取 ψ 角的最大值 $\max(\psi)$ 即可。

(3)弹体产生滚动角 γ 时，使星敏感器视轴指向同时偏移 γ 角，此时星敏感器扫过的区域也会立即随之变化。滚动角对弹道导弹的命中精度影响很小，一般要求滚动角在可控范围内即可(如 $-5^\circ \sim 5^\circ$)。因此，星敏感器扫描区域的边界主要受滚动角的影响。在确定导航星选取范围时，考虑所有可能的情况，以标准弹道平面为基准，星敏感器扫描边界与标准弹道平面的夹角确定为

$$\Omega = \pm\left[\max(\gamma) + \max(\psi) + \frac{\theta_{\mathrm{FOV}}}{2}\right] \tag{4.24}$$

根据以上分析，确定出星敏感器可能扫过的天球区域为天球表面一球矩形区域 $T_1T_2T_3T_4$。如图4.30所示。

4)扫描区域的精确计算

根据不同飞行任务确定出不同的标准弹道，相应地导航星选取区域也不同。若出现导弹改变射向、标准弹道轨迹或星敏感器扫描区域在0°经线处越界、搜索导航星时坐标跨越极值(如搜索范围跨越 $\pm x$ 轴时)等情况，直接在天球坐标系内进行计算区域边界和搜索导航星，讨论起来比较复杂。为此，提出了通过构建“伪天球”坐标系的方法进行简化计算。

根据弹道的特点可知，标准弹道在天球上的投影为大圆弧；与标准弹道平面夹角为 Ω 的边界 T_1T_3、T_2T_4，在天球上的投影为两个小圆弧，两个小圆面平行于标准弹道投影大圆所在的平面(见图4.30)。关机点和再入点投影的单位向量 $\boldsymbol{OG'}$ 和 $\boldsymbol{OR'}$ 位于大圆平面内，因此 $\boldsymbol{OG'}$ 和 $\boldsymbol{OR'}$ 可以确定这三个平行圆面的法向量为

$$\boldsymbol{OZ'} = \frac{\boldsymbol{OG'} \times \boldsymbol{OR'}}{\|\boldsymbol{OG'} \times \boldsymbol{OR'}\|} \tag{4.25}$$

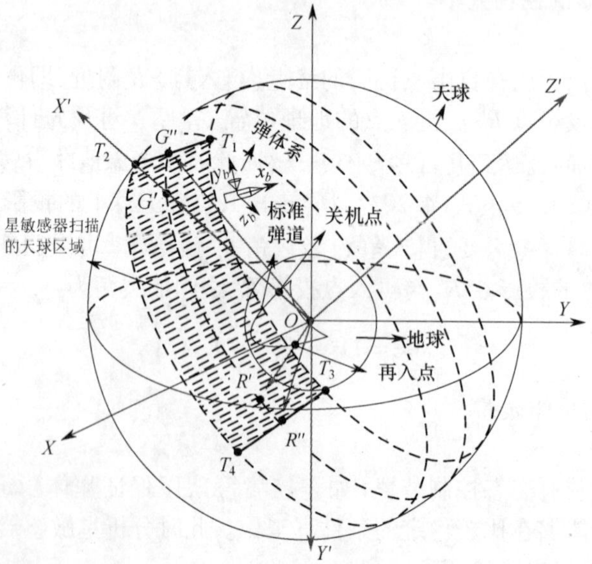

图4.30 星敏感器扫描区域示意图

以关机点单位矢量 $\boldsymbol{OG'}$ 为 x' 轴,以 $\boldsymbol{OZ'}$ 为 z' 轴,则 y' 轴的单位向量可根据右手法则确定,即

$$\boldsymbol{OY'} = \frac{\boldsymbol{OZ'} \times \boldsymbol{OG'}}{\|\boldsymbol{OZ'} \times \boldsymbol{OG'}\|} \tag{4.26}$$

从而建立坐标系 $O - x'y'z'$,定义为"伪天球"坐标系。$O - x'y'z'$ 与 $O - xyz$ 的变换关系为

$$[\boldsymbol{x}',\boldsymbol{y}',\boldsymbol{z}'] = \boldsymbol{C}[\boldsymbol{x},\boldsymbol{y},\boldsymbol{z}] \tag{4.27}$$

式中:$[\boldsymbol{x},\boldsymbol{y},\boldsymbol{z}] = \boldsymbol{I}_{3\times3}$;$\boldsymbol{C} = [\boldsymbol{x}',\boldsymbol{y}',\boldsymbol{z}'] \cdot [\boldsymbol{x},\boldsymbol{y},\boldsymbol{z}]^{-1} = [\boldsymbol{x}',\boldsymbol{y}',\boldsymbol{z}']$。$O - x'y'z'$ 中的任意向量 $\tilde{\boldsymbol{x}}'$,在 $O - xyz$ 中对应的坐标为

$$\tilde{\boldsymbol{x}} = \boldsymbol{C}\tilde{\boldsymbol{x}}' \tag{4.28}$$

扫描区域 $T_1T_2T_3T_4$ 在 $O - x'y'z'$ 中采用伪赤经、伪赤纬 $\left(\alpha'_{T_i},\delta'_{T_i}\right)$ 表示。由于关机点和再入点的单位矢量 $\boldsymbol{OG'}$ 和 $\boldsymbol{OR'}$ 在伪赤道面 $X'OY'$ 内,因此根据 z' 轴指向就可以确定导弹的射向。若 z' 轴正向指向 XOY 平面上方,则导弹自西向东飞行;若 z' 轴平行于 XOY 平面,则飞行轨迹沿赤经方向。

在"伪天球"坐标系中,关机点 G' 所在的经线即为"伪天球"坐标系的0°经线,边界点 T_1 与 T_2,T_3 与 T_4 关于伪赤道平面 $X'OY'$ 对称,因此在"伪天球"坐标系中对于射向变化、坐标越界等情况讨论起来非常方便。计算出 T_1、T_2、T_3、T_4 的坐标,再乘以转换矩阵 $\boldsymbol{C}$,即可得到它们在天球坐标系中的坐标,从而确定出区域 $T_1T_2T_3T_4$ 的坐标范围。

2. 导航星选取

1)均匀化选取导航星

为进一步提高星图识别算法的性能,应使选取的导航星分布尽量均匀[58]。在区域 $T_1T_2T_3T_4$ 内,采用基于近似均匀分布的基准点及"距离—星等"加权方法,均匀化选取导航星。方法步骤如下。

(1)根据公式

$$\begin{cases} L_n = \sqrt{n\pi} \\ z_k = 1 - (2k+1)/n \\ \theta_k = \arccos(z_k) \\ \phi_k = L_n\theta_k \end{cases} \quad \begin{cases} x_k = \sin(\theta_k)\cos(\phi_k) \\ y_k = \sin(\theta_k)\sin(\phi_k) \\ z_k = 1 - (2k+1)/n \end{cases} \tag{4.29}$$

式中:$k = 0,1,\cdots,n-1$,在天球表面构造 n 个分布近似均匀的选星基准点。

(2)搜索出所有位于区域 $T_1T_2T_3T_4$ 内的候选星及基准点 p_j,$j = 1,\cdots,n_j$,n_j 为位于区域 $T_1T_2T_3T_4$ 内的基准点个数;并搜索位于每个基准点附近半径为2s的圆形邻域内的候选星,s 为相邻基准点两两间隔 s_k(以角距度量)的平均值。

(3)对搜索到的候选星,采用"距离—星等"加权方法筛选,即赋予距离基准点越近(选出的导航星整体均匀性越好)、星等越低(星亮度越大)的候选星权值越大,反之赋予的权值越小。候选星的综合评价权值设计为

$$w^i = -(m_v^i + \theta_k^i) \tag{4.30}$$

式中:m_v^i 为搜索到的第i颗候选星的星等;θ_k^i 为第 i 颗候选星与当前基准点的角距大小。每个基准点处只保留一颗权值最大的候选星作为导航星,从而使选取的导航星更加合理。

2)弹载导航星表构建

选取出导航星后,采用恒星间的角距 θ_{ij} 作为星图识别特征模式量,对三角形算法、金字塔识别算法[58]等采用角距作为识别模式的星图识别算法具有较好的适用性;按照k-vector索引方式[59]构建弹载导航星表。

根据星敏感器的视场大小，选出位于区间 $[\theta_{\min},\theta_{\max}]$ 内的 n_s 个星间角距，按值大小升序排列后得到向量 P 。过两点 $(1,\theta_{\min}-\xi)$，$(n_s,\theta_{\max}+\xi)$ 构造直线，即

$$z(x) = mx + q \tag{4.31}$$

式中：$m = \dfrac{\theta_{\max} - \theta_{\min} + 2\xi}{n_s - 1}$；$q = \theta_{\min} - m - \xi$；$\xi = \varepsilon\max[|\theta_{\min}|,|\theta_{\max}|]$；$\varepsilon$ 为计算机的精度。

通过以下条件，建立 k - vector 索引表，即

$$\begin{cases} k(1) = 0 \\ k(i) = j\ (\boldsymbol{P}(j) \leqslant z(i) < \boldsymbol{P}(j+1)) \\ k(n_s) = n_s \end{cases} \tag{4.32}$$

式中：$i = 2 \sim n_s - 1$ 。

当搜索 $\theta_i \in [\theta_a,\theta_b]$ 时，计算

$$j_{\text{start}} = \left\lfloor \frac{\theta_a - q}{m} \right\rfloor \quad j_{\text{end}} = \left\lceil \frac{\theta_b - q}{m} \right\rceil \tag{4.33}$$

式中：$\lfloor x \rfloor$ 表示向下取整；$\lceil x \rceil$ 表示向上取整。

对应 $k = k(j_{\text{start}})+1, k(j_{\text{start}})+2,\cdots,k(j_{\text{end}})$，则 $\boldsymbol{P}(k)$ 就是搜索的结果。

采用 k - vector 索引结构后，便于在星图识别时应用高效的 k - vector 区间搜索算法[59]，只需要两次算术运算，即可确定出满足搜索条件的角距范围，经过寻址就可以得到搜索结果。通过其索引映射的搜索方式，可以极大地减小计算量，从而提高星图识别的效率。

3. 仿真验证

仿真条件设置：星敏感器采用圆形视场，$\theta_{\text{FOV}} = 12°$；采用 SKY 2000 星表，提取星等在 0 ~6.0 的星，并剔除双星和变星，共计 4908 颗作为候选星。设发射时间为北京时间 22：00，23/6/2003，由弹道发生器生成一条标准弹道，根据式(4.19) ~式(4.24)，估计出关机点投影点 $G'(90.22°,20.98°)$，再入点投影点 $R'(123.16°,16.26°)$；设关机时刻飞行程序角 $\varphi_{cx}(t_g) = 45°$，俯仰角误差 $\Delta\varphi = 3°$，再入角 $\Theta = 40°$，导弹再入攻角 $\theta_R = 0$，飞行中偏航角最大值 $\max(\psi) = 1°$，滚动角最大值 $\max(\gamma) = 5°$，误差 $\Delta = 1°$；设置基准点数量 n =4 000。

根据本节方法，选取出均匀化的导航星共计 275 颗。如未对导航星进行均匀化，则选取出 393 颗导航星，如图 4.31 所示。

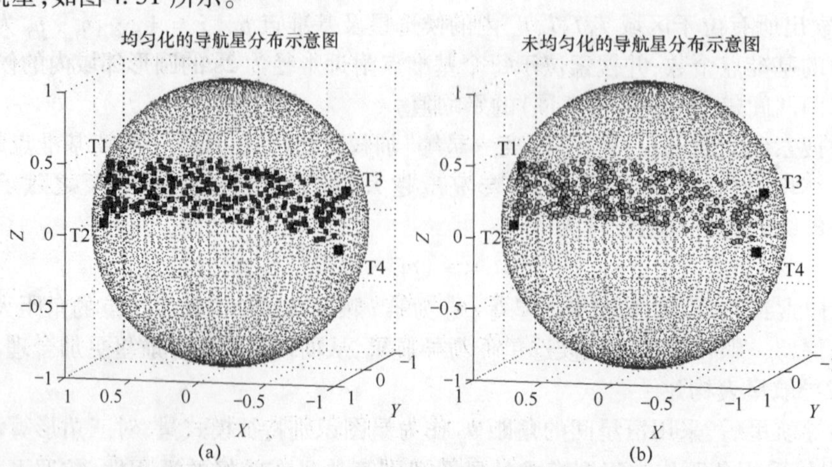

图 4.31　选取的导航星分布示意图

(a)均匀化的导航星分布；(b)未均匀化的导航星分布。

采用蒙特卡罗方法，在星敏感器的工作区域内随机生成 10000 个视场，对比结果如表 4.11 所列。

表 4.11　视场内可观测导航星数对比

导航星	视场内可观测星数			
	最小值	最大值	平均值	标准差
未均匀化	4	51	18.7085	8.3471
均匀化	4	19	12.8262	2.2927

表 4.11 数据显示，均匀化后，视场内可观测星数的平均值和标准差明显降低，有效地降低了视场内可观测星数的变化程度，这对提高星图识别算法的性能是有利的。

采用文献[56]提出的高鲁棒性的改进金字塔星图识别算法，对本节构建的导航星表进行验证。在导弹自由飞行段每隔 8s 随机生成 1 个视场指向，共进行 100 次识别；设置视场内最大识别星数为 7 颗，随机噪声 2″（1σ）；与全天识别方法进行比较。仿真结果显示，两种方法识别率均能达到 100%。图 4.32 为星图识别算法耗时比较，全天识别时每次识别平均耗时 52.2ms，而应用构建的均匀化导航星表平均耗时只有 8.7ms，星图识别效率的提高非常明显。

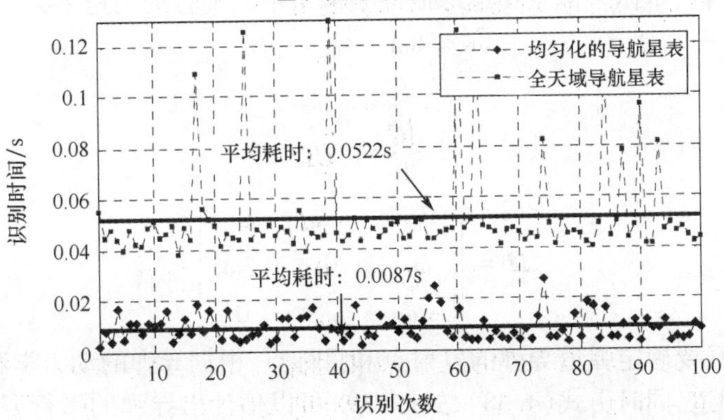

图 4.32　采用两种星表时金字塔识别算法耗时比较

4.6.2　基于投影变换的弹载导航星表选取方法

1. 导航星表设计原理分析

星敏感器在工作的过程中易受大气、抖动等外界环境因素的影响，因此一般应用于弹道导弹的中制导。同时，由于弹道导弹自由飞行段的飞行姿态稳定，其飞行轨迹对应的射面，与假设无穷远处的天球相交的曲线是一过球心的大圆，其飞行轨迹在大圆上的投影只是大圆的一段圆弧。因此，考虑根据导弹的飞行轨迹对应的星空区域只是星空的一部分，设计弹载导航星表[55]。下面从理论上分析其可行性。

弹道导弹采用 SINS/CNS 组合导航系统，一般需要两个星敏感器正交安装[60]，假设两个星敏感器在导弹本体上的安装方式如图 4.33 所示。

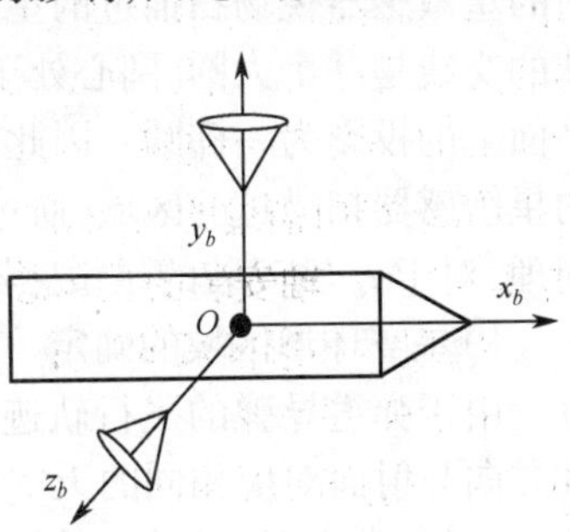

图 4.33　星敏感器安装方式

星敏感器在弹体坐标系中按 y_b 轴和 z_b 轴方向安装,可以表示为

$$X = [\alpha_y \quad \beta_y \quad \alpha_z \quad \beta_z]^{\mathrm{T}} \tag{4.34}$$

式中:y 和 z 分别为弹体坐标系的 y_b 轴和 z_b 轴方向国;α 、β 分别为 y_b 轴和 z_b 轴在天球坐标系中的指向。

弹体坐标系三轴指向的单位向量,在地心惯性坐标系中可以表示为

$$\boldsymbol{U}_y^e = [\cos\beta_y\cos\alpha_y \quad \cos\beta_y\sin\alpha_y \quad \sin\beta_y]^{\mathrm{T}} \tag{4.35}$$

$$\boldsymbol{U}_z^e = [\cos\beta_z\cos\alpha_z \quad \cos\beta_z\sin\alpha_z \quad \sin\beta_z]^{\mathrm{T}} \tag{4.36}$$

$$\boldsymbol{U}_x^e = \frac{\boldsymbol{T}\boldsymbol{U}_z^e}{\|\boldsymbol{T}\boldsymbol{U}_z^e\|_2} \tag{4.37}$$

式中:$(\cdot)^e$ 为地心惯性坐标系中的值;$\boldsymbol{T}$ 为 $\boldsymbol{U}_y^e$ 的反对称矩阵形式,可表示为

$$\boldsymbol{T} = \begin{bmatrix} 0 & -\sin\beta_y & \cos\beta_y\sin\alpha_y \\ \sin\beta_y & 0 & -\cos\beta_y\cos\alpha_y \\ -\cos\beta_y\sin\alpha_y & \cos\beta_y\cos\alpha_y & 0 \end{bmatrix}$$

那么方向余弦矩阵 $\boldsymbol{C}$ 可以表示为

$$\boldsymbol{C} = [\boldsymbol{U}_x^e \quad \boldsymbol{U}_y^e \quad \boldsymbol{U}_z^e]^{\mathrm{T}} \tag{4.38}$$

对于旋转的物体,本体坐标系在地球惯性坐标系中的旋转的角速率为

$$\tilde{\omega} = [\omega_x \quad \omega_y \quad \omega_z]^{\mathrm{T}}$$

那么有

$$\frac{\mathrm{d}\boldsymbol{C}}{\mathrm{d}t} = \boldsymbol{C\Omega} \tag{4.39}$$

$$\boldsymbol{\Omega} = \begin{bmatrix} 0 & -\omega_z & \omega_y \\ \omega_z & 0 & -\omega_x \\ -\omega_y & \omega_x & 0 \end{bmatrix}$$

从分析可知,只要确定弹道导弹的发射点和目标点,根据导弹的动力学和运动学方程可以得到导弹的标准弹道,同时由式(4.38)、式(4.39)可以估计出导弹的飞行姿态,也就确定了弹体的三轴指向,即确定了星敏感器的视轴指向所对应的天空区域。因此,根据弹道导弹的飞行轨迹可以确定与之相应的弹载导航星表。

2. 导航星表的构建方法

如图 4.34 所示,弹道导弹的任意一条飞行弹道,在无穷远处天球上的投影,相当于以地心为中心旋转,其旋转方向对应的天球的区域,可以看作是捷联安装于导弹弹体坐标系 y_b 轴方向的星敏感器视场扫描过的星空区域。将星敏感器扫描过的区域平面无限延伸,该平面与天球的交线是一个大圆,圆心处于地心惯性坐标系的原点。那么,该大圆在地心惯性坐标系 XOY 平面上的投影为一椭圆。因此,根据导弹的飞行轨迹,可以确定安装于弹体坐标系 y_b 轴方向的星敏感器扫描过的区域,通过坐标投影得到该区域在椭圆上的方位,从而得到该弹载星表。同理,对于 z_b 轴安装的星敏感器,其对应的区域也可以用相同的方法求出。

1)星空环形区域的确定

由于弹道导弹的飞行轨迹在射面内,y 轴安装的星敏感器视场(Field of View,FOV)的视轴方向与射面对应相同的天空区域。因此,可以根据飞行轨迹,将射面作为星敏感器视场中心的对称面,求出星空天域。同时,星敏感器视场边界对应的轨迹在 XOY 平面上的投影也是椭圆。所以,可以根据星敏感器视场边界对应的椭圆,与射面对应的椭圆在 XOY 平面上投影的

距离，确定星空区域。该区域在天球上表现为一个圆环形区域。通过投影椭圆来求取星空区域，可以避免在两极的情况下赤经难以表示的问题。具体求取步骤如下。

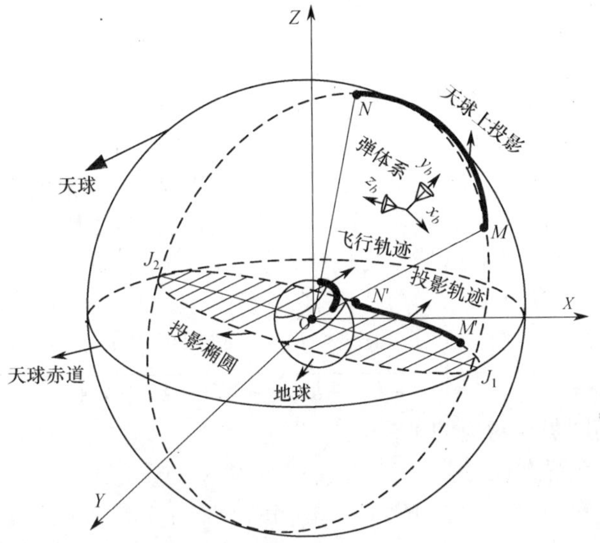

图 4.34　导弹飞行轨迹与投影

(1)射面投影椭圆的求取。

如图 4.35 所示，假设已知导弹关机点和再入点在地心惯性坐标系中的坐标分别为 $M(x_1, y_1, z_1)$ 和 $N(x_2, y_2, z_2)$，那么这两点在 XOY 平面上的投影为 $M_1(x_1, y_1)$ 和 $N_1(x_2, y_2)$。由于射面可以看作是过地球中心的大圆，因此，椭圆圆心与地球中心坐标系的原点重合。根据椭圆的性质，椭圆的两个焦点相对于坐标原点对称，可以假设两个焦点的坐标为 $F_1(a, b)$ 和 $F_2(-a, -b)$。由单位天球上的大圆轨迹在 XOY 平面上的投影，可以得出椭圆的长半轴为 1。根据椭圆的定义，椭圆上任意一点到椭圆两焦点的距离之和为长半轴的 2 倍，因此椭圆方程可以表示为

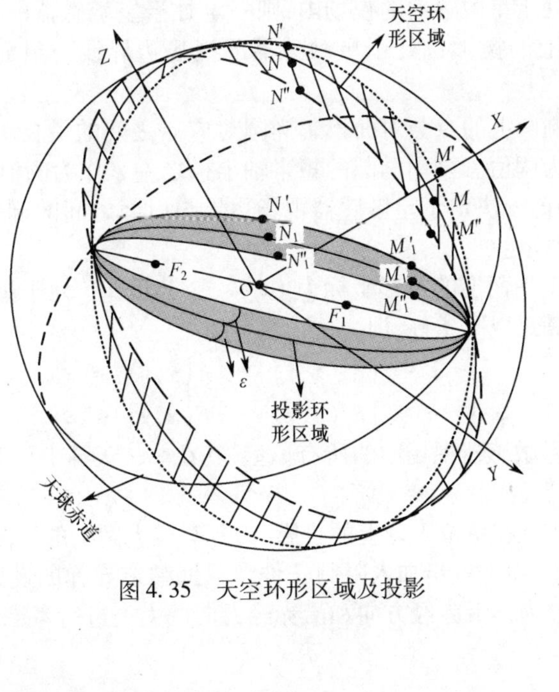

图 4.35　天空环形区域及投影

$$F(x,y) = \sqrt{(x-a)^2+(y-b)^2} + \sqrt{(x+a)^2+(y+b)^2} = 2 \tag{4.40}$$

椭圆焦点坐标的求解方程为

$$\begin{cases} |M_1F_1| + |M_1F_2| = 2 \\ |N_1F_1| + |N_1F_2| = 2 \end{cases} \tag{4.41}$$

由式(4.40)和式(4.41)可以求出该椭圆方程的表达式。

(2)视场边界投影椭圆的确定。

由于星敏感器的视场边界与射面之间的夹角为 FOV/2，可以根据导弹的关机点和再入点的坐标，求得导弹关机点和再入点对应的边界点的坐标，分别记为 $M'(x'_1, y'_1, z'_1)$、$N'(x'_2, y'_2, z'_2)$ 和 $M''(x''_1, y''_1, z''_1)$、$N''(x''_2, y''_2, z''_2)$，记其在 XOY 平面上的投影点分别为 $M'_1(x'_1, y'_1)$、$N'_1(x'_2, y'_2)$ 和 $M''_1(x''_1, y''_1)$、$N''_1(x''_2, y''_2)$，对应椭圆的焦点为 $F'_1(a', b')$、$F'_2(-a', -b')$ 和 $F''_1(a'', b'')$、$F''_2(-a'', -b'')$。同理可以求得对应的椭圆方程为

$$F'(x,y) = \sqrt{(x-a')^2+(y-b')^2} + \sqrt{(x+a')^2+(y+b')^2} = 2 \tag{4.42}$$

式中：a',b' 分别为椭圆焦点对应的坐标。

椭圆焦点坐标的求解方程为

$$\begin{cases} |M'_1 F'_1| + |M'_1 F'_2| = 2 \\ |N'_1 F'_1| + |N'_1 F'_2| = 2 \end{cases} \tag{4.43}$$

由式(4.42)和式(4.43)可以求出该椭圆方程的表达式，即

$$F''(x,y) = \sqrt{(x-a'')^2+(y-b'')^2} + \sqrt{(x+a'')^2+(y+b'')^2} = 2 \tag{4.44}$$

式中：a'',b'' 分别为椭圆焦点对应的坐标。

椭圆焦点坐标的求解方程为

$$\begin{cases} |M''_1 F''_1| + |M''_1 F''_2| = 2 \\ |N''_1 F''_1| + |N''_1 F''_2| = 2 \end{cases} \tag{4.45}$$

由式(4.44)和式(4.45)可以求出该椭圆方程的表达式。

(3)环形区域中恒星的确定。

若星空中的恒星处于星敏感器的视场内，则一定处于星敏感器的视场边界对应的两条轨迹内，其在 XOY 平面上的投影也处于星敏感器的视场边界线与射面在 XOY 平面上的投影之间。

视场边界线投影椭圆上的点与射面投影椭圆对应点之间的最长距离，是两个椭圆的短半轴之差，记为 ε，可作为阈值。采用椭圆的短半轴半径之差 ε 作为阈值，虽然椭圆在 XOY 平面上的投影相交，但其阈值 ε 决定了星敏感器视场边界与射面之间的椭圆限制的天空区域为一环形区域，如图 4.35 所示。

假设恒星 i 在 XOY 平面上的投影坐标为 (x_i, y_i)，若恒星 i 处于星敏感器视场内，则其在 XOY 平面上的投影需满足以下条件，即

$$\begin{cases} -\varepsilon \leqslant |F'(x,y)| - |F(x,y)| \leqslant \varepsilon \\ -\varepsilon \leqslant |F''(x,y)| - |F(x,y)| \leqslant \varepsilon \end{cases} \tag{4.46}$$

由式(4.46)可以找出星敏感器视场中的所有恒星，其在单位天球上处于环形区域内。

2)精确星表的构建

弹道导弹的飞行轨迹在单位天球上的投影，为其对应大圆上的一段圆弧。因此，为了提取飞行轨迹区域上的恒星，需进一步加入限制条件。根据弹道导弹的发射点、目标点以及射向，可以将导弹飞行轨迹分为不沿赤经方向和沿赤经方向两大类进行考虑。

(1)不沿赤经方向。

对于不沿赤经方向飞行的导弹,还需要分别考虑其飞行轨迹对应的天域是否过天赤道。

① 未过赤道的情况。

由于弹道导弹的关机点和再入点之间的轨迹未经过赤道,并且由大圆在单位天球上的投影为长半轴为1的椭圆可知,导弹的飞行轨迹在 XOY 平面上的投影不经过椭圆对称轴与椭圆的交点 J_1,J_2 ,那么星敏感器的视场只对应天赤道的上方或下方,可将未过赤道的这种情况分为赤道上方和赤道下方两部分表示(图4.36给出未过天赤道且处于赤道上方时的图示说明,其余情况与之类似)。

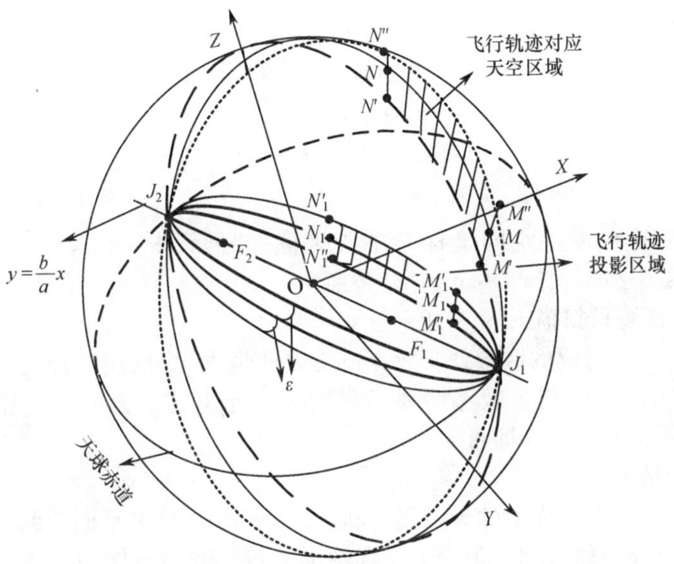

图4.36 精确星表确定

无论飞行轨迹对应的星空区域在天赤道的上方还是下方,根据式(4.41)求出的椭圆焦点的坐标,可以得到椭圆对称轴的方程为

$$y = \frac{b}{a}x \tag{4.47}$$

将关机点和再入点在 XOY 面上的投影代入式(4.47),可以判断出弹道的投影点是在椭圆对称轴的上方还是下方。处于对称轴的上方即满足

$$\begin{cases} y_1 - \dfrac{b}{a}x_1 > 0 \\ y_2 - \dfrac{b}{a}x_2 > 0 \end{cases} \tag{4.48a}$$

处于对称轴的下方即满足

$$\begin{cases} y_1 - \dfrac{b}{a}x_1 < 0 \\ y_2 - \dfrac{b}{a}x_2 < 0 \end{cases} \tag{4.48b}$$

(i)星敏感器视场只扫描天赤道的上方。

若导弹的飞行轨迹对应的天空区域处于天赤道的上方,即星敏感器视场只扫描天赤道上方区域,那么星空中的恒星满足处于导弹飞行轨迹对应的天空区域的条件为

$$
\begin{cases}
-\varepsilon \leqslant |F'(x,y)| - |F(x,y)| \leqslant \varepsilon \\
-\varepsilon \leqslant |F''(x,y)| - |F(x,y)| \leqslant \varepsilon \\
x_1 \leqslant x_i \leqslant x_2 \\
y_i - bx_i/a > 0 \\
z_i > 0
\end{cases}
\tag{4.49a}
$$

式中：x_i, y_i, z_i 为恒星在地心惯性坐标系中的坐标，并假设 $x_1 < x_2$。式(4.49a)表示飞行轨迹的投影在椭圆对称轴的上方。若 $x_2 < x_1$，只需将式(4.49a)中 $x_1 \leqslant x_i \leqslant x_2$ 用 $x_2 \leqslant x_i \leqslant x_1$ 替换。若飞行轨迹的投影在椭圆对称轴的下方，则式(4.49a)可表示为

$$
\begin{cases}
-\varepsilon \leqslant |F'(x,y)| - |F(x,y)| \leqslant \varepsilon \\
-\varepsilon \leqslant |F''(x,y)| - |F(x,y)| \leqslant \varepsilon \\
x_1 \leqslant x_i \leqslant x_2 \\
y_i - bx_i/a < 0 \\
z_i > 0
\end{cases}
\tag{4.49b}
$$

式中：x_i, y_i, z_i 为恒星在惯性空间坐标系中的坐标，并假设 $x_1 < x_2$。若 $x_2 < x_1$，只需将式(4.49b)中 $x_1 \leqslant x_i \leqslant x_2$ 用 $x_2 \leqslant x_i \leqslant x_1$ 替换。

(ii)星敏感器视场只扫描天赤道的下方。

针对导弹飞行轨迹对应的区域处于天赤道下方的情况，提取出导弹飞行轨迹对应的星空区域中的恒星，其求取方法与星敏感器视场只扫描天赤道的上方的方法相同。只需要将式(4.49)中 $z_i > 0$ 替换成 $z_i < 0$ 即可。

②经过赤道的情况。

对于不沿赤经方向但过赤道的导弹飞行轨迹，可将其在 XOY 平面上的投影分成两部分表示，即导弹关机点到飞行轨迹与赤道交点在椭圆上的投影和飞行轨迹与赤道交点到再入点在椭圆上的投影。将星表分为天赤道的上方和下方分别考虑。求出导弹的飞行轨迹与赤道的交点，该交点也就是椭圆的对称轴与椭圆的交点 J_1, J_2。具体的求解方法与不沿赤经方向基本相同，需要确定经过的是交点 J_1 还是 J_2，以及关机点和再入点的投影分别在椭圆对称轴的上方还是下方，即对飞行轨迹是在天赤道的上方还是下方分段进行求取。

由于导弹飞行轨迹的投影过椭圆对称轴与椭圆的交点 J_1 或 J_2，将关机点和再入点在 XOY 平面上投影代入式(4.47)，可得

$$
\begin{cases}
y_1 - \dfrac{b}{a}x_1 < 0 \\
y_2 - \dfrac{b}{a}x_2 > 0
\end{cases}
\text{或}
\begin{cases}
y_1 - \dfrac{b}{a}x_1 > 0 \\
y_2 - \dfrac{b}{a}x_2 < 0
\end{cases}
\tag{4.50}
$$

若飞行轨迹在赤道上方且经过交点 J_1 或 J_2，考虑到导弹飞行轨迹在椭圆上的投影为劣弧，可将其分为以 J_1 或 J_2 为分界点的两段弧，分别进行考虑。因此，可以分为以下4种情况来考虑。

(i)假设 M_1 在椭圆对称轴的下方，N_1 在椭圆对称轴的上方，过交点 J_1 的情况时，满足条件的恒星可以表示为

$$
\begin{cases}
-\varepsilon \leqslant |F'(x,y)| - |F(x,y)| \leqslant \varepsilon \\
-\varepsilon \leqslant |F''(x,y)| - |F(x,y)| \leqslant \varepsilon \\
x_1 \leqslant x_i \\
y_i - bx_i/a \leqslant 0 \\
z_i < 0
\end{cases}
\tag{4.51a}
$$

和

$$
\begin{cases}
-\varepsilon \leqslant |F'(x,y)| - |F(x,y)| \leqslant \varepsilon \\
-\varepsilon \leqslant |F''(x,y)| - |F(x,y)| \leqslant \varepsilon \\
x_2 \leqslant x_i \\
y_i - bx_i/a > 0 \\
z_i > 0
\end{cases}
\tag{4.51b}
$$

式中：x_i, y_i, z_i 为恒星在惯性空间坐标系中的坐标。

(ii)若 M_1 在椭圆对称轴的上方，N_1 在椭圆对称轴的下方，过交点 J_1 的情况时，求得满足条件的恒星，将式(4.51a)中 $y_i - bx_i/a \leqslant 0$ 替换成 $y_i - bx_i/a \geqslant 0$，将式(4.51b)中 $y_i - bx_i/a > 0$ 替换成 $y_i - bx_i/a < 0$。

(iii)若 M_1 在椭圆对称轴的下方，N_1 在椭圆对称轴的上方，过交点 J_2 的情况时，需要将式(4.51a)中 $x_1 \leqslant x_i$ 替换为 $x_1 \geqslant x_i$，将式(4.51b)中 $x_2 \leqslant x_i$ 替换为 $x_2 \geqslant x_i$。

(iv)若 M_1 在椭圆对称轴的上方，N_1 在椭圆对称轴的下方，过交点 J_2 的情况时，需要将式(4.51a)中 $x_1 \leqslant x_i$ 替换为 $x_1 \geqslant x_i$，$y_i - bx_i/a \leqslant 0$ 替换为 $y_i - bx_i/a \geqslant 0$；将式(4.51b)中 $x_2 \leqslant x_i$ 替换为 $x_2 \geqslant x_i$，$y_i - bx_i/a > 0$ 替换成 $y_i - bx_i/a < 0$。

(2)沿赤经方向。

沿赤经方向的弹道，在 XOZ 平面上的投影为直线，该弹道所对应的导航星表比较简单，只需根据导弹关机点姿态和再入点姿态对应的赤经、赤纬，分别延伸 FOV/2 的范围即可(不考虑过南、北两极点的情况)。

如图 4.37 所示，导弹关机点 $M(x_1, y_1, z_1)$ 和再入点 $N(x_2, y_2, z_2)$ 处于同一条经线上，在地心天球坐标系中的坐标分别为 $T_M(\alpha_1, \beta_1)$ 和 $T_N(\alpha_1, \beta_2)$，其投影在 XOY 平面上是一条直线。无论导弹的关机点是否过赤道，只需要知道导弹的射向是沿赤经方向，由南向北飞行还是由北向南飞行，即可构造导航星表。

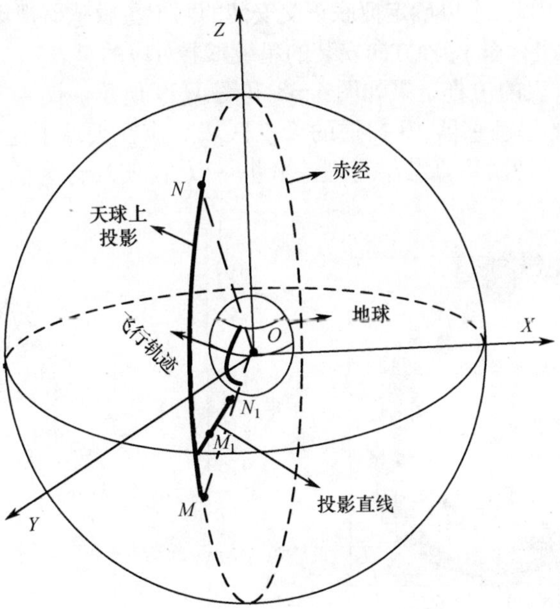

图 4.37　沿赤经方向投影圆

① 导弹由南向北飞行。由图 4.37 可得，满足该飞行弹道的导航星表对应的恒星所处的

坐标（α,β）可以表示为

$$\begin{cases}\alpha_1 - \mathrm{FOV}/2 \leqslant \alpha \leqslant \alpha_1 + \mathrm{FOV}/2 \\ \beta_1 - \mathrm{FOV}/2 \leqslant \beta \leqslant \beta_2 + \mathrm{FOV}/2\end{cases} \tag{4.52a}$$

② 导弹由北向南飞行。构造导航星表的方法与由南向北飞行的情况下类似。满足该飞行轨迹的导航星表中恒星所处的坐标（α,β）可以表示为

$$\begin{cases}\alpha_1 - \mathrm{FOV}/2 \leqslant \alpha \leqslant \alpha_1 + \mathrm{FOV}/2 \\ \beta_2 - \mathrm{FOV}/2 \leqslant \beta \leqslant \beta_1 + \mathrm{FOV}/2\end{cases} \tag{4.52b}$$

3. 仿真验证

为了验证设计的弹载导航星表的有效性，采用导弹轨迹发生器生成的轨迹数据进行仿真试验。在构造弹载导航星表的过程中，对于不沿赤经方向但过赤道这一类情况比较复杂，但只要将它分为不沿赤经方向并处于赤道的上方和不沿赤经方向并处于赤道的下方这两种情况进行考虑，而无论处于赤道的上方还是下方，其求取的方式相同。因此，在设计轨迹发生器时，只构造了不沿赤经方向并处于赤道上方的情况进行弹载导航星表的仿真验证。

1）仿真条件设置

设弹道导弹的射程为4438km，飞行时间为1110s，主动段关机点时间为160s，再入点的时间为900s。发射点的位置经度为100.0°，纬度为15.0°，高度为0m，目标点的位置经度为138.76°，纬度为12.16°，垂直发射。捷联安装的星敏感视场为20°×16°。采用SKY2000作为基本天文星表，从中提取角距大于1°，星等在0～6.0的星作为导航星，共计3716颗。

2）弹载导航星表的生成

根据标准弹道，确定导弹的飞行轨迹为不沿赤经方向不过赤道这一类型，并且处于天球赤道的上方，估计出主动段导弹关机点和再入点对应的经纬度坐标为（102.89°，14.98°）和（130.22°，13.26°）。因此，可以确定关机点和再入点在XOY平面上对应的投影点为（−0.2155，0.9416）和（−0.6285，0.3360），对应椭圆的焦点F_1（−0.3360，0.6472）和F_2（0.3360，−0.6472），阈值$\varepsilon = 0.0303845$。因此，可以确定捷联正交安装的两个星敏感器视场对应的天空区域（在仿真过程中只构造了弹体坐标系y_b轴方向安装的星敏感器对应的星表）。

生成的弹载导航星表的仿真结果如图4.38和图4.39所示。图4.38、图4.39给出了弹体坐标系y_b轴方向安装的星敏感器，其扫描的天空区域对应在天球上是一个环形区域，在XOY平面上的投影应该为一椭圆，仿真结果与理论分析一致，说明环行区域确定部分的算法能够确

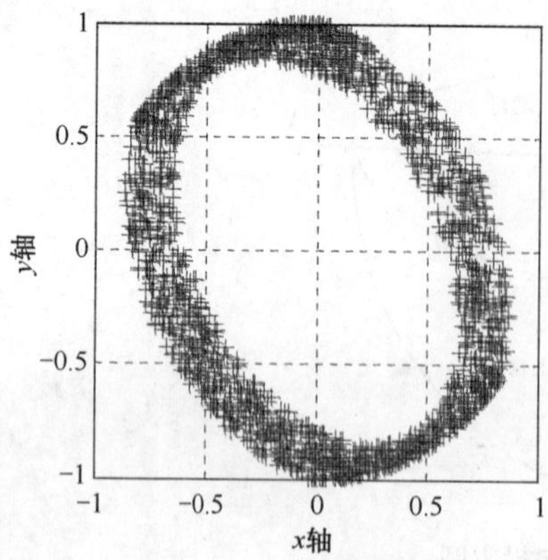

图4.38　环形区域投影

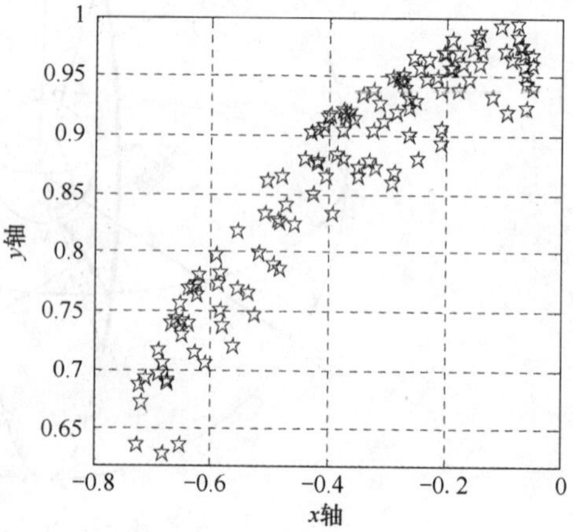

图4.39　精确星表椭圆上投影

定出环行区域对应天空的导航星;图 4.39 给出了导弹飞行轨迹上星敏感器扫描的天域在 XOY 平面上的投影,该投影为椭圆的一段,仿真的结果与理论分析一致。从以上分析表明,本节设计的弹载导航星表方法是可行、有效的,能够实现弹载导航星表中导航星的精确选取。

4.6.3 基于螺旋基准点的导航星选取方法

目前,选取导航星的方法主要有星等滤波方法、自组织选择法[52]、正交网格法、基于支持向量机理论的选取方法[53]等。其中:星等滤波方法易于实现,工程实际中也较为常用,但选取的导航星分布不均匀,会使星敏感器视场内观测星的数量变化剧烈,甚至出现“空拍”的情况,对星图识别和姿态确定造成不良影响;自组织选择法、基于支持向量机理论的方法所提取的导航星分布均匀、数量较少,但实际应用起来比较复杂、方法速度较慢。为此,从导航星分布的均匀性及方法的快速性考虑,通过在球面上构造近似均匀分布的螺旋基准点、引入 k - vector 快速搜索算法、提出“距离—星等”加权方法,研究了一种导航星选取方法。

1. 螺旋基准点

导航星分布的均匀性直接影响星敏感器视场中最小可观测星数与星图识别过程中的最小可匹配星对数。导航星的分布均匀性好,可改善星敏感器的工作性能,不仅能增加视场中观测星间的角距,且对采用多个星敏感器的星光制导系统,可降低多个星敏感器之间因标定不准确引起的误差[52]。如果通过减小视场来提高姿态的测量精度,消除“空洞”,必然要提高星敏感器的星光敏感度和星等阈值,这会使得导航星数量以及导航星星库的大小按指数增加,大大增加存储成本和搜索时间。

为提高导航星分布的均匀性,在选取导航星时,在天球表面构造均匀分布的选星基准点,在每个点周围小范围邻域内搜索、筛选合理的一颗星作为导航星。基准点的构造方法如下。

令 $L_n = \sqrt{n\pi}$,n 为期望的基准点数,对 $k = 0,1,\cdots,n-1$,每个基准点在球面坐标系的坐标为

$$\begin{cases} z_k = 1 - (2k+1)/n \\ \theta_k = \arccos(z_k) \\ \phi_k = L_n\theta_k \end{cases} \tag{4.53}$$

进而可以得出每个点的单位向量坐标为

$$\begin{cases} x_k = \sin(\theta_k)\cos(\phi_k) \\ y_k = \sin(\theta_k)\sin(\phi_k) \\ z_k = 1 - (2k+1)/n \end{cases} \tag{4.54}$$

按此方法构造的基准点在天球表面是以螺旋轨迹生成的,因此称为螺旋基准点,如图 4.40 所示。

Vedder 对球面上点分布的均匀性进行研究,提出了均匀性的评价指标[8],即

$$\begin{cases} \delta_i = \mathrm{eig}\left(\dfrac{1}{N}\boldsymbol{A}^{\mathrm{T}}\boldsymbol{A}\right) \\ \Phi = \displaystyle\sum_{i=1}^{3}\delta_i\ln(3\delta_i) \end{cases} \tag{4.55}$$

式中:矩阵 $\boldsymbol{A}$ 为 N 个单位矢量构成的 $N\times3$ 维矩阵;δ_i 为矩阵 $\dfrac{1}{N}\boldsymbol{A}^{\mathrm{T}}\boldsymbol{A}$ 的 3 个特征值。δ_i 越接近 $\dfrac{1}{3}$,则 Φ 的值越接近 0,这 N 个点的分布越近似于标准均匀分布。按照式(4.55)可计算得到

螺旋基准点的均匀性指标为 $\delta_1 = \delta_2 = \delta_3 = 0.3333$, $\Phi = 1.0038 \times 10^{-12}$,可以看出已非常接近标准均匀分布,因此将其作为选星基准点,可以提高所选导航星的分布均匀性。

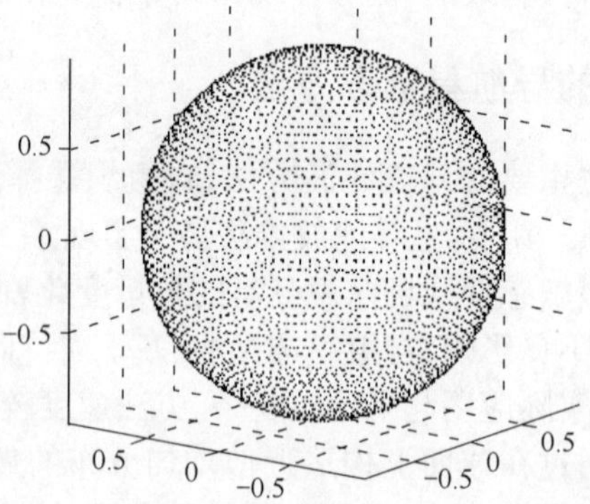

图 4.40　近似均匀分布的螺旋基准点($n=4000$)

2. 候选星选取及搜索

1)候选星选取

在基本星表(采用 SKY 2000 星表)中直接选取导航星,数据量庞大,不易进行数据处理,因此可在其中选出部分星作为候选星,以便搜索和选星处理。考虑星敏感器对星等观测能力的限制,采用星等滤波方法,选取星等为 0 ~ 6.0 Mv,剔除变星和双星,共选出 4908 颗星作为候选星。筛选出候选星后,对每个候选星的坐标值建立 k - vector 搜索算法[58]的索引,以便后续采用 k - vector 搜索算法实现快速搜索。

2)候选星快速搜索

在基准点附近进行选星,应首先搜索出位于每个基准点邻域内的候选星,然后再进一步筛选。按照以下步骤,确定候选星的搜索区域。

(1)计算相邻螺旋基准点之间的间距 s_k(以角距形式),$k = 1,2,\cdots,n-1$,取平均值 s;

(2)对每个基准点,以基准点为圆心,以 $2s$ 为半径的圆形区域作为基准点的邻域;

(3)搜索某邻域内的候选星,可以将每个基准点视为星敏感器视轴的一个指向,半径为 $2s$ 的圆形邻域视为星敏感器的圆形视场,从而转化对指定天区观测星的搜索问题;

(4)计算圆形邻域边界对应的单位向量坐标范围,得出搜索范围。

设当前基准点的单位向量坐标为 $(x_k,y_k,z_k)^{\mathrm{T}}$,圆形邻域边界对应的单位向量坐标范围可表示为

$$\begin{cases} x \in [\cos 2s \cdot x_k - \sin 2s \cdot \sqrt{1-x_k^2}, \cos 2s \cdot x_k + \sin 2s \cdot \sqrt{1-x_k^2}] \\ y \in [\cos 2s \cdot y_k - \sin 2s \cdot \sqrt{1-y_k^2}, \cos 2s \cdot y_k + \sin 2s \cdot \sqrt{1-y_k^2}] \\ z \in [\cos 2s \cdot z_k - \sin 2s_r \cdot \sqrt{1-z_k^2}, \cos 2s \cdot z_k + \sin 2s \cdot \sqrt{1-z_k^2}] \end{cases} \tag{4.56}$$

同时,还需考虑该圆形邻域在坐标极值(如 $z_{\max} = 1$ 或 $z_{\min} = -1$)附近的越界问题:当基准点位于坐标极值附近时,式(4.56)确定的区间范围坐标应取为极值,同时区间的另一比较条件为

$$\begin{cases} x_k \geqslant \sin(90^\circ - 2s) \text{ 或 } x_k \leqslant \sin(-90^\circ + 2s) \\ y_k \geqslant \sin(90^\circ - 2s) \text{ 或 } y_k \leqslant \sin(-90^\circ + 2s) \\ z_k \geqslant \sin(90^\circ - 2s) \text{ 或 } z_k \leqslant \sin(-90^\circ + 2s) \end{cases} \tag{4.57}$$

由以上分析可以得出候选星的搜索区域,如图 4.41 所示。

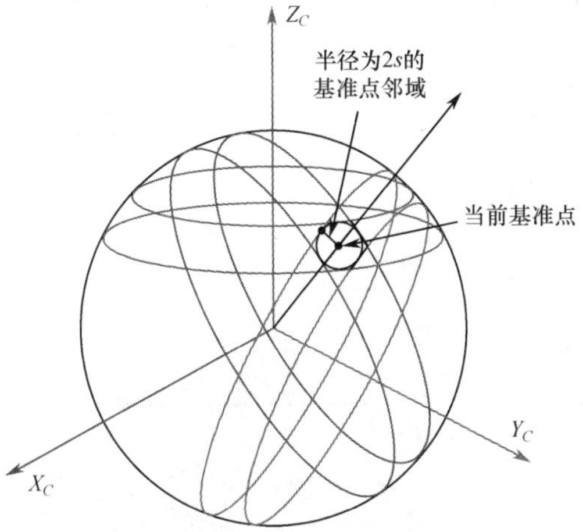

图 4.41　螺旋基准点圆形领域

由于候选星及基准点数量较多,对每个基准点都需要进行大量的搜索、计算坐标范围并进行比对,这一过程是最为耗时的环节,可以采用遍历法、二分法等方法进行搜索,但随着数据量的增大,这些方法的搜索效率会明显下降。

为简化计算、提高速度,采用 k－vector 快速搜索算法在基准点邻域内搜星,可以很快得到满足条件的候选星。k－vector 区间搜索算法是一种简单、快速的搜索方法(算法原理参照文献[58]),在数据量较大或进行多次搜索时,采用此方法只需要两次算术运算,即可确定出满足搜索条件的候选星索引范围,经过寻址就可以得到搜索结果,因此可以极大地减少计算量,提高搜索效率,实现导航星的快速选取。

3. 导航星选取及实现

选取导航星时,应尽量使视场内观测星数满足星图识别所需最少星数的要求,且导航星的亮度越高、数量越少、分布越均匀、相互之间角距越大,星图识别的效果越好。

综合考虑上述原则要求,为能挑选出更加合理的导航星,在对每个基准点邻域内搜索到的候选星进行筛选处理时,提出了"距离—星等"加权方法。其基本思想为:距离螺旋基准点越近的星,选取的导航星的整体分布均匀性越好;亮度越大的星对星提取和星识别效果越有利。因此,赋予距离基准点越近、星等越低(星亮度越大)的候选星权值越大,反之赋予的权值越小,从而使距离基准点近、亮度高的星被选取、保留作为导航星,在保证了均匀性的同时,选取的导航星更为合理[61]。

对"距离—星等"加权方法的权值设计进行分析:在每个基准点的圆形区域内,搜索到的候选星与基准点间的角距在 0°～6.4210°范围内($2s = 6.4210°$);而候选星的星等为 0～6.0Mv,距离与星等在数值上度量相近。因此,可以设计候选星的综合评价权值为

$$w^i = -(m_v^i + \theta_k^i) \tag{4.58}$$

式中:m_v^i 为第 i 颗候选星的星等;θ_k^i 为第 i 颗候选星与当前基准点的角距。

在每个基准点邻域内保留权值 w^i 最大的一颗候选星作为导航星;若权值相等,则保留亮度更大的星。在对当前螺旋基准点搜索、处理完毕后,移至下一基准点,进行相似的搜索、处理。所有基准点都处理完毕,则导航星选取结束。本节算法的流程图如图 4.42 所示。

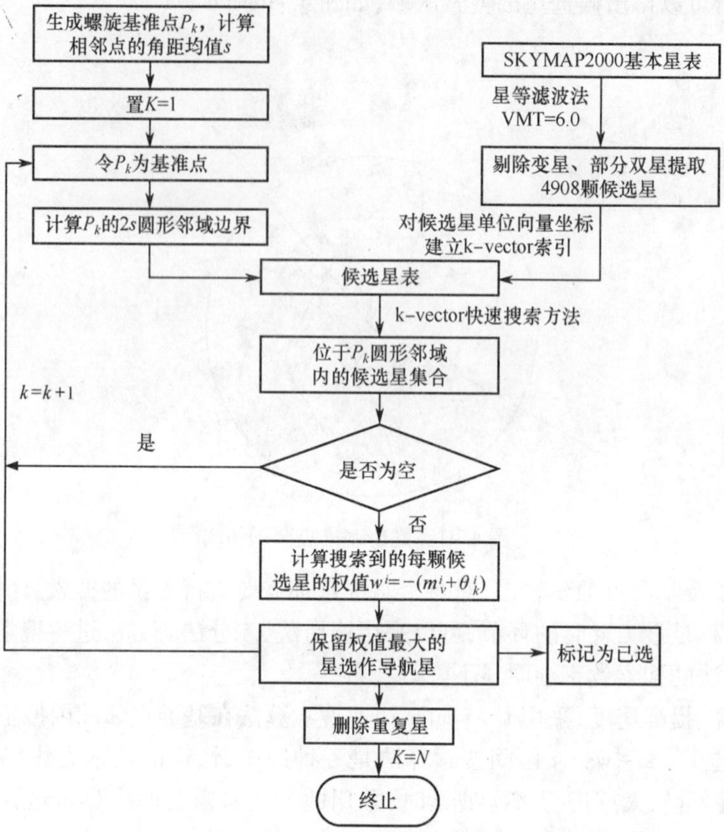

图 4.42　导航星选取方法流程图

4. 仿真验证

在 SKY 2000 基本星表中选取了 4 908 颗候选星，计算每颗星单位向量坐标，并建立 k-vector 索引。设置螺旋基准点数 $n=4\ 000$，计算相邻基准点角距间隔的平均值 $s = 3.2105°$。根据本节方法，最终选取了 3 799 颗导航星。选取的候选星与导航星分布如图 4.43 所示。

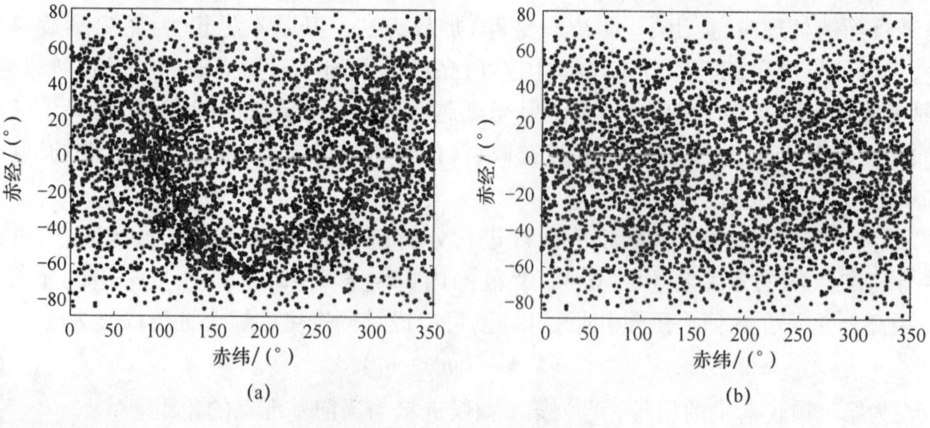

图 4.43　候选星与导航星分布
(a)候选星分布；(b)导航星分布。

由图 4.43 可直观地看出：图 4.43(a)采用星等滤波方法选取的候选星，在局部区域分布过于密集；而图4.43(b)采用本节方法剔除了分布过于密集的星，使选取的导航星更加均匀。根据式(4.55)计算可得，候选星的均匀性指标 $\Phi_1 = 9.7 \times 10^{-3}$，而导航星的均匀性指标 $\Phi_2 = 9.2 \times 10^{-4}$，也说明选取的导航星分布均匀性更好。

在每个基准点对4908颗候选星搜索时，由于采用了k-vector快速搜索方法，每个点平均用时仅为1.3ms，方法的整体速度很快。

设置不同大小的星敏感器视场，采用蒙特卡罗方法随机生成视场指向，各进行10000次仿真试验，比较视场内观测到的导航星数。仿真结果如表4.12所列。

表4.12 10000次随机视场仿真结果(星等阈值:6.0)

视场大小/(°)	采用方法	视场内导航星数量/个				不同观测星数的视场比重/%		
		最小值 min	最大值 max	平均值 mean	标准差 std	$\left[\min,\frac{mean}{2}\right)$	$\left[\frac{mean}{2},2mean\right]$	$[2mean,\max]$
4	星等滤波	0	12	1.77	1.53	19.55%	69.23%	11.22%
	本文方法	0	7	1.38	1.08	22.31%	63.11%	14.58%
8	星等滤波	0	33	7.13	3.93	13.26%	82.59%	4.15%
	本文方法	0	16	5.48	1.95	5.80%	92.97%	1.23%
10	星等滤波	1	45	11.06	5.31	8.93%	86.53%	4.54%
	本文方法	1	19	8.53	2.39	4.65%	95.19%	0.16%
12	星等滤波	3	61	15.95	7.04	4.22%	91.97%	3.81%
	本文方法	4	23	12.34	2.80	1.71%	98.29%	0
16	星等滤波	9	90	28.47	11.47	3.02%	93.61%	3.37%
	本文方法	9	35	21.99	3.75	0.10%	99.90%	0

由表4.12的仿真结果看出：本节方法选取的导航星相对星等滤波方法提取的候选星，星敏感器视场内可观测星数的标准差平均降低了59.12%，有效地降低了视场内导航星数的变化程度，减少了可观测星数较多的视场，使可观测星数保持在平均值附近。

由于导航星分布不均匀会对星光制导的性能产生不良影响，为此提出了基于螺旋基准点的导航星快速选取方法。在天球上构造近似均匀分布的螺旋基准点，并在其附近选取、保留导航星，提高了导航星分布均匀性；在基准点邻域搜索候选星时，采用k-vector快速搜索方法，减少了运算量和搜索时间，提高了导航星选取的整体速度；提出“星等—距离”加权方法筛选导航星，设计了综合评价权值，使选取、保留的导航星更为合理。仿真实验验证了选取的导航星分布较均匀，方法适用性好，且易于快速实现。

4.7 基于预测跟踪星表提高星敏感器实时性的方法

星敏感器具有精度高、质量轻、功耗低、无漂移和工作方式多样等优点，是天文导航系统中最常用的姿态敏感器件[62]，在卫星控制、弹道导弹以及深空探测等领域得以广泛应用[50]。星图识别(Star Identification, Star-ID)是星敏感器解决姿态确定问题的核心过程，可以通过两种工作模式来实现[50,62-65]：太空迷失(Lost-In-Space, LIS)下的全天自主星图识别模式和基于先验姿态信息的星跟踪模式。相对于全天识别模式，星跟踪模式可以充分利用上一时刻的已识别星点信息以及输出的姿态信息，极大地提高了数据更新率。因此，星跟踪模式具备了更好的实时性能，是主要的工作模式[50,62-65]。当前，航天飞行任务要求星敏感器能够提供更高的姿态精度、更高的更新率以及更高的动态性能[64]，为此可以从以下几方面入手。

(1)提高硬件水平。可以采用性能更好的处理芯片、数据传输接口等，如文献[63]中采用FPGA加快星点位置提取。但这势必造成成本增加，且性能提高是有极限的。

(2)改善LIS模式的星图识别效率。研究或改进各种全天星图识别方法[65-67]，加快、提高识别速度和可靠性，以使星敏感器尽快完成姿态获取，转换到效率更高的星跟踪模式。

(3)优化星点跟踪/预测效率。研究更高效的星点跟踪算法和预测方案，以实现更稳健的已知星点信息维持和更快捷的星点信息预测，相关改进措施有跟踪窗口方法[68]、球面多边形搜索方法[69]、瞬时邻域星表方法[69]、预测跟踪识别方法[70]、高动态下的预测跟踪方法等。

(4)改善由跟踪模式向LIS模式切换时的效率。当视场内已知信息减少到不能满足基本姿态跟踪推算时，就需要重新进入比较耗时的全天识别LIS模式，目前对这方面的研究相对较少。

总结上述措施可以发现，现有方法主要的立足点是尽可能防止星跟踪失败，避免切换工作模式。而现实条件下，尤其是高动态条件下，星跟踪失败、切换工作模式是极有可能发生的。为此，本节提出一种在星跟踪的同时根据当前姿态实时预测跟踪瞬时导航星表的方法，以提高在高动态条件下星跟踪模式，以及由跟踪模式转换到LIS模式时的效率；且该方法能够均匀化筛选导航星，对提高星跟踪及全天星图识别方法的效率是有利的。

4.7.1 预测跟踪星表的总体思想及基本结构

为提高星敏感器由跟踪模式向全天识别LIS模式切换时的工作效率，应充分利用模式切换前星敏感器最后输出的有效姿态信息，保证星敏感器在跟踪模式下仍随时做好全天识别的准备[71]。基于这一思想，提出预测跟踪导航星表的方法：首先将全天球星表划分为多个子星表，使星敏感器在进行星跟踪及姿态输出的同时，根据当前的姿态信息，预测跟踪下一时刻的导航星表。如果星跟踪失败，需要切换为全天识别模式时最可能对应的子星表，即实现已识别导航星与导航星表的并行跟踪。一旦切换为全天识别模式，通过预测跟踪的星表进行局部星图识别，相对全天识别更为简单、效率更高。为此，设计了“分层存储、逐层索引”结构的导航星表，如图4.44所示。星表主要由以下两部分组成。

(1)LIS全天识别模式下的导航星表，主要存储：①所选导航星的基本信息；②用于星图识别的导航星模式量信息(如星间角距、栅格、三角形等，本节采用星间角距作为模式量)；③模式量索引表(如建立k-vector索引表)。

(2)跟踪模式下的子星表，主要存储：①将全天球导航星表划分成的子星表中的数据信息；②每个子星表对应的地址索引。

以上实现了不同的数据信息的分层存储。除导航星及其模式量基本信息外，其余数据层只存储数据对应的索引或映射，如子星表中只存储星号和模式量的索引号，进而各层信息之间建立起“逐层索引映射”的关系。

“分层存储、逐层索引映射”结构的特点如下：

(1)由于数据信息之间建立索引映射的关系，无论是星敏感器工作于LIS模式还是星跟踪模式，在对导航星表进行数据搜索和处理时，仅需几步简单计算即可得到相应的索引，完成信息存取，极大地提高了数据搜索和处理的效率。

(2)存储的数据索引均为整型数据，占据的存储量很小，且计算和处理时更为简单高效。

(3)实现了子星表的预测跟踪与星跟踪过程的并行工作，且仅需预测跟踪星表的地址，对星跟踪过程没有任何影响。

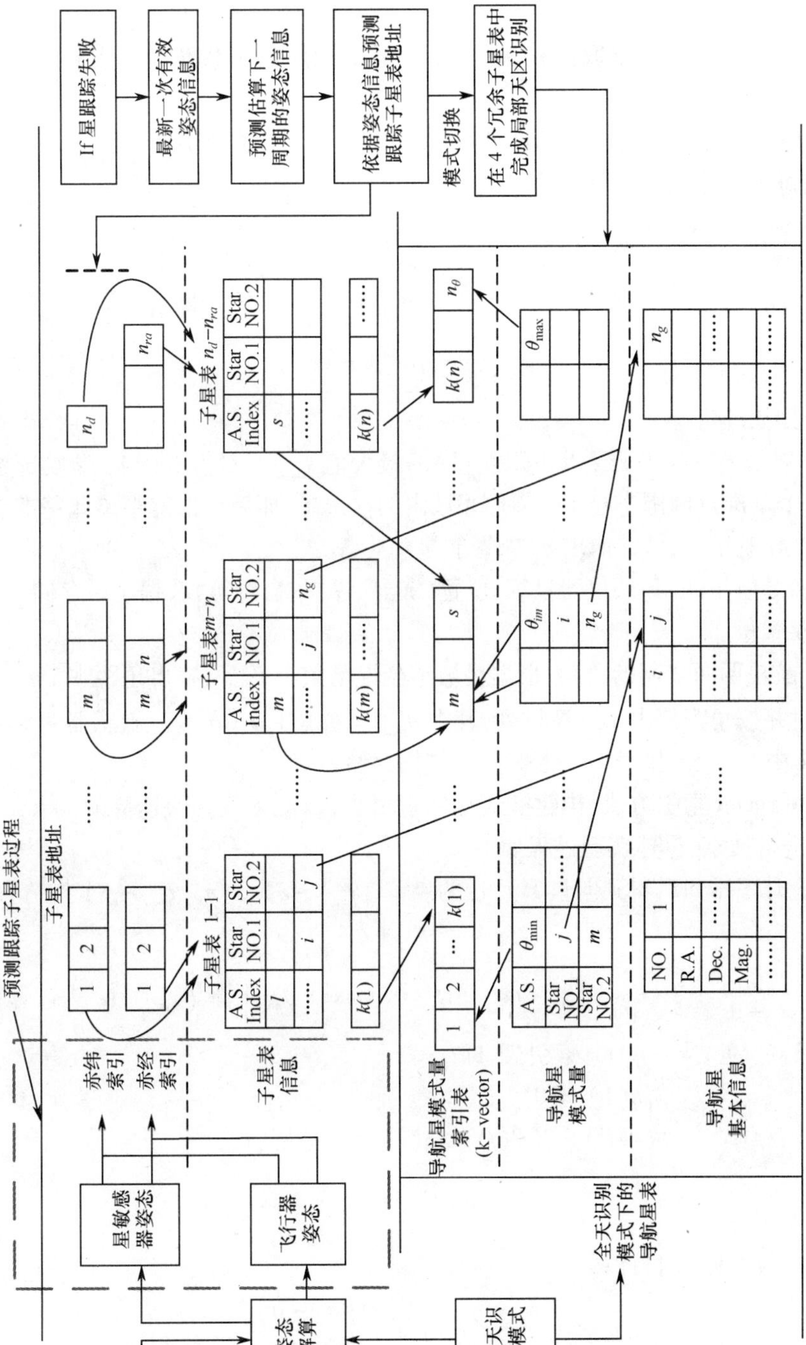

图4.44　导航星表全局结构

4.7.2 导航星表各部分结构

1)均匀化选取导航星

使用 SKY 2000 星表作为基本星表,首先根据星敏感器的星等探测阈值 m_t,通过星等阈值滤波方法,并剔除变星、双星,提取出 n_c 颗候选星;然后采用基于基准点的选星方法对候选星均匀化筛选,具体步骤如下。

(1)在天球表面构造 N 个分布近似均匀的选星基准点。首先将赤纬划分为 (n_d-1) 条等间隔赤纬圈,则每条赤纬圈 L_j 对应的赤纬为

$$\phi_j=\frac{\pi j}{n_d}-\frac{\pi}{2}(j=1,2,\cdots,n_d-1) \tag{4.59}$$

而后在每条赤纬圈 L_j 上,从赤经为 0° 开始,设置 n_{raj} 个等间隔的点,即

$$n_{raj}=\left\lfloor\frac{1}{2}+\sqrt{3}n_d\cos\phi_j\right\rfloor \tag{4.60}$$

式中:$\lfloor\cdot\rfloor$ 为向下取整。

(2)计算相邻基准点间隔 s_k(以角距度量)的最大值 $s_{\max}$。对提取的 n_c 颗候选星进行搜索,得到位于每个基准点周围半径 $s_{\max}$ 圆形邻域内的候选星,而后只保留距离此基准点最近的一颗候选星作为导航星,共计选取出 n_g 颗导航星。

(3)将 n_g 颗导航星的星号、仪器星等、位置(赤经、赤纬、自行等)数据统一存储。

2)导航星模式量

(1)计算导航星两两之间的角距,根据星敏感器视场大小 θ_{FOV},找出角距在 $[\theta_{\min},\theta_{\max}]$ 范围内的所有星对并按角距值大小升序排列,其中 $\theta_{\max}=\theta_{\mathrm{FOV}}+\sigma$,$\sigma$ 为星敏感器的最大测量误差,按照图 4.44 中"角距—星号 1—星号 2"的结构存储。

(2)根据 k - vector 索引方式,构建模式量的索引表,以便于应用快速高效的 k - vector 区间搜索算法[69]进行搜索,具体实现过程如下。

n_s 个角距值升序排列后得到向量 $\boldsymbol{P}$。过两点 $(1,\theta_{\min}-\xi)$,$(n_s,\theta_{\max}+\xi)$ 构造直线,即

$$z(x)=mx+q \tag{4.61}$$

式中:$m=\dfrac{\theta_{\max}-\theta_{\min}+2\xi}{n_s-1}$;$q=\theta_{\min}-m-\xi$;$\xi=\varepsilon\max[|\theta_{\min}|,|\theta_{\max}|]$;$\varepsilon$ 为计算精度。

通过以下条件,建立 k - vector 索引表,即

$$\begin{cases}k(1)=0\\k(i)=j(\boldsymbol{P}(j)\leqslant z(i)<\boldsymbol{P}(j+1))\\k(n_s)=n_s\end{cases} \tag{4.62}$$

式中:$i=2\sim n_s-1$。

当搜索 $\theta_i\in[\theta_a,\theta_b]$ 时,计算

$$j_{\text{start}}=\left\lfloor\frac{\theta_a-q}{m}\right\rfloor\quad j_{\text{end}}=\left\lceil\frac{\theta_b-q}{m}\right\rceil \tag{4.63}$$

式中:$\lfloor x\rfloor$ 为向下取整;$\lceil x\rceil$ 为向上取整。

令 $k=k(j_{\text{start}})+1,k(j_{\text{start}})+2,\cdots,k(j_{\text{end}})$,则 $\boldsymbol{P}(k)$ 就是搜索的结果。

3)子星表

将天球划分为多个子星表,具体方法如下。

(1) N 个选星基准点同时作为构建子星表的基准点。搜索出距离每个基准点半径为 ρ_{sub} 的圆形邻域内的导航星。为保证每个子星表是相对完备的，应综合基准点之间的间隔 s_k 、对星敏感器视轴指向估计时的偏差 δ 以及视场(圆形视场)大小 θ_{FOV} 等因素，来确定每个子星表的大小。应考虑误差最恶劣的情况，确定半径 ρ_{sub} 为

$$\rho_{\text{sub}} = \frac{1}{2}\lceil s_{\max}\rceil + \max(\delta) + \frac{\theta_{\text{FOV}}}{2} \tag{4.64}$$

(2) 对搜索出的导航星，在模式库中找到导航星两两之间角距值对应的角距索引号，并按照"角距索引—星号 1—星号 2"的方式存储。

4) 子星表地址索引

由式(4.59) ~ 式(4.60)可以看出，每个基准点对应的子星表能够很方便地通过基准点的赤纬、赤经信息查找到。因此，星敏感器视轴指向 (α_b,δ_b) 对应的子星表地址索引可以表示为

$$I_d = \begin{cases} 1 & \left(\delta_b < \dfrac{(2-n_d)\pi}{2n_d}\right) \\ n_d - 1 & \left(i\delta_b > \dfrac{(n_d-2)\pi}{2n_d}\right) \\ \text{round}\left[\dfrac{(\delta_b + \pi/2)n_d}{\pi}\right] & (\text{其他}) \end{cases} \tag{4.65}$$

$$I_{ra} = \begin{cases} 1 & \left(\alpha_b > \dfrac{(2n_{raI_d}-1)\pi}{n_{raI_d}} \text{或} \alpha_b < \dfrac{\pi}{n_{raI_d}}\right) \\ \text{round}\left(\dfrac{\alpha_b n_{raI_d}}{2\pi}\right) + 1 & (\text{其他}) \end{cases} \tag{4.66}$$

式中：I_d 、I_{ra} 分别为子星表地址的赤纬、赤经索引；round(·) 表示四舍五入取整运算；n_{raI_d} 为 $j = I_d$ 时按式(4.60)计算得到；(I_d,I_{ra}) 为第 I_d 个赤纬圈上的第 I_{ra} 个基准点。

4.7.3 预测跟踪星表的实现

预测星敏感器在下一数据输出时刻的姿态是实现子星表预测跟踪的关键。根据飞行器的四元数姿态信息，预测星敏感器的视轴指向[62,65]如下。

(1) 当前 t 时刻，已知本体坐标系相对于惯性坐标系的姿态四元数为 $\boldsymbol{q}(t)$ (惯组、星敏感器或组合导航系统最优估计的输出)。

(2) 根据飞行器相对惯性空间的角速度在本体坐标系的投影 ω ，四元数微分方程为

$$\dot{\boldsymbol{q}} = \frac{1}{2}\boldsymbol{\Omega}(\omega(t))\boldsymbol{q}(t) \tag{4.67}$$

$$\boldsymbol{\Omega}(\omega) = \begin{bmatrix} -[\omega\times] & \omega \\ -\omega^{\text{T}} & 0 \end{bmatrix}$$

$$[\omega\times] = \begin{bmatrix} 0 & -\omega_z & \omega_y \\ \omega_z & 0 & -\omega_x \\ -\omega_y & \omega_x & 0 \end{bmatrix}$$

(3) 求解四元数微分方程得到 $t+T$ 时刻的姿态四元数 $\boldsymbol{q}(t+T) = [q_1 \quad q_2 \quad q_3 \quad q_4]^{\text{T}}$ 。

(4) 根据预测四元数，计算 $t+T$ 时刻星敏感器的视轴指向 $(\alpha_{t+T},\delta_{t+T})$ 为

$$
\begin{cases}
\alpha_{t+T} = \arctan\left(\dfrac{q_2 q_3 - q_1 q_4}{q_1 q_3 + q_2 q_4}\right) \\
\delta_{t+T} = \arcsin(-q_1 q_1 - q_2 q_2 + q_3 q_3 + q_4 q_4)
\end{cases}
\tag{4.68}
$$

(5)根据视轴指向 $(\alpha_{t+T},\delta_{t+T})$ 以及式(4.65)、式(4.66)得到需要预测跟踪的子星表地址 $(I_d,I_{ra})_{t+T}$。

4.7.4 仿真验证

设 $t+T$ 时刻星跟踪失败,需切换至 LIS 模式,由于在 t 时刻飞行器和星敏感器的姿态具备一定的精度,且在构建子星表时已考虑了一定的允许误差 δ,因此预测跟踪的子星表是最可能成功实现星图识别的区域。为进一步提高识别的可靠性,在沿赤经、赤纬方向距离预测跟踪的子星表 $(I_d,I_{ra})_{t+T}$ 为 ρ_{sub} 的 4 个冗余子星表(星敏感器视轴指向分别为 $(\alpha_{t+T}\pm\rho_{\text{sub}},\delta_{t+T})$、$(\alpha_{t+T},\delta_{t+T}\pm\rho_{\text{sub}})$ 时对应的 4 个子星表)中进行星图识别,以重新获取飞行器姿态,如图 4.45 所示。从理论上讲,在冗余子星表中进行星图识别,可容许对飞行器姿态的外界最大瞬时干扰为 $\delta+(\sqrt{2}-1)\rho_{\text{sub}}$,保证了一定的鲁棒性。

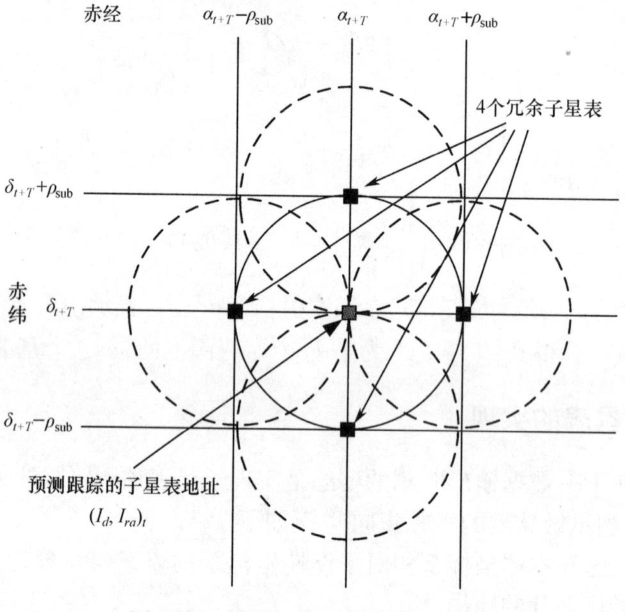

图 4.45 模式切换后的冗余子星表

仿真条件:星敏感器为圆形视场,$\theta_{\text{FOV}}=16°$,面阵大小为 1024×1024,最大允许误差 $\sigma=100''$,数据更新率为 2Hz,可探测星等阈值 $m_t=6.0Mv$,对星敏感器视轴指向估计时的最大误差 $\max(\delta)=2°$。设 $n_d=53$,则生成 $N=3100$ 个基准点,计算得 $\lceil s_k \rceil=4°$;提取了 4908 颗候选星,按照均匀化选取导航星的方法,共选取出 2717 颗导航星,候选星与均匀化后的导航星分布(统计赤经、赤纬 6°×6° 的窗口内导航星数)如图 4.46 所示。

由图 4.46 可以直观地看出基于基准点均匀化选取的导航星,能够剔除导航星分布比较稠密的区域,导航星的分布均匀性更好,无论是对全天星图识别还是星跟踪模式,可以提高识别效率以及多个观星视场下星敏感器的数据输出稳定性。

按照上述方法共构建 3100 个子星表,某时刻预测跟踪的子星表及 4 个冗余子星表示意图如图 4.47 所示。

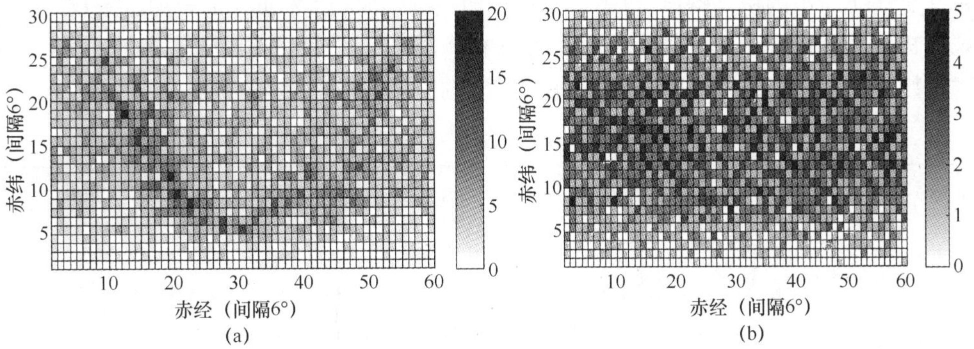

图 4.46　候选星和均匀化后的导航星分布

(a)候选星;(b)均匀化后的导航星。

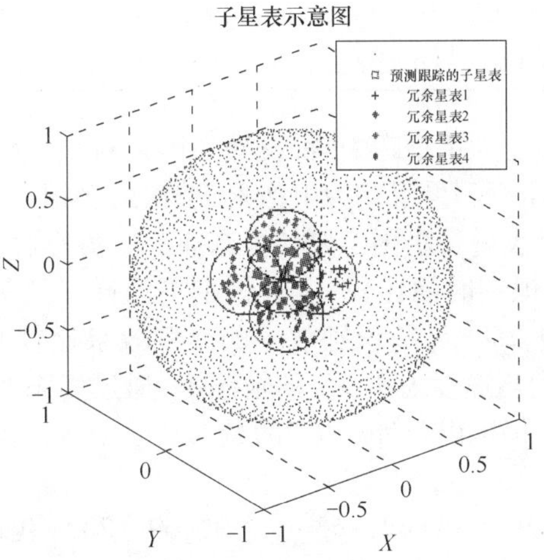

图 4.47　子星表示意图

导航星表的部分信息及参数如表 4.13 所列。

表 4.13　导航星表部分信息及参数

数据层	大小	存储空间/b	数据类型
导航星基本信息	2717 × 5	73728	int(星号) double(位置、仪器星等)
k - vector 索引表	70791 × 1	69632	int
星对角距模式量	70791 × 3	794624	double(角距) Int(星号)
子星表数量	3100		int
子星表中导航星数	最大:46 最小:23 平均:34.97	8 212 480	int
子星表中模式量	最大:927 × 3 最小:427 × 3		int
子星表地址	3100 × 2	4 096	int

根据文献[62]中的仿真条件：设飞行器相对惯性空间的角度沿向量 $l = [\sqrt{2}/2, 1/2, 1/2]^{T}$ 以正弦规律 $\theta = (\pi/6)\sin(t)$ 变化时，采用四阶龙格库塔方法解四元数微分方程，可得到飞行器的姿态四元数、预测星敏感器的视轴指向及预测跟踪的子星表地址结果，如表 4.14 所列。

表 4.14　姿态及子星表地址的预测跟踪

数据周期	四元数真值	四元数预测值	预测星敏感器的视轴姿态		预测跟踪子星表地址	
			赤经	赤纬	赤经索引	赤纬索引
0	(0.3536, 0.2500, 0.2500, 0.8660)	(0.3536, 0.2500, 0.2500, 0.8660)	62.27	38.67	38	13
T	(0.4274, 0.3022, 0.3022, 0.7960)	(0.4276, 0.3023, 0.3023, 0.7965)	65.89	26.84	34	16
…	…	…	…	…	…	…
$7T$	(0.2959, 0.2092, 0.2092, 0.9082)	(0.2958, 0.2092, 0.2092, 0.9083)	60.32	47.51	40	12
$8T$	(0.2261, 0.1599, 0.1599, 0.9475)	(0.2256, 0.1595, 0.1595, 0.9477)	58.55	57.91	44	9

随机设定 100 个时刻假定为星跟踪失败，设外界因素对星敏感器视轴指向造成的最大瞬时干扰为 6.97°(3σ)，等效角距测量误差为 1 像素，单次最多识别星数 7 颗，分别采用传统的全天识别方法和预测跟踪星表进行星图识别和姿态捕获。实验结果显示两种方法识别率均能达到 100%，图 4.48 为星图识别时间比较，全天识别平均耗时约为 74.1ms，本节方法耗时约 14.2ms，仅为全天耗时的 19.2%，星图识别效率的改善效果比较明显，且数据输出率更加稳定。文献[62]中指出在最大角速度为 30°/s 的情况下，通过姿态四元数实现已知导航星的跟踪；而本节方法在此基础上，仍可以允许 6.97°的最大瞬时干扰，且可以比较迅速、准确地实现模式切换。

另外，与各种星跟踪方法(文献[62－65]，文献[69－70])相比，本节方法最大的优点是不排斥星跟踪模式失败需要切换工作模式的可能，而是在保证星跟踪模式一定的稳定性和成功率的基础上，通过预测跟踪导航子星表，而不是某颗已知、未知的导航星或图像敏感器上的子窗口，以随时做好切换工作模式的准备，提高当前研究较少的工作模式切换时的效率，从而改善星敏感器的实时性。

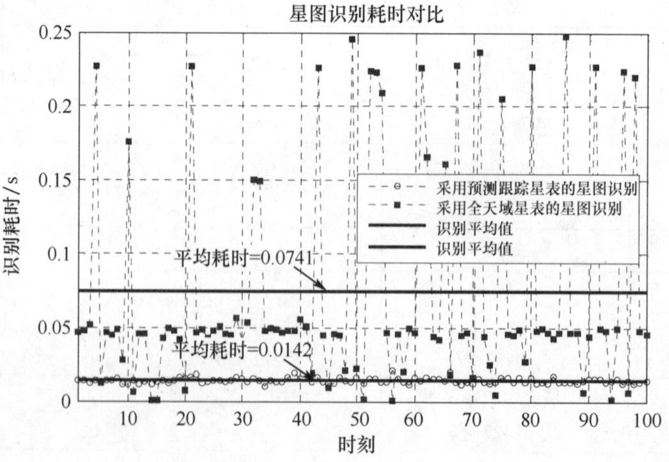

图 4.48　星图识别时间比较

本节研究的基于预测跟踪星表以提高星敏感器实时工作性能的方法,能够充分利用导航系统的有效姿态信息,通过构建"分层存储、逐层索引映射"结构的导航星表,实现了根据基准点均匀化选取导航星及构建子星表,索引映射的方式极大地提高了对导航星表数据搜索和处理时的效率;依据当前时刻的姿态四元数信息预测下一时刻星敏感器视轴指向下对应的子星表地址,实现了高动态条件下已识别导航星、飞行器姿态与导航星表的并行跟踪,以随时做好星跟踪模式失败后向全天识别模式的切换,提高了模式切换的工作效率。理论分析和实验结果表明,该方法能够有效提高在高动态条件下星敏感器工作模式切换时的实时性。

4.8 本章小结

本章首先介绍了导航星的选取,对基本星表、恒星分布规律、构建导航星表的基本要求,及导航星的选取原则进行了分析;其次,介绍了几种存储导航星表的典型方法,分析星敏感器视场参数的制约因素,给出基于星覆盖区域分析的视场内恒星估计和视场参数确定方法;再次,结合导航星表构建原理分析,给出基于亮度优先和差异优先的导航星表构建方法,并从星敏感器在弹道导弹上应用的实际背景出发,根据导弹的飞行特性,设计适用于中远程弹道导弹的导航星表;最后,给出基于预测跟踪星表提高星敏感器实时性的方法,提出了基于"分层存储、逐层索引"结构的导航星信息库,进一步提高了弹载导航星表构建和装订的科学性和灵活性,以适用于射前不需修正导航信息情况下弹载导航星表的快速构建和装订,并基于该结构设计了并行预测跟踪星表的星敏感器改进工作模式,改善了星敏感器由星跟踪失败后向全天识别模式切换时的效率。

参考文献

[1] 王素娟, 郭强, 许健民. 适用于地面应用系统的导航星数据库的建立[J]. 宇航学报, 2009,30(1): 387-394.

[2] 李光蕊. 适用于星敏感器的导航星表构造算法研究[J]. 光学技术,2010,36(5): 695-700.

[3] 张磊, 魏仲慧, 何昕. 快速全天自主星图识别[J]. 光学精密工程,2009,17(4): 909-914.

[4] 房建成,宁晓琳,田玉龙. 航天器自主天文导航原理与方法[M]. 北京:国防工业出版社,2006.

[5] 穆荣军, 韩鹏鑫, 崔乃刚. 星光导航原理及捷联惯导/星光组合导航方法研究[J]. 南京理工大学学报, 2007,31(5):585-589.

[6] 陆敬辉. 面向中远程弹道导弹的星图识别及姿态滤波算法研究[D]. 西安:第二炮兵工程大学,2011.

[7] 张晨. 基于星跟踪器的航天器姿态确定方法研究[D]. 武汉:华中科技大学,2005.

[8] Vedder J. Star trackers, star catalogs, and attitude determination: probabilistic aspects of system design [J]. Journal of Guidance, Control, and Dynamics, 1993, 16(3): 498-504.

[9] 张锐. 基于 CCD 星敏感器的星图识别算法的设计与实现[D]. 郑州: 中国人民解放军信息工程大学, 2007.

[10] 阚道宏,朱铮,过瑞英. 星敏感器用导航星星表的建立[J]. 宇航学报, 1992, (4): 43-49.

[11] 冒蔚,范瑜,胡晓淳,等. 基本星表和天球参考系[M]. 北京: 科学出版社, 1990.

[12] 陆敬辉,王宏力,袁宇,等. 均匀快速的导航星选取方法[J]. 红外与激光工程,2015,44(1):348-353.

[13] 陈聪. 弹载导航星表构建方法研究[D], 西安:第二炮兵工程大学,2010.

[14] 李春艳. 利用神经网络技术实现星敏感器的星图识别[D]. 大连: 辽宁师范大学, 2003.

[15] 刘朝山. 基于弹载星敏感器的星图识别算法和惯性基准误差修正技术研究[D]. 西安:第二炮兵工程

学院, 2008.
[16] A P 诺顿. 星图手册[M]. 李珩,李杭,译. 北京: 科学出版社, 1984.
[17] Kudva P, Throckmorton A. Preliminary star catalog development for the earth observation system AM1 (EOS - AM1) mission [J]. Journal of Guidance, Control, and Dynamics, 1996, 19(6): 1332 - 1336.
[18] 张华. 高精度双视场星敏感器关键技术研究[D]. 武汉: 华中科技大学, 2011.
[19] Kim H Y, Junkins J. Self - organizing guide star selection algorithm for star trackers: thinning method [C]. IEEE on Aerospace Conference Proceedings, 2002: 2275 - 2284.
[20] Kong H, Femiano M. An Onboard Star Identification Algorithm[C]. AIAA - 95 - 3563, 1995.
[21] Scholl M S. Experimental Verification of Autonomous Star Field Identification Algorithm [C]. Proc. SPIE Vol. 2019 Infrared Spaceborne Remote Sensing, 1993.
[22] Onken J F, Meadows J R, Menees S H, et al. Cuide Star Selection Improvements of the Spacelab Instrument Pointing System[C]. Space Programs and Technologies Conference, Huntsville, AL: USA, 1995.
[23] 崔祥祥. 双视场星敏感器星图识别算法研究[D]. 西安:第二炮兵工程大学, 2015.
[24] Abreu R. Stellar attitude determination accuracy with multiple star tracking advanced star tracker[C]. Space Guidance, Control, and Tracking, SPIE, 1993, 1949: 216 - 227.
[25] 张广军. 星图识别[M]. 北京: 国防工业出版社, 2011.
[26] 马征. 星敏感器消杂光技术设计研究[J]. 舰船光学, 2010, 46(2): 1 - 3.
[27] 安萌, 张健, 王啸虎, 等. 基于 STK 的星敏杂光抑制的仿真分析[J]. 战术导弹技术, 2013, 5(3): 59 - 66.
[28] Liebe C, Alkalai L, Domingo G, et al. Micro APS based star tracker [C]. IEEE, Aerospace Conference Proceedings, 2002: 2285 - 2299.
[29] Liebe C. Accuracy performance of star trackers - a tutorial[J]. IEEE Transactions on Aerospace and Electronic Systems, 2002, 38(2): 587 - 599.
[30] Bauer R. Distribution of points on a sphere with application to star catalogs [J]. Journal of Guidance, Control and Dynamics, 2000, 23(1): 130 - 137.
[31] 侯妙乐, 赵学胜, 陈军. 球面数字空间下的基本拓扑模型[J]. 地理信息世界, 2004, 2(2): 38 - 43.
[32] 贾辉. 高精度星敏感器星点提取与星图识别研究[D]. 长沙: 国防科学技术大学, 2010.
[33] Silani E, Lovera M. Star identification algorithms: novel approach & comparison study [J]. IEEE Transactions on Aerospace and Electronic Systems, 2006, 42(4):1275 - 1288.
[34] Ho K, Nakasuka S. Novel star identification method combining two star trackers with extended FOVs [C]. AIAA Guidance, Navigation, and Control Conference, 2010.
[35] 张磊, 何昕, 魏仲慧, 等. 三角形星图识别算法的改进[J]. 光学精密工程, 2010, 18(2): 458 - 463.
[36] Huffman K, Sedwick R, Stafford J, et al. Designing star trackers to meet micro - satellite requirements [C]. SpaceOps 2006 Conference, AIAA 2006 - 5654.
[37] 魏新国, 张广军, 江洁. 基于 Log - Polar 变换的星图识别方法[J]. 光学技术, 2006, 32(5): 678 - 681.
[38] 江万寿, 谢俊峰, 龚健雅, 等. 一种基于星形的星图识别算法[J]. 武汉大学学报(信息科学版), 2008, 33(1): 12 - 16.
[39] 原玉磊, 张永旭, 郑勇. 一种利用已识别信息的星图识别算法[J]. 计算机应用与软件, 2012, 29(2): 64 - 66.
[40] 田宏, 李展. 提高星图识别正确率的方法研究[J]. 光电工程, 2003, 30(6): 1 - 2.
[41] Mortari D, Samaan M, Bruccoleri C. The pyramid star identification technique [J]. Navigation, 2004, 51: 171 - 183.
[42] Kolomenkin M, Pollak S, Shimshoni I, et al. A geometric voting algorithm for star trackers [J]. IEEE Transactions on Aerospace and Electronic Systems, 2008, 44(2): 441 - 456.
[43] 刑飞, 尤政, 董瑛. 基于导航星域和 K 向量的快速星图识别算法[J]. 宇航学报, 2010, 31(10): 2302 - 2307.
[44] Kudva P. Flight star catalog development for EOS - AM1 [R]. NASA GSFC Contract TM - 421 - 97 - 008.

[45] 陈元枝，郝志航，王国辉，等．适用于星敏感器的导航星星库制定[J]．光学精密工程，2000，8(4)：331－334.
[46] 郑胜，吴伟仁，田金文，等．一种新的导航星选取算法研究[J]．宇航学报，2004，25(1)：35－40.
[47] 崔祥祥，王宏力，陆敬辉，等．适用于小视场星敏感器的导航星表构建方法[J]．红外与激光工程，2015,44(4):1249－1253.
[48] 刘朝山,马瑞萍,肖称贵,等．星图匹配制导中的关键技术[J]．宇航学报,2006,27(1)：31－35.
[49] 肖龙旭,王顺宏,魏诗卉．地地弹道导弹制导技术与命中精度[M]．北京:国防工业出版社,2009.
[50] 全伟,刘百奇,宫晓琳,等．惯性/天文/卫星组合导航技术[M]．北京:国防工业出版社,2011.
[51] Michael K, Sharon P, Ilan S, et al. Geometric voting algorithm for star trackers[J]. IEEE Transactions on Aerospace and Electronic Systems, 2008, 44(2):441－456.
[52] Hye－Young K, Junkins J L. Self－Organizing guide star selection algorithm for star trackers: thinning method [C]. Proceedings of 2002 IEEE Aerospace Conference. Big Sky, Montana: IEEE, 2002: 2275－2283.
[53] 郑胜,吴伟仁,柳健,等．基于支持向量机的导航星选取算法研究[J]．计算机应用研究，2005，(1)：70－73.
[54] 刘朝山，肖松，马涛，等．基于几何覆盖的导航星视场构造算法[J]．光学技术，2008，34(2)：252－256.
[55] 陆敬辉，王宏力，文涛，等．弹载导航星表的设计与实现[J]．宇航学报,2011，32(9):1895－1901.
[56] 王宏力，崔祥祥，陆敬辉．基于惯导姿态信息的高鲁棒性星图识别算法[J]．中国惯性技术学报,2010，18(6):729－732.
[57] 王宏力，陈聪，崔祥祥,等．适用于弹道导弹的导航星选取方法[J]．北京航空航天大学学报，2013，39(2):143－147.
[58] Mortari D. Search－Less Algorithm for Star Pattern Recognition[J]. Journal of the Astronautical Sciences, 1997,45(2):179－194.
[59] Mortari D, Junkins J L, Samaan M A. Lost－In－Space Pyramid Algorithm for Robust Star Pattern Recognition [C]. Guidance and Control Conference, Breckenridge, CO, 2001.
[60] 申功勋，孙远峰．信息融合理论在惯性/天文/GPS组合导航系统中的应用[M]．北京:国防工业出版社,1998.
[61] 陈聪，王宏力，陆敬辉，等．基于螺旋基准点的导航星选取方法[J]．弹箭与制导学报，2012，32(5)：29－32.
[62] 王常虹，吴志华，李葆华．一种大角加速度下的星跟踪算法[J]．中国惯性技术学报,2010，18(6)：706－710.
[63] Jie Jiang, Guangjun Zhang, Xinguo Wei, et al. Rapid star tracking algorithm for star sensor [J]. IEEE Aerospace and Electronic Systems Magazine, 2009, 24(9):23－33.
[64] 李葆华，刘国良，刘睿，等．天文导航中的星敏感器技术[J]．光学精密工程，2009，17(7)：1615－1620.
[65] 李葆华，陈希军，郑循江，等．星敏感器高动态下自主星跟踪算法[J]．红外与激光工程，2012，41(1)：190－195.
[66] 陆敬辉，王宏力，孙渊，等．应用相近模式向量的主星星图识别算法[J]．红外与激光工程，2011,01，40(1):164－168.
[67] 陆敬辉，王宏力，孙渊，等．三角形内切圆的星图识别算法[J]．红外与激光工程，2011，40(4)：752－756.
[68] Carl Christian Liebe Leon, Alkalai G Domingo, et al. Micro APS Based Star Tracker [C]. IEEE Aerospace Conference Proceedings, 2002, 5: 2285－2299.
[69] Malak A Samaan, Daniele Mortari, John L Junkins. Recursive Mode Star Identi Fication Algorithms [J]. Journal Of IEEE Transactions on aerospace and electronic systems, 2005,10,41(4):1－7.
[70] 李葆华，马衍宇，刘睿，等．适用于星敏感器预测未知恒星星像质心算法[J]．光学精密工程，2009,17(1) :191－195.
[71] 陈聪，王宏力，崔祥祥，等．基于预测跟踪星表提高星敏感器实时性的方法[J]．红外与激光工程，2013，42 (8):2190－2196.

第 5 章　星图识别算法

5.1 引　言

星图识别算法作为星敏感器的核心,其算法优劣直接影响到星敏感器输出姿态的精度和更新的频率[1-3]。为了满足星敏感器在航天器上的应用,要求星图识别算法不但要能实现姿态的快速获取,而且要在“太空迷失”时实现姿态快速重建。目前,真正能够用于工程实践的星图识别理论和方法并不多,比较可靠的星图识别算法仍然是主星识别算法和三角形识别算法[4]。主星识别算法适用于全天星图识别,具有识别速度快、成功率高以及基本不需要重复匹配的特点,但当有许多颗星等相近的亮星同时出现在视场内时,识别率严重降低;三角形算法实现起来比较容易,但在识别过程中特征维数较低,存在较多冗余匹配。本章介绍经典星图识别算法,并对目前在该领域的研究成果进行阐述。

5.2 星图识别问题分析

星图识别是实现拍摄星图中恒星像与导航星表中恒星一一对应的过程。假设所有可被星敏感器观测的天体为集合 Q,全体导航星为集合 G,某瞬时星敏感器观测到的星像为集合 O,则星图识别问题可描述为:选取集合 O 中子集 S_1,基于识别特征相似找到集合 G 中子集 P_1,建立 S_1 与 P_1 的一一对应关系[5]。

要实现上述目标,就必须满足 $S_1 \subset G$ 这一前提条件,同时要合理选择 S_1 对应的识别特征的形式,建立导航星集 G 对应的星图识别特征库,并设计星图识别算法逻辑,以确保星图识别的快速可靠。其中,S_1 对应的识别特征应预先存储于星图识别特征库,并具备基于识别特征找到子集 P_1 的手段。而且,上述这一切还必须与星敏感器的硬件匹配,兼顾星敏感器的设计要求,包括存储量限制、更新率限制等。这些条件和限制指出了星图识别面临的困难,分别从以下几方面进行讨论。

1) $S_1 \subset G$ 不是一个必然事件

由前述分析可知:$S_1 \subset O$, $G \subset Q$,要使得 $S_1 \subset G$ 成立,则必有 $S_1 \subset (G \cap O)$ 。其中:集合 O 为某瞬时星敏感器观测到的星像;集合 G 为宇宙中所有可被星敏感器观测的天体的集合;集合 G 为所有导航星的全体,是集合 Q 的子集。

下面分析该条件成立的可能性。由于集合 O 为某瞬时星敏感器观测到的星像,集合 Q 为宇宙中所有可被星敏感器观测的天体的集合,因此,理想情况下 $O \subset Q$ 。集合 G 为所有导航星的全体,是集合 Q 的子集,即 $G \subset Q$ 。由以上两点可得出如下推论:①若 $G \subset Q$,则 $(G \cap O) = O$,必有 $S_1 \subset (G \cap O)$ 成立;②若 $G \neq Q$, $(G \cap O) = O$,而 $S_1 \subset O$,因此 $S_1 \subset (G \cap O)$ 可能不成立。实际应用中,考虑到星敏感器存储量的限制,集合 G 与集合 Q 往往不相等,有时差别还较大。换句话说,就是推论②成立的可能性更高。

上述推论还是在理想情况下得到的。实际应用过程中,由于存在空间杂光和探测器噪声的影响,集合 O 中还可能包含由杂光或噪声引起的伪星像[6],这些不属于集合 Q,即实际状况中,$O \not\subset Q$ 。由于伪星像在集合 O 中只占少数,因此集合 O 中的大多数还是集合 Q 中天体(这里主要是指恒星)在星敏感器上的像,即存在 $O \cap Q \approx O$ 。但伪星像无法完全消除,且由于太空中工作环境恶劣,伪星像的占比还会随工作时间增长而有所增加。在该条件下再分析 $S_1 \subset G$ 成立的可能性,可得:由于 $O \not\subset Q$,$O \subset Q$,则 $(G \cap O) \subset (Q \cap O) \subset O$,而 $S_1 \subset O$,因此,此时 $S_1 \subset (G \cap O)$ 不成立的可能性比理想情况下该条件不成立的可能性要更高。

综合上述分析,$S_1 \subset G$ 不是一个必然事件,而且其不成立的可能性无法忽略,但恰当地选择两个集合将有助于实现前述条件。若满足 $G \subset Q$,则 $S_1 \subset G$ 出现的可能性会提高,但伪星像的存在导致无法消除 $S_1 \subset G$ 不成立的可能性。如果 $S_1 \subset G$ 不成立,则星图识别就无法实现,而星图识别本身是要求高概率的,因此提高 $S_1 \subset G$ 成立的概率是研究问题之一。

2) S_1 及导航星集 G 对应的识别特征优选问题

星图识别是建立子集 S_1 与集合 G 中子集 P_1 一一对应关系的过程,而子集 S_1 与子集 P_1 建立联系的基础就是识别特征。

识别特征的形式是多样的。分析现有星图识别特征的形式,可以发现:不同的星图识别算法其使用的识别特征也不相同,如三角形星图识别算法常使用三角形几何关系作为识别特征,凸多边形星图识别算法使用多边形的边作为识别特征,金字塔星图识别算法使用类四面体的边作为识别特征,栅格算法使用一定角距范围内的所有恒星间的边作为识别特征(只是各边的精度略低)。同一识别特征的形式也不尽相同,如三角形星图识别算法常用的识别特征形式包括“边—角—边”、“边—边—边”、“内切圆半径与三角形某一边”、“形心惯性比”等。上述事实很好地说明了识别特征的形式是多样的。

识别特征的形式与其存储和利用的效率有很大关系,并展现出不一样的星图识别性能。张广军等[7]分析了使用三角形星图识别算法时直接存储三角形识别特征和存储构成三角形的星对角距特征两者所需的存储量的差别,并指出:同样使用三角形星图识别算法,存储星对角距特征相比存储三角形识别特征,所需的存储量大大减少。但采用星对角距特征后,三角形星图识别的算法实现要复杂很多,识别时间有所增加。

为了追求更快的识别速度、更高的识别率和更低的存储量,选择合理的识别特征形式用于构造子集 S_1 和导航星集 G 的识别特征成为星图识别的一个重要问题。但由于识别特征形式多种多样,找到最优的识别特征形式成为问题的难点。这里在选择识别特征形式时,需要特别关注三个问题:①便利性,即选择的识别特征形式是否利于观测星图中待识别特征的快速构造;②高效率存储,即选择的识别特征形式是否能以较小的存储量记录较多的识别特征信息;③快速检索,即选择的识别特征形式是否能快速定位指定的信息。上述三个问题都会对星图识别产生直接影响,因此选择合理的识别特征形式是一个比较复杂的问题,在选择时应综合考虑。

3)快速鲁棒星图识别算法设计

星图识别是建立观测星与导航星一一对应关系的过程,星图识别算法是具体实现该过程的各种逻辑、条件等的总和。星图识别算法的设计是否合理,不仅会影响星图识别成功率的高低,还会影响星图识别速度的快慢,因此,星图识别算法设计是非常重要的研究课题。

目前,星图识别算法主要基于恒星间的几何特征进行星图识别,算法设计更直观地体现在采用什么样的几何特征、如何对观测星构造该几何特征、如何完成导航星对该几何特征的匹配以及如何认定匹配成功。不同的几何结构、不同的条件设计、不同的门限阈值、不同的逻辑顺序,都会对星图识别产生重要影响。因此,在算法设计时往往要对上述因素进行认真考虑,以确保算法能满足星图识别成功率和快速性要求。

星图识别成功率是指正确识别的观测星图数与总观测星图数的比率,一般采用蒙特卡罗实验方法进行评定,其中,观测星图服从天球上均匀随机分布。星图识别正确包含两个方面含义:避免接受错误识别结果和避免舍弃正确识别结果,即"取假"和"弃真"。这两个方面与星图识别采用的几何结构、识别条件和门限阈值有关。若采用的几何结构过于复杂,识别条件过于苛刻,门限阈值过小,则星图识别的"取假"概率会非常低,但"弃真"概率会提高;反之,几何结构简单,识别条件宽松,门限阈值较大,则"取假"概率会提高,"弃真"概率会降低。如何平衡这二者之间的关系,是算法设计的一个重要问题。当前,算法设计时一般优先考虑降低"取假"概率,即使观测星图中存在较大噪声也不会出现误识别,对保证星敏感器姿态确定结果的正确性非常重要。因此,降低"取假"概率是当前提高星图识别鲁棒性的内在要求。

星图识别的快速性一般用平均星图识别时间来衡量,也采用蒙特卡罗试验方法进行评定,是大量实验获得的星图识别时间的平均值。其中,星图识别时间特指正确星图识别所消耗的时间。从星图识别工作流程看,时间消耗主要有三个过程:观测星几何特征构造,导航星几何特征对观测星几何特征的匹配,以及匹配成功的认定。特别是第二个过程,由于导航星的数量较多,相应的几何特征数量比较庞大,匹配过程非常耗时,是影响星图识别快速性的主要方面。同时,匹配过程耗时的长短也与星图识别采用的几何结构、识别条件和逻辑顺序等有关。若几何结构复杂,识别条件较多,逻辑顺序不合理,必然会导致匹配过程耗时较长。采取何种措施以减少星图识别时间,也是算法设计的重要问题之一。

从上述分析中还可发现,提高星图识别的成功率和快速性一定程度上是矛盾的。提高星图识别的成功率,要求使用比较复杂的几何结构、较多的识别条件、较小的门限阈值;而提高星图识别的快速性,则要使用便于匹配的几何结构、较少的识别条件、优化的逻辑顺序。如何综合好两者的矛盾点,也是算法设计的一个难点。

综上所述,星图识别要考虑多个方面的需求,要综合多个矛盾,是一个十分复杂的问题。

5.3 经典星图识别算法

到目前为止,面向大视场星敏感器提出的星图识别算法主要有三角形算法[8-11]、多边形角距匹配算法、匹配组算法[8]、圆形区域法[12]、栅格算法[13]、主星识别算法、金字塔星图识别算法[14]、奇异值分解算法、基于遗传算法的方法[15,16]、基于神经网络的算法[16-19]以及四边形识别算法[20]等。其中,以上算法也包括星图识别的改进算法,如四边形算法、金字塔星图识别算法均是三角形算法的扩展。因此,在对以上算法分析的基础上,主要对经典的三角形算法、栅格算法、匹配组算法以及奇异值分解算法进行总结和归纳。

5.3.1 三角形算法

三角形算法是通过观测星构成的三角形模式与导航星表中的同构三角形唯一地进行匹配。该算法具有算法简单、直观等优点,目前在工程中应用也较为广泛,但三角形的特征维数较低,构成导航星表的三角形数量较大,所以在获取星模式特征时假如测量误差较大,冗余匹配将导致三角形算法的识别成功率迅速下降[21]。三角形算法中比较典型的是 Liebe 三角形算法和 Quine 三角形算法。

1. Liebe 三角形算法

Liebe 三角形算法[26]是从星表中选取近 2000 颗恒星作为导航星,把一定角距范围内所有可能的三角形都存储起来作为导航三角形,如图 5.1 所示。导航星库中的三角形数量比较大,占用的存储空间也较大,并且在匹配时容易造成冗余匹配而使识别成功率迅速降低。

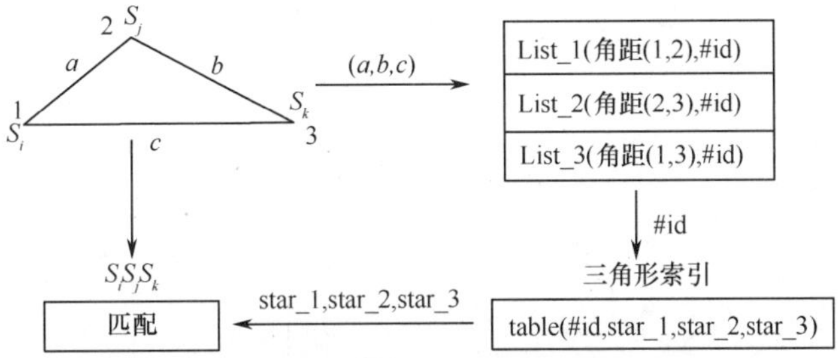

图 5.1 Liebe 三角形算法

该算法的实现步骤如下:

(1)从星敏感器拍摄的星图中选出最亮的 k 颗星;

(2)把由 k 颗星构成的待识别的 C_k^3 个星三角形组成一个列表;

(3)标记每一个三角形的顶点,按升序排列三角形三条边对应的角距,并与导航星表中星对角距进行比较,找出角距误差门限在 $\pm \varepsilon_d$ 范围内的星对;

(4)利用星等误差门限 $\pm \varepsilon_b$,对得到的星对进行进一步的判断,并将该导航星放入匹配表中;

(5)检验匹配星表中的导航星对是否在星敏感器的视场中,若不在采用同一视场内的最大导航星组作为识别结果;若匹配星表为空或不存在最大星组,则认为匹配失败。

2. Quine 三角形算法

Quine 三角形算法[28]是将每颗导航星作为主星,以其为圆心,以一定范围为半径,并在该圆形区域内找出两颗最亮的导航星与主星构成导航三角形,并认为每颗导航星构造的识别模式是唯一的。虽然该算法通过控制导航星的数量,能减少构造的三角形的数量,同时也对星敏感器的灵敏度提出了要求,但测量误差较大时仍然会产生误匹配,星等噪声对匹配的影响也很大[23]。算法的实现步骤如下:

(1)选择主星,从拍摄的星图中选择距离视场中心最近的一颗观测星为主星;

(2)构造观测三角形,以主星为圆心、r 为半径的区域内找出最亮的两颗观测星作为邻星,构造观测三角形;

(3)分别计算观测三角形的角距,并以 ε_d 为误差门限进行匹配。

5.3.2 栅格算法

栅格算法是星图识别算法中一种比较典型的采用模式匹配策略的算法。首先,在视场中找一颗亮星,将其移至视场中心,在以 r 为半径的圆周外找一颗最近的星作为方位星;然后,以该亮星与方位星的连线为 x 轴,划分网格,有观测星的网格值是 1,没有观测星的网格值是 0,从而构成一个由 0 和 1 组成的特征模式。

如图 5.2 所示,该算法的具体实现过程如下[21]:

(1)从拍摄的星图中挑选出最亮的 k 颗恒星;

(2)找出距离每颗星的半径 r 外最近的一颗星;

(3)确定网格指向,并根据整个视场构成一个匹配模式;

(4)从导航模式中找出最相近的匹配模式,假如匹配数值超过预设值 m,则认为观测星与相关联的导航星配对;

(5)一致性检测。在视场角直径范围内找出最大识别组,若该组大于 1 则返回配对结果;若不能进行识别或不存在最大组,则报错。

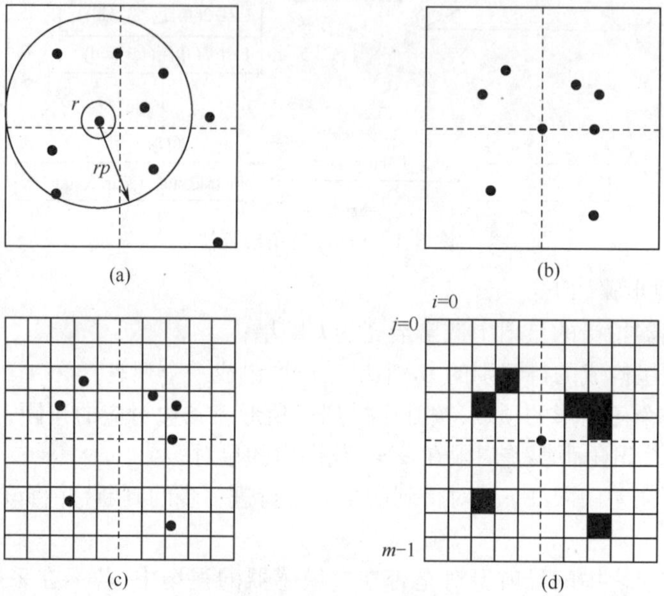

图 5.2　栅格算法模式建立过程

5.3.3　匹配组算法

匹配组算法是一种比较常用的星模式识别方法,其基本原理是利用多颗观测星构造一定几何形状的星结构,从导航星表中寻找一个与该星结构同构的子图来实现星识别的方法。该算法的具体实现过程如下[21]:

(1)从敏感器拍摄的恒星星图中选出最亮的 k 颗星;

(2)将 k 颗星中的每颗星分别作为顶点,依次计算出它与相邻星之间的角距,并在导航星数据库中找到误差在 $\pm\varepsilon_d$ 内的子集;

(3)对于拍摄星图中的每一个观测星匹配组,找出每一个子集中星等误差在 $\pm\varepsilon_d$ 范围内的所有导航星,并做好标记;

(4)根据匹配组中角距之间关系,判断出最大一致匹配组。若不存在或者最大匹配组不满足条件,则算法失败;否则,匹配组将给出观测星和导航星之间正确的对应关系。

5.3.4　奇异值分解算法

奇异值分解算法是根据矩阵奇异值在坐标转换时的不变性,利用观测坐标系下观测单位列向量矩阵和参考坐标系下的参考单位列向量矩阵的奇异值之间的关系,进行星识别的一种非直观方法。其主要优点是:①所用的特征不变量在噪声干扰时是稳健的;②可同时实现星图识别和姿态估计[21]。该算法的数学原理如下。

设 $\boldsymbol{v}_i$ 为地心惯性坐标系中的参考单位向量, $\boldsymbol{\omega}_i$ 为星敏感器坐标系中的观测向量,则有

$$\boldsymbol{V} = [v_1 \quad v_2 \quad \cdots \quad v_N]_{3\times N} \tag{5.1}$$

$$\boldsymbol{W} = [\omega_1 \quad \omega_2 \quad \cdots \quad \omega_N]_{3\times N} \tag{5.2}$$

$$\boldsymbol{W} = \boldsymbol{CV} \tag{5.3}$$

式中:$\boldsymbol{C}$ 为方向余弦矩阵,且满足关系式

$$\boldsymbol{C}^{\mathrm{T}}\boldsymbol{C} = \boldsymbol{C}\boldsymbol{C}^{\mathrm{T}} = \boldsymbol{I} \tag{5.4}$$

分别对 $\boldsymbol{W}$ 和 $\boldsymbol{V}$ 进行奇异值分解,得

$$\boldsymbol{W} = \boldsymbol{P}_{\boldsymbol{W}} \sum{}_{\boldsymbol{W}} \boldsymbol{Q}_{\boldsymbol{W}}^{\mathrm{T}} = \sum_{i=1}^{3} \boldsymbol{p}_{wi}\boldsymbol{\sigma}_{wi}\boldsymbol{q}_{wi}^{\mathrm{T}} \tag{5.5}$$

$$\boldsymbol{V} = \boldsymbol{P}_{\boldsymbol{V}} \sum{}_{\boldsymbol{V}} \boldsymbol{Q}_{\boldsymbol{V}}^{\mathrm{T}} = \sum_{i=1}^{3} \boldsymbol{p}_{vi}\boldsymbol{\sigma}_{vi}\boldsymbol{q}_{vi}^{\mathrm{T}} \tag{5.6}$$

将式(5.3)右乘 $\boldsymbol{W}^{\mathrm{T}}$ 得

$$\boldsymbol{W}\boldsymbol{W}^{\mathrm{T}} = \boldsymbol{CV}\boldsymbol{W}^{\mathrm{T}} = \boldsymbol{CV}\boldsymbol{V}^{\mathrm{T}}\boldsymbol{C}^{\mathrm{T}} \tag{5.7}$$

因为 $\boldsymbol{C}$ 是一个酉矩阵,则式(5.7)为矩阵的相似变换,将式(5.5)和式(5.6)代入式(5.7),则得

$$\begin{aligned} \boldsymbol{W}\boldsymbol{W}^{\mathrm{T}} &= \boldsymbol{P}_{\boldsymbol{W}} \sum{}_{\boldsymbol{W}} \boldsymbol{Q}_{\boldsymbol{W}}^{\mathrm{T}}\boldsymbol{Q}_{\boldsymbol{W}} \sum{}_{\boldsymbol{W}}^{\mathrm{T}} \boldsymbol{P}_{\boldsymbol{W}}^{\mathrm{T}} = \boldsymbol{P}_{\boldsymbol{W}}\boldsymbol{S}_{\boldsymbol{W}}\boldsymbol{P}_{\boldsymbol{W}}^{\mathrm{T}} = \boldsymbol{CV}\boldsymbol{V}^{\mathrm{T}}\boldsymbol{C}^{\mathrm{T}} \\ &= \boldsymbol{C}\boldsymbol{P}_{\boldsymbol{V}} \sum{}_{\boldsymbol{V}} \boldsymbol{Q}_{\boldsymbol{V}}^{\mathrm{T}}\boldsymbol{Q}_{\boldsymbol{V}} \sum{}_{\boldsymbol{V}}^{\mathrm{T}} \boldsymbol{P}_{\boldsymbol{V}}^{\mathrm{T}}\boldsymbol{C}^{\mathrm{T}} = \boldsymbol{C}\boldsymbol{P}_{\boldsymbol{V}}\boldsymbol{S}_{\boldsymbol{V}}\boldsymbol{P}_{\boldsymbol{V}}^{\mathrm{T}}\boldsymbol{C}^{\mathrm{T}} \end{aligned} \tag{5.8}$$

式中:$\boldsymbol{S}_{\boldsymbol{W}}$ 和 $\boldsymbol{S}_{\boldsymbol{V}}$ 为 3×3 的对角阵。根据矩阵相似变换时特征值不变的特性,则有

$$\boldsymbol{S}_{\boldsymbol{W}} = \boldsymbol{S}_{\boldsymbol{V}} \tag{5.9}$$

即 $\boldsymbol{W}$ 和 $\boldsymbol{V}$ 的奇异值相等。

5.3.5 算法分析与比较

上述的几种星模式识别算法都有各自的特点。三角形算法是以三角形作为识别基元,具有实现简单、直观、形象等特点,与单纯的星对匹配算法相比,能够利用星角距之间的相关性,减少误匹配情况,然而三角形的特征维数比较低,算法的识别成功率和识别时间受测量精度影响较大,各种改进算法仍然不能很好地改善其性能[10,11,21];栅格算法具有识别成功率高、对星等误差及位置误差的鲁棒性较好等优点,但必须确保观测视场中达到一定数量的观测星,因此要求星敏感器有较大的视场或探测较暗恒星的能力,这在很大程度上限制了栅格算法的应用[24,25,26];匹配组算法由于利用的恒星数量比较多,可利用的特征维数也多,虽然在位置和星等不确定性较大的情况下仍能确保较高的识别成功率,但由于匹配组的大小不固定,内部星表只能以星对角距作为基本单元,从而导致识别的过程中存在很大的重复性和不确定性,容易产生伪匹配,需要继续采用几何特征进行验证,从而增加了运算量[11,26,27];奇异值分解算法的特点是模式识别特别快,且在模式识别的同时可完成姿态确定,导航星表所需的存储空间也较小,但是识别特征不变量在不同模式之间差别很小,匹配门限值的选取对算法的识别成功率影响很大[12,14,28]。图5.3和图5.4为上述几种典型算法的仿真结果。仿真条件为:CCD星敏感器的视场大小为20°×16°,镜头焦距为78.4mm,利用SKY2000星表中6星等以上的星作为导航星,在计算机上实现。

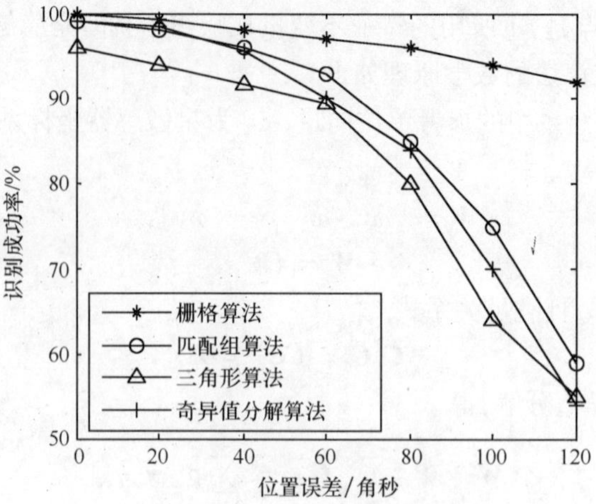

图 5.3　识别成功率受位置误差影响

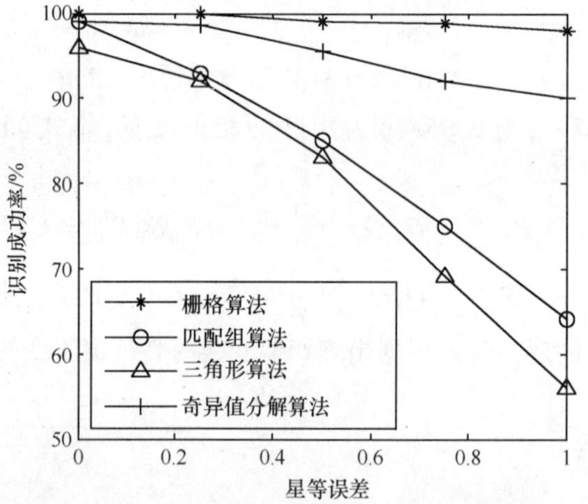

图 5.4　识别成功率受星等误差影响

5.4　一种改进的主星星图识别算法

Bezooijen 提出的主星识别算法,是将观测星图中的一颗星作为主星,其余星作为伴随星,对主星和伴随星间角距进行匹配,然后对各星按亮度等级进行匹配。该算法适用于全天星图识别,具有识别速度快、识别率高的优点,但当视场中存在多颗恒星星等相近的亮星时,识别成功率严重下降。因此,本节从主星星图识别算法的不足出发,开展基于主星的全天自主星图识别算法研究[4]。

5.4.1　基于主星星图识别的导航星表构造

导航星表是星敏感器进行星图识别的唯一依据,其选取原则、存储容量、存储方式等对星图识别的性能有着重要的影响[29],而且必须与所提出的星图识别算法相适应。星图识别算法一般要求视场中有 4 颗以上的导航星。从基本天文星表 SKY2000 中提取角距大于 1°,星等在 0 ~ 6.0 的星作为导航星,共计 3716 颗。导航星表如表 5.1 所列,由以下部分组成:导航星基本信息、旋转角距向量信息、辅星角距信息和相近模式向量信息。

表 5.1　导航星表

导航星基本信息表			旋转角距向量信息	辅星角距信息	相近模式向量信息		
主星号	辅星号	主星的赤经、赤纬、星等	主星与辅星间的旋转角距	辅星间的角距	旋转角距向量的模	距离主星的最小角距	N_{neighbor}

1）构造旋转角距向量

在构造旋转角距向量时，首先要确定如何选取主星和辅星。以每颗主星方向向量为视轴方向，扫描导航星表，将邻域内伴星投影到 CCD 平面上的位置(x_i, y_i)表达式为[29]

$$
\begin{cases}
x = \dfrac{N_x}{2} \times \dfrac{1}{\tan(\mathrm{FOV}_x/2)} \times \dfrac{\cos\delta_i \sin(\alpha_i - \alpha_0)}{\sin\delta_i \sin\delta_0 + \cos\delta_i \cos\delta_0 \cos(\alpha_i - \alpha_0)} \\
y = \dfrac{N_y}{2} \times \dfrac{1}{\tan(\mathrm{FOV}_y/2)} \times \dfrac{\sin\delta_i \cos\delta_0 - \cos\delta_i \sin\delta_0 \sin(\alpha_i - \alpha_0)}{\sin\delta_i \sin\delta_0 + \cos\delta_i \cos\delta_0 \cos(\alpha_i - \alpha_0)}
\end{cases}
\tag{5.10}
$$

式中：N_x、N_y 为 CCD 平面上每行、每列像素的个数；FOV_x、FOV_y 为 x、y 方向的视场；(α_0, δ_0) 为光轴指向；(α_i, δ_i) 为视场中任一颗星的赤经赤纬。选取光轴指向为(103.197°,33.961°)，FOV 取 20°×16°，生成的模拟星图如图 5.5 所示，选出的主星、辅星构造旋转角距向量如图 5.6 所示。

图 5.5　模拟星图

构造旋转角距向量步骤如下。

（1）选取主星及辅星。首先，以任意一颗导航星作为主星，记为主星1；然后，在距离主星角距范围为 0°～8°内找出最亮的三颗星为辅星。

（2）计算主星 1 与辅星 $i(i=2,3,4)$之间的角距，并将角距由小到大排序，分别记为 $d_i(i=1,2,3)$。

（3）以主星 1 和距离主星角距最小星 i 的连线为基准线，向主星 1 与另外两颗星的连线旋转，若旋转方向为顺时针方向则定义主星 1 与该星之间的角距为负，否则为正。如图 5.6 所示，主星 1 与辅星 2 之间的连线为基线，角距记为 d_1；主星 1 与辅星 3 之间的角距 d_2 需角距 d_1 顺时针旋转，记为 $-d_2$；同样主星 1 与辅星 4 之间的角距 d_3 需角距 d_1 顺时针旋转，记为 $-d_3$。

(4)构造出旋转角距向量 $Z = (d_1,\ \pm d_2,\ \pm d_3)$。图 5.6 中构造的旋转角距向量为 $Z = (d_1,\ -d_2,\ -d_3)$。

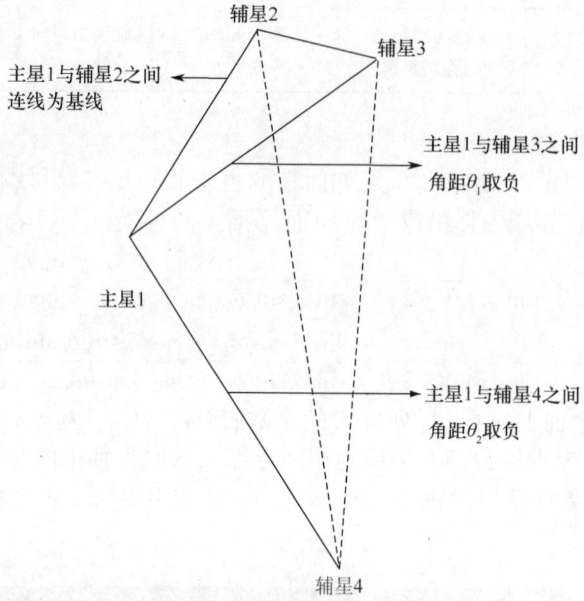

图 5.6　构造旋转角距向量

2)辅星角距及相近模式向量表的构造

辅星角距按照构造旋转角距向量表中辅星的排序进行求取,并按顺序存储。在构造相近模式向量表时,需要知道旋转角距向量的模、主星的邻域伴星个数以及距离主星的最小角距三个参数,可以在构造旋转角距向量时求得。首先,在构造相近模式向量表的过程中,需给每个参数设置门限阈值,记为 $(\varepsilon_1,\varepsilon_2,\varepsilon_3)$;然后,以每颗星所构造的模式值为中心,在误差门限范围内搜索,将该星与满足条件的其他星存储,即可构造出相近模式向量。

将所有构造的相近模式向量进行组合,同时剔出相同的相近模式向量,这样就构造出星图识别算法所对应的星表。

5.4.2　星图识别算法流程

星图识别时,需要快速准确地从观测星图中提取出识别算法所需的导航星,并按照构造导航星表的方法构造出所需的识别模式。在观测星图中挑选主星是参照文献[32]中的方法。对于模拟生成的星图,从中依次挑选较亮的且邻域伴星的个数 N_{neighbor} 值较大的观测星作为主星优先进行识别,即确定每颗星的可信度 $Q = M/N_{\text{neighbor}}$($M$ 为星等),这样以很高的可信度选出主星。具体的星图识别流程如图 5.7 所示。

在主星识别算法过程中,采用向量叉乘的方法。对于向量 $\boldsymbol{P} = a\boldsymbol{i} + b\boldsymbol{j} + c\boldsymbol{k}$,与其自身叉乘 $\boldsymbol{P}\times\boldsymbol{P}$ 模的值 $|\boldsymbol{P}\times\boldsymbol{P}|$ 等于0。在无误差的条件下,观测星图中所构造的旋转模式向量与星表中对应的模式向量叉乘模的值应该等于0,但是观测星图中存在位置噪声等干扰因素的影响,与星表中对应的旋转模式向量叉乘模的值,应该小于一定的误差门限阈值 ε。

在主星识别算法失效的情况下,进一步采用三角形算法进行识别。由于按照一定的规则只选取观测星图中 4 颗星作为要识别的导航星,且识别的范围只是在相近模式向量表中进行,可以缩小需要匹配的次数。

验证过程中,采用随机生成某一视轴方向的模拟星图,存储导航星的星号;对模拟星图进行识别,输出识别的导航三角形星号;根据已识别的导航星计算出星敏感器的粗姿态生成参考星图,将参考星图与观测星图进行比较,或将模拟星图中的导航星号与观测星图中识别出三角形的星号进行比较,即可验证识别是否成功。

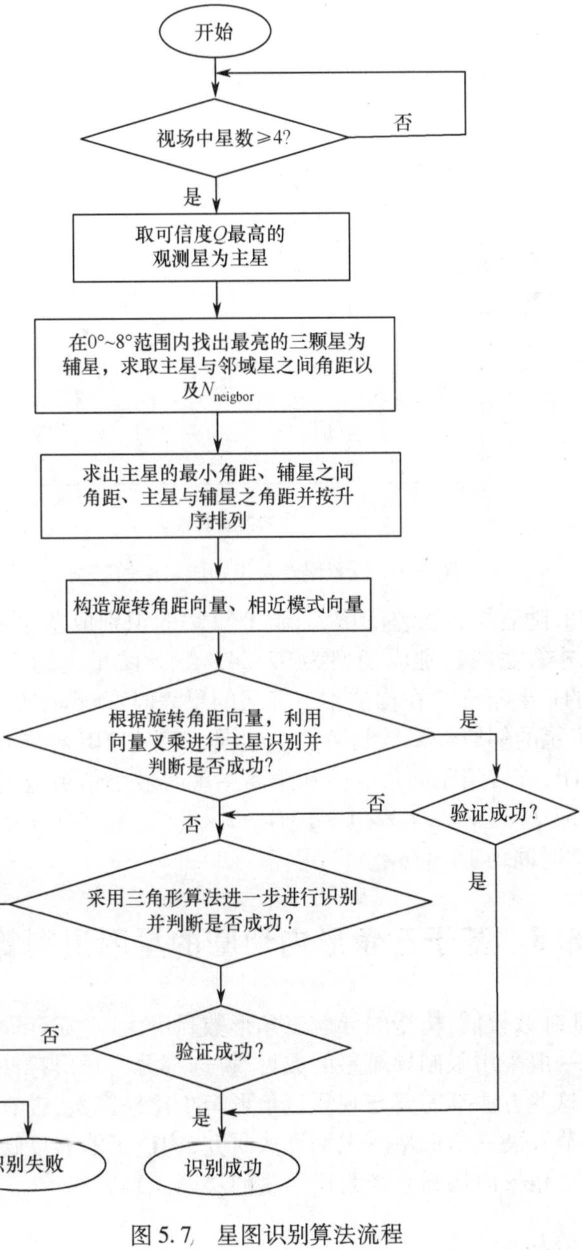

图 5.7 星图识别算法流程

5.4.3 数学仿真验证

在计算机上采用蒙特卡罗方法对视场进行随机仿真,仿真试验参数设置为:视场 FOV 为 20°×16°,星敏感器的焦距 78.4mm,每个像元尺寸 $d_v \times d_h$ 为 27μm×27μm。由于该算法在进行星图识别的过程中,主要采用构造的模式量进行识别,弱化了星等对星图识别的影响,因此在仿真时,只分析由于视轴指向精度和图像畸变等因素引起的星点位置误差对星图识别的影响。

采用蒙特卡罗法从全天域随机抽取1000幅模拟星图,并在生成模拟星图时加上不同的高斯噪声作为位置误差,取误差的大小为0~2像素,位置误差对识别成功率的影响如图5.8所示。

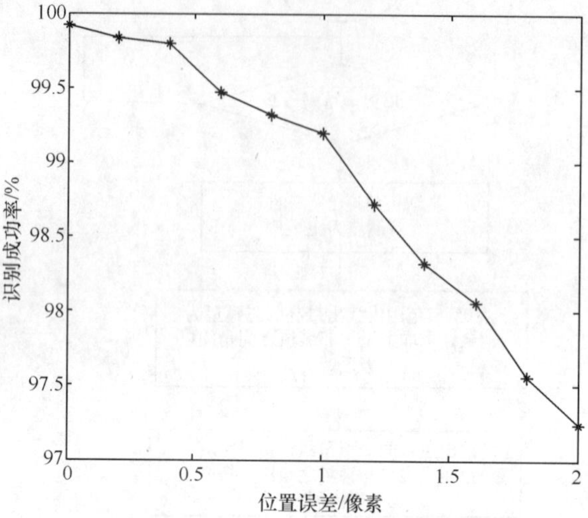

图5.8 位置误差对识别成功率的影响

从图5.8中可知,随着位置误差的增大,本节算法的识别成功率呈下降的趋势,但在2个像素的位置噪声时,本算法的识别成功率为97.24%。导航星表的容量和识别时间也是评价星图识别算法优劣的重要指标。在构造本节算法的星表时,所需存储的信息如表5.1所列,星号都是整型占2B,主星的邻域伴星数目 $N_{neighbor}$ 也是整型占2B,导航星的基本信息赤经、赤纬和星等为浮点型占4B,旋转角距向量的模和距离主星的最小角距也为浮点型占4B,所以整个导航星表的容量为:$3716\times(4\times2+3\times4+6\times4+2\times4+2)$ 约等于195.96kB。在识别时间上,本节算法的平均识别时间为16.47ms。

5.5 基于三角形内切圆的星图识别算法

三角形算法特征维数较低,构造的导航三角形数目巨大,造成存储和检索上的困难。为了减少三角形的数量,一般采用限制导航星的数目、挑选部分三角形存储以及组织优化三角形的存储结构等方法,但这些方法都需要与观测三角形至少比较三次,没有从根本上解决比较次数多的问题。因此,本节开展三角形星图识别算法研究,构造了能够反映三角形三条边之间关系的特征量,提出了以三角形内切圆半径为识别量的星图识别算法[30]。

5.5.1 算法理论分析

为了将三角形的几何形状特征用于星图识别,要求该特征具有旋转、平移不变性,且与三角形具体形状是一一对应的。到目前为止,还没有一个好的几何特征能够满足这种要求[31]。为此,将构造的特征量与导航星三角形内切圆半径相结合(见图5.9),用来实现星图识别。

如图5.9所示,三角形 ABC 的三个顶点表示三颗导航星,其中三颗星之间的角距 $AB<AC<BC$,令

$$\begin{cases} \dfrac{AC}{AB} = K_1 \\ \dfrac{BC}{AB} = K_2 \end{cases} \tag{5.11}$$

由式(5.11)可知:$K_1 > 1, K_2 > 1$。

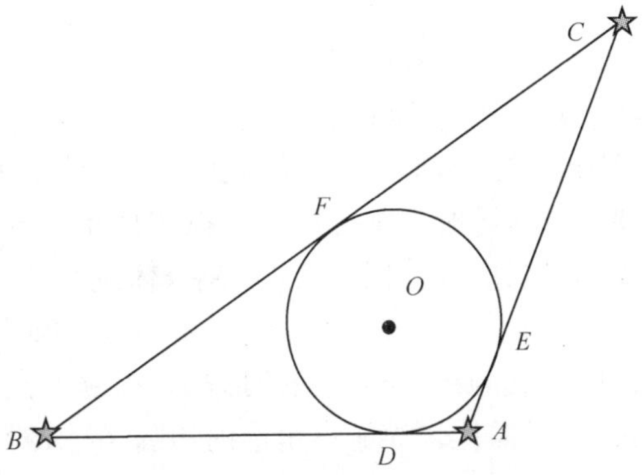

图 5.9　三角形及其内切圆

由海伦公式,有

$$S_{\Delta ABC} = \sqrt{C(C-a)(C-b)(C-c)} \tag{5.12}$$

式中:C 为三角形 ABC 周长的一半;a、b、c 为三角形的三条边长。

三角形 ABC 的内切圆半径 R 为

$$R = \frac{2S_{\Delta ABC}}{C} \tag{5.13}$$

式中: $S_{\Delta ABC}$ 为三角形的面积;C 为三角形周长的一半。

由式(5.11)~式(5.13)可知,如果 K_1,K_2 以及三角形 ABC 的内切圆半径 R 已知(见图 5.10),则可以确定三角形的三条边长,从而可以确定唯一的三角形。

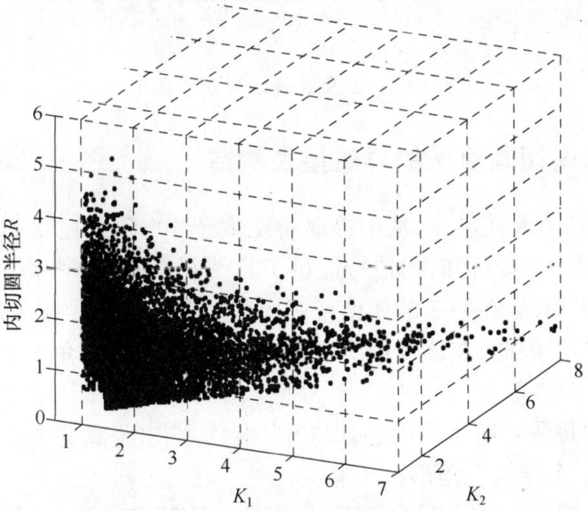

图 5.10　K_1、K_2 及 R 确定的导航三角形

如图 5.10 所示中 K_1,K_2 以及 R 确定,可以确定唯一的坐标点来表示导航三角形。但若将 K_1、K_2 及 R 作为导航三角形的识别量,则与角距匹配的三角形识别算法一样,都需要比较三

次。因此，以 K_1、K_2 为基础构造能够反映三角形三条边关系的特征量 T。特征量 T 表示为

$$\begin{aligned} T &= \ln(K_1) + \ln(K_2) \\ &= \ln\left(\frac{AC}{AB}\right) + \ln\left(\frac{BC}{AB}\right) \\ &= \ln\left(\frac{AC \times BC}{AB^2}\right) \\ &= \ln(AC) + \ln(BC) - 2\ln(AB) \end{aligned} \tag{5.14}$$

由于任意三角形的内切圆是唯一的，也就是说确定的导航三角形的内切圆也是确定的。当然，若仅知道内切圆半径则导航三角形不唯一，但在构造导航星表时，所采用的导航星是有限的，所以具有相同内切圆半径的导航三角形也是以很小概率出现。为了快速准确地实现星图识别，由式(5.14)可以看出，构造的特征量 T 能够充分体现三条边之间的关系，能够反映导航三角形的部分特征。如图5.11所示，以每个导航三角形内切圆半径 R 为纵坐标，构造的特征量 T 为横坐标，可以看出所代表的每个导航三角形都是孤立的点，没有重叠。因此，从理论上来说，将特征量 T 作为索引，只需比较导航三角形内切圆半径 R 就可以实现星图识别。

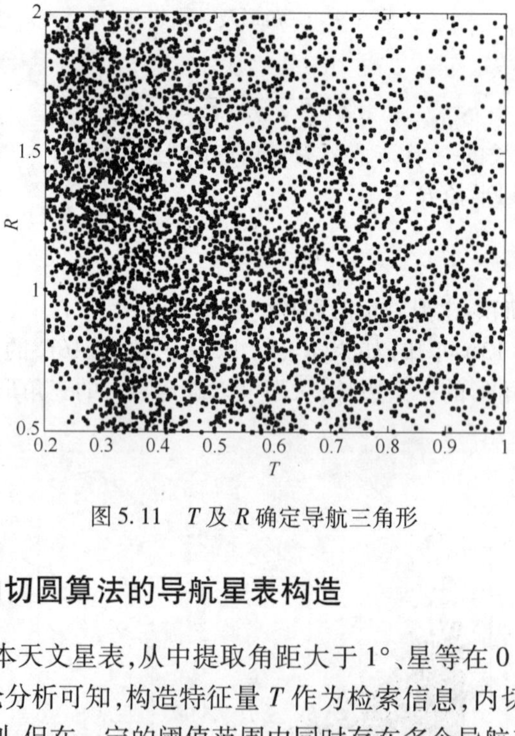

图5.11 T 及 R 确定导航三角形

5.5.2 基于三角形内切圆算法的导航星表构造

采用SKY2000为基本天文星表，从中提取角距大于1°、星等在0~6的星作为导航星，共计3 716颗。由以上理论分析可知，构造特征量 T 作为检索信息，内切圆半径 R 为识别量，可以实现全天自主星图识别，但在一定的阈值范围内同时存在多个导航三角形，以致无法准确识别出唯一的导航三角形。因此，在该种情况下，可以进一步采用三角形角距算法识别。构建导航星表的步骤如下：

(1)以挑选出来的每颗导航星为中心，以8°为半径，选出距离该中心星最近的3颗星进行组合，可以得到 $C_4^3 = 4$ 个导航三角形；

(2)求取导航三角形三条边之间的角距，并将角距按照升序排列，星号的存储也是按照角距的升序存储，如星1、星2、星3之间的角距为 $d_{12} = 2.4$ 、$d_{13} = 3.8$ 、$d_{23} = 1.5$，那么星号的存储为(星2，星3，星1)，角距为升序存储；

(3)由式(5.11)~式(5.14)求出导航三角星的特征量 T 以及内切圆的半径 R；

(4)剔除相同的导航三角形,并将筛选后的导航三角形按照特征量 T 进行升序排列,设置阈值 ε,将导航星分成多个子表,每个子表的搜索范围为 $[T_i - \varepsilon \quad T_i + \varepsilon]$;

(5)将子表与导航星基本信息表组合成所需要的导航星表。

5.5.3 星图识别算法的具体实现

在构造识别模式时,关键是从观测星图中选取导航星。具体的星图识别算法流程如图 5.12 所示。

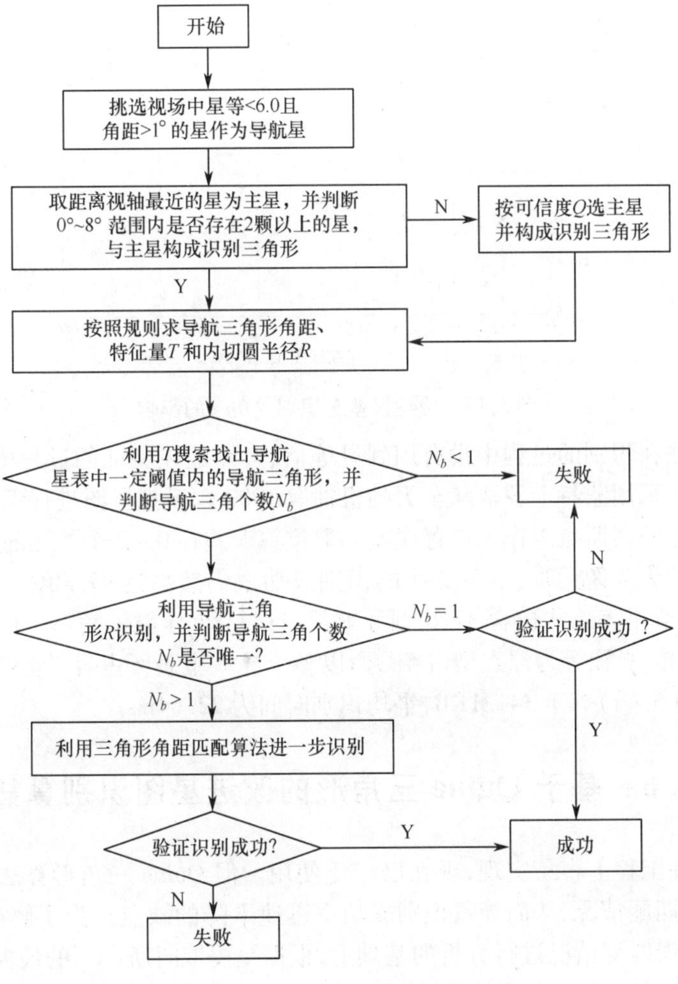

图 5.12 星图识别算法流程

从图 5.12 可以看出,在星图识别的过程中,首先要从观测星图中选取距离视轴最近的星作为导航主星,以该星为圆心,找出 8°内且距离该主星最近的 2 颗星构成识别三角形;然后,构造相应的特征量 T,求取内切圆的半径 R;最后,采用内切圆半径进行识别,若识别不唯一,进一步采用三角形角距的方法来识别。当主星距离视轴最近,但在 0° ~8°范围以内不存在三颗导航星时,采用文献[32]的方法,即从观测星图中依次挑选较亮的且邻域伴星个数 N_{neighbor} 值较大的观测星作为主星,优先进行识别,即确定每颗星的可信度 $Q = M/N_{\text{neighbor}}$($M$ 为星等),选取可信度较高的导航星进行星图识别。

5.5.4 数学仿真验证

仿真试验参数设置与5.2节相同，位置误差对识别成功率的影响如图5.13所示。

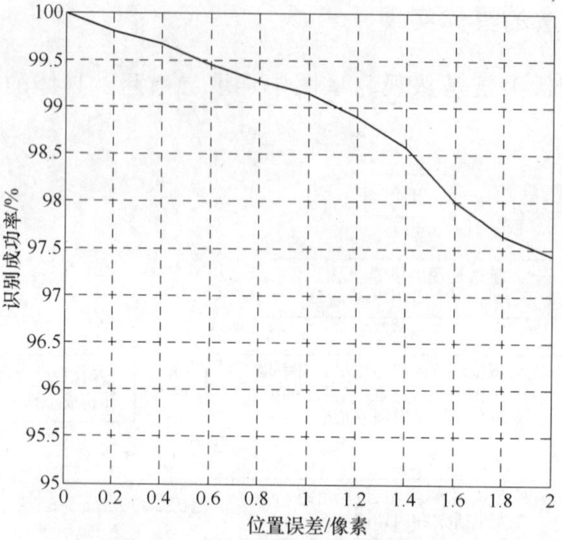

图5.13　位置误差对识别成功率的影响

由于本节算法在识别的过程中没有用到星等信息，因此在验证的过程中只是对抗位置误差能力进行仿真。采用蒙特卡罗法从全天随机抽取1000幅模拟星图进行识别，在生成模拟星图时加上不同方差的高斯噪声作为位置误差。取位置误差在0～2个像元的条件下，仿真结果表明星点位置误差为2像元时，本节算法的识别成功率仍然高达97.48%。从识别时间和存储容量上来讲，本节星表总共包含3716颗导航星、11433个导航三角形。因为导航星号是整型占2B，赤经、赤纬、半径等为浮点型占4B，所以整个导航星表所占容量为3716×(2+3×4)+11433×(3×2+5×4)等于341.1KB，平均识别时间为22.64ms。

5.6 基于Quine三角形的改进星图识别算法

三角形算法在工程上容易实现，现在已广泛使用。但Quine三角形算法存在着特征维数较低，容易出现误匹配情况，从而导致识别成功率迅速下降的缺点。为了解决该问题，对该算法进行改进，在对误匹配情况进行分析的基础上，根据星提取时所产生的最大位置误差对导航星库进行改进，建立相近模式信息表，从而提高识别成功率[33]。

5.6.1 改进算法的可行性分析

通过对三角形算法进行研究发现，造成误匹配或冗余匹配的主要原因是存在许多相近的模式向量，在匹配时利用最小距离进行匹配则容易造成误匹配，而根据门限进行匹配时则容易造成冗余匹配，具体分析如下[34]。

假设星提取时星点的最大位置误差为 n 个像素，则根据星敏感器镜头焦距和像素值可计算出 n 个像素的位置误差所引起的导航星的最大角变化为 v，从而引起星对角距的最大偏差为 $2v$。因此，将满足式(5.15)的两个三角形模式向量称为相近模式向量对，即

$$\begin{cases} |P_{i1} - P_{j1}| < 4v \\ |P_{i2} - P_{j2}| < 4v \\ |P_{i3} - P_{j3}| < 4v \end{cases} \tag{5.15}$$

式中：P_{i1}，P_{i2}，P_{i3} 为第 i 个模式向量三个值；P_{j1}，P_{j2}，P_{j3} 为第 j 个模式向量三个值。

在匹配识别时，由于观测误差的存在，观测模式向量与其真实对应的导航模式向量产生偏差，并很可能更靠近于与该导航模式向量形成相近模式向量对的另一导航模式向量，从而容易造成误匹配或出现冗余匹配。

为了正确识别相近模式向量对中的模式向量，通常是利用星等或其他信息进行进一步识别，然而利用一个统一的附加信息并不能保证成功区分所有相近模式向量对。因此，在导航星库中建立相近模式信息表，即把与每一个模式形成相近模式向量对的模式记录下来，从而构成该模式的相近模式向量组。如表 5.1 所列，第 1 列中的 1、237、535、1276、1448、1520、1765 表示第 237、535、1276、1448、1520、1765 个模式向量都与第 1 个模式向量构成相近模式向量对，从而由第 1、237、535、1276、1448、1520、1765 个模式向量构成了一个相近模式向量组，而第 4 列则表示第 4 个模式向量不存在相近模式向量。

表 5.2　相近模式向量组

1	237	535	1276	1448	1520	1765
2	620	1915	2412	4019		
3	2542					
4						
5	722	779	806	1224	1546	1563
6	384	869	1672	1879		
7	507	541	770	1029	1072	1701
⋮	⋮	⋮	⋮	⋮	⋮	⋮
4905	1782	499	614	829	831	1092
4906						
4907						
4908						

根据相近模式向量组的具体情况，选择不同的附加信息来区分相近模式向量组中的模式，即根据附加信息的不同将相近模式向量组存储到不同的子表中，其具体构造方法如下。

(1) 子表 1 中存储的相近模式向量组是将构成三角形的主星周围的导航星数目作为附加信息，从而进一步区分相近模式向量组中的模式，因此，子表 1 中还存储相应的导航星周围的导航星数目。

(2) 子表 2 中存储的相近模式向量组是将构成三角形的主星与邻星的星等差作为附加信息，从而进一步区分相近模式向量组中的模式，因此，子表 2 中还存储相应的星等差信息。

(3) 子表 3 中存储的相近模式向量组是不能通过星等信息来区分的模式组，而是将主星与其距离最近的星的星角距作为附加信息来进行进一步识别，因此，子表 3 还存储相应导航星的最近星角距信息。

(4) 子表 4 中存储的相近模式向量组是只包含两个模式的相近模式向量组，且两个模式的主星为彼此最相近的星，即两颗主星彼此靠得最近。对于这些星对，由于星等也很相近，很难通过星等信息对其进一步识别，因此，根据其特点把两颗星当作一颗星进行识别，即将观测星图中的主星和距离主星最近的星作为一个整体，把两星的中点当作该整体在观测坐标系中的坐标。同理，将两导航星赤经赤纬的中点作为该整体的赤经赤纬，这样就相当于识别出一颗导航星。

因此，通过所建立的相近模式向量表，在匹配识别时则能够很好地区分相近模式向量组中的模式向量，从而大大降低误匹配或冗余匹配的概率。

5.6.2 特征三角形模式向量的构造

对星图识别而言，要求识别特征具有稳定的特性，且能够与具体形状一一对应。因此，以每一颗导航星作为主星构造特征三角形，把特征三角形的边长作为特征量，从而为每颗导航星构造模式向量。其构造方法为：确定一颗导航星为主星，同时选取以主星为圆心、r 为半径的圆形区域内最亮的两颗星为邻星（少于 4 颗则全选），构造特征三角形。为了降低导航三角形模式向量的相似性，根据文献[1]的方法，把模式向量区分为正值向量和负值向量，即：与主星相连的两条边从短边旋转到长边为逆时针方向，则 θ 定义为正，否则 θ 为负。θ 为正时，特征向量的三个值取正值，否则取负值，如图 5.14 所示。

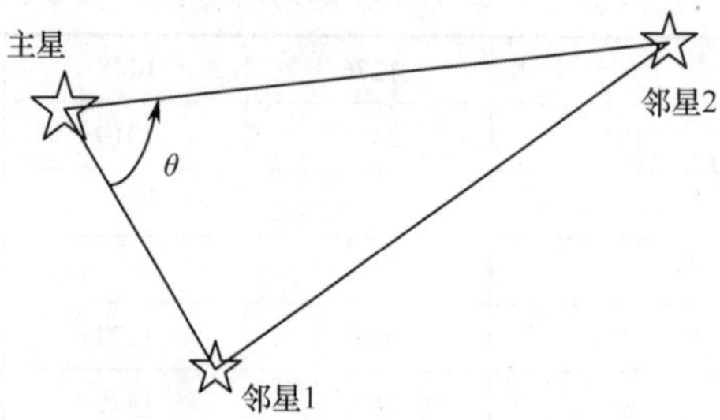

图 5.14 特征三角形的构造

5.6.3 导航星库的构造

改进算法构造的导航星库由 4 个部分组成：导航星基本信息表，导航星模式向量表，模式向量分段表，相近模式信息表。

导航星基本信息表：由从全天星表中提取出来的星等在某一星等以上的恒星构成，其基本信息包括每颗导航星的星号、赤经、赤纬和星等，如表 5.3 所列。导航星基本信息表是进行星图识别和姿态计算的基础。

表 5.3 导航星基本信息表

星号	赤经	赤纬	星等
1	0.269	-48.8098	5.71
2	0.3338	-50.3373	5.54
3	0.3987	-77.0657	4.79
4	0.4042	61.2228	5.58
5	0.456	-3.0275	5.13
6	0.49	-6.014	4.4
7	0.5423	27.0822	5.8

（续）

星号	赤经	赤纬	星等
8	0.583	-29.7204	5.04
9	0.6237	8.4854	5.7
10	0.6503	66.0989	5.84
⋮	⋮	⋮	⋮
4907	359.8662	-29.4851	5.59
4908	359.9790	-65.5771	4.5

导航星模式向量表：存储特征三角形三边长的信息表。以导航星基本信息表中的每一颗导航星为主星，根据特征三角形构造方法得到模式向量，在存储时根据特征三角形的周长（模式向量的三个值的和），对模式向量进行升序排列，从而使模式向量表利于索引。

模式向量分段表：即一个整数向量 S，它是将模式向量表根据三角形的周长，对其进行分段，作为辅助索引向量，在匹配识别时能迅速缩小搜索范围。如图 5.15 所示，$S[8]=122$，$S[9]=189$，表示导航星模式向量表从第 122 颗星到第 189 - 1 颗星的特征三角形周长大于 8 小于 9。

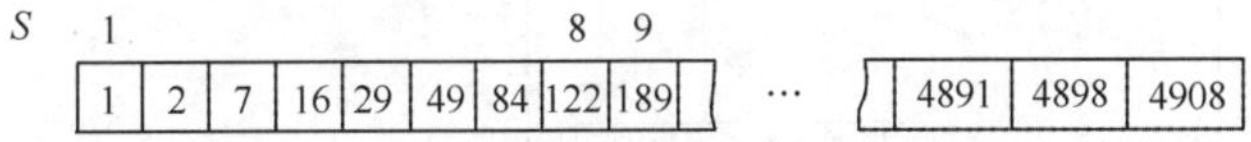

图 5.15　模式向量分段表

相近模式信息表：该表存储相近模式向量组，包括 4 个子表。

5.6.4　算法流程

当星敏感器拍摄到观测星图后，首先判断观测星图中是否存在 3 颗或 3 颗以上的观测星，如果少于 3 颗观测星则不能匹配，只有当观测星数在 3 颗或 3 颗以上时才能进行匹配，其具体的识别过程如下（图 5.16）。

（1）选离观测星图中心最近的一颗星作为主星，以主星为圆心、r 为半径（r 小于视场半径 R），在此圆形区域内选最亮的两颗星作为邻星，根据特征三角形模式向量构造方法构造该主星的模式向量。

（2）计算该特征三角形的周长，根据周长和辅助索引向量确定该三角形在模式信息表中的搜索范围，即

$$\begin{cases} |P_1 - P_{j1}| < 2v \\ |P_2 - P_{j2}| < 2v \\ |P_3 - P_{j3}| < 2v \end{cases} \tag{5.16}$$

式中：P_1, P_2, P_3 为观测星图中得到的模式向量三个值；P_{j1}, P_{j2}, P_{j3} 为第 j 个模式向量三个值。

（3）根据式（5.16）在已确定的搜索范围内顺序搜索，当满足式（4.12）时停止搜索，记录该模式的序号；如果没有满足式（5.16）的导航星模式向量存在，则匹配失败，该次匹配结束。

（4）判断记录下的模式序号是否存在于 4 个相近模式信息子表中。当不在 4 个子表中时，该序号即为识别结果；否则，根据各子表中的附加信息进行进一步识别。

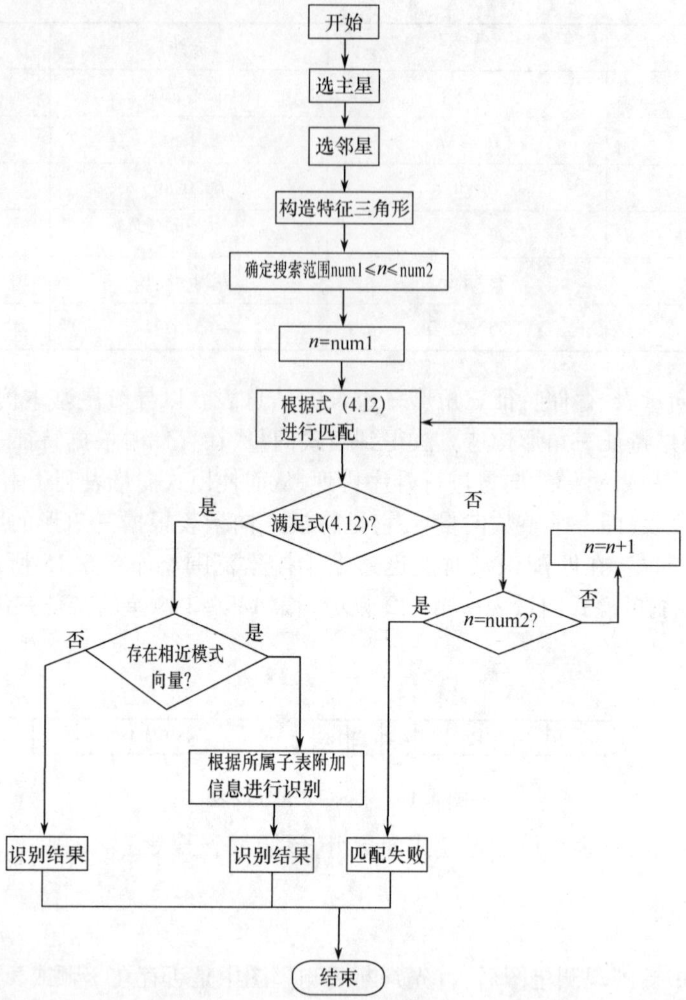

图 5.16　改进算法流程图

5.6.5　仿真与分析

为了评价算法的性能，采用蒙特卡罗法，从全天星表中随机抽取 1000 个视轴，在不同的位置噪声条件下进行仿真，并与 P 向量三角形法[1]进行比较。仿真条件是利用 SKY2000 星表中 6 星等以上的星作为导航星，共 4908 颗(除去双星和变星)，选用 12°×12°的视场，镜头焦距为 73.07mm，像元尺寸为 0.015mm，像素为 1024×1024，在计算机上实现。

识别成功率、导航星库容量和识别时间是星图识别算法优劣的重要指标。由图 5.17 可知，本节提出的改进算法在最大位置误差范围内能够很好地克服冗余匹配和误匹配，比 P 向量法具有更高的识别率。且由图 5.17 可知，在超出最大位置误差时，算法的识别率下降很快，原因在于相近模式向量表中的相近模式向量是根据最大位置误差建立的，当观测误差大于设定的最大位置误差时则匹配门限值偏小，致使所构造的观测模式向量不存在匹配结果或发生误匹配。如图 5.18 所示，改进算法的识别时间最长为 8ms，平均识别时间为 1.8ms，而 P 向量法的平均识别时间为 2.064ms。从导航星库容量来看，该算法导航星基本信息表所需存储空间为 223kB，导航星模式向量表 320kB，模式向量分段表小于 1kB，相近模式信息表 80kB，共需存储空间为 624 kB,与 P 向量法相当。

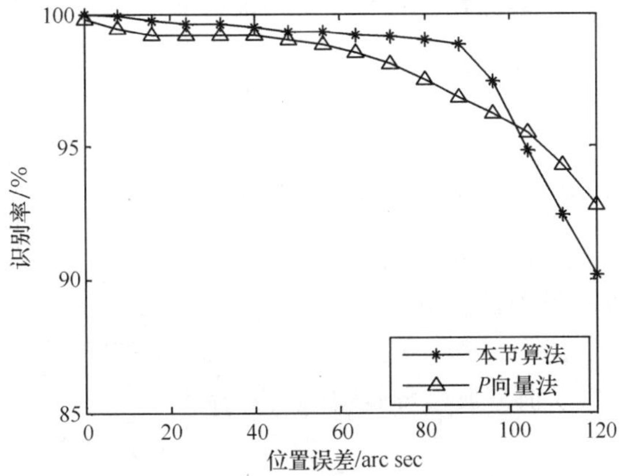

图 5.17　位置误差对识别率的影响

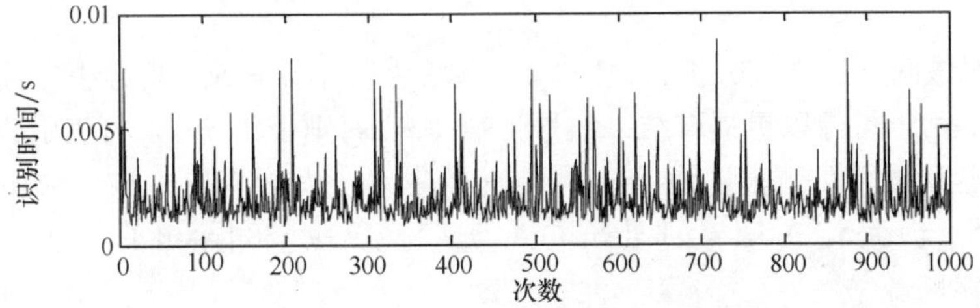

图 5.18　改进算法识别时间

试验结果表明,改进算法在估计最大位置误差范围内能够很好地克服冗余匹配和误匹配,具有较高的识别率和较短的识别时间,且在工程上容易实现。

5.7　三角形识别中的选星策略及实现[35]

星图识别是星敏感器自主定姿的关键步骤之一[36-38]。假设所有天体为集合 Q,全体导航星为集合 G,某瞬时星敏感器观测到的星像为集合 O,则星图识别问题可描述为:选取集合 O 中子集 S_1,基于识别特征相似找到集合 G 中子集 P_1,建立 S_1 与 P_1 的一一对应关系。

三角形算法的基本原理:以 3 颗星相互间的角距为识别特征,确定观测星像子集 S_1 与导航星子集 P_1 的对应关系[39,40]。集合 O 中的多数星像是宇宙天体在星敏感器上的像,即 $O \cap Q \approx O$;但由于空间杂光影响,集合 O 中可能包含杂光斑点[6],这些斑点不属于集合 Q,即 $O \not\subset Q$。集合 G 为集合 Q 的子集,即 $G \subset Q$,由于星敏感器存储量的限制,集合 G 的测度将远远小于集合 Q 的测度,即 $m(G) \ll m(Q)$。要完成星图识别,则要求 S_1 不包含无法与 G 中导航星对应的星像。

由于缺少先验知识,实际选取子集 S_1 时,要满足上述要求是比较困难的。一般只能通过试验的方法,而试验失败将会延长星图识别的时间。文献[38]提出了一种选星策略:设识别失败的子集为 S_1,新选择的子集为 S_2,应尽量使 $S_1 \cap S_2 = \varnothing$。这样可以在统计意义上以最少的试验次数得到满足星图识别条件的星像子集。文献[38]还给出了一种实现算法,其得到的选星序列是次优的[6]。

本节提出的选星策略考虑了星像亮度对星提取精度的影响[29]，基于子集相似性与子集中星像亮度两个条件，提出了一种基于相似性排序和权值渐消的实现算法，得到了优于文献[6]的选星序列。

5.7.1 选星策略

三角形星图识别算法的执行过程[41]：①星提取结果构成集合 O，选取子集 S_1，包含 3 个星像；②求解子集 S_1 中 3 个星像间的角距值，记为 d_1, d_2, d_3；③记导航星三角形三边角距为 g_1, g_2, g_3，在导航星表中查找满足条件 $g_1 \in [d_1-\delta, d_1+\delta]$，$g_2 \in [d_2-\delta, d_2+\delta]$，$g_3 \in [d_3-\delta, d_3+\delta]$ 的导航星三角形，其中 δ 表示角距误差；④若该导航星三角形存在，则识别成功；⑤若该导航星三角形不存在，则识别失败，返回步骤①，选择新子集 S_2。

由于星像中可能包含行星、人造飞行器、太空垃圾等天体的像，也可能存在杂光光斑[10]，将其记为 w。如果 w 被选入子集 S_1，其求解得到的角距几乎无法与导航星表中的角距匹配，则该次识别失败（若匹配，则造成星图误识别）。如果 $w \in S_2$，则该次识别仍失败，会增加星图识别的时间。

文献[6]对该问题进行了分析，若已知 $w \in S_1$，为避免 $w \in S_2$，其方法为：选取子集 S_2，使 $S_1 \cap S_2 = \varnothing$。由于星像以星提取结果编号为唯一表示，则子集 S_1、S_2 可表示为 3 个自然数编号的组合。选星问题可重新表述为：给定某自然数集 N，分别选取 3 个自然数构成子集 S_1、S_2、$S_3 \cdots$，使 $S_2 \cap S_1 = \varnothing$，$S_3 \cap S_2 = \varnothing$ 且 $S_3 \cap S_1 = \varnothing$。文献[38]给出了一种实现算法，并没有完全实现上述策略。

在分析该问题时，需要考虑星像亮度对星提取精度的影响，在选取子集时也要倾向于选择亮度较高的星像；同时针对子集间的相似性描述，要引入权值更新与渐消，以保证相邻子集间的相似性最小。针对该策略，本节提出了一种基于相似性排序和权值渐消的实现算法，其结果参考表 5.3。

5.7.2 算法实现

获得子集序列的算法流程如下。

（1）给定某自然数集 $N = \{1, 2, 3, \cdots, n\}$，得到所有 C_n^3 种组合的子集 S_i，构成待选子集序列 $T = \{S_1, S_2, \cdots, S_{C_n^3}\}$，并建立存储对应子集相似性权值的向量 V，其中 v_i 对应 S_i。

（2）遍历相似性权值向量 V，将 $\min(V)$ 对应的子集 S_j 选入结果子集序列 R。当 $\min(V)$ 对应的子集不唯一时，将元素和最小的子集 S_j 选入结果子集序列 R。例如：当相似性权值等于 0 时，$S_j = \{1,2,3\}$。

（3）将 S_j 从待选子集序列 T 中剔除，同时将 S_j 对应的相似性权值 v_j 从向量 V 中剔除。

（4）计算 T 中剩余子集与 S_j 的相似性度量，即计算剩余子集包含 S_j 中元素的个数。例如，设 $S_j = \{1,2,3\}$，则子集 $\{2,3,4\}$ 和子集 $\{4,5,6\}$ 与 S_j 的相似性度量分别为 2 和 0。

（5）对向量 V 进行更新。为保证 T 中剩余子集与 S_j 的相似信息有更大权重，向量 V 更新后的存储值 $v'_i = v_i \times a + m$，其中：v'_i 表示更新后的相似性权值；v_i 表示更新前的相似性权值；a 表示渐消系数；m 表示 T 中剩余子集与 S_j 的相似性度量。

（6）判断待选子集序列 T 是否已空，若已空，程序结束；否则，返回第（2）步。

进行星图识别时，首先将星像按亮度由高到低编号。一般来讲，恒星越亮，其观测到的概率越大，且提取精度越高。对星像编号后，编号越小代表星像亮度越高。这也是步骤（2）中选

择 $S_j = \{1,2,3\}$ 的原因。

由于星图中星像个数未知,本节分别计算了星像个数为 4 ~ 10 的结果子集序列。当星像个数大于 10 时,本节只选择其中亮度较高的 10 颗星进行识别。这样可能导致某些星像没有被识别,但可以减少识别计算量和星表存储量,且对姿态解算结果影响不大。

5.7.3 仿真验证

对文献[6]的结果(见表 5.5)和本节得到的结果(见表 5.4)进行仿真比较。假设星敏感器观测到 6 个星像,其中包含 4 个导航星星像和 2 个伪星像。分别按照原算法和本节算法得到的结果子集序列依次选取子集,当其包含 3 颗导航星时,记录该子集在结果子集序列中的位置。该位置代表相应结果子集序列进行正确星图识别时所需的选择次数。次数越少,说明结果子集序列越优。

表 5.4 星像数为 6 时,本节算法得到的结果子集序列

i	1	4	2	1	1	3	1	2	1	2	1	2	3	1	1	2	1	3	2	1
j	2	5	3	5	2	5	3	5	4	3	4	3	4	2	3	4	2	4	4	3
k	3	6	4	6	4	6	4	6	5	6	6	5	6	5	6	5	6	5	6	5

表 5.5 星像数为 6 时,文献[6]的参考序列

i	1	2	3	4	1	2	3	1	2	1	1	2	3	1	2	1	1	2	1	1
j	2	3	4	5	2	3	4	2	3	2	3	4	5	3	4	3	4	5	4	5
k	3	4	5	6	4	5	6	5	6	6	4	5	6	5	6	6	5	6	6	6

仿真中,分别用 0 和 1 表示观测到的 6 个星像,其中:0 代表导航星星像,共 4 个;1 代表伪星像,共 2 个。均匀随机排列 0 和 1 的顺序,模拟不同亮度的伪星像(如:0,0,0,1,0,1,表示伪星像的亮度处于所有星像亮度的第 4 和第 6 位)。当选择的子集不包含 1 时,说明子集包含 3 颗导航星,可以完成星图识别。

仿真 1000 次,结果如图 5.19 所示。

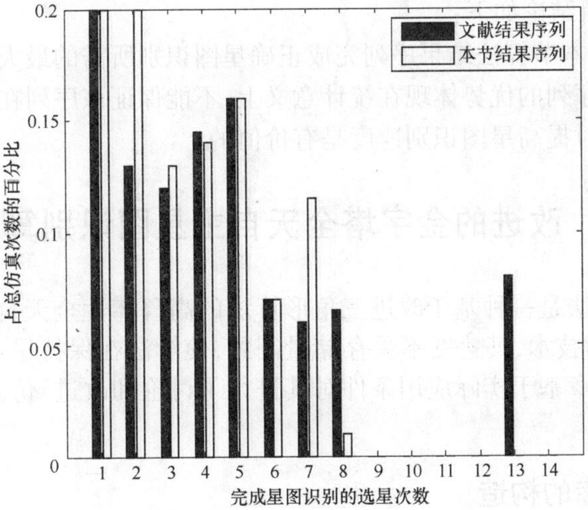

图 5.19 两种子集序列的选择次数对比

从图5.19中可以看出：在同等条件下进行星图识别，采用文献[41]给出的结果子集序列，最多需要选择13次；采用本节给出的结果子集序列，最多需要选择7次。也就是说，采用本节给出的结果子集序列选星，在极限情况下，可以避免6次错误匹配，也就节约了6次角距匹配的时间。

经计算可得：文献[6]给出的结果子集序列，正确星图识别所需的平均选择次数为4.308次，标准差为3.046；本节算法得到的结果子集序列，正确星图识别所需的平均选择次数为3.568次，标准差为2.0561。因此，本节算法得到的结果子集序列在统计意义上也优于文献[6]给出的序列。

为进一步验证本节算法所得结果的优越性，对不同星像个数、不同导航星个数进行仿真（仿真中增加了某随机子集序列作为比较结果）。表5.6所列为3种子集序列平均选择次数及方差比较。

表5.6 3种子集序列平均选择次数及方差比较

星像数/导航星数	平均选择次数 / 标准差		
	文献序列	随机序列	本节序列
8 / 4	12.53 / 9.90	10.71 / 7.54	10.61 / 7.93
8 / 6	2.85 / 1.83	2.46 / 1.67	2.10 / 1.08
9 / 4	19.57 / 15.41	16.56 / 11.72	15.44 / 11.41
9 / 8	1.64 / 1.06	1.57 / 0.98	1.30 / 0.46
10 / 5	12.45 / 12.01	10.92 / 9.41	10.73 / 8.55
10 / 7	3.61 / 2.39	3.10 / 2.06	2.75 / 1.82

从表5.6可以看出，本节算法结果略优于文献[6]的结果，其平均选择次数减少了约1次；与随机序列相比，平均选择次数减少了约0.3次。标准差衡量了选择次数的变化程度，本节算法结果也略优于文献[6]的结果，原因在于本节算法结果的最大选星次数较小，因此均值和方差都较小。考虑到单次三角形匹配所消耗的时间，本节算法结果对提高星三角形识别速度是有价值的。

本节对星三角形识别中的选星问题进行了讨论，提出了一种选星策略，并给出了实现算法。通过仿真验证，可得结论如下：

(1)存在伪星像时，本节算法结果序列完成正确星图识别所需的最大选择次数较小。

(2)本节算法结果序列的优势体现在统计意义上，不能保证该序列在每次识别时都最优。

(3)本节算法结果对提高星图识别速度是有价值的。

5.8 改进的金字塔全天自主星图识别算法

金字塔星图识别算法是一种基于改进三角形算法的高鲁棒性全天自主星图识别算法，由于选用了k-vector搜索技术，其速度不受存储量制约，使算法在保持星表完备性的条件下具有较快的识别速度。本章基于实际应用条件对其进行了讨论和改进，仿真结果说明改进是有效的。

5.8.1 导航星数据库的构造

导航星数据库存储于星敏感器上，用于识别观测星和计算星敏感器姿态的数据，它包含导航星表和导航特征库两部分。导航星表存储星体在天球坐标系的位置坐标，其对应的方向矢量是计算星敏感器姿态的基准。导航特征库存储导航星的识别特征，其存储内容、存储方式和读取方式对星图识别的成功率和速度影响很大。导航星识别特征的构造方式与星图识别算法对应，不同的识别算法要求构造不同的识别特征[41]。

5.8.1.1 导航星表构建

为满足星敏感器的全天自主导航需要，导航星的选取应考虑算法实现的准则，同时考虑到算法实现的难易度，本节选用了星等滤波算法生成导航星表[42]。星等滤波算法的门限值选取与得到的导航星个数密切相关。

常见的星敏感器对恒星的探测门限一般为6.0MV[42]。本节采用滤波门限为6.0的星等滤波算法生成导航星表。具体做法是：选取基本星表中星等小于6.0的恒星作为候选导航星，剔除其中的双星和变星，共得到导航星4908颗。导航星分布如图5.20所示。

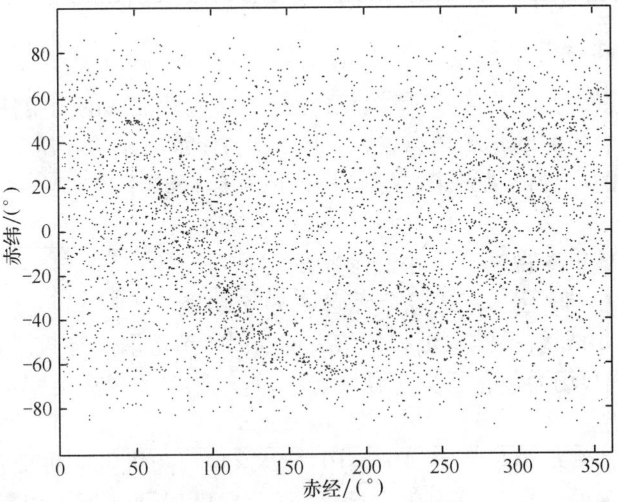

图5.20 导航星分布

基本星表中存储了恒星在历元时刻的平位置[42]，而计算星敏感器姿态需要用到恒星在观测时刻的视位置。由历元时刻平位置到观测时刻视位置的转换过程可参阅文献[23]。

为节约转换时间，导航星表可以直接存储恒星在星敏感器工作时间段的年中平位置，其转换方法是：历元平位置加上历元时刻到观测年年中的岁差和自行[43]。由于年中平位置到视位置的转换保持较高精度的有效期只有一年，因此第二年需要重新计算导航星表的存储数据[23]。

由于姿态解算需要使用恒星的单位星光矢量，为节约转换时间，导航星表直接存储了恒星的单位星光矢量坐标、视星等以及其在导航星表中的序号。导航星表部分存储内容如表5.7所列。

表5.7 导航星表部分存储内容

星序号	x坐标	y坐标	z坐标	视星等
1	0.658553	0.003093	-0.75253	5.71
2	0.638255	0.003719	-0.76982	5.54
3	0.223828	0.001558	-0.97463	4.79
4	0.481393	0.003396	0.876498	5.58
5	0.998573	0.007948	-0.05282	5.13

（续）

星序号	x 坐标	y 坐标	z 坐标	视星等
6	0.99446	0.008506	−0.10477	4.4
7	0.890314	0.008427	0.455269	5.8
8	0.86841	0.008837	−0.49577	5.04
9	0.988995	0.010767	0.147558	5.7
10	0.405132	0.004599	0.914247	5.84
11	0.954447	0.015576	−0.29797	4.55
12	0.464954	0.008578	0.885294	5.87
13	0.958505	0.018111	−0.2845	5.78
14	0.983035	0.019313	−0.1824	4.94

5.8.1.2 导航特征库

本节选取的导航星表共包含4908颗恒星，为保证导航特征库的完备性，计算了由4908颗导航星组成的所有相异星对的角距信息，共12041778个；如果某两颗星的角距小于给定值 d，则把该角距及两颗星的序号记录下来。导航特征库存储格式如图5.21所示。

角距	星号1	星号2

图5.21 导航特征库存储格式

给定值 d 根据星敏感器视场的大小和形状确定。对于矩形视场，d 取为视场的对角距[7]。具备全天自主导航功能的星敏感器，其视场大小由导航星的数量和分布决定。因本节选取的导航星数量有限，且分布不均匀，为保证星敏感器视场内包含至少三颗导航星，星敏感器的视场必须足够大。下面讨论星敏感器的视场选择问题。

分别设定星敏感器视场为8°×8°、10°×10°、12°×12°，随机生成星敏感器光轴指向，仿真星敏感器视场内导航星的个数。为简化运算，仿真中星敏感器视场设为圆形视场（视场大小表示星敏感器视场的直径），仿真1000次，结果如图5.22～图5.24所示。

如图5.22所示，8°×8°视场内导航星个数小于3的试验次数为58。

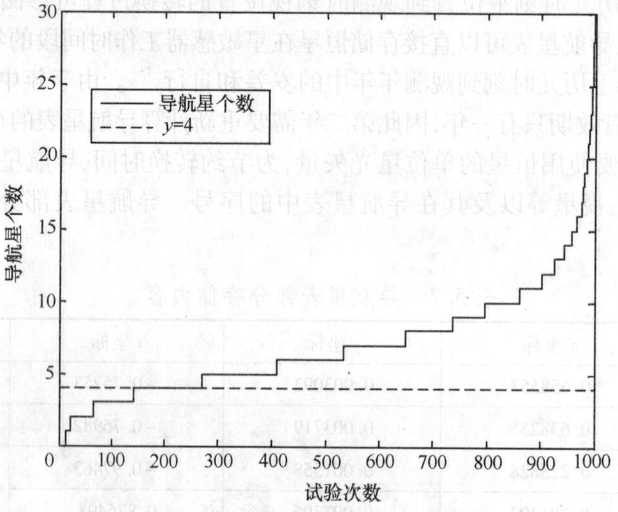

图5.22 视场为8°×8°时的仿真结果

如图 5.23 所示,10°×10°视场内导航星个数小于 3 的试验次数为 10。

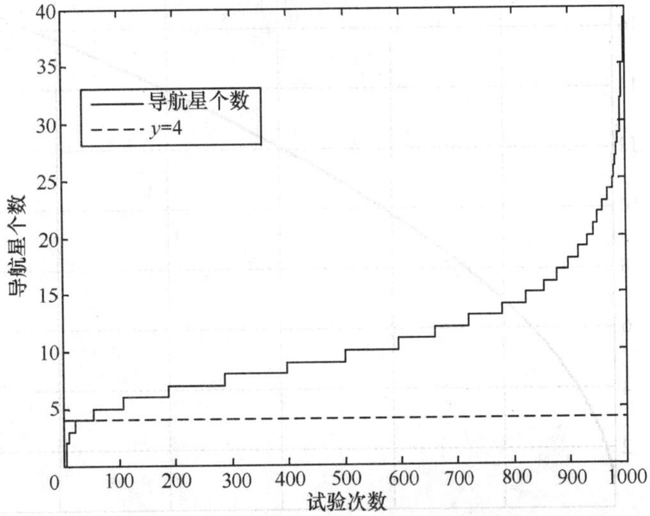

图 5.23　视场为 10°×10°时的仿真结果

如图 5.24 所示,12°×12°视场内导航星个数小于 3 的试验次数为 5。

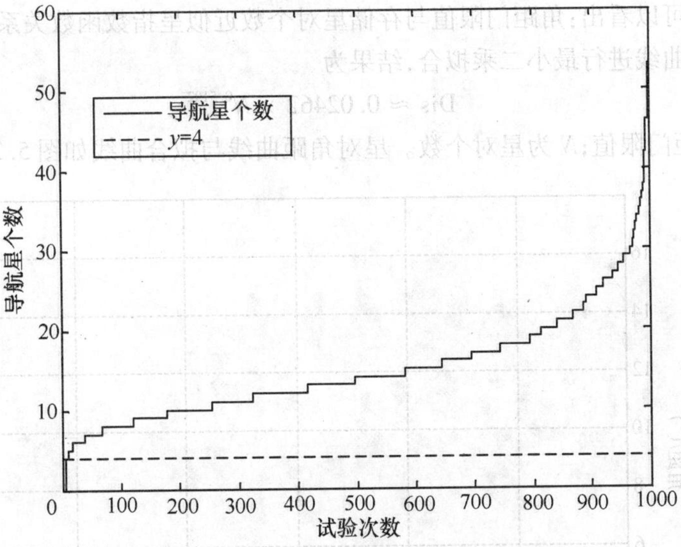

图 5.24　视场为 12°×12°时的仿真结果

从图 5.22,图 5.23 和图 5.24 可以看出:随着星敏感器视场逐渐增大,视场内导航星个数大于 3 的情况逐渐增多,分别为 942,990,995;同时,视场内导航星个数最大值也逐渐增大,分别为 30,39,55。而视场内导航星的个数与星提取计算量成正比,因此星敏感器的视场不应无限增大。文献[42]指出:当导航星表的星等门限为 6.0 时,若要保证星敏感器具备自主导航能力,即保证视场内包含至少三颗导航星,则要求星敏感器视场至少为 12°×12°。此时,对应的给定值 $d = 12\sqrt{2}$ °[7]。在该给定值下存储的相异导航星对共 293830 个,其.Mat 文件的存储量约为 2.5MB。对其角距按长度进行排序并绘图,如图 5.25 所示。

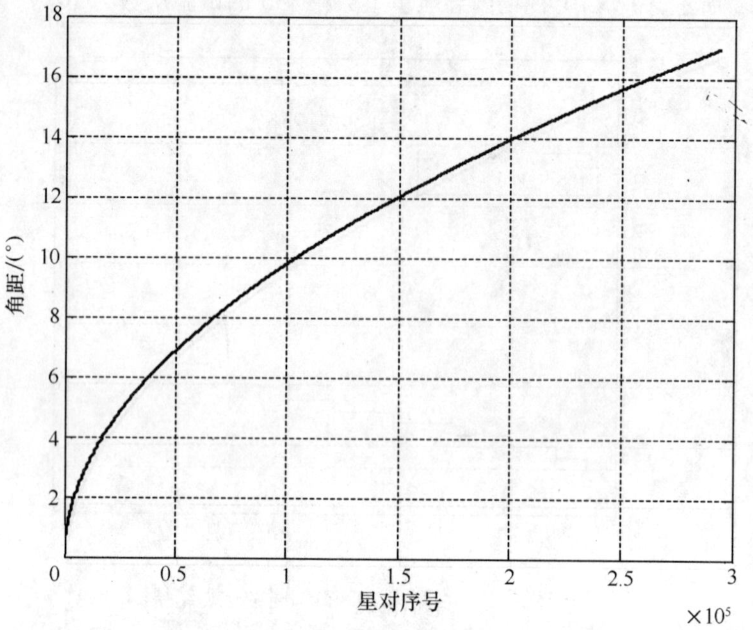

图 5.25 星对角距曲线

从图 5.25 可以看出：角距门限值与存储星对个数近似呈指数函数关系。使用指数函数对图 5.25 所示的曲线进行最小二乘拟合，结果为

$$\mathrm{Dis} \approx 0.02462 \times N^{0.5192} \tag{5.17}$$

式中：Dis 为角距门限值；N 为星对个数。星对角距曲线与拟合曲线如图 5.26 所示。

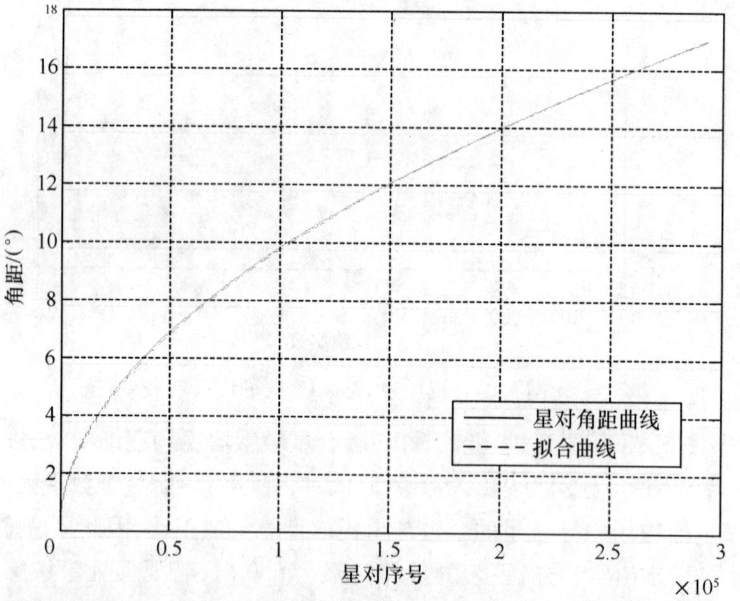

图 5.26 星对角距曲线与拟合曲线

实际星图识别过程中，星对角距大于 10°的情况较少，如图 5.27 所示（随机生成3000 个视场，计算其中角距大于 10°的星对占总星对的比例）。

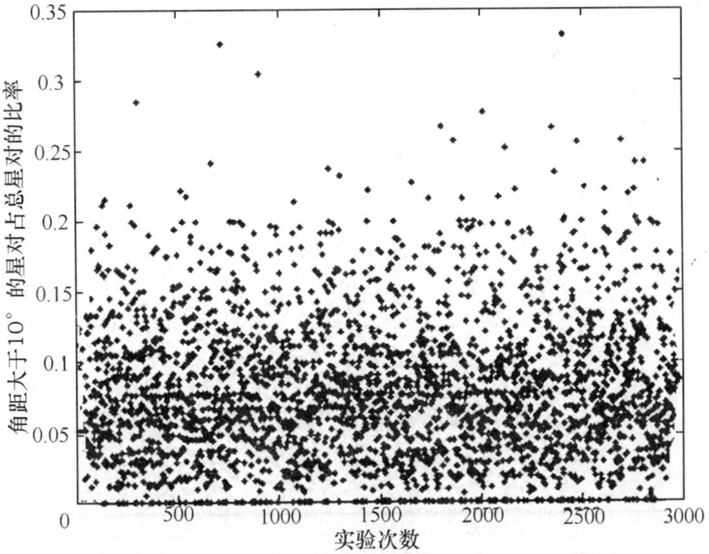

图 5.27　角距大于 10°的星对占仿真视场内总星对的比率

对显示数据进行排序后绘图，如图 5.28 所示。

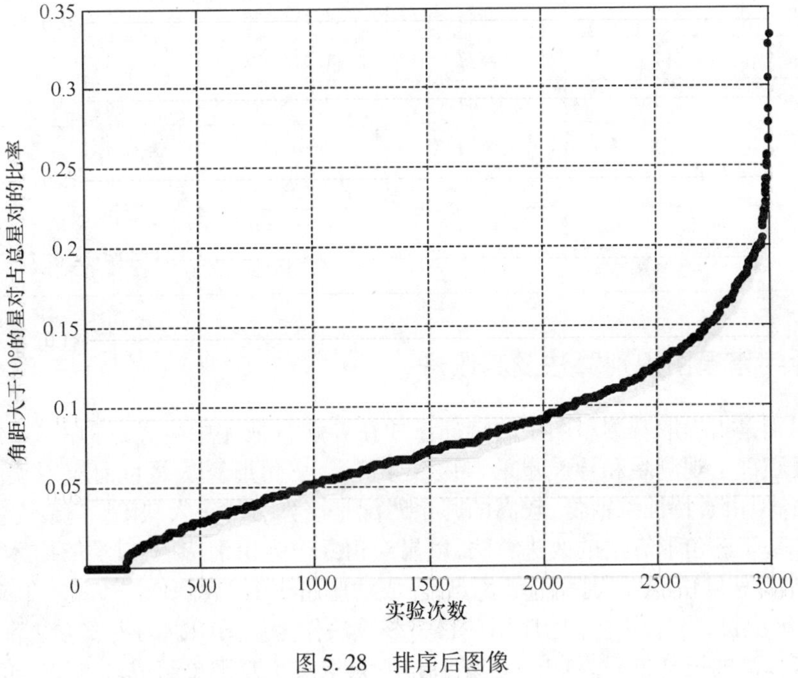

图 5.28　排序后图像

仿真中视场内出现的星对角距最少为 6 个，最多为 1653 个，其对应的角距大于 10°的星对分别为 0 个和 149 个。图 5.28 中最大值 0.33 对应的总星对数为 36，角距大于 10°的星对数为 12。

如果取角距门限（给定值）$d = 10°$，存储的导航星对个数会显著减少，能有效减少存储量。$d = 10°$时存储的相异导航星对个数为 104379，其 . Mat 文件的存储量为 888kB。对其角距按长度进行排序并绘图，如图 5.29 所示。

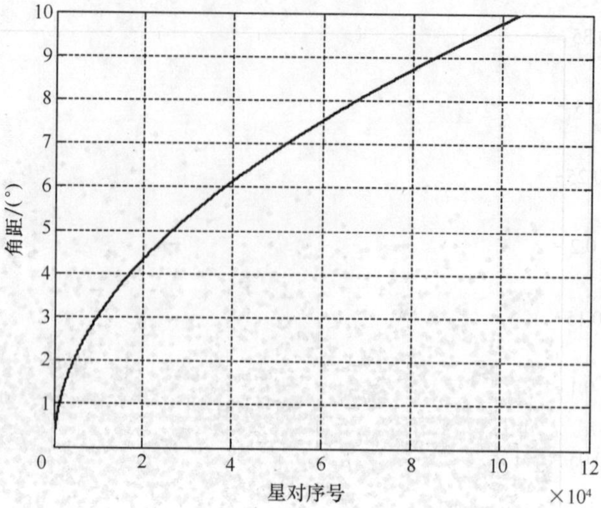

图 5.29 存储的星对角距

摘选导航特征库部分存储数据如表 5.8 所列。

表 5.8 导航特征库部分存储内容

角距值/(°)	星号 1	星号 2	角距值/(°)	星号 1	星号 2
6. 2377268	2	4845	1. 1549175	3	60
2. 2500408	2	4877	1. 3546078	3	67
2. 4372824	2	4904	3. 5498301	3	142
5. 6326234	3	15	8. 412568	3	161
5. 1713951	3	30	9. 7305291	3	221
7. 9388747	3	40	8. 4225736	3	265
7. 5589894	3	57	7. 1132441	3	267

5.8.2 金字塔星图识别算法及其改进

星图识别是指提取观测星图中的特征量并在导航特征库中找到近似的量,然后基于某种逻辑判断准则确定观测星和导航星的对应关系[44]。三角形算法是目前应用较成熟的一种星图识别算法,但由于特征维数低,较高的冗余匹配是该算法的一大缺陷[7,44]。金字塔星图识别算法是一种基于三角形算法的改进算法,以星对角距作为识别特征、以类四面体几何结构作为判断准则,具有速度快、误识别率低等优点,已成功应用于 HETE(High Energy Transient Explorer Satellite)卫星项目,另有多个空间应用项目将该算法作为星图识别的主要方法。

金字塔算法的识别过程为:①基于某种准则选取三个观测星组成观测星三角形,简称为观测三角形,作为基三角形。②对该三角形进行匹配识别。③选取除基三角形外任意某颗观测星,与基三角形构成类四面体结构,对基三角形的识别结果进行验证,同时识别该星。④若验证成功,则依次选取剩余观测星与基三角形组成类四面体结构,识别选取的观测星。当所有观测星都完成识别后,程序结束,否则继续进行步骤③。⑤若遍历所有观测星后,基三角形的识别结果仍未通过验证,则说明选取的基三角形中包含伪星(噪声),程序返回步骤①执行。当所有观测三角形组合都完成了上述识别过程,则程序结束。

金字塔算法对导航特征库的搜索、基三角形的选取、误识别率的估计和逻辑判断准则的设定等内容进行了讨论，提出了 k - vector 区间搜索算法、基三角形自动选取算法和星体均匀分布假设下误识别率的估计算法，有很重要的参考价值[45,46]。本节对该算法进行了研究，并基于实际应用条件进行了相关改进：通过增加结果检验过程，克服了采用 k - vector 搜索进行角距匹配时结果星对存在角距超出误差门限的问题（此处称为结果冗余）；通过采用相似性排序和信息消散方法，得到了统计意义上最优的基三角形选择序列；通过对导航星引入指针型标志位向量，并将指针指向存储包含对应导航星的角距匹配结果的数组的地址，克服了传统标志位只能表示导航星状态不能描述导航星连接特性的不足，减少了基三角形匹配时算法的搜索次数。仿真结果说明算法改进是有效的。

1. 导航特征库的搜索方法

金字塔星图识别算法以星对角距为识别特征，其识别过程需要进行频繁的角距匹配。角距匹配是指在给定误差门限内以星对角距为条件，查找导航特征库中与观测星对匹配的导航星对[52]。简单来说，就是计算观测星对的角距，然后查找导航特征库中角距等于观测星对角距或在给定误差门限内的导航星对。角距匹配的速度既取决于硬件，也取决于软件。体现在软件上，起决定作用的就是在导航特征库中搜索角距匹配星对所需的比较次数[44]。

本节的导航特征库存储了所有角距小于 10° 的导航星对，其存储内容为角距值、星 1 序号、星 2 序号，可将其看成一个线性表。常用的线性表查找方法有顺序查找法、二分查找法和分块查找法[47]。顺序查找法和二分查找法的时间复杂度分别为 $O(N)$ 和 $O(\log_2 N)$，分块查找法的时间复杂度介于顺序查找法和二分查找法。为提高角距匹配速度，Mortari D. 等提出了 k - vector区间搜索算法[48,49]，算法原理详见第 2 章第 2.5 节。

金字塔星图识别算法搜索速度很快，只需要两次算术运算就可以确定出满足搜索条件的导航星对的索引范围，经过寻址（该过程执行速度很快）就可以得到搜索结果。例如：向量 $\boldsymbol{y}=[1.9,6.8,3.0,5.4,1.5,6.9,3.7,8.6,8.5,5.9]$，相应的 $\boldsymbol{s}=[1.5,1.9,3.0,3.7,5.4,5.9,6.8,6.9,8.5,8.6]$，$\boldsymbol{I}=[5,1,3,7,4,10,2,6,9,7]$。根据公式求得 $\boldsymbol{k}=[0,2,3,4,4,5,6,8,8,10]$。要搜索 $y(i)\in[y_a,y_b]$，其中 $y_a=3.4$，$y_b=6.3$，经计算得到 $j_l=3$，$j_h=8$，$k=4,5,6,7,8$，$I(k)=7,4,10,2,6$，则搜索的结果为 $\boldsymbol{y}(I(k))=[3.7,5.4,5.9,6.8,6.9]$。经判断，正确结果为 3.7,5.4,5.9。由此可看出：k - vector 算法给出的结果（见图 5.30）包含了所有正确结果，但存在冗余。其冗余结果的个数与 m 有关，理论上 m 越小，冗余结果越少。

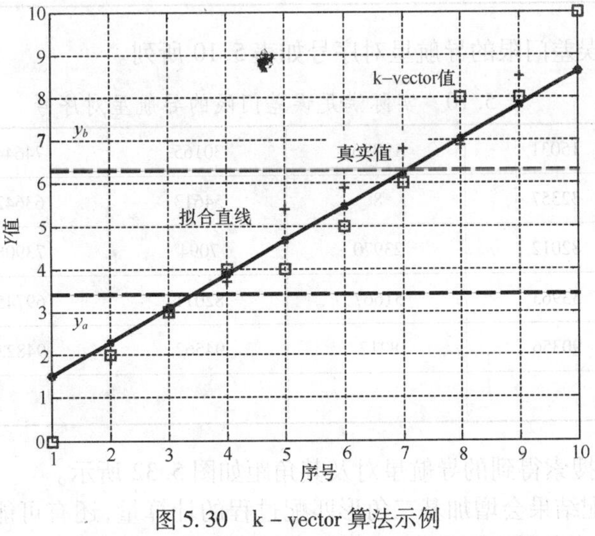

图 5.30 k - vector 算法示例

对导航特征库中存储的角距建立 k－vector 向量，得 $m_{ang}=9.527\times10^{-5}$，$q_{ang}=0.055667$，构造直线与星对角距分布如图 5.31 所示。

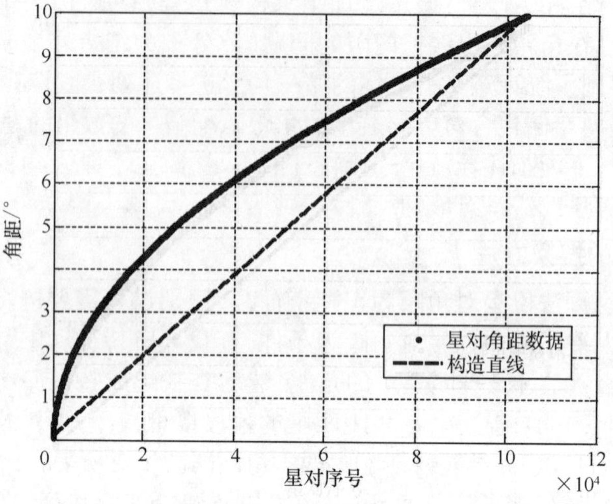

图 5.31　k－vector 算法构造直线与星对角距曲线

使用该方法搜索角距匹配结果存在冗余，即包含某些超出搜索门限的值。例如，观测星对角距 dis＝6.38，角距误差门限 $dis_{error}=0.001$，采用 k－vector 搜索得到的导航星对序号如表 5.9 所列。

表 5.9　k－vector 搜索得到的导航星对序号

87814	58725	75406	15031	19796	30165
74644	74750	77387	32357	8	54613
63642	2263	79959	82012	23970	7094
73908	68223	62385	53963	51667	82011
69745	195	3595	90356	8212	94562
94823	11240	45037			

实际满足角距误差门限的导航星对序号如表 5.10 所列。

表 5.10　实际满足误差门限的导航星对序号

75406	15031	19796	30165	74644	74750
77387	32357	8	54613	63642	2263
79959	82012	23970	7094	73908	68223
62385	53963	51667	82011	69745	195
3595	90356	8212	94562	94823	11240
45037					

采用 k－vector 搜索得到的导航星对及其角距如图 5.32 所示。

冗余的角距匹配结果会增加基三角形匹配过程的计算量，还有可能增加基三角形的冗余匹配结果。因此，减少角距匹配冗余，对进一步提高算法运行速度是有意义的。

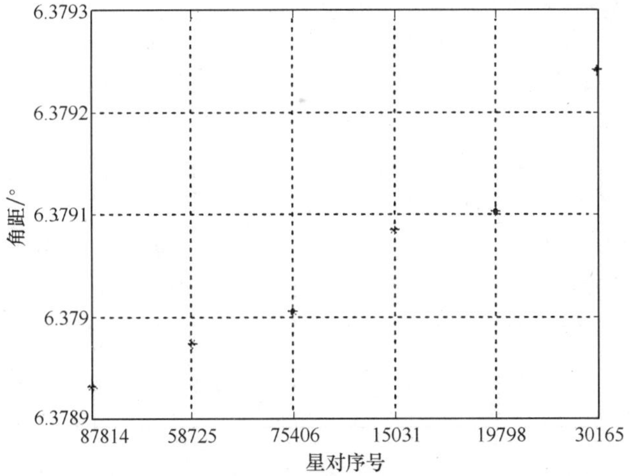

图 5.32　星对及其角距导航

分析算法原理可知，冗余匹配来源于取整运算。由于 $j_l \leqslant \frac{y_a - q}{m}$，$j_h \leqslant \frac{y_b - q}{m}$，使得搜索结果可能超出误差门限。超出误差门限结果的个数与 j_l、j_h 满足以下关系式，即

$$
\begin{aligned}
0 \leqslant n_l \leqslant k(j_l + 1) - k(j_l) \\
0 \leqslant n_h \leqslant k(j_h) - k(j_h - 1)
\end{aligned} \tag{5.18}
$$

式中：n_l 为搜索结果小于 y_a 的个数；n_h 为搜索结果大于 y_b 的个数。

对本节导航特征库的 k - vector 向量进行相邻作差，其精度分析如图 5.33 所示。

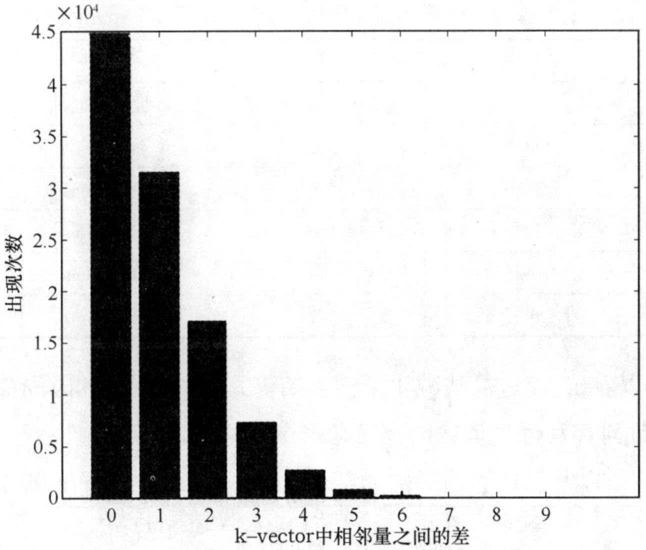

图 5.33　k - vector 方法精度分析

为减少冗余，本节在得到 k - vector 搜索结果后增加了结果检验过程，对超出误差门限的结果进行剔除。

(1)启动结果检验的条件。由式(5.18)可知：当 $j_l = j_l + 1$ 时，搜索结果中不会出现小于左门限 y_a 的值；当 $j_h = j_h - 1$ 时，搜索结果中不会出现大于右门限 y_b 的值。因此，分别将 $j_l < j_l + 1$ 和 $j_h > j_h - 1$ 作为启动左门限检验和右门限检验的条件。

(2)结果检验过程。设 k - vector 搜索结果记为 y_r，由于其严格按升序排列，所以结果检测过程可以按顺序进行。左门限检测从 $y_r(1)$ 开始，到 $y_r(k(j_l-1)-k(j_l))$ 结束。若 $y_r(i)<y_a$，则将 i 存储到向量 K_l 中；若 $y_r(i)\geqslant y_a$，则检测结束。K_l 存储的就是小于 y_a 的应剔除结果在 y_r 中的索引。同理，右门限检测从 $y_r(\text{end})$ 开始，到 $y_r(k(j_h)-k(j_h-1))$ 结束。若 $y_r(i)<y_b$，则将 i 存储到向量 K_r 中；若 $y_r(i)\leqslant y_b$，则检测结束。K_r 存储的就是大于 y_b 的应剔除结果在 y_r 中的索引。

(3)剔除超出误差门限的结果。将 $y_r(K_l)$ 和 $y_r(K_r)$ 从 y_r 中剔除。

设观测星对角距 dis = 6.38，角距误差门限 $\text{dis}_{\text{error}}=0.001$，增加结果检验过程后的搜索得到的导航星对序号如表 5.11 所列。

表 5.11　增加结果检验后 k - vector 搜索得到的导航星对序号

75406	15031	19796	30165	74644	74750
77387	32357	8	54613	63642	2263
79959	82012	23970	7094	73908	68223
62385	53963	51667	82011	69745	195
3595	90356	8212	94562	94823	11240
45037					

增加检验过程前算法耗时 0.034ms，增加后算法耗时 0.047ms。

角距误差门限不变，设置观测星对角距为不同值，仿真 k - vector 算法和改进后算法得到的导航星对数和搜索时间(仿真 5 次)对比结果如表 5.12 所列。

表 5.12　不同角距、相同误差门限，k - vector 原算法和改进算法得到的导航星对数和搜索时间对比结果

观测星对角距	原算法结果数	改进后结果数	原算法时间	改进后时间
6.38°	33	31	0.026ms	0.038ms
5.38°	21	20	0.025ms	0.037ms
4.38°	21	20	0.024ms	0.034ms
3.38°	16	14	0.024ms	0.035ms
2.38°	4	3	0.023ms	0.033ms

从表 5.12 可以看出：改进算法减少了搜索结果冗余，其造成的时间消耗在接受范围内。

2. 基于相似性排序和信息消散的基三角形选取算法

由于金字塔算法以基三角形的识别为基础，因此基三角形是否包含伪星对算法能否识别成功影响很大。这里伪星涵盖内容很广，包括行星、人造飞行器、太空垃圾、CCD 噪声以及未被选为导航星的恒星等。如果某基三角形包含伪星，则理论上不可能在导航特征库中找到与包含该三角形的类四面体匹配的结果[45]。为避免算法重复匹配包含某伪星的基三角形，应尽量使下一个用于匹配的基三角形不包含三角形识别失败的观测星。文献[45]对该问题进行了讨论，提出了选取基三角形的准则，即新选择的基三角形与前一个基三角形之间的变化应最大。由于星提取结果的编号是观测星的唯一表示，因此基三角形可表示为三个自然数编号的组合，上述问题可重新表述为：下一个组合与上一个组合的编号不同数应最大。采用该方法不能保证选择的基三角形最优，但其在统计意义上是最优的。文献[45]未给出基于该准则的参

考结果,而是开发了一种智能选择算法,具有执行简单的优点。本节基于三角形相似性排序和信息消散方法,给出了满足选取准则的待选三角形序列。观测星个数为6时,得到的待选三角形序列如表5.13所列。

表5.13 本节算法得到的6个观测星时的待选三角形序列

i	1	4	2	1	1	3	1	2	1	2	1	2	3	1	1	2	1	3	2	1
j	2	5	3	5	2	5	3	5	4	3	4	3	4	2	3	4	2	4	4	3
k	3	6	4	6	4	6	4	6	5	6	6	5	6	5	6	5	6	5	6	5

原算法得到的待选三角形序列如表5.14所列。

表5.14 原算法得到的6个观测星时的待选三角形序列

i	1	2	3	4	1	2	3	1	2	1	1	2	3	1	2	1	1	2	1	1
j	2	3	4	5	2	3	4	2	3	2	3	4	5	3	4	3	4	5	4	5
k	3	4	5	6	4	5	6	5	6	6	4	5	6	5	6	6	5	6	6	6

本节获得待选三角形序列的算法流程如下。

(1)基于图像灰度排序为观测星重新编号。一般上,恒星越亮,其被观测到的概率就越大。星图中灰度值高的观测星是导航星的概率比较大,因此按图像灰度值由高到低进行排序,为观测星重新编号。

(2)通过三角形组合程序获得待选三角形组,并建立与待选三角形组对应的存储三角形相似信息的标志向量。观测星数目不同,其组合的观测三角形个数就不同。本节利用文献[20]提供的智能三角形生成程序,得到不同观测星个数时的待选三角形组,并建立存储三角形相似信息的标志向量。

(3)遍历标志向量,选取相似信息最小的三角形进入待选三角形序列。当相似信息等于0时,选取三角形[1,2,3]进入待选三角形序列。这是因为编号越小,星像灰度越高,是伪星的概率越小。

(4)计算剩余待选三角形与刚选入待选三角形序列的三角形的相似性,即计算剩余待选三角形的观测星与刚选入待选三角形序列的三角形的观测星相等的个数。例如,刚选入待选三角形序列的三角形为[1,2,3],则三角形[2,3,4]和[4,5,6]与[1,2,3]的相似性分别为2和0。

(5)更新待选三角形组和标志向量。首先,剔除待选三角形组中已进入待选三角形序列的三角形组合,并将标志向量中的相应位剔除。然后,重新计算标志向量。为保证新得到的三角形相似信息有更大的权重,将原标志向量存储值乘以消散系数后再与新计算的相似信息相加。

(6)判断是否完成所有待选三角形排序。若完成排序,程序结束;否则,返回第(3)步。

由于星图中可能出现的观测星个数是未知变量,本节分别计算了观测星个数为4~10颗时的待选三角形序列,将其存储为Matlab中的1×7维的元胞变量,*.Mat文件的存储量为711B。当星图中的观测星个数大于10时,本节只选取灰度较大的10颗星进行识别。虽然这样可能导致某些观测星没有被识别,但可以减少计算量和存储量,且对姿态确定结果影响不大[23]。

对原算法和本节算法得到的待选三角形序列进行仿真比较:假设星敏感器观测到6颗星,其中导航星4颗、伪星2颗。分别按照原算法和本节算法得到的待选三角形序列选取基三角形，当基三角形包含3颗导航星时，记录其在待选三角形序列中的行数，其代表相应待选三角形序列进行正确星图识别时所需的基三角形选择次数，次数越低说明三角形序列越优。仿真中，分别用0和1表示观测到的6颗星，其中：0代表导航星，共4个；1代表伪星，共2个。随机排列0和1的顺序，模拟伪星处于星提取结果中的不同位置（如：0,0,0,1,0,1，表示伪星处于星提取结果的第4和第6位）。当选择的基三角形不包含1时，说明选择的3颗星都为导航星，可以完成星图识别。其中，0、1随机序列采用随机排列自然数的方式获得。例如，观测到6颗星时，随机排列[1,2,3,4,5,6]，使大于4的数等于1，小于等于4的数等于0，即上述序列等效为[0,0,0,0,1,1]。仿真500次，两待选三角形序列进行正确星图识别所需的基三角形选择次数如图5.34所示。

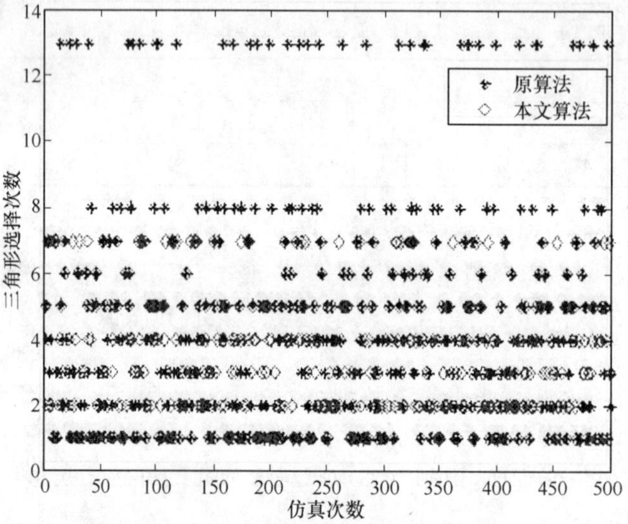

图5.34　两种三角形序列的选择次数对比

原算法得到的待选三角形序列的平均选择次数为4.44次，本节算法得到的待选三角形序列的平均选择次数为3.456次。说明本节算法得到的待选三角形序列更优。

增加观测星数量，导航星数仍为4，进行仿真，两种三角形序列的平均选择次数对比如表5.15所列。

表5.15　不同观测星个数，两种三角形序列的平均选择次数对比

观测星个数	三角形序列的平均选择次数	
	原算法	本节算法
7	7.78	6.964
8	12.846	11.8540
9	17.242	15.87
10	26.888	25.364

3. 基于指针型标志位向量的基三角形匹配识别算法

基于星对角距识别基三角形需要解决基于导航星对获得导航三角形的问题。假设选取观测三角形[1,2,3]作为基三角形，$dis_{1,2}$，$dis_{2,3}$，$dis_{1,3}$分别是观测三角形[1,2,3]的1－2边、2－3边、1－3边对应的角距值，使用增加结果检验过程的k－vector算法能快速得到给定误差门限下的角距匹配结果，分别用$\boldsymbol{C}(dis_{1,2})$、$\boldsymbol{C}(dis_{2,3})$和$\boldsymbol{C}(dis_{1,3})$表示。其中，$\boldsymbol{C}(dis)$是一个维数为

$n \times 2$ 的矩阵,存储了角距满足给定误差门限的导航星对。

假设 $\boldsymbol{C}(\mathrm{dis})_1$ 表示矩阵第一列,$\boldsymbol{C}(\mathrm{dis})_2$ 表示矩阵第二列。由于角距匹配没有顺序信息,所以 $\boldsymbol{C}(\mathrm{dis}_{1,2})$ 中的所有导航星既可能对应观测星 1,又可能对应观测星 2。为简化比较过程,建立矩阵 $\boldsymbol{C}^*(\mathrm{dis}_{1,2})$ 为

$$\boldsymbol{C}^*(\mathrm{dis}_{1,2}) = \begin{bmatrix} \boldsymbol{C}(\mathrm{dis}_{1,2})_1 & \boldsymbol{C}(\mathrm{dis}_{1,2})_2 \\ \boldsymbol{C}(\mathrm{dis}_{1,2})_2 & \boldsymbol{C}(\mathrm{dis}_{1,2})_1 \end{bmatrix} \tag{5.19}$$

这样就可以认为,矩阵 $\boldsymbol{C}^*(\mathrm{dis}_{1,2})$ 的第一列就是观测星 1 对应的导航星,第二列是观测星 2 对应的导航星,每一行代表一个导航星对。按照同样方法,建立矩阵 $\boldsymbol{C}^*(\mathrm{dis}_{2,3})$ 和 $\boldsymbol{C}^*(\mathrm{dis}_{1,3})$ 。图 5.35 所示为基于星对角距识别基三角形示例。

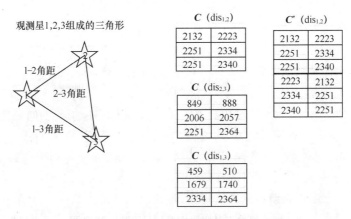

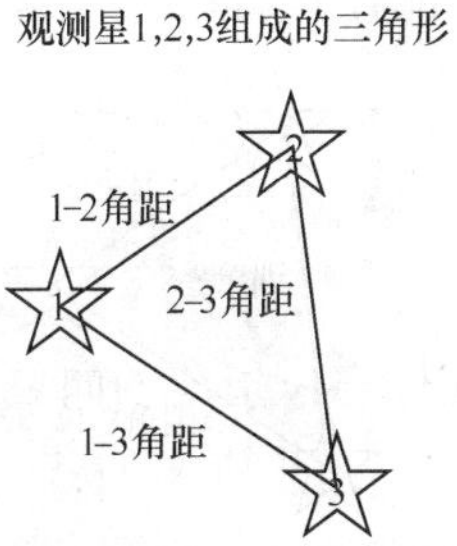

$C(\mathrm{dis}_{1,2})$

2132	2223
2251	2334
2251	2340

$C(\mathrm{dis}_{2,3})$

849	888
2006	2057
2251	2364

$C(\mathrm{dis}_{1,3})$

459	510
1679	1740
2334	2364

$C^*(\mathrm{dis}_{1,2})$

2132	2223
2251	2334
2251	2340
2223	2132
2334	2251
2340	2251

图 5.35 基于星对角距识别基三角形示例

假设观测星 1 对应的导航星用 s_i 表示,由于 s_i 既满足角距匹配条件 $\mathrm{dis}_{1,2}$,又满足角距匹配条件 $\mathrm{dis}_{1,3}$,所以 s_i 应既包含在 $\boldsymbol{C}^*(\mathrm{dis}_{1,2})$ 中,又包含在 $\boldsymbol{C}^*(\mathrm{dis}_{1,3})$ 中,是它们共有的导航星。同理,设观测星 2,3 对应的导航星分别为 s_j、s_k,则 s_j 和 s_k 也都应满足类似条件,且 s_i、s_j、s_k 首尾相连能组成与观测三角形[1,2,3]匹配的导航三角形。

一般可通过遍历法搜索与观测三角形匹配的导航三角形。具体过程如下。

(1) 遍历 $\boldsymbol{C}^*(\mathrm{dis}_{1,2})_2$,变量 i 表示 $\boldsymbol{C}^*(\mathrm{dis}_{1,2})$ 的行数,搜索 $\boldsymbol{C}^*(\mathrm{dis}_{2,3})_1$ 中等于 $\boldsymbol{C}^*(\mathrm{dis}_{1,2})_2(i)$ 的量(搜索观测三角形 2,3 边的角距匹配结果与 1,2 边的角距匹配结果相同的导航星),并存储其在 $\boldsymbol{C}^*(\mathrm{dis}_{2,3})$ 中的行序号,设为 j(如果行序号不唯一,则 j 表示向量)。

(2) 遍历 $\boldsymbol{C}^*(\mathrm{dis}_{1,3})$,如果行向量 $[\boldsymbol{C}^*(\mathrm{dis}_{1,2})_1(i)\boldsymbol{C}^*(\mathrm{dis}_{2,3})_2(j)] \in \boldsymbol{C}^*(\mathrm{dis}_{1,3})$ (步骤(1))找到的三颗导航星满足角距条件 $\mathrm{dis}_{1,2}$,$\mathrm{dis}_{2,3}$,$\mathrm{dis}_{1,3}$。其中,如果 j 为向量,则 j 表示依次取向量中的单个值),则 $[\boldsymbol{C}^*(\mathrm{dis}_{1,2})(i),\boldsymbol{C}^*(\mathrm{dis}_{2,3})_2(j)]$ 就是与观测二角形匹配的导航三角形[7]。

该方法搜索次数较多,理论上若 $\boldsymbol{C}^*(\mathrm{dis}_{1,2})$ 、$\boldsymbol{C}^*(\mathrm{dis}_{2,3})$ 和 $\boldsymbol{C}^*(\mathrm{dis}_{1,3})$ 包含的星对数分别为 n_1、n_2 和 n_3,其需要的搜索次数最大为 $n_1 \times n_2 \times n_3$ 。通过使用标志位方法,可以减少搜索次数。文献[7]提出了一种使用标志位进行搜索识别的方法,其算法过程如下。

(1)遍历 $\boldsymbol{C}^*(\mathrm{dis}_{1,2})_2$,将其中的所有导航星标志位设为 1,并记下其在向量 $\boldsymbol{C}^*(\mathrm{dis}_{1,2})_2$ 中的位置。

(2)遍历 $\boldsymbol{C}^*(\mathrm{dis}_{2,3})_1$,如果其中某颗导航星的标志位为 1,设其在 $\boldsymbol{C}^*(\mathrm{dis}_{2,3})_1$ 中为第 i 行,则 $\boldsymbol{C}^*(\mathrm{dis}_{2,3})_1(i)$ 可能对应于观测星2,找到导航星 $\boldsymbol{C}^*(\mathrm{dis}_{2,3})_1(i)$ 在 $\boldsymbol{C}^*(\mathrm{dis}_{1,2})_2$ 中的位置,设为第 j 行,则 $[\boldsymbol{C}^*(\mathrm{dis}_{1,2})_1(j),\boldsymbol{C}^*(\mathrm{dis}_{2,3})_1(i),\boldsymbol{C}^*(\mathrm{dis}_{2,3})_2(i)]$ 构成导航三角形。

(3) 如果向量 $[C^*(\mathrm{dis}_{1,2})_1(j), C^*(\mathrm{dis}_{2,3})_2(i)] \in C^*(\mathrm{dis}_{1,3})$，则步骤(2)中的导航三角形与观测三角形[1,2,3]匹配。

分析算法过程发现：步骤(1)中当某颗导航星在向量 $C^*(\mathrm{dis}_{1,2})_2$ 中存在多个位置时，其存储和查找较为不便，且步骤(3)中向量检测较复杂；当类似步骤(2)中的导航三角形较多时，步骤(3)会消耗较多计算量。由于传统标志位方法只能描述导航星的状态，而不能描述导航星的连接特性，因此这里不能依据标志位进行遍历。为进一步提高效率，对算法进行了改进：对导航星引入指针型标志位向量，每颗导航星的标志位指针指向一个存储向量的地址，该存储向量直接存储相应导航星在角距匹配结果向量中的位置；采用该方式后，类似步骤(3)中的向量检测可改为单颗导航星的交集检测。改进后算法的具体过程如下。

(1) 遍历 $C^*(\mathrm{dis}_{1,2})_2$，建立对应观测星 2 的导航星指针型标志位向量。每颗导航星的标志位指针指向一个存储对应导航星在 $C^*(\mathrm{dis}_{1,2})_2$ 中行序号的向量。

(2) 同理，遍历 $C^*(\mathrm{dis}_{1,3})_2$，建立对应观测星 3 的导航星指针型标志位向量。每颗导航星的标志位指针指向存储对应导航星在 $C^*(\mathrm{dis}_{1,2})_2$ 中行序号的向量。

(3) 遍历矩阵 $C^*(\mathrm{dis}_{2,3})$，对其每一行对应的导航星对，如第 i 行，分别找到导航星 $C^*(\mathrm{dis}_{2,3})_1(i)$ 和 $C^*(\mathrm{dis}_{2,3})_2(i)$（对应观测星 2,3）对应标志位指向的向量，设为 ij_store（对应观测星 1,2）和 ik_store（对应观测星 1,3）。若两者都不为空，则 $C^*(\mathrm{dis}_{1,2})_1(\text{ij\_store})$ 和 $C^*(\mathrm{dis}_{1,3})_1(\text{ik\_store})$ 的交集与 $C^*(\mathrm{dis}_{2,3})$ 的第 i 行构成的导航三角形与观测三角形[1,2,3]匹配。

该方法的标志位考虑了导航星的连接特性，理论上其搜索次数为 $n_1 + n_2 + n_3$。

分别对遍历法和本节改进后的标志位法进行了编程仿真，对比了两种方法，如表 5.16 所列。

表 5.16 遍历法和标志位法的搜索次数对比

遍历法				标志位法			
角距 1	角距 2	角距 3	搜索次数	角距 1	角距 2	角距 3	搜索次数
54	122	68	6992	52	120	68	245
104	150	146	16296	100	148	144	396
142	188	88	27558	142	186	88	424
228	260	174	62676	226	260	170	673
212	198	112	43556	210	198	108	528

在表 5.16 中，角距 1、2、3 分别表示 $C^*(\mathrm{dis}_{1,2})$、$C^*(\mathrm{dis}_{2,3})$ 和 $C^*(\mathrm{dis}_{1,3})$ 的行数，遍历法的角距匹配采用 k－vector 搜索；标志位法的角距匹配增加了结果检验过程。

从表 5.16 给出的结果可以看出：和遍历法相比，采用标志位法后搜索次数明显减少。例如，对于仿真中第一组数据，遍历法搜索次数接近 7000 次，标志位法搜索次数为 245 次。

4. 顶点星的识别

顶点星的识别包含两种情况：一是已识别的观测星个数较少，需要继续识别其他观测星，以得到更精确的姿态解算结果；二是基三角形的识别结果需要验证，或存在冗余，需要剔除冗余结果。两种情况的识别过程略有不同，下面分别对其进行介绍。

第一种情况：基三角形的识别已完成，选取该三角形外的某颗观测星作为顶点星，与基三角形的三个顶点构成三个角距，利用这三个信息对选定的顶点星进行识别。其算法过程：

① 按照观测星排序结果，依次选取还未被识别的观测星与基三角形的顶点构成角距；②对三个角距信息分别进行角距匹配得到相应的导航星对；③分别搜索三组导航星对中包含基三角形顶点识别结果的导航星对，如果得到的三组结果中包含同一颗导航星，则该导航星就是顶点星的识别结果，然后返回步骤①，重复该过程。当识别的观测星个数满足要求或所有观测星都完成识别时，算法结束。

第二种情况：基三角形的识别结果需要验证，或存在冗余，通过引入三角形外的某颗星，增加特征维数，完成结果验证或剔除冗余结果。算法过程同第一种情况，仍搜索三组导航星对中包含基三角形顶点识别结果的导航星对。如果得到的三组结果中包含同一颗导航星，且结果唯一，则该导航星就是顶点星的识别结果，基三角形不包含伪星，三角形识别结果正确；如果不唯一，则选择下一观测星继续进行识别。

为加快识别速度，引入标志位技术。在识别顶点星时，将每组搜索得到的顶点星可能结果的标志位都加 1，则最后标志位等于 3 的导航星就是顶点星的识别结果。该方法未考虑三角形顶点的连接特征，可能得到错误结果，其结果正确的条件是标志位等于 3 的导航星只有一个。

5. 算法流程

对算法各分过程进行讨论后，下面介绍本节进行星图识别的完整过程。

(1) 对星提取结果按灰度值进行排序。

(2) 根据提取星的个数，选取待选三角形序列作为观测三角形组，按顺序选择组中的观测三角形作为基三角形。

(3) 进行基三角形的识别。

(4) 从剩余提取星中选择一顶点星与基三角形构成类四面体，验证三角形识别结果，并识别顶点星。如果三角形识别结果验证成功，则重新选择顶点星，并进行识别，当识别的观测星总数满足要求时，算法结束。如果验证失败或无法识别，则选择下一顶点星继续进行验证和识别。

(5) 当所有观测星都进行过识别后，仍无法验证基三角形，或验证结果说明基三角形识别结果有误，则顺序选择观测三角形组中的下一三角形，重新进行第(3)步。

5.8.3 仿真验证

对原算法与本节改进算法进行了仿真对比。其中，原算法不进行观测星灰度排序，基三角形采用智能选取技术，三角形识别采用遍历法。星敏感器的参数设置：视场为 $12° \times 12°$，焦距为 131.5mm，像元数为 1024×1024。模拟星位置误差满足正态分布，标准差取为 1.4 角秒，相对于星提取误差约为 0.1 像素。增加 3 颗伪星，其位置坐标由均匀分布随机数生成，其星等采用均值为 5、方差为 0.5 的正态分布生成。

星识别结果为模拟星图中星体的序号以及算法给出的其在导航星表中的序号，星模拟过程中存储的真实结果为模拟星图中星体的序号和该星体在导航星表中的序号。其中，伪星无导航星表序号，因此相应位置存储值为 0。验证时将星识别结果与星模拟过程中存储的真实结果作差，若等于 0，则证明该次识别成功，并存储识别星的个数。

由于识别 5 颗星所解算出的姿态精度已经可以满足要求，因此为简化过程，将两算法的识别星个数上限设为 7。在完成三角形识别后，只选择剩余星中最亮的 4 颗进行验证识别。

随机生成星敏感器光轴指向，进行 500 次仿真，原算法与改进算法的对比结果如图 5.36 和图 5.37 所示。

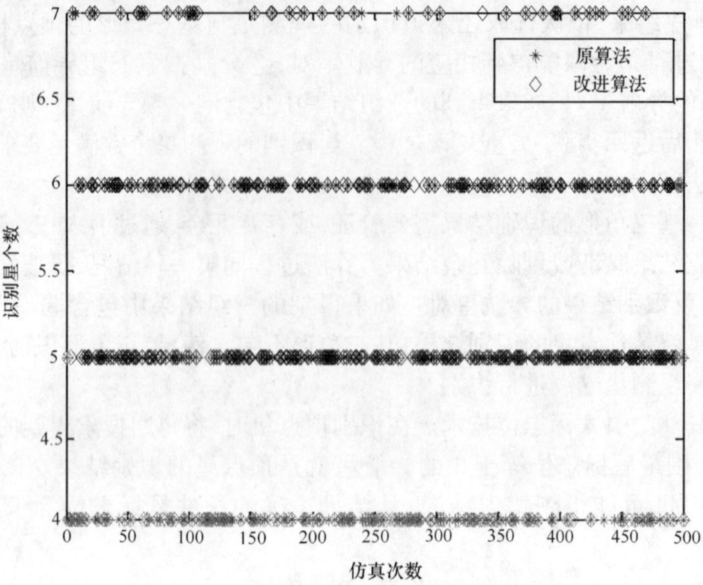

图 5.36　原算法和改进算法的识别星个数对比

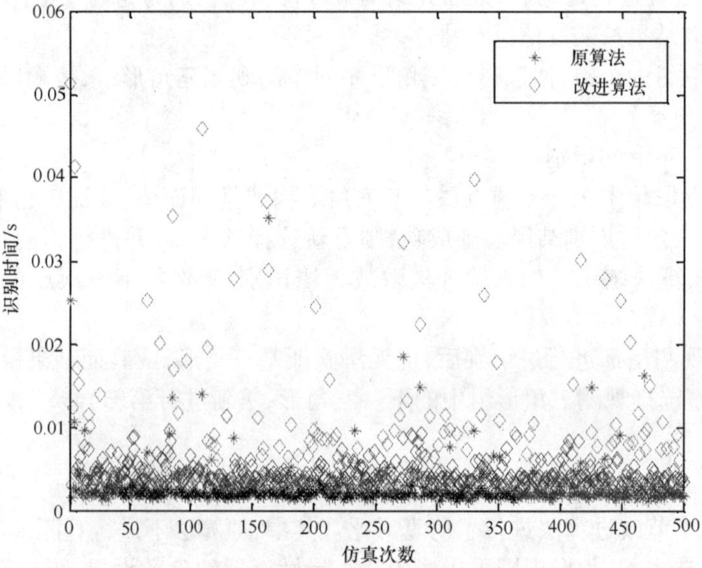

图 5.37　原算法和改进算法的识别时间对比

原算法的平均识别时间为 2.7ms，改进算法的平均识别时间为 6.1ms。

从图 5.36 和图 5.37 可以看出：两算法识别结果接近，改进算法的识别效果较好，但识别时间较长，与理论分析不符。其原因可能在于 Matlab 元胞数组的运行速度较慢。舍弃元胞数组，改用相同的三角形识别算法，再次进行仿真，对比结果如图 5.38 和图 5.39 所示。

原算法的平均识别时间为 2.6ms，改进算法的平均识别时间为 2.4ms。

从图 5.38 和图 5.39 可以看出：在不使用改进三角形识别算法条件下，通过增加星对匹配结果检验和采用更优的待选三角形序列两项措施，改进算法的识别效果和识别速度均有所提高。

仿真不同星位置误差下星图识别算法的识别效果和识别时间（500 次仿真中的最大识别时间），如图 5.40、图 5.41、图 5.42、图 5.43 所示。

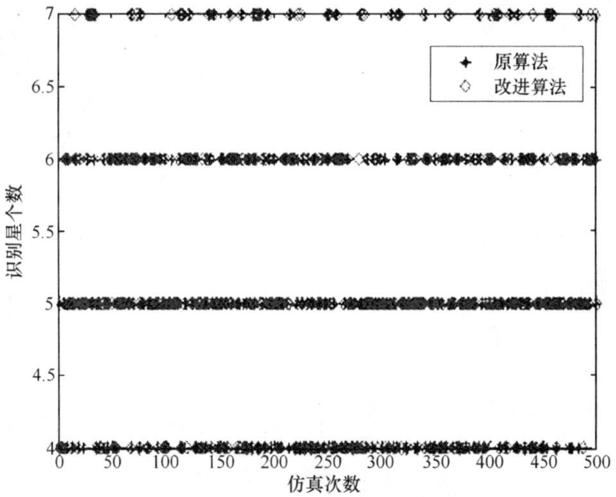

图 5.38　相同三角形识别法,原算法和改进算法的识别星个数对比

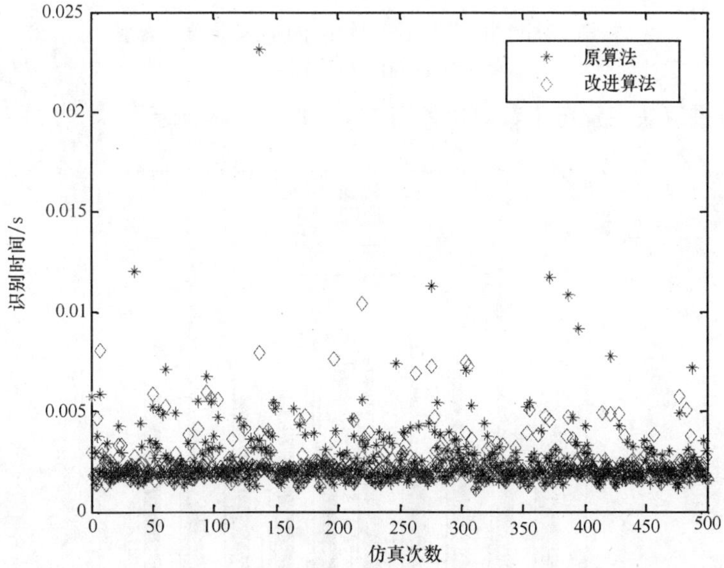

图 5.39　相同三角形识别法,原算法和改进算法的识别时间对比

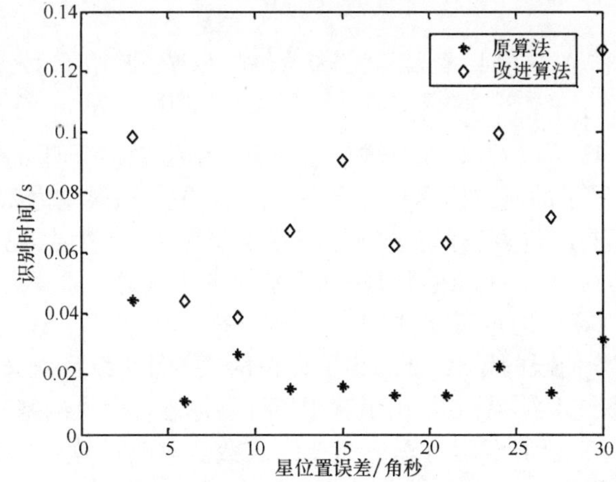

图 5.40　不同星位置误差、500 次仿真的最大识别时间对比

不使用改进三角形识别算法，进行相同仿真，对比结果如图 5.41 所示。

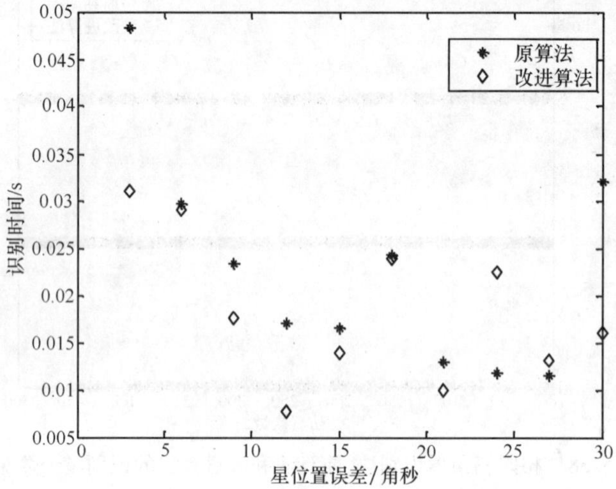

图 5.41　相同三角形识别法，不同星位置误差、500 次仿真的最大识别时间对比

原算法与改进算法识别星个数对比如图 5.42 和图 5.43 所示。

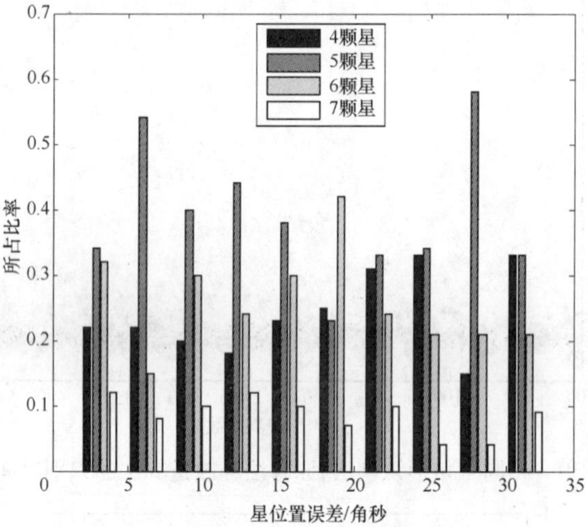

图 5.42　不同星位置误差、500 次仿真，原算法识别星个数为 4,5,6,7 的试验次数占总次数的比率

从图 5.42 和图 5.43 可以看出，在改进算法的识别结果中，4 颗星的所占比率相对于原算法有所降低，6 颗星、7 颗星的所占比率有所提高。例如，星位置误差为 24 角秒时，原算法 4 颗星所占比率达到了 0.34，改进算法为 0.22；星位置误差为 27 角秒时，原算法 7 颗星所占比率达到了 0.04，改进算法约为 0.08。改进算法的识别结果明显优于原算法。

对金字塔星图识别算法进行研究，提出三点改进措施：①对 k－vector 搜索增加结果检验过程，剔除角距超出搜索门限的星对；②给出了存在伪星条件下统计意义上伪星参与匹配最少的基三角形选取方法和选取结果；③给出了基于指针型标志位向量的基三角形匹配识别法，减少了基于星对角距进行三角形匹配时算法的搜索次数。对改进算法和原算法进行了仿真对比，结果说明改进是有效的。

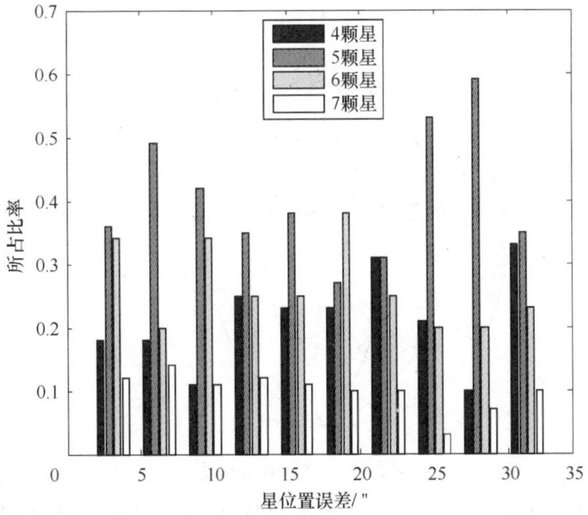

图 5.43 不同星位置误差、500 次仿真,改进算法识别星个数为 4,5,6,7 的试验次数占总次数的比率

5.9 惯导辅助模式下的星图识别算法

星敏感器的星图识别存在两种工作模式:“太空迷失”模式和“跟踪”模式。“太空迷失”模式耗时最多,识别难度较大,这主要因为此时导航星表较大,需要多次搜索比较,且易出现误匹配。“跟踪”模式是指当前星敏感器的姿态信息已知,但包含误差,此时由于导航星表搜索范围缩小,因此识别难度较低。对于组合导航系统而言,惯导系统提供的姿态信息虽然包含误差,但其连续、实时、可靠性高、误差范围可估计,此时星敏感器的星图识别可等效为“跟踪”模式下的星图识别。利用惯导姿态信息实时估计星敏感器观测天区,可缩小观测瞬时导航星表的搜索范围,提高星敏感器首次识别的速度,降低误识别率。

5.9.1 由含误差惯导姿态信息估计星敏感器观测瞬时导航星表

1. 坐标系转换关系

1)坐标系的定义

弹体坐标系定义为 $o_b - x_b y_b z_b$,其中:o_b 位于弹体重心处,$o_b x_b$ 轴沿弹体纵轴向前,$o_b y_b$ 轴与 $o_b x_b$ 轴垂直且在弹体纵向对称面内向上。$o_b z_b$ 轴与 $o_b x_b$ 轴、$o_b y_b$ 轴构成右手直角坐标系。

星敏感器像空间坐标系定义为 $o_s - x_s y_s z_s$,其中 $o_s z_s$ 指向星敏感器光轴;星敏感器焦平面坐标系定义为 $o_j - x_j y_j$,其中 $o_j y_j$ 与 $o_s x_s$ 同向。

惯性坐标系定义为 $O - x_i y_i z_i$,其中:Ox_i 指向春分点,Oz_i 指向地球自转轴(与本节选取的天球坐标系相同)[47]。坐标系定义如图 5.44 所示。

发射坐标系定义为 $o_F - x_F y_F z_F$,其中:坐标原点 o_F 为导弹发射点;$o_F y_F$ 轴为过发射点的铅垂线,向上为正;$o_F x_F$ 轴垂直于 $o_F y_F$ 轴,以指向瞄准方向为正,$o_F x_F$ 、$o_F y_F$ 构成的平面称为射击平面;$o_F z_F$ 轴与 $o_F x_F$ 轴、$o_F y_F$ 轴构成右手直角坐标系。忽略垂线偏差,此时发射方位角为瞄准方向与地理北向的夹角,顺时针为正。

发射点惯性坐标系定义为 $o_{Fi} - x_{Fi} y_{Fi} z_{Fi}$ 。在发射瞬间,发射点惯性坐标系与发射坐标系的三个轴重合,然后保持在惯性空间的指向不变。

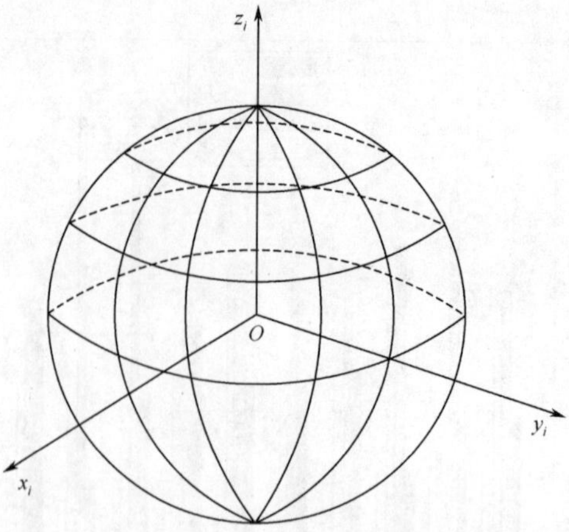

图 5.44　惯性坐标系

发射点地理坐标系定义为 $o_F - x_P y_P z_P$,其中:坐标原点 o_P 为导弹发射点; $o_P z_P$ 轴为过发射点的铅垂线,向上为正; $o_P x_P$ 轴垂直于 $o_P z_P$ 轴指向正东方向; $o_P y_P$ 轴垂直于 $o_P z_P$ 轴指向正北方向。

2)坐标转换关系

假设星敏感器的安装满足如下关系,即: $o_s x_s$ 与 $o_b x_b$ 重合, $o_s z_s$ 与 $o_b y_b$ 重合,则弹体坐标系到星敏感器像空间坐标系的转换矩阵 $\boldsymbol{C}_b^s$ 可表示为

$$\boldsymbol{C}_b^s = \begin{bmatrix} 1 & 0 & 0 \\ 0 & 0 & -1 \\ 0 & 1 & 0 \end{bmatrix} \tag{5.20}$$

设发射方位角为 A,发射坐标系 $o_F - x_F y_F z_F$ 与发射点地理坐标系 $o_P - x_P y_P z_P$ 的关系如图 5.45所示。

由发射点地理坐标系到发射坐标系的转换矩阵可表示为

$$\boldsymbol{C}_b^s = \begin{bmatrix} \sin A & \cos A & 0 \\ 0 & 0 & 1 \\ \cos A & -\sin A & 0 \end{bmatrix} \tag{5.21}$$

忽略垂线偏差,天球坐标系 $O - XYZ$ 和发射点地理坐标系 $o_P - x_P y_P z_P$ 的关系如图 5.46所示。

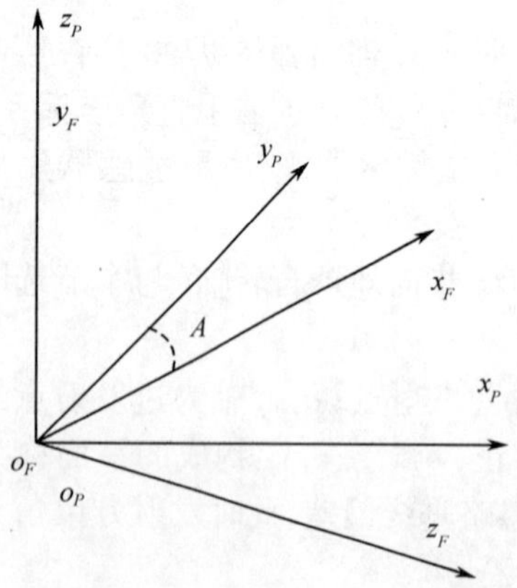

图 5.45　发射坐标系和发射点地理坐标系

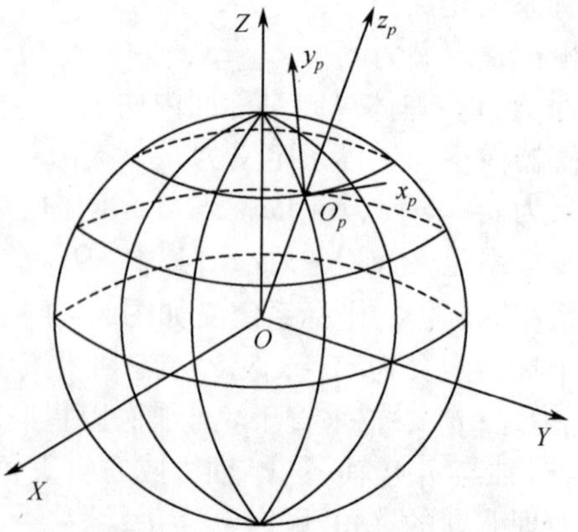

图 5.46　天球坐标系和发射点地理坐标系

因此，由天球坐标系到发射点惯性坐标系的转换矩阵可表示为

$$
\boldsymbol{C}_b^s = \begin{bmatrix} \sin A & \cos A & 0 \\ 0 & 0 & 1 \\ \cos A & -\sin A & 0 \end{bmatrix} \begin{bmatrix} -\sin(t_G+\lambda_e) & \cos(t_G+\lambda_e) & 0 \\ -\sin L_e \cos(t_G+\lambda_e) & -\sin L_e \cos(t_G+\lambda_e) & \cos L_e \\ \cos L_e(t_G+\lambda_e) & \cos L_e(t_G+\lambda_e) & \sin L_e \end{bmatrix} \tag{5.22}
$$

式中：t_G 为格林尼治时角，可通过公式计算得到；λ_e 为发射点的地理经度；L_e 为发射点的地理纬度；A 为发射方位角。当发射点的位置和发射时间确定时，$\boldsymbol{C}_i^{Fi}$ 为常数矩阵[50]。

一般上，捷联惯导输出弹体坐标系相对于发射点惯性坐标系的姿态四元数，因包含误差，记为 $\boldsymbol{q}_b^{Fi}$，可由此获得弹体坐标系到发射点惯性坐标系的姿态转换矩阵，因包含误差，记为 $\boldsymbol{C}_b^{Fi}$。

设 $\boldsymbol{q}_b^{Fi} = [\boldsymbol{q}_0 \quad \boldsymbol{q}_1 \quad \boldsymbol{q}_2 \quad \boldsymbol{q}_3]^{\mathrm{T}}$，其中，$\boldsymbol{q}_b^{Fi}$ 为规范四元数。则

$$
\boldsymbol{C}_b^{Fi} = \begin{bmatrix} \boldsymbol{q}_0^2+\boldsymbol{q}_1^2-\boldsymbol{q}_2^2-\boldsymbol{q}_3^2 & 2(\boldsymbol{q}_1\boldsymbol{q}_2+\boldsymbol{q}_0\boldsymbol{q}_3) & 2(\boldsymbol{q}_1\boldsymbol{q}_3+\boldsymbol{q}_0\boldsymbol{q}_2) \\ 2(\boldsymbol{q}_1\boldsymbol{q}_2+\boldsymbol{q}_0\boldsymbol{q}_3) & \boldsymbol{q}_0^2-\boldsymbol{q}_1^2+\boldsymbol{q}_2^2-\boldsymbol{q}_3^2 & 2(\boldsymbol{q}_2\boldsymbol{q}_3-\boldsymbol{q}_0\boldsymbol{q}_1) \\ 2(\boldsymbol{q}_1\boldsymbol{q}_3+\boldsymbol{q}_0\boldsymbol{q}_2) & 2(\boldsymbol{q}_2\boldsymbol{q}_3+\boldsymbol{q}_0\boldsymbol{q}_1) & \boldsymbol{q}_0^2-\boldsymbol{q}_1^2-\boldsymbol{q}_2^2+\boldsymbol{q}_3^2 \end{bmatrix} \tag{5.23}
$$

设星敏感器像空间坐标系到天球坐标系的姿态转换矩阵为 $\boldsymbol{C}_s^i$，$\boldsymbol{C}_s^i$ 可表示为

$$
\boldsymbol{C}_s^i = (\boldsymbol{C}_i^{Fi})^{\mathrm{T}} \cdot \boldsymbol{C}_b^{Fi} \cdot (\boldsymbol{C}_b^s)^{\mathrm{T}} \tag{5.24}
$$

星敏感器光轴在星敏感器像空间坐标系的单位矢量可表示为$[0,0,1]^{\mathrm{T}}$，设星敏感器光轴在天球坐标系的方向矢量为 $\boldsymbol{R}_g$，则 $\boldsymbol{R}_g$ 可表示为

$$
\boldsymbol{R}_g = \boldsymbol{C}_s^i \begin{bmatrix} 0 \\ 0 \\ 1 \end{bmatrix} \tag{5.25}
$$

为方便表示，将 $\boldsymbol{R}_g$ 简记为 $[x_g, y_g, z_g]^{\mathrm{T}}$。由此可知，$\boldsymbol{R}_g$ 只与 $\boldsymbol{C}_s^i$ 的第3列有关。

2. 由惯导误差估计星敏感器观测天区

由于惯导系统存在误差（一般可由先验知识估计出其范围），导致计算得到的星敏感器光轴指向不准确。为方便分析，采用旋转欧拉角描述弹体坐标系和惯性坐标系的转换关系。如图 5.47 所示，假设 t 时刻弹体坐标系相对于惯性坐标系的欧拉角表示为 (α,β,γ)，通过三次旋转就可以实现坐标系转换：将 $O-x_iy_iz_i$ 绕 Ox_i 轴正向旋转 α，得 $O-x_1y_1z_1$；将 $O-x_1y_1z_1$ 绕 Oy_1 轴正向旋转 β，得 $O-x_2y_2z_2$，此时 Oz_2 与 o_bz_b 重合；将 $O-x_2y_2z_2$ 绕 Oz_2 轴正向旋转 γ，得 $o_b-x_by_bz_b$。

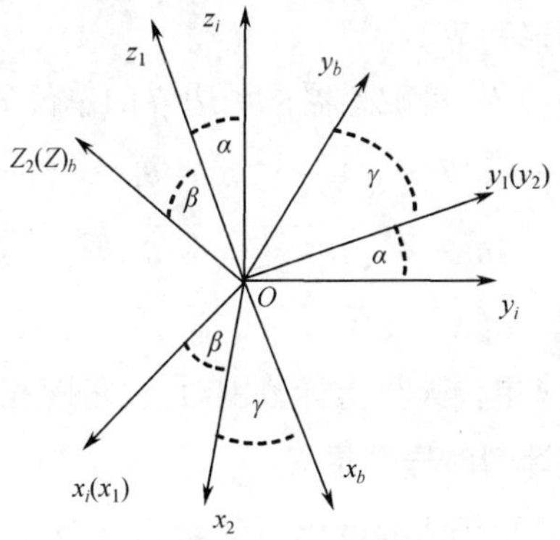

图 5.47 惯性坐标系与弹体坐标系的旋转关系

坐标系转换矩阵为

$$C_i^b = \begin{bmatrix} \cos\gamma & \sin\gamma & 0 \\ -\sin\gamma & \cos\gamma & 0 \\ 0 & 0 & 1 \end{bmatrix} \times \begin{bmatrix} \cos\beta & 0 & -\sin\beta \\ 0 & 1 & 0 \\ \sin\beta & 0 & \cos\beta \end{bmatrix} \times \begin{bmatrix} 1 & 0 & 0 \\ 0 & \cos\alpha & \sin\alpha \\ 0 & -\sin\alpha & \cos\alpha \end{bmatrix} \tag{5.26}$$

简化后,得

$$C_i^b = \begin{bmatrix} \cos\beta\cdot\cos\gamma & \sin\alpha\cdot\sin\beta\cdot\cos\gamma+\cos\alpha\cdot\sin\gamma & -\cos\alpha\cdot\sin\beta\cdot\cos\gamma+\sin\alpha\cdot\sin\gamma \\ -\cos\beta\cdot\sin\gamma & -\sin\gamma\cdot\sin\alpha\cdot\sin\beta+\cos\alpha\cdot\cos\gamma & \cos\alpha\cdot\sin\beta\cdot\sin\gamma+\sin\alpha\cdot\cos\gamma \\ \sin\gamma & -\sin\alpha\cdot\cos\beta & \cos\alpha\cdot\cos\beta \end{bmatrix} \tag{5.27}$$

则 C_s^i 可表示为

$$C_s^i = \begin{bmatrix} \cos\beta\cdot\cos\gamma & -\sin\beta & -\cos\beta\cdot\sin\gamma \\ \sin\alpha\cdot\sin\beta\cdot\cos\gamma+\cos\alpha\cdot\sin\gamma & \sin\alpha\cdot\cos\beta & -\sin\gamma\cdot\sin\alpha\cdot\sin\beta+\cos\alpha\cdot\cos\gamma \\ -\cos\alpha\cdot\sin\beta\cdot\cos\gamma+\sin\alpha\cdot\sin\gamma & -\cos\alpha\cdot\cos\beta & \cos\alpha\cdot\sin\beta\cdot\sin\gamma+\sin\alpha\cdot\cos\gamma \end{bmatrix} \tag{5.28}$$

R_g 可表示为

$$R_g = \begin{bmatrix} -\cos\beta\cdot\sin\gamma \\ -\sin\gamma\cdot\sin\alpha\cdot\sin\beta+\cos\alpha\cdot\cos\gamma \\ \cos\alpha\cdot\sin\beta\cdot\sin\gamma+\sin\alpha\cdot\cos\gamma \end{bmatrix} \tag{5.29}$$

设由惯导误差引起的欧拉角误差为($\delta\alpha,\delta\beta,\delta\gamma$),则实际欧拉角应为区间($\alpha\pm\delta\alpha,\beta\pm\delta\beta,\gamma\pm\delta\gamma$)内某值。当($\delta\alpha,\delta\beta,\delta\gamma$)都为小角度时,星敏感器光轴矢量的坐标范围为

$$\begin{cases} \tilde{x}_g \in [x_g-\Delta x_g, x_g+\Delta x_g] \\ \tilde{y}_g \in [y_g-\Delta y_g, y_g+\Delta y_g] \\ \tilde{z}_g \in [z_g-\Delta z_g, z_g+\Delta z_g] \end{cases} \tag{5.30}$$

$$\begin{cases} \Delta x_g = \dfrac{\partial x_g}{\partial\beta}\cdot\partial\beta+\dfrac{\partial x_g}{\partial\gamma}\cdot\partial\gamma \\ \Delta y_g = \dfrac{\partial y_g}{\partial\alpha}\cdot\partial\alpha+\dfrac{\partial y_g}{\partial\beta}\cdot\partial\beta+\dfrac{\partial y_g}{\partial\gamma}\cdot\partial\gamma \\ \Delta z_g \dfrac{\partial z_g}{\partial\alpha}\cdot\partial\alpha+\dfrac{\partial z_g}{\partial\beta}\cdot\partial\beta+\dfrac{\partial z_g}{\partial\gamma}\cdot\partial\gamma \end{cases} \tag{5.31}$$

计算时,式中($\delta\alpha,\delta\beta,\delta\gamma$)应换算为弧度单位。

星敏感器视场大小表示为 $\mathrm{FOV}_x\times\mathrm{FOV}_y$,由于天球坐标系中矩形边界不便于计算,这里计算以 1/2 对角距 θ_r 为半径的圆形边界。

对于角距半径为 θ_r 的圆形边界,星敏感器视场边界的单位矢量坐标范围表达式为

$$\begin{cases} x \in \left[\cos\theta_r\cdot\tilde{x}_g-\sin\theta_r\cdot\sqrt{1-\tilde{x}_g^2}, \cos\theta_r\cdot\tilde{x}_g+\sin\theta_r\cdot\sqrt{1-\tilde{x}_g^2}\right] \\ y \in \left[\cos\theta_r\cdot\tilde{y}_g-\sin\theta_r\cdot\sqrt{1-\tilde{y}_g^2}, \cos\theta_r\cdot\tilde{y}_g+\sin\theta_r\cdot\sqrt{1-\tilde{y}_g^2}\right] \\ z \in \left[\cos\theta_r\cdot\tilde{z}_g-\sin\theta_r\cdot\sqrt{1-\tilde{z}_g^2}, \cos\theta_r\cdot\tilde{z}_g+\sin\theta_r\cdot\sqrt{1-\tilde{z}_g^2}\right] \end{cases} \tag{5.32}$$

由于 $\tilde{x}_g$、$\tilde{y}_g$ 和 $\tilde{z}_g$ 都是变量,计算单位矢量坐标范围时,要求解相应表达式的最大值和最小值。

3. 由星敏感器观测天区估计瞬时导航星表

第 2 章讨论了基于星敏感器视场边界的单位矢量坐标范围确定视场内恒星的方法,这里基于星敏感器视场范围确定瞬时导航星表的方法与前述方法相同。

由惯导姿态信息估计出星敏感器视场边界的单位矢量坐标范围,然后基于 k - vector 索引向量搜索可能出现在视场内的导航星。建立导航星标志位向量,将搜索到的导航星的标志位设为 1。标志位为 1 的导航星组成的星表就是瞬时导航星表[51]。

5.9.2 惯导辅助模式下的星图识别实现流程

由于惯导姿态信息包含误差,当其较大时,如果采用直接匹配法,易出现导航星误匹配,因此采用金字塔星图识别逻辑。算法具体流程如下。

(1)由含误差惯导姿态信息估计星敏感器视场边界的单位矢量坐标范围,确定瞬时导航星表,并将相应导航星的标志位取为 1。

(2)星图预处理后,判断星图中星体的数目。若星体数大于 3,则按照第 4 章提出的待选三角形序列选择基三角形;若星体数等于 3,则组成三角形。若星体数等于 2,则构成星对。

(3)计算基三角形的三边角距,进行角距匹配,判断导航星对的标志位是否都为 1。若成立,则该星对可能是基三角形某边对应的导航星对。分别存储满足三个角距条件的星对结果,采用 5.8.2 节提到的遍历法对上述星对进行匹配识别,得到匹配三角形组。

(4)当星图中星体数大于 3 时,则使用金字塔识别逻辑对结果进行检验,并完成剩余星的识别;若等于 3,则当步骤(3)中出现冗余结果时,认为识别失败。

(5)当星图中星体数等于 2 时,计算该星对的角距,进行角距匹配,结合导航星标志位,剔除错误匹配星对。若匹配的星对数等于 1,则利用星等信息进行判断,得到星识别结果;若大于 1,则认为无法识别。当星图中星体数等于 1 时,如果导航星表有唯一结果,则作为识别结果,否则认为无法识别。

(6)当星图中星体数小于 3 时,算法能否识别成功与惯导系统的精度有很大关系,当误差较大时,算法不能正确识别。

本节算法流程图如图 5.48 所示。

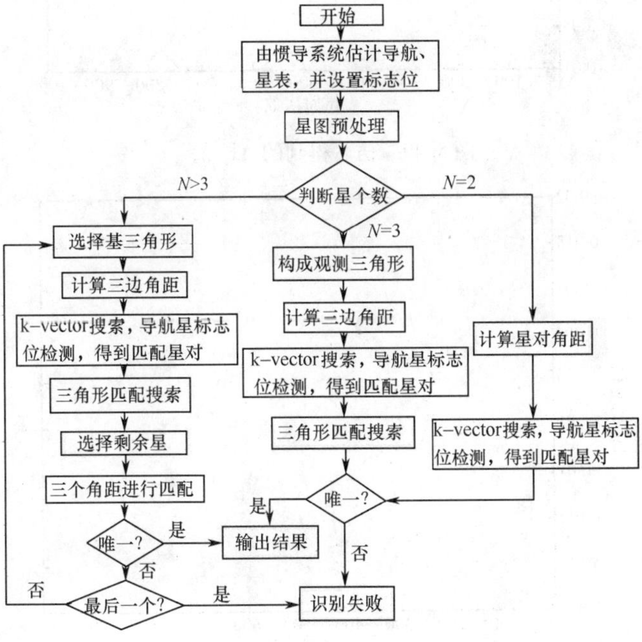

图 5.48　算法流程图

5.9.3 仿真结果分析

仿真欧拉角误差引起的星敏感器光轴矢量坐标变化 Δx_g 、Δy_g 、Δz_g ,如图 5.49、图 5.50、图 5.51 所示。设欧拉角误差为 0.01rad,即 0.573°。随机设定三个欧拉角值(见图 5.52),仿真 1000 次。仿真总时间为 1.432ms。观察仿真结果发现,当欧拉角误差为 0.01rad,即对应角度为 0.573°时, Δx_g 、Δy_g 、Δz_g 都小于 0.025。

对不同欧拉角误差进行仿真。欧拉角误差分别取区间[0.002, 0.02]内以 0.002rad 为步长,对每一误差角仿真1000 次,取 Δx_g、Δy_g、Δz_g 中的最大值进行绘图,如图 5.53 所示。从图 5.53 可以看出,随着欧拉角误差增大,Δx_g、Δy_g、Δz_g 中的最大值逐渐增大,近似呈线性关系。

假设 Δx_g、Δy_g、Δz_g 都小于 0.025,惯组输出的光轴位置与实际位置一致,仿真惯导辅助模式下算法的星图识别效果。星敏感器的参数设置:视场为 12°×12°,焦距为 131.5mm,像元数为 1024×1024。星位置误差满足正态分布,标准差取为 1.4arcsec。星识别结果为模拟星图中星体的序号以及算法给出的其在导航星表中的序号。验证时,将星识别结果与星模拟过程中存储的真实结果作差,若等于 0 则证明该次识别成功,并存储识别星的个数。为简化识别过程,将算法的识别星个数上限设为 6(此处未考虑伪星的影响)。

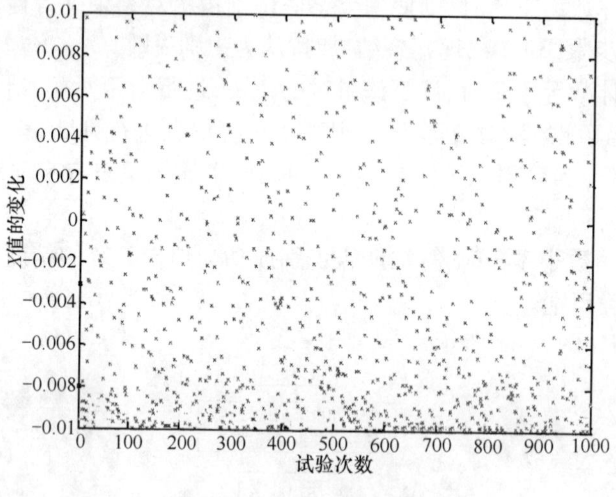

图 5.49 仿真得到的 Δx_g 值

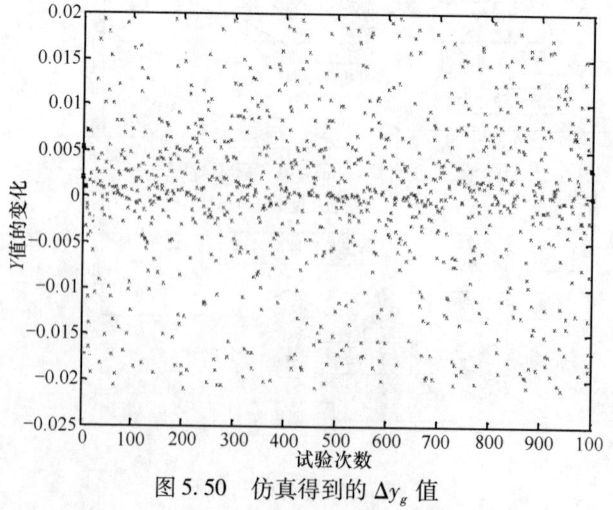

图 5.50 仿真得到的 Δy_g 值

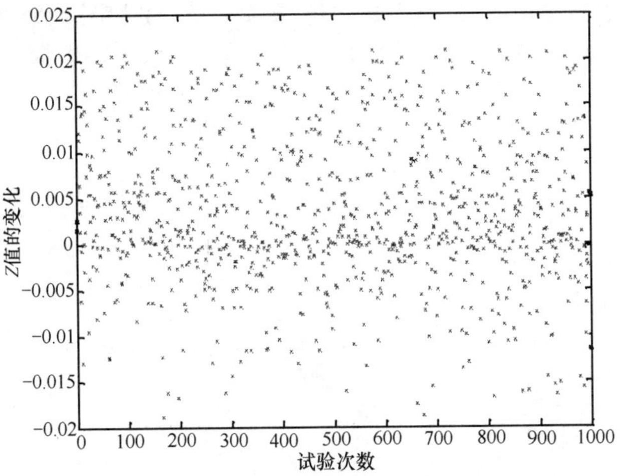

图 5.51　仿真得到的 Δz_g 值

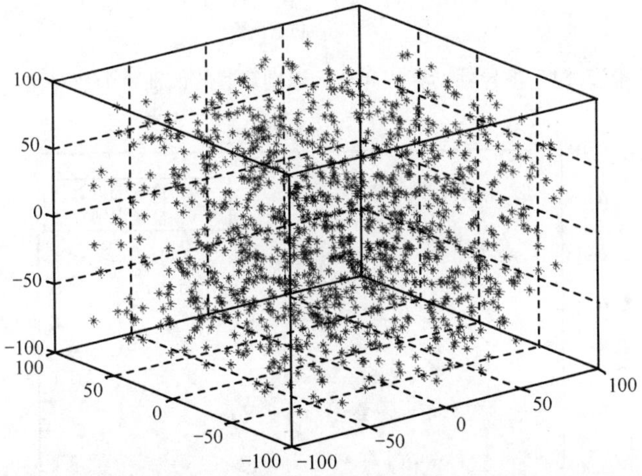

图 5.52　随机设定的 3 个欧拉角值

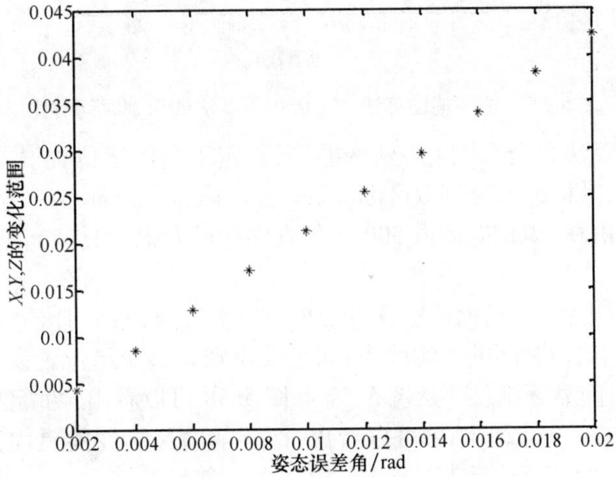

图 5.53　不同欧拉角误差,仿真得到的 Δx_g、Δy_g、Δz_g 中的最大值

随机生成星敏感器光轴指向,进行 500 次仿真,如图 5.54 和图 5.55 所示。从图 5.54 和图 5.55 可以看出:惯导辅助算法与全天识别算法的识别结果一致,但惯导辅助算法的识别速度优于全天识别算法。

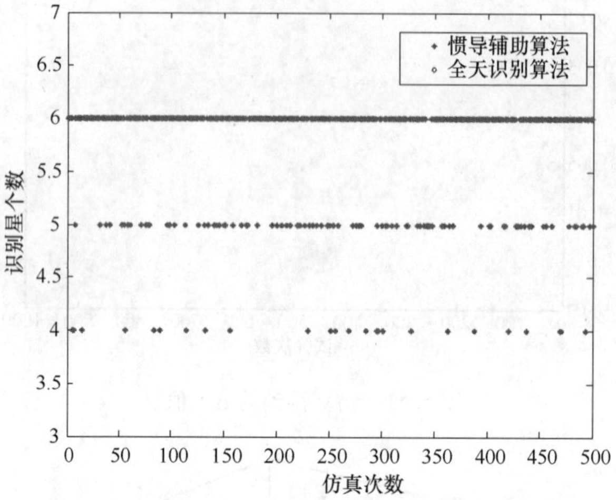

图 5.54　惯导辅助算法和全天识别算法的识别星个数对比

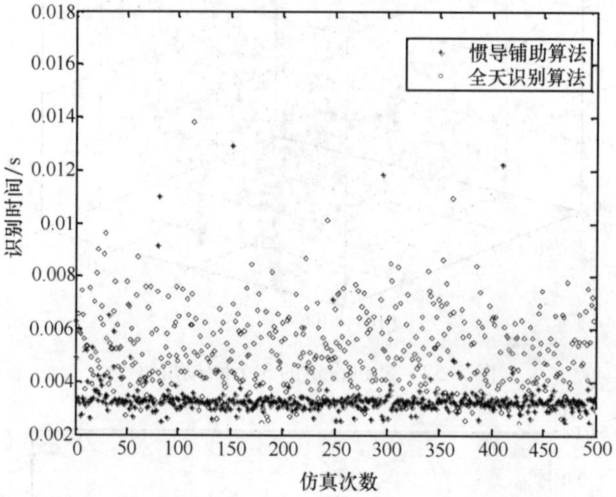

图 5.55　惯导辅助算法和全天识别算法的识别时间对比

为对比惯导辅助算法和全天识别算法的差别,设定不同的星位置误差进行仿真。其中位置误差满足正态分布,其标准差分别取区间[3,30]arc sec 内以 3arc sec 为步长的值,对其识别效果和识别时间进行仿真(识别时间取 500 次仿真中的最大识别时间),如图 5.56、图 5.57 和图 5.58 所示。

从图 5.56 可以看出:惯导辅助算法具有较短的识别时间,除个别情况外,识别时间都小于 10ms,且星位置误差对识别时间的影响较小;而全天识别算法受星位置误差影响较大,随着星位置误差增大,识别时间显著延长。从图 5.57 和图 5.58 可以看出:两算法的识别结果几乎一致,且识别率接近 100%。从以上结果可以看出:惯导辅助算法性能更优,更适合组合导航状态下的星图识别(要求瞬时导航星表必须包含观测的导航星)。

设定 Δx_g、Δy_g、Δz_g 的最大值为区间[0.025,0.25]内以 0.025 为步长的值,星位置误差

取为 15arc sec，仿真 Δx_g 、Δy_g 、Δz_g 为不同值时，惯导辅助算法识别时间的变化（见图 5.59）。

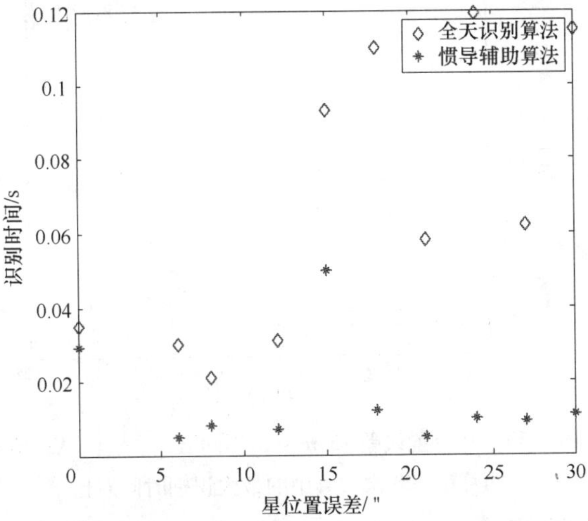

图 5.56　不同星位置误差，两算法 500 次仿真中的最大识别时间对比

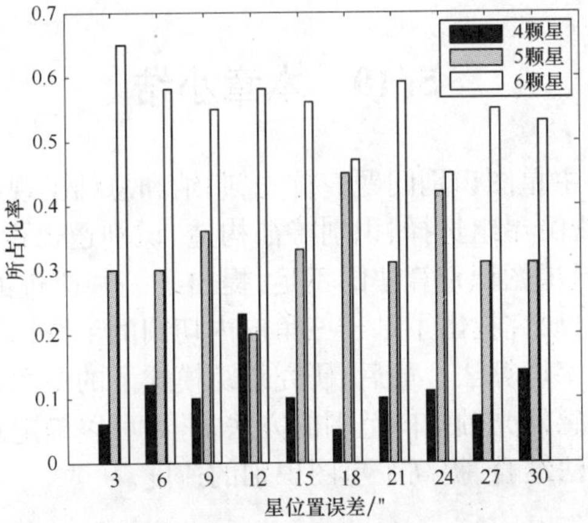

图 5.57　不同星位置误差、500 次仿真，全天识别算法识别星个数分别为 4,5,6 的实验次数占总实验次数的比率

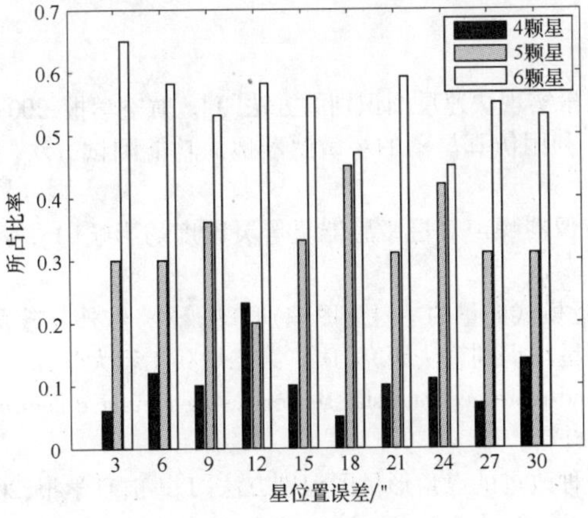

图 5.58　不同星位置误差、500 次仿真，惯导辅助算法识别星个数分别为 4,5,6 的实验次数占总实验次数的比率

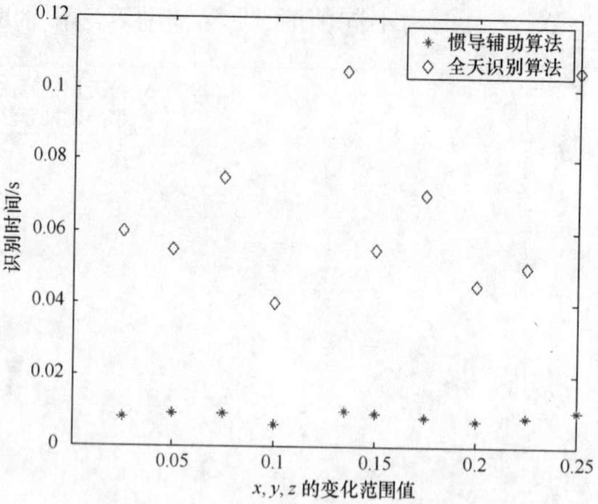

图 5.59　星位置误差 15arc sec，不同 Δx_g 、Δy_g 、Δz_g 值，两算法 500 次仿真中的最大识别时间对比

从图 5.59 可以看出：当 Δx_g 、Δy_g 、Δz_g 值不大时，惯导辅助算法的识别时间受 Δx_g 、Δy_g 、Δz_g 的影响不大。

5.10　本章小结

本章主要研究全天自主星图识别问题。首先，归纳和总结了现有星图识别算法，分析了星图识别面临的困难，指出观测星组选择、识别特征构造、识别逻辑设计是星图识别算法研究的难点。然后，重点针对主星星图识别算法的不足，提出了一种改进的主星星图识别算法，并针对三角形识别算法的不足，研究提出了基于三角形内切圆的星图识别算法、基于 Quine 三角形的改进算法以及改进的金字塔算法。最后，研究跟踪模式下的星图识别算法，讨论了基于含误差惯导姿态信息估计星敏感器光轴指向范围的方法，进而可以确定观测瞬时导航星表，将其与改进的金字塔星图识别算法结合，提高了星图识别的速度。

参 考 文 献

[1] 杨建，张广军，江洁．P 向量实现快速星图识别的方法[J]．航空学报，2007，28(4)：897 - 900.

[2] 魏新国，张广军，樊巧云．利用仿真星图的星敏感器地面功能测试方法[J]．红外与激光工程，2008，37(6)：1087 - 1091.

[3] 王辰，王宏强，陈明华．成像器噪声对星敏感器星等灵敏度的影响[J]．红外与激光工程，2008，37(5)：858 - 862.

[4] 陆敬辉，王宏力．应用相近模式向量的主星星图识别算法[J]．红外与激光工程，2011，40(1)：164 - 168.

[5] 崔祥祥．双视场星敏感器星图识别算法研究[D]．第二炮兵工程大学，2015.

[6] Samaan M. Toward faster and more accurate star sensors using recursive centroiding and star identification[D]. Texas A&M University ,2003.

[7] 张广军，魏新国，江洁．一种改进的三角形星图识别方法[J]．航空学报，2006，27(6)：1150 - 1154.

[8] Gottlieb D M. Star Identification Techniques，Spacecraft Attitude Determination and Control[M]．Dordrecht，The Netherlands：Kluwer Academic Publishers，1978.

[9] 冉晓强，汉德胜，邱跃洪，等．一种新的多三角形星图识别算法[J]．光子学报，2009，38(7)：1867 - 1871.

[10] Paladugu L, Ebenezer S A, Williams D G. Intelligent Star Pattern Recognition for Attitude Determination: the "Lost in Space" Problem[J]. Journal of Aerospace Computing, Information, and Communication, 2006, 3: 538 - 569.

[11] Scholl M S. Star - Field Identification Intelligent Star Pattern for Autonomous Attitude Determination[J]. Journal of Guidance Control and Dynamics, 1995, 18(1): 61 - 65.

[12] Li L H, Lin T, Ning Y C, et al. Improved All - sky Autonomous Triangle Star - field Identification Algorithm [J]. Optical Technique, 2000, 26(4): 372 - 374.

[13] Padgett C, Kenneth K D. A Grid Algorithm for Autonomous Star Identification[J]. IEEE Transactions on Aerospace and Electronic Systems, 1997, 33(1): 202 - 213.

[14] Mortari D, Junkins J L, Samaan M A. Lost - In - Space Pyramid Algorithm for Robust Star Pattern Recognition [C]. Guidance and Control Conference, Breckenridge, CO, 2001.

[15] Paladugu L, Williams B J, Marco P S. Star Pattern Recognition for Attitude Determination Using Genetic Algorithms[C]. 17th AIAA/USU Conference on Small Satellites, 2003.

[16] Alveda P. Neural Network Star Pattern Recognition of Spacecraft Attitude Determination and Control[C]. Advances in Neural Information Processing System, Denver, CO, 1989.

[17] Clark S Lindsey, Thomas L. A Method for Star Identification using Neural Networks[C]. SPIE, 1997, 3077: 471 - 478.

[18] Accardo D, Rufino G. Star Field Feature Characterization for Initial Acquisition by Neural Networks[C]. Proceedings of IEEE Aerospace Conference, 2002: 2319 - 2330.

[19] 李春艳. 利用神经网络技术实现星敏感器的星图识别[D]. 辽宁师范大学,2003.

[20] Kumar M, Mortari D, Junkins J L. An Analytical Approach to Star Identification Relia - bility[C]. AIAA Guidance, Navigation and Control Conference and Exhibit, Honolulu, Hawaii, 2008.

[21] 朱长征. 基于星敏感器的星模式识别算法及空间飞行器姿态确定技术研究[D]. 长沙:国防科学技术大学,2004.

[22] 胡海东. 星图识别与组合导航滤波方法研究[D]. 哈尔滨:哈尔滨工业大学,2009.

[23] 郑万波. 基于星敏感器的全天自主分层星识别算法研究[D]. 长春:中国科学院长春光学精密机械与物理研究所,2003.

[24] 袁国雄,任章. 星光/惯性复合制导在战略导弹上的应用前景分析[J]. 战术导弹控制技术,2006,53(2):19 - 22.

[25] 房建成,全伟,孟小红. 三角剖分的全天自主星图识别算法[J]. 北京航空航天大学学报,2005,3(31): 311 - 315.

[26] Liebe C C. Pattern Reconition of Star Constellations for Spacecraft Applications[J]. IEEE Aerospace and Electronic Systems Magazine, 1992, 7(6): 34 - 41.

[27] 郑胜,吴伟仁,田金文,等. 一种新的全天自主几何结构星图识别算法[J]. 光电工程,2004,3(31): 4 - 7.

[28] Quine B. Spacecraft Guidance Systems Attitude Determination Using Star Camera Data[D]. Submitted to the Department of Engineering Science, University of Oxford, 1996.

[29] 房建成,宁晓琳,田玉龙. 航天器自主天文导航原理与方法[M]. 北京:国防工业出版社, 2006.

[30] 陆敬辉,王宏力. 三角形内切圆的星图识别算法[J]. 红外与激光工程,2011,40(4):752 - 756.

[31] Cole L, John L, Crassidis. Fast Star Pattern Recognition Using Spherical Triangles[C]. AIAA/AAS Astrodynamics Specialist Conference, Providence, Rhode Island, 2004.

[32] Lee H, Oh C S, Bang H. Modified Grid Algorithm for Star Identification by Using Star Trackers[C]. Proceedings of International Conference on RAST, 2003: 385 - 391.

[33] 孙晓雄. 基于星敏感器的星提取和星图识别算法[D]. 第二炮兵工程大学, 2009.

[34] 孙晓雄,王宏力,陆敬辉. 一种基于星三角形的星图识别算法[J]. 传感器与微系统,2009,28(12): 8 - 10.

[35] 崔祥祥,王宏力,陈聪,等. 星三角形识别中的选星策略及实现[J]. 中国惯性技术学报,2012,20(3):

296 - 299.
[36] Van Bezooijen R W H. SIRTF autonomous star tracker [C]Proc. of SPIE, 2003, 4850:108 - 121.
[37] Bae J H, Kim Y D. Satellite attitude determination and estimation using two star trackers[C]. AIAA Guidance, Navigation, and Control Conference, Toronto, Ontario Canada, 2010:8447.
[38] Koki Ho, Nakasuka S. Novel star identification method combining two star trackers with extended FOVs[C]. AIAA Guidance, Navigation and Control Conference. Toronto, Ontario Canada, 2010:8448.
[39] Ketchum E A, Tolson R H. Onboard star identification without a priori attitude information[J]. Journal of Guidance, Control, and Dynamics, 1995, 18(2): 242 - 246.
[40] Cole C, Crassidis J. Fast star - pattern recognition using planar triangles [J]. Journal of Guidance, Control, and Dynamics, 2006, 29(1): 64 - 71.
[41] 崔祥祥．基于弹载大视场星敏感器的星图识别方法研究[D]. 第二炮兵工程大学,2010.
[42] 张锐．基于 CCD 星敏感器的星图识别算法的设计与实现[D]. 郑州:中国人民解放军信息工程大学,2007.
[43] 陈元枝,郝志航,王国辉,等．适用于星敏感器的导航星星库制定[J]. 光学精密工程,2000,8(4):331 - 334.
[44] 张磊,魏仲慧,何昕,等．快速全天自主星图识别[J]. 光学精密工程,2009,17(4):909 - 914.
[45] Malak Anees Samaan. Toward faster and more accurate star sensors using recursive centroiding and star identification[D]. Texas A&M University ,2003.
[46] H Y Kim, J L Junkins, J N Juang. An Efficient and Robust Singular Value Method for Star Pattern Recognition and Attitude Determination[R]. NASA, Tech. Rep. TM - 2003 - 212142,2003.
[47] 王波．CMOS 星敏感器星图识别方法研究[D]. 武汉:华中科技大学,2004.
[48] MORTARI D, NETA B . K - vector Range Searching Technique[C]. 10th Annual AIAA/AAS Space Flight Mechanics Meeting, Clearwaters, FL, 2000.
[49] D Mortari. Search Less Algorithm for Star Pattern Recognition[J]. The Journal of Astronautical Sciences, 1997,45(2):179 - 194.
[50] 李惠峰,李应举,宁伟．基于 CNS 仿真器的弹道导弹 SINS/CNS/GNSS 组合导航系统研究[J]. 弹箭与制导学报,2008,28(1):61 - 66.
[51] Samaan M A, Mortari D, Junkins J L. Recursive Mode Star Identification Algorithms[C]. Proceedings of the 2002 AAS/AIAA Space Flight Mechanics Meeting, Santa Barbara, CA, 2001.

第 6 章　大视场星敏感器误差标定

6.1　引　言

星敏感器是星光制导系统的关键设备，它通过探测器对星空成像，测量恒星向量在星敏感器坐标系中的星光成像向量，最终确定导弹相对于惯性坐标系的三轴姿态[1-7]。对星光成像向量进行高精度的测量和计算是实现高精度姿态输出的关键环节[8]。但由于装配偏差，以及环境因素的影响，星敏感器内部参数会出现偏差，导致测量精度下降。为保证精度，必须在使用前对其参数误差进行研究分析[9]。

本章基于星敏感器工作原理，分析了星敏感器的典型误差源，建立了星敏感器的成像模型，重点研究了焦距误差、主点偏移、镜头畸变、CCD 平面倾斜角和绕光轴的旋转角对星光向量测量精度的影响。因此，星敏感器误差参数标定的实质是对其影响姿态向量获取精度的系统参数进行估计[10]。国内外许多学者对该问题已有大量研究，例如：美国 Junkins J. L. 、Samman M. 、Travis H. D. 、Griffith D. T. 、Singla P. 等针对星敏感器星像点偏移和畸变等星敏感器系统误差自主标定做了深入研究[3,4,5,11,12]；袁彦红等提出利用最小二乘最优估计法标定星像点偏移和光学透镜的变化[9]；张伟娜等提出了一种基于改进遗传算法的星图畸变校正方法[13]，通过改进适应度函数并适时调整变异概率，避免产生早熟收敛问题，但没有对星敏感器多参数进行综合标定；北京控制工程研究所钟红军采用扩展卡尔曼滤波算法对焦距及主点偏移量进行了标定[14]，但没有研究畸变、倾斜角等参数误差的标定。总的来看，综合研究星敏感器多参数标定的文献相对较少。

综上所述，尽管国内外对星敏感器标定方法进行了深入的探索，包括最小二乘法、遗传算法、滤波算法以及相应的改进算法等，且各有优点及缺陷，但都极大促进了星敏感器标定技术的发展，对于提高星敏感器的测量精度具有重要意义。

6.2　误差源及主要误差因素分析

6.2.1　星敏感器误差来源

在实际测量过程中，当星敏感器对准天空，会由于光程差的影响而引入误差。当其利用光学系统将瞬时视场中的若干恒星成像在星图像敏感芯片上时，感光器件完成了星像的光电转换，再由支持电路将转换成的电荷图像读出并放大成电压模拟信号，再经过 A/D 转换输出数字型号，并与星图像敏感芯片的像元一一对应地储存在星图存储器中，星敏感器存储的星表会受星表误差的影响，对恒星光行差的影响会很大。星敏感器工作时会受到校正残差、星像位置误差、因冲击和重力释放造成的结构变化、温度梯度变化产生的 CCD 热形变等因素影响，使星敏感器光学器件的性能发生改变而产生有效焦距、焦距误差、光学系统误差等。星敏感器整个硬件电路也会受噪声影响而引入噪声等效角误差，主要包括 CCD 噪声和电路噪声两个部分，其中：CCD 噪声包括光响应不均匀噪声、读出噪声、暗电流、光子散粒噪声等；电路噪声主要包括模拟电路噪声、A/D 转化噪声、电源波动干扰、时钟不均匀等。观测星图与导航星表进行特征匹配、识别出观测星、完成星图识别、经过数据处理得出航天器在空间惯性坐标系中的瞬间姿态数据的过程，都是通过算法来完成的，这一过程中会由于算法设计不合理、计算误差等因素的影响而引入算法误差。在整个星敏感器工作过程中，随机误差会影响星敏感器测量精度，其中绝大部分随机误差为高频误差，包括暗信号和图像响应的非一致性、探测像元的白斑等[35]。

实际测量中各个环节由于环境和工艺限制而产生的误差，都会大大影响星敏感器的测量精度。

6.2.2 星敏感器主要误差因素分析

对于各类误差源，根据分类方式不同，国内外有多种误差指标体系。20 世纪 90 年代初，日本按照误差来源对星敏感器误差种类进行了划分，基于星敏感器安装面的绝对误差，将误差系统分为瞄准线不确定性和相关误差，如图 6.1 所示。

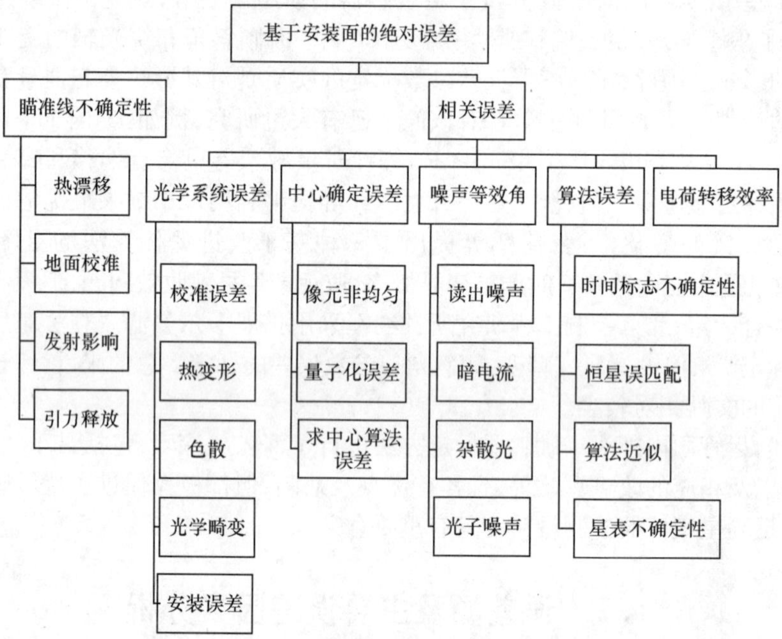

图 6.1　星敏感器误差指标体系（日本）

2008 年，德国的 JENA 公司和欧洲 ESA 提出了一套星敏感器误差指标体系，其定义的星敏感器误差树主要包括时间误差（TE）、高空间频率误差（HSFE）、低空间频率误差（LSFE）、偏置稳定性误差（BS）和偏置误差（BE），如图 6.2 所示。

2010 年，中国科学院提出了一套星敏感器误差指标体系，将星敏感器误差归类为视轴漂移误差、噪声等效角误差、偏置误差，如图 6.3 所示。

通过对国内外的星敏感器误差体系做详细的分析，可以知道它们的误差分配方式各不相同。针对不同的误差指标体系，国内外星敏感器的误差分类有以下几种。

（1）法国 SODERN 公司误差分类方式。SODERN 公司将星敏感器误差分为偏置误差、低频误差和噪声等效角。偏置误差可以进行标定，噪声等效角可运用滤波算法除去，需重点研究低频误差。

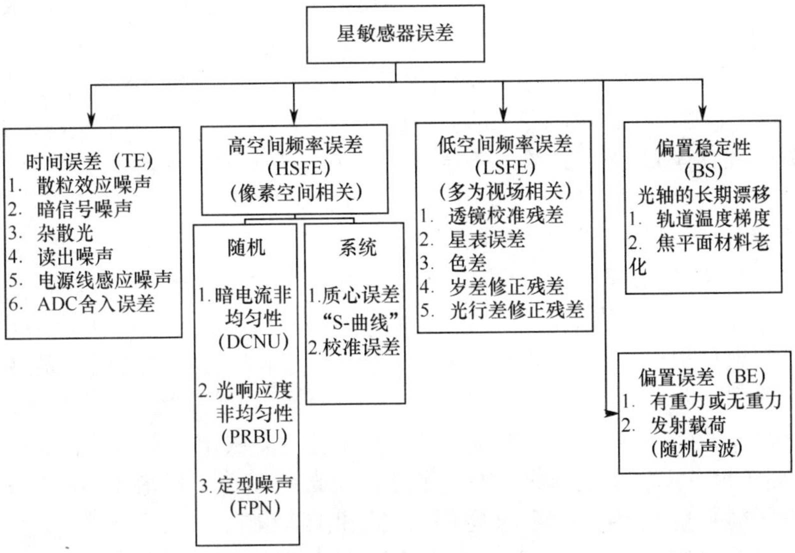

图 6.2　星敏感器误差指标体系(德国)

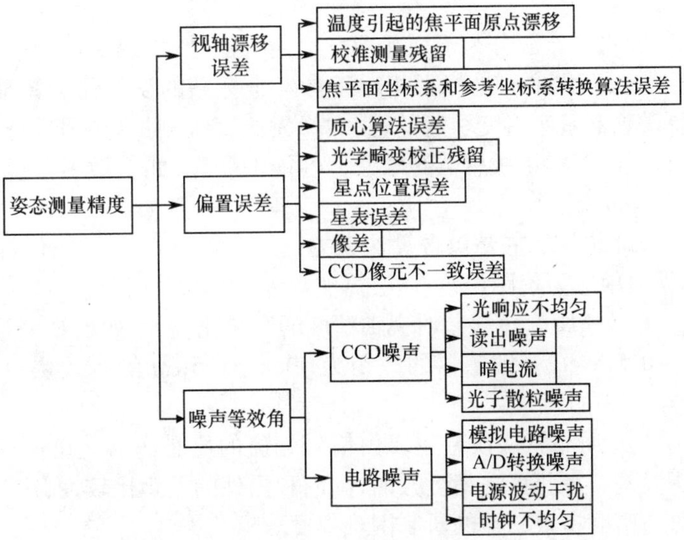

图 6.3　星敏感器误差指标体系(中国)

(2) Ball 公司误差分类方式。Ball 公司在误差分析中把误差分为视轴调整偏置误差、转移偏置误差和随机测量误差,其中:调整偏置误差是指星敏感器的星像位移,即星敏感器视轴偏置误差,同时星敏感器光学系统的热变形也是调整偏置误差;转移偏置误差是由 CCD 感光面上的星像位置引起的误差,主要来源于校准和标定过程中的残余误差及感光面受到强辐射时引入的噪声误差;随机误差主要是受噪声等效角影响产生的误差。

(3)洛克希德・马丁公司误差分类方式。洛克希德・马丁公司将星敏感器误差项分为偏置误差和噪声等效角误差,其中将偏置误差分为质心算法误差、光学畸变残留、星点位置误差、像差和 CCD 像素不一致误差。

(4) ESA 的星敏感器误差分类方式。按照 ESA 标准,星敏感器误差可分为偏置误差、视场空间误差、像素空间误差、时域误差、热弹性变形误差、光行差。其中:偏置误差为测量坐标系相对于机械安装坐标系之间的偏差;视场空间误差为单星定位误差产生的姿态测量误差,主要来源于畸变残差;像素空间误差是由于探测器空间不均匀性及星点定位算法带来的测量误差,包括 PRNU、DSNU、暗电流尖峰、FPN 等;时域误差主要是由散粒噪声、读出噪声、量化噪声及星时误差组成,主要是硬件噪声带来的测量误差;热弹性变形误差主要是由于温度梯度的变化而带来的慢变漂移误差;光行差是由于星敏感器相对于惯性系的运动速度导致的观测误差。

(5) 上海交通大学星敏感误差分类分式。上海交通大学在对星敏感器误差分析中,从光、机、电、热等方面分析了影响星敏感器测量精度的各种误差的来源和机理。将星敏感器误差主要分为星点定位误差、偏置误差、偏置稳定性。其中:偏置误差(BE)是一种固有偏差,主要由光机系统装校残差和外力因素(振动、冲击)造成的偏差组成;偏置稳定性(BS)误差是指偏置误差在时域上的变化量,对于星敏感器来讲,主要是热变化造成的光轴偏置误差变化;星点定位误差是指成像在探测器上星点质心提取的实际坐标值相对于星光向量在探测上理想坐标值的偏差。星敏感器的姿态测量精度,通常是由星点定位误差决定。而星敏感器的光、机、电、热各个环节,都会对星点定位误差构成影响。星点定位误差涵盖了星敏感器频域和时域的绝大部分误差,包括低频(空间)误差、高频(空间)误差和瞬时误差。

尽管以上对星敏感器的误差分类方式不完全相同,但结果证明都是合理的。这是由于误差项之间是相互影响、相互制约的,分类误差的时候往往考虑的是各误差的主要影响结果,因此分类有所不同。

根据以上的总结,将误差源分为下列几项。

(1)视轴漂移误差,即焦平面坐标系相对于参考坐标系的误差值。视轴漂移误差是由温度梯度变化造成星敏感器基座形变引起的,其大小无法直接测量,必须进行相应的标定补偿。同时,温度梯度变化也会影响星敏感器光学元件性能的变化,如星敏感器镜头折射率改变、光学元件随温度的膨胀和收缩等。

(2)偏置误差。偏置误差主要包含算法误差、校正残留误差、星像位置误差、CCD 形变。因此,偏置误差的误差项应为焦距误差、质心算法误差、光学系统误差。

① 焦距误差。有效焦距变化误差对视轴精度的影响比较大,如果观测星位置在视场内的变化范围是 $-0.5 \sim 0.5$Pixel,星敏感器的焦距为 10cm 时,5μm 的有效焦距变化就能产生 $5/100000 \times 1 \times 3600 = 0.18''$的误差。

② 质心算法误差。质心算法误差主要由信号光斑的质心作为光斑位置特征点提取质心位置时产生的算法误差。在此算法精度方面,国内和国外的差距比较大,这一差距也在一定程度上增加了我国对高精度星敏感器的研制困难程度。

③ 光学系统误差。光学系统误差主要包括焦距误差、主点偏差、感光面倾斜和旋转、镜头畸变等,其形成主要是因为星敏感器光学棱镜安装误差,以及在使用工程中受温度、光学设备畸变等因素影响。同时,光学系统误差主要具备的是低频误差的特性,在星敏感器测量时无法通过卡尔曼滤波有效滤除。

(3)噪声等效角误差。噪声等效角主要有 CCD 噪声和电路噪声。其中:CCD 噪声包括光子散粒噪声(PSN)、暗电流散粒噪声(DCSN)、模式噪声(PN)、复位噪声(Reset)、芯片放大器噪声(On - chip)和片外放大器噪声(Off - chip)以及读出噪声,电路噪声主要包括模拟电路噪声、电源波动干扰、时钟的不均匀性和 A/D 转换的量化噪声。需要说明的是,模拟电路噪声和时钟的不均匀性对电路噪声的影响相对较小。

① 光子散粒噪声(PSN)。此噪声为光学图像传感器自身固有的噪声,无法抑制或者抵消,但此噪声与信号是有关的,同时和光生信号电荷大小的平方根成正比关系。

② 暗电流散粒噪声(DCSN)。产生暗电流的根本原因是半导体的热激发效应,所以暗电流大小与温度有着密切关系,CCD 器件的温度控制可以很好地抑制其误差产生。

③ 模式噪声(PN)包括有固定模式噪声(FPN)、光响应不均匀性噪声(PRNU),FPN 和 PRNU 实际上均是空间分布噪声。FPN 是在无光照条件下,由于暗电流分布不均,各光敏元间隔不相等而产生的;PRNU 是在有光照的条件下,由于各像元间对光响应灵敏度存在差异而引起的。FPN 和 PRNU 均可通过图像处理技术消除。另外,FPN 与暗电流的分布有关,所以还可通过 CCD 制冷的方法消除。

④ 复位噪声(Reset)与 CCD 输出结构有密切联系,源于输出电路复位过程中的电阻热效应。采用相关双采样法,可以使复位噪声大大降低。

⑤ 芯片放大器噪声(On - chip)与片外放大器噪声(Off - chip)。芯片放大器噪声实际上是读出噪声;片外放大器噪声主要是由芯片中放大回路产生。

⑥ 读出噪声(RN)。此噪声的平均值为常量,是不相关的时域噪声,可以通过延长积分时间,来减小读出噪声的产生。

⑦ A/D 转换的量化噪声源于在量化过程中引入的误差,它服从均匀分布,可通过量化电平将其消除。

从以上分析星敏感器误差的分类,可以看出影响星敏感器测量精度的误差因素有很多,实际测量中对星敏感器影响较小的误差如下。

(1)星敏感器噪声等效角引起的误差,其根本原因是由硬件噪声引起的测量偏差。因此,提高硬件的抗干扰能力和提升其降噪设计是减少其对测量精度影响的一个重要手段。同时,大部分噪声等效角都可以通过滤波等手段消除,因此可以忽略。

(2)星敏感器姿态计算算法误差在即使只有 3 颗星参与计算的情况下也只有 5 ~ 10 arc sec 的误差引入,因此可以忽略不计。

(3)星敏感器星表误差在星敏感器测量过程中可以通过提前的补偿算法消除,因此也可以忽略不计。

经分析可知,影响星敏感器测量的误差主要有视轴漂移误差和光学系统误差,其中视轴漂移误差主要影响的是星敏感器焦距,这里将视轴漂移误差和光学系统误差统称为星敏感器光学系统误差[16]。综上所述,星敏感器测量精度的主要误差因素为光学系统误差因素,因而需要着重研究。

6.3 误差模型及参数误差校正

6.3.1 星敏感器成像模型

1)理想模型

星敏感器的理想模型可以视为针孔模型,即:基于共线原理,将恒星星光视为无穷远处的平行光,通过投影中心直接映射到 CCD 焦平面上。星光在星敏感器坐标系中的成像向量为

$$\boldsymbol{w}_i = \frac{1}{\sqrt{x_i^2 + y_i^2 + f^2}}\begin{bmatrix} -x_i \\ -y_i \\ f \end{bmatrix} \tag{6.1}$$

式中:$P(x_i, y_i)$ 为恒星在 CCD 平面上的投影成像点;f 为光学镜头的焦距。

在上述理想模型中,由于未考虑任何误差因素,因此恒星在星敏感器坐标系中的入射光线

向量 $\boldsymbol{v}_i$ 与成像向量 $\boldsymbol{w}_i$ 应该是相等的,即 $\boldsymbol{v}_i = \boldsymbol{w}_i$。

2)实际模型

在实际应用中,由于星敏感器在加工、装配及调试等过程中存在多种误差,使得星敏感器光学系统参数出现偏差,导致计算得到的星光成像向量 $\boldsymbol{w}_i$ 带有较大误差。主要考虑以下参数误差因素:①焦距 f 存在误差,即 $f' = f + \Delta f$;②主点 O_p 发生偏移,记为 (x_0, y_0);③焦平面相对理想情况倾斜 α;④CCD 焦平面绕光轴 z_s 轴旋转 β 角;⑤光学镜头的畸变,包括径向畸变和切向畸变,径向畸变是影响星敏感器精度的主要因素[6]。

考虑以上因素,建立如图 6.4 所示的实际模型。O_p 为星敏感器光轴与焦平面的交点(主点);$O_p - x_s y_s z_s$ 为星敏感器坐标系,O_p 为光学系统的光心,z_s 轴为光轴方向,垂直于焦平面,O_p 为光轴发生偏移 (x_0, y_0) 后的实际主点;I 为实际的 CCD 平面,II 为理想的 CCD 平面;$P(x, y)$ 为理想模型中恒星成像点坐标,$P(x', y')$ 为实际模型上的成像点坐标。

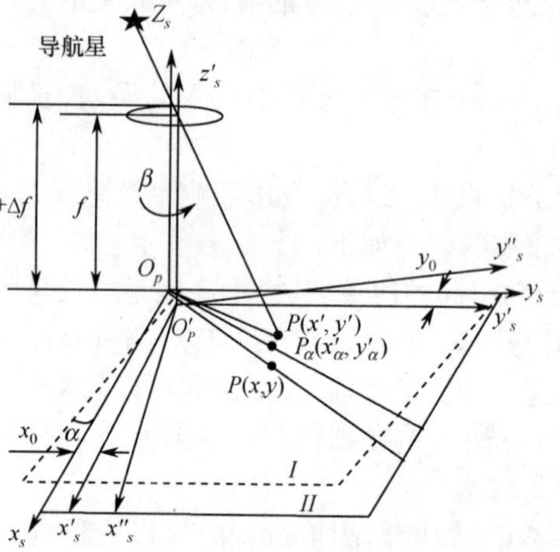

图 6.4　星敏感器实际模型

6.3.2　参数误差校正

星敏感器实际成像与理想成像之间的具体转换关系如下。

1)倾斜角 α

以一个方向为例,设 CCD 平面绕 y_s 轴转动了 α。对该误差进行修正,$P'(x', y')$ 落到点 $P_\alpha(x_\alpha, y_\alpha)$,$P_\alpha(x_\alpha, y_\alpha)$ 是考虑了倾斜因素的修正后的成像点坐标。令 $r' = O'P'$,$r_\alpha = O'P_\alpha$,则由几何关系可得

$$\begin{bmatrix} x_\alpha \\ y_\alpha \end{bmatrix} = \boldsymbol{A}_\alpha \begin{bmatrix} x' \\ y' \end{bmatrix} \tag{6.2}$$

$$\boldsymbol{A}_\alpha = \begin{bmatrix} \frac{r_\alpha}{r'}\cos\alpha & 0 \\ 0 & \frac{r_\alpha}{r'} \end{bmatrix}$$

$$r' = \sqrt{x'^2 + y'^2 + f^2 - 2f'x\sin\alpha}$$

$$r_\alpha = \sqrt{x_\alpha^2 + y_\alpha^2 + f^2} = r'f/(f - x'\sin\alpha) \tag{6.3}$$

2）光学镜头的畸变[9,17]

仅考虑镜头的径向畸变。修正镜头畸变后，$P_{\alpha}(x_{\alpha},y_{\alpha})$ 落到点 $P_{\alpha g}(x_{\alpha g},y_{\alpha g})$，由径向畸变关系可知

$$\begin{bmatrix} x_{\alpha g} \\ y_{\alpha g} \end{bmatrix} = \boldsymbol{A}_{g} \begin{bmatrix} x_{\alpha} \\ y_{\alpha} \end{bmatrix} \tag{6.4}$$

式中：$\boldsymbol{A}_{g} = \begin{pmatrix} D & 0 \\ 0 & D \end{pmatrix}$；$D$ 为径向畸变系数。

3）旋转角 β

点 $P_{\alpha g}(x_{\alpha g},y_{\alpha g})$ 经过坐标旋转后，得到修正旋转角后的星像点坐标 $P_{\beta}(x_{\beta},y_{\beta})$，经推导可得

$$\begin{bmatrix} x_{\beta} \\ y_{\beta} \end{bmatrix} = \boldsymbol{A}_{\beta} \begin{bmatrix} x_{\alpha g} \\ y_{\alpha g} \end{bmatrix} \tag{6.5}$$

式中：$\boldsymbol{A}_{\beta} = \begin{pmatrix} \cos\beta & -\sin\beta \\ \sin\beta & \cos\beta \end{pmatrix}$ 为旋转矩阵。

4）焦距误差 Δf 及主点偏移(x_0, y_0)

点 $P_{\beta}(x_{\beta},y_{\beta})$ 经过修正后得到最终的理想成像点坐标 $P(x, y)$，首先将式(6.2)～式(6.5)中的理想焦距值 f 用带误差的焦距 f' 进行替换，计算得到带误差焦距的成像点坐标 $P_{f'}(x_{f'},y_{f'})$，而后补偿主点偏移(x_0, y_0)，有

$$\begin{bmatrix} x \\ y \end{bmatrix} = \begin{bmatrix} x_{f'} \\ y_{f'} \end{bmatrix} - \begin{bmatrix} x_0 \\ y_0 \end{bmatrix} \tag{6.6}$$

根据式(6.2)～式(6.6)，得

$$\begin{bmatrix} x \\ y \end{bmatrix} = \boldsymbol{A}'_{\beta} \boldsymbol{A}'_{g} \boldsymbol{A}'_{\alpha} \begin{bmatrix} x' \\ y' \end{bmatrix} - \begin{bmatrix} x_0 \\ y_0 \end{bmatrix} \tag{6.7}$$

式中：$\boldsymbol{A}'_{\beta}$、$\boldsymbol{A}'_{g}$、$\boldsymbol{A}'_{\alpha}$ 分别为用带误差的焦距 f' 替换后的 $\boldsymbol{A}_{\beta}$、$\boldsymbol{A}_{g}$、$\boldsymbol{A}_{\alpha}$ 的计算公式。式(6.7)即为实测星像点坐标 $P'(x',y')$ 到理想成像点 $P(x,y)$ 的误差校正公式。通过标定算法得到相应参数的估计值，代入式(6.7)就可以完成参数误差校正。

6.4 误差对星敏感器测量精度的影响分析

通过理论成像坐标与实际成像坐标的转换关系可以看出，星敏感器的参数存在未修正误差时，将引起视场内所有恒星成像向量的计算误差，从而最终影响到多颗恒星间的角距测量、星图识别及姿态确定，导致星敏感器工作性能下降甚至无法正常工作[15]。

6.4.1 对单星测量精度的影响分析

为分析参数对单颗恒星测量精度的影响，将计算得到的实际成像向量 $\boldsymbol{w}'_i$ 与理论成像向量 $\boldsymbol{w}_i$（或恒星入射光线向量 $\boldsymbol{v}_i$）之间的误差（通常采用两向量之间的角距）作为星敏感器单星测量精度的评价指标，即

$$\Delta\theta = \arccos(\boldsymbol{w}_i^{\mathrm{T}} \boldsymbol{w}'_i) = \arccos(\boldsymbol{v}_i^{\mathrm{T}} \boldsymbol{w}'_i) \tag{6.8}$$

分别从两个方面分析参数误差的影响：一是固定观星方位及某颗恒星，分析不同大小的参数误差对测量精度造成的影响；二是固定参数误差的大小，分析不同观星方位（或观测不同恒星）对成像向量计算造成的误差。

根据光学成像系统的对称性,将系统简化到二维空间。仅以 CCD 平面的 X_p 轴与光轴 Z_s 轴构成的平面二维坐标系统来分析,如图 6.5 所示。

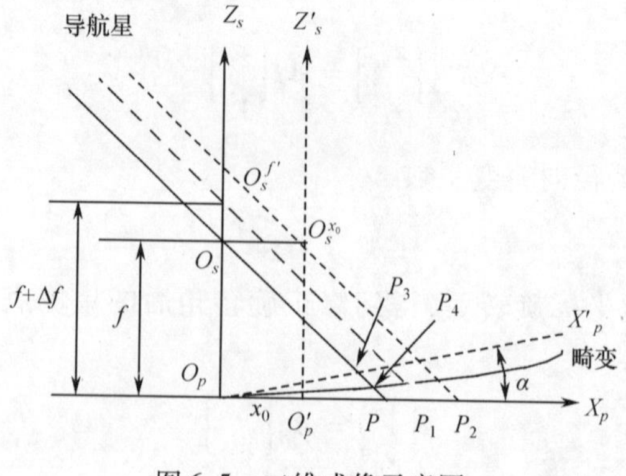

图 6.5　二维成像示意图

1)焦距误差的影响

假设焦距存在误差 Δf,即光心由 O_s 点变为 O_s^f,入射光线与光轴向量间的角距为 θ。由于恒星星光视为平行光,则成像点由理论点 $P(x,y)$ 偏移至点 $P_1(x_1,y_1)$ 处。若不对 Δf 进行补偿,则实际成像向量 $\boldsymbol{w}_s^f = \overrightarrow{P_1O_s}$ 将存在误差,根据成像几何关系及式(6.8)推导得

$$\begin{aligned}\Delta\theta_{f'} &= \arccos(\boldsymbol{v}_i^{\mathrm{T}}\boldsymbol{w}_i^f) = \angle PO_sP_1\\ &= \left|\arctan(\tan(\angle O_PO_sP_1-\theta))\right|\\ &= \left|\arctan\left(\frac{\Delta f\tan\theta}{f+f'\tan^2\theta}\right)\right|\end{aligned}\tag{6.9}$$

对式(6.9)分别求 θ 及 Δf 的一阶导数可以看出:对于固定观星方位角 θ,$\Delta\theta_{f'}$ 是关于 Δf 的增函数;对于固定的焦距误差 Δf,$\Delta\theta_{f'}$ 也是关于 θ 的增函数。由此,可以得到以下结论。

①对于固定观星方位 θ,星敏感器对单星向量的测量误差随 Δf 的增大而增大;

②对于固定的焦距误差 Δf,视场内距离光轴越远的成像向量,其测量精度越低,即随着 θ 的增大,对焦距误差 Δf 具有放大作用。

以上两点根据图 6.5 中的几何成像关系也可以直观推导得到。

2)主点偏移的影响

假设光轴偏移至 Z'_s 轴,则入射光线经 $O_s^{x_0}$ 在 $P_2(x_2,y_2)$ 处成像,若不补偿偏移量(x_0),则实际带有误差的成像向量为 $\boldsymbol{w}_s^{x_0} = \overrightarrow{P_2O_s}$,精度指标为

$$\begin{aligned}\Delta\theta_{x_0} &= \arccos(\boldsymbol{w}_i^{\mathrm{T}}\boldsymbol{w}_i^{x_0}) = \angle O_sP_2P_s^{x_0}\\ &= \left|\arctan(\tan(\angle O_PO_sP_1-\theta))\right|\\ &= \left|\arctan\left(\frac{x_0}{x_0\tan\theta+f(\tan^2\theta+1)}\right)\right|\end{aligned}\tag{6.10}$$

$\Delta\theta_{x_0}$ 分别对 x_0 及 θ 求一阶导数可以得出:$\Delta\theta_{x_0}$ 是关于 x_0 的增函数,是关于 θ 的减函数。因此,可以得到以下结论。

①对于固定观星方位 θ,星敏感器对单星的测量误差随 x_0 的增大而增大;

②对于固定的主点偏移误差 x_0,视场内星光成像向量距光轴越远,x_0 对测量精度的影响越小。

3)CCD 平面畸变、倾斜角及绕光轴的旋转角对星光向量测量精度的影响

与焦距误差和主点偏移误差的分析类似,由于误差存在且未进行补偿,因此星敏感器在进

行成像向量坐标计算时产生误差，给出其精度指标如下。

畸变精度指标为

$$\Delta\theta_{k_1} = \left|\arctan\left(\frac{k_1 f^2 \tan^3\theta}{1+\tan^2\theta + k_1 f^2 \tan^2\theta}\right)\right| \tag{6.11}$$

倾斜角精度指标为

$$\Delta\theta_\alpha = \arccos\left(\frac{x_\alpha x' + y_\alpha y' + f^2}{r_\alpha r'}\right) \tag{6.12}$$

旋转角精度指标为

$$\Delta\theta_\beta = \arccos\left(\frac{\tan^2\theta\cos\beta + 1}{1+\tan^2\theta}\right) \tag{6.13}$$

对上面3个精度指标分别求关于误差 k_1,α,β 及观星方位角 θ 的一阶导数，可以得出各精度指标均为关于对应误差及方位角 θ 的增函数，因此可以得到以下结论。

(1)对于固定观星方位 θ，星敏感器对单星的测量误差随畸变系数 k_1、倾斜角 α 和旋转角 β 的增大而增大；

(2)对于固定参数误差 k_1,α,β，视场内星光成像向量距离光轴越远，其测量精度越低。

6.4.2 对星间角距测量精度的影响分析

通过上述对单星测量精度的影响分析可以看出，不同大小的参数误差、不同的观星方位对星光成像向量的测量精度会造成不同的影响。因此，星敏感器在对多颗星观测时，不同星光的入射方位不同，参数误差对每颗星的测量误差也不同。为评价星敏感器对星间角距的测量精度，采用视场内星间角距统计偏差作为评价指标[1]，即

$$\Delta_l = \frac{1}{\sqrt{N}}\sqrt{\frac{2}{N(N+1)}\sum_{i=1}^{N}\sum_{j=1}^{N}[\arccos(\boldsymbol{w}_i^{\mathrm{T}}\boldsymbol{w}_j) - \arccos(\boldsymbol{v}_i^{\mathrm{T}}\boldsymbol{v}_j)]^2} \tag{6.14}$$

式中：N 为视场内的可观测星数；$\boldsymbol{w},\boldsymbol{v}$ 分别为成像向量和真实星光向量；$l = 1,2,\cdots,N_l$；N_l 为视场总数。

当星光向量的测量精度存在较大的误差时，会导致星图识别效率下降，甚至无法识别。尤其是一些基于星间几何关系进行匹配识别的星图识别算法，它们对星敏感器的参数误差非常敏感，因此保证星敏感器参数的高精度十分重要。

6.4.3 仿真试验验证

在仿真试验中得到星敏感器的理论参数如表6.1所列。

表6.1 星敏感器理论几何参数指标

几何参数	指标
视 场	20°×20°
焦 距	87.11 mm
面 阵	2048×2048
像素大小	0.015 mm
星等观测阈值	6.0Mv

参数误差根据不同型号的星敏感器实际加工、装配、测量及经验进行设计，具体如下：焦距

误差一般应在 2% 以内[18]，即 $|\Delta f| \leqslant 0.02f$；主点偏移根据经验通常比焦距误差小一个数量级[2]，即一般不会超过 10 个像素，取 $|x_0| \leqslant 0.15\text{mm}$；根据各种不同型号的星敏感器情况，镜头一阶畸变系数取为[9,17] $|k_1| \leqslant 5 \times 10^{-5}$；CCD 平面的倾斜角 $|\alpha|$ 及旋转角 β 实际中均为比较小的量，取误差最大的情况，即 $|\alpha| \leqslant 0.05°$，$|\beta| \leqslant 0.05°$。

按照本节参数误差对测量精度的影响分析过程，得出各参数对单星测量精度的影响如图 6.6所示，其中观星方位角 θ 在 0° ~ 10°之间按照 2°间隔变化。

由图 6.6 可以得出如下结论。

(1) 星敏感器的各参数误差对单颗恒星星光向量测量精度的影响，与本节从几何成像理论中推导的结论是一致的，即测量精度不仅受不同参数误差的影响，也与不同的观星方位角有关。

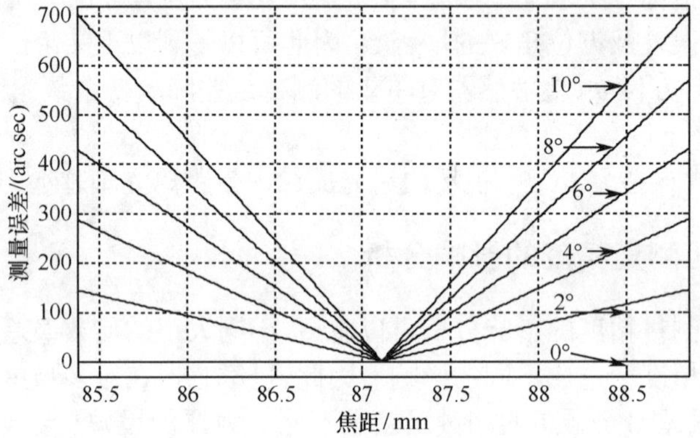

(a)

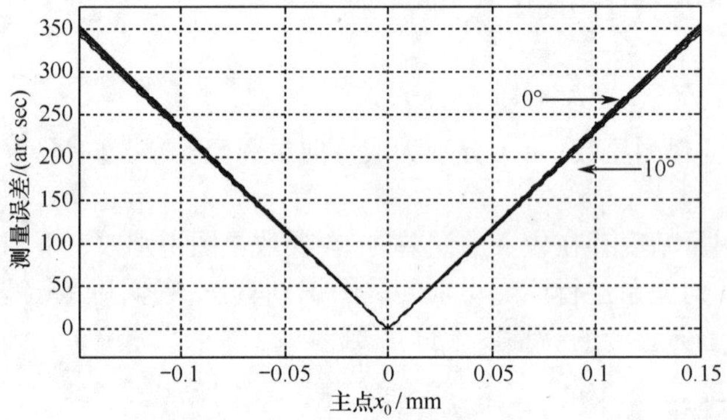

(b)

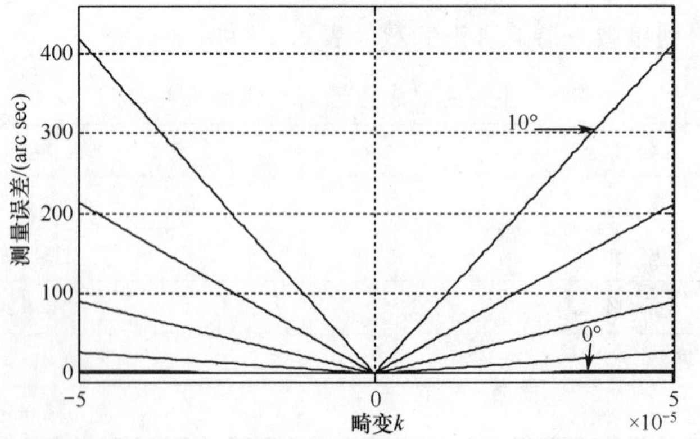

(c)

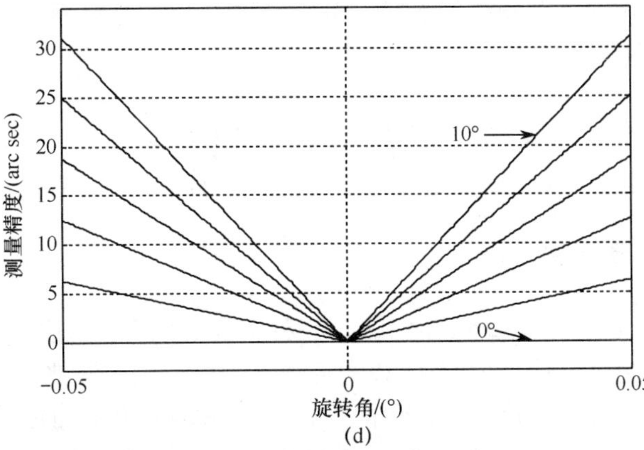

(d)

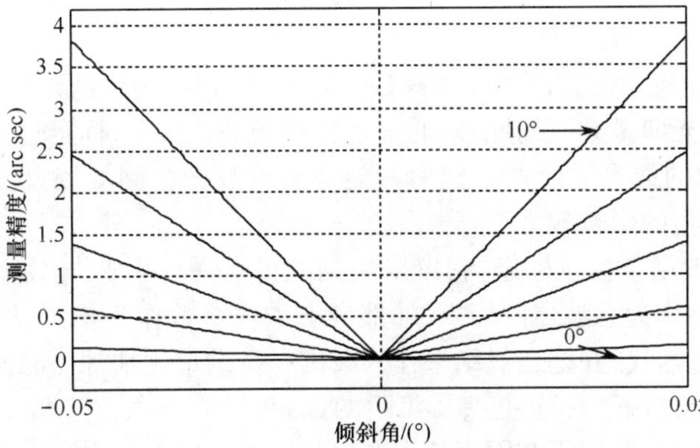

(e)

图 6.6　星敏感器参数误差对单星测量精度的影响

(a)焦距偏差对测量精度的影响;(b)主点偏移对测量精度的影响;(c) 镜头畸变对测量精度的影响;
(d)旋转角对测量精度的影响;(e)倾斜角对测量精度的影响。

(2)在实际测量中各参数误差对测量精度的影响程度为:焦距误差的影响最大,主点偏移及镜头畸变的影响次之,CCD 平面的倾斜角及旋转角的影响均较小,旋转角的影响相对大一些。

(3)对大视场星敏感器而言,焦距误差、主点偏移、镜头畸变都是必须要考虑的误差因素。

每个误差参数分别取其误差最大值,各随机生成 100 个视场,根据式(6.14)计算视场内的星间角距统计偏差,如表 6.2 所列。

表 6.2　参数误差对星间角距测量精度的影响

参数	星间角距统计误差均值/(arc sec)	标准差/(arc sec)
$\Delta f = 0.02f$	115.47	20.31
$x_0 = y_0 = 0.15\text{mm}$	58.14	10.69
$k_1 = 5 \times 10^{-5}$	61.25	12.06
$\alpha = 0.05°$	0.69	0.13
$\beta = 0.05°$	5.64	1.18

表 6.2 所列的数据反映了参数误差对视场内多颗观测星间的角距测量精度的影响,同样可以看出:焦距误差的影响最大,主点偏移及镜头畸变的影响次之,CCD 平面的倾斜角及旋转

角的影响均较小，旋转角的影响相对大一些。所以，焦距误差、主点偏移及镜头畸变是星敏感器使用前必须要校正的参数误差。

6.5 误差参数标定方法

6.5.1 参数标定常用算法分析

星敏感器的参数标定有两条研究路径[19]。一种是确定性算法，建立指标函数并通过迭代得到系统参数；另一种是序贯估计性算法，该类算法大多以卡尔曼滤波为基础。确定性算法的优势在于对静态目标进行标定时计算量小，而且在没有陀螺情况下确定性算法和序贯估计算法的性能差距会减小。目前常用的星敏感器参数标定方法主要有最小二乘算法、卡尔曼滤波算法及改进的滤波算法、遗传算法等。

(1)最小二乘法是应用最广泛的一种参数标定算法，它利用星间角距不变原理，或者利用星光成像向量与入射光向量共线的原理，通过迭代得到估计结果，标定过程通常在采集并识别10帧图像后完成参数的最优估计[20]。这种标定方法的数据存储量较大、计算效率低，而且标定结果受初始参数取值的影响较大。

(2)滤波算法一般用于在轨标定，它以采集到的星点图像坐标与对应导航星在天球坐标系下的赤经、赤纬信息作为滤波器的输入，外部姿态和内参数作为输出，构造相应的观测方程和状态方程，进行滤波迭代，并把迭代结果作为校准参数的最优估计。滤波算法一般只用于内参数的标定，且大部分只用于标定主点及焦距的偏差，计算量大[6]。由于弹载星敏感器的特殊性，飞行时间短、环境复杂等不利因素使得在轨标定的精度无法得到保证[19]。

(3)遗传算法是一种全局搜索能力较强的优化算法，但存在一个不易解决的问题，即不易收敛到全局最优值，而且局部搜索能力偏弱[21]。

1. 基于最小二乘算法的星敏感器参数标定

最小二乘法是最常用的星敏感器参数标定方法。具体的标定过程[22,23]如下。

设 $\boldsymbol{w}_i$ 为用恒星单位向量表示的星敏感器坐标系中第 i 颗星的投影 (x_i, y_i)，则有

$$\boldsymbol{w}_i = \frac{1}{\sqrt{(x_i - x_0)^2 + (y_i - y_0)^2 + (f - f_0)^2}} \begin{pmatrix} -(x_i - x_0) \\ -(y_i - y_0) \\ f - f_0 \end{pmatrix} \tag{6.15}$$

式中：f 为焦距；(x_0, y_0) 为光轴的偏移量。

星的单位向量可以表示为

$$\hat{\boldsymbol{v}}_i = \begin{pmatrix} \cos\alpha_i \cos\delta_i \\ \sin\alpha_i \cos\delta_i \\ \sin\delta_i \end{pmatrix} \tag{6.16}$$

式中：α_i 和 δ_i 为星 $i(i = 1,2,\cdots,n)$ 的赤经和赤纬。

校正后的被观测恒星在星敏感器坐标系中单位向量，应该与理想模型相等。因此，利用内部星表中星间角距与标准星图中星向量计算的角距相同的原理，得

$$\hat{\boldsymbol{v}}_i^{\mathrm{T}} \hat{\boldsymbol{v}}_j = \hat{\boldsymbol{w}}_i^{\mathrm{T}} \hat{\boldsymbol{w}}_j \tag{6.17}$$

令

$$\hat{\boldsymbol{v}}_i^{\mathrm{T}} \hat{\boldsymbol{v}}_j = g_{ij}(x_0, y_0, f) \tag{6.18}$$

对 $(\hat{x}_0,\hat{y}_0,\hat{f})$ 进行线性化可得

$$\begin{cases} x_0 = \hat{x}_0 + \Delta x \\ y_0 = \hat{y}_0 + \Delta y \\ f = \hat{f} + \Delta f \end{cases} \tag{6.19}$$

将式(6.19)代入式(6.18)得

$$\hat{\boldsymbol{v}}_i^{\mathrm{T}}\hat{\boldsymbol{v}}_j = g_{ij}(\hat{x}_0,\hat{y}_0,\hat{f}) + \begin{bmatrix} \dfrac{\partial g_{ij}}{\partial x_0} & \dfrac{\partial g_{ij}}{\partial y_0} & \dfrac{\partial g_{ij}}{\partial f} \end{bmatrix} \begin{bmatrix} \Delta x_0 \\ \Delta y_0 \\ \Delta f \end{bmatrix} \tag{6.20}$$

令

$$\boldsymbol{R}_{ij} = g_{ij}(x_0,y_0,f) - g_{ij}(\hat{x}_0,\hat{y}_0,\hat{f}) + \begin{bmatrix} \dfrac{\partial g_{ij}}{\partial x_0} & \dfrac{\partial g_{ij}}{\partial y_0} & \dfrac{\partial g_{ij}}{\partial f} \end{bmatrix} \begin{bmatrix} \Delta x_0 \\ \Delta y_0 \\ \Delta f \end{bmatrix} \tag{6.21}$$

由 $i = 1,2,\cdots,n$, $i = i+1,\cdots,n$ 和 $i \neq j$,且由式(6.21)得

$$\boldsymbol{R} = \boldsymbol{A}\Delta\hat{\boldsymbol{\Phi}} \tag{6.22}$$

$$\boldsymbol{A} = \begin{bmatrix} \dfrac{\partial g_{12}}{\partial x_0} & \dfrac{\partial g_{12}}{\partial y_0} & \dfrac{\partial g_{12}}{\partial f} \\ \dfrac{\partial g_{i13}}{\partial x_0} & \dfrac{\partial g_{13}}{\partial y_0} & \dfrac{\partial g_{13}}{\partial f} \\ \vdots & \vdots & \vdots \\ \dfrac{\partial g_{n-1n}}{\partial x_0} & \dfrac{\partial g_{n-1n}}{\partial y_0} & \dfrac{\partial g_{n-1n}}{\partial f} \end{bmatrix}$$

$$\boldsymbol{R} = \begin{bmatrix} R_{12} \\ R_{13} \\ \vdots \\ R_{n-1n} \end{bmatrix}$$

$$\Delta\hat{\boldsymbol{\Phi}} = \begin{bmatrix} \Delta x_0 \\ \Delta y_0 \\ \Delta f \end{bmatrix}$$

由最小二乘估计理论,可转换式(6.22)得

$$\Delta\hat{\boldsymbol{\Phi}}_k = (\boldsymbol{A}_k^{\mathrm{T}}\boldsymbol{A}_k)^{-1}\boldsymbol{A}_k^{\mathrm{T}}\boldsymbol{R}_k \tag{6.23}$$

式中:$k(k=1, 2, \cdots, N)$为迭代的次数。经过 k 次迭代后,得

$$\hat{\boldsymbol{\Phi}}_{k+1} = \hat{\boldsymbol{\Phi}}_k + \Delta\hat{\boldsymbol{\Phi}}_k \tag{6.24}$$

$$\Delta\hat{\boldsymbol{\Phi}}_k = [\Delta x_0 \quad \Delta y_0 \quad \Delta f]_k^{\mathrm{T}}$$

$$\hat{\boldsymbol{\Phi}}_k = [\hat{x}_0 \quad \hat{y}_0 \quad \hat{f}]_k^{\mathrm{T}}$$

最小二乘法标定流程图如图6.7所示。

上述方法主要是利用星间角距不变原理进行标定,基于单星的参数标定流程基本相同,其中单星入射光方向向量需定义为

$$\hat{\boldsymbol{v}}_i = \begin{pmatrix} \cos A_i \cos E_i \\ \sin A_i \cos E_i \\ \sin E_i \end{pmatrix} \tag{6.25}$$

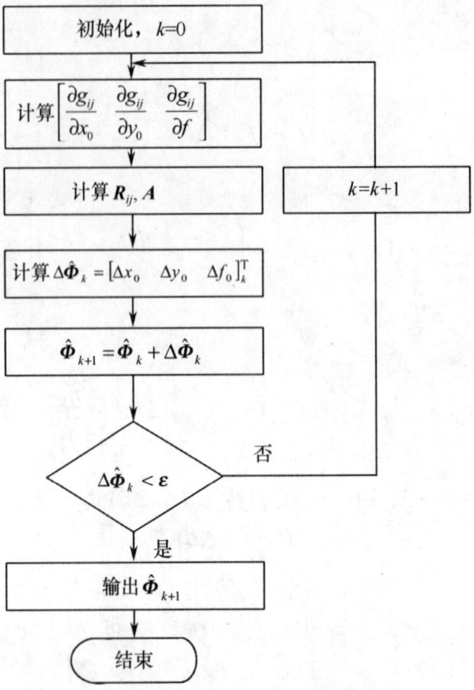

图 6.7　最小二乘法标定流程图

式中：A_i 为方位角；E_i 为高低角。A_i，E_i 都是相对星敏感器坐标系而言的。

校正后的被观测恒星在星敏感器坐标系中的单位向量，与单星入射光方向向量相同，即需

$$\hat{\boldsymbol{v}}_i = \hat{\boldsymbol{w}}_i \tag{6.26}$$

上述主要标定主点及焦距的参数，对于畸变、倾斜角、绕光轴的旋转角同样可以用相似的流程进行标定。

实际应用中，初始值的选择常基于经验。当初始值与实际值偏差较大时，常导致标定时间延长，且标定精度较差；同时，星敏感器的标定是多参数、大范围、多峰值的复杂问题，很容易陷入局部解。

2. GA－LM 融合的参数标定算法

在分析最小二乘法标定星敏感器参数缺点的基础上，提出一种 GA 与 LM 融合的算法。GA 算法[24]全局搜索能力较强，弥补了 LM 算法依赖初值的缺点；而改进的最小二乘法——LM 算法[25,26,27]，扩大了收敛范围，解决了 GA 算法标定效率不高、不易达到最优解的问题，提高了标定的精度。

1）LM 算法的特点

LM 算法，又称为列文伯格—马夸尔特法，是一种改进的非线性最小二乘算法，是目前应用较为广泛的一种无条件约束优化方法，是专门用于误差平方和最小化的一种方法。它灵活地汲取了梯度法及高斯—牛顿法的优点，又克服了高斯—牛顿法不能有效处理奇异和非正定矩阵的缺点。

高斯—牛顿法第 k 代的迭代公式为

$$\begin{cases} x_{k+1} = x_k + d_k \\ d_k = -(\boldsymbol{J}(x_k)^{\mathrm{T}}\boldsymbol{J}(x_k)^{-1})\boldsymbol{J}(x_k)^{\mathrm{T}}\boldsymbol{F}(x_k) \end{cases} \tag{6.27}$$

式中：$F(x_k)$ 为参量函数；$\boldsymbol{J}(x_k)$ 为 $\boldsymbol{F}(x_k)$ 的 Jacobi 矩阵。残量函数相当于参数标定过程中的

$\boldsymbol{R}_k$,$\boldsymbol{J}(x_k)$等同于参数标定过程中$\boldsymbol{A}_k$,而x_k代表标定的参数值。

在解决最小二乘问题时,要求矩阵$\boldsymbol{J}(x_k)$是满秩的。但是在解决实际问题时,$\boldsymbol{J}(x_k)$满秩不能满足计算需要,因此可能导致算法无法定义。而且当$\boldsymbol{J}(x_k)$为坏条件时,高斯—牛顿法的迭代中d_k的计算时间可能会很长,从而引起数值计算的困难。LM 算法在迭代步骤的计算中做出了改进。对于非线性方程组(6.28)的求解,即

$$F(x) = 0 \tag{6.28}$$

式中:$F(x)$为连续的可微函数。LM 算法在高斯—牛顿法的基础上进行了改进,高斯—牛顿法牛顿迭代步为

$$d_k = -(\boldsymbol{J}(x_k)^{\mathrm{T}}\boldsymbol{J}(x_k)^{-1})\boldsymbol{J}(x_k)^{\mathrm{T}}\boldsymbol{F}(x_k) \tag{6.29}$$

改进后的牛顿迭代步为

$$d_k = -(\boldsymbol{J}(x_k)^{\mathrm{T}}\boldsymbol{J}(x_k) + \lambda_k\boldsymbol{I})^{-1}\boldsymbol{J}(x_k)^{\mathrm{T}}\boldsymbol{F}(x_k) \tag{6.30}$$

式中:$\lambda_k \geqslant 0$为迭代参数。由此得到 LM 算法的迭代公式为

$$\begin{cases} x_{k+1} = x_k + d_k \\ d_k = -(\boldsymbol{J}(x_k)^{\mathrm{T}}\boldsymbol{J}(x_k) + \lambda_k\boldsymbol{I})^{-1}\boldsymbol{J}(x_k)^{\mathrm{T}}\boldsymbol{F}(x_k) \end{cases} \tag{6.31}$$

LM 算法迭代公式通过引入非负参数$\boldsymbol{\lambda}_k$,克服了满秩要求及坏条件下的迭代缺陷,选择合适的非负参数$\boldsymbol{\lambda}_k$不仅可以确保矩阵$\boldsymbol{J}(x_k)^{\mathrm{T}}\boldsymbol{J}(x_k) + \lambda_k\boldsymbol{I}$为非奇异,而且能避免出现过大的$d_k$值。此外,当$\boldsymbol{J}(x_k)$奇异时,$d_k = -(\boldsymbol{J}(x_k)^{\mathrm{T}}\boldsymbol{J}(x_k))^{-1}\boldsymbol{J}(x_k)^{\mathrm{T}}\boldsymbol{F}(x_k)$没有定义,而 LM 算法是有意义的[25]。

LM 算法与最小二乘法相比,改进之处在于迭代公式中引入了迭代参数,使得算法的收敛范围扩大,稳定性较强,对解决多参数、非线性的问题更占优势,但受初始参数选择影响较大的问题,没有从根本上解决[21,26,27]。

综上所述,LM 算法的优点是:① 对于非线性、多目标函数的优化,优化精度高,结果更可靠;② 具有较强的局部搜索能力,扩大了最小二乘算法的收敛范围。

LM 算法也存在一定缺陷:全局搜索能力相对较弱,优化结果受初始值的影响相对较大。

2)GA 算法的特点

GA 算法[24,28,29]是一种智能优化算法,全局搜索能力较强可用于解决各种复杂的系统优化问题。对星敏感器进行参数标定时,主要优势如下。

(1)智能性。它是一种自组织、自适应、自学习的算法。在求解问题时,在编码方案、适应度函数及遗传算子确定后,算法将利用进化过程中获得的信息自行搜索,具有能根据环境变化自动发现环境的特性和规律的能力。这种自然选择消除了算法设计中的一个最大障碍,即需要事先描述其全部特点。因此,利用遗传算法可以解决那些复杂的非结构化问题。

(2)群体搜索特性。许多传统的搜索方法都是单点搜索,对于多峰分布的搜索空间常常会陷于局部的某个单峰的极值点。而遗传算法采用的是同时处理种群中多个个体的方法。

(3)不需要辅助信息。当确定了影响搜索方向和相应的适应度函数后,遗传算法不受其他因素的影响。对适应度函数的唯一要求是,编码需要与可行解一一对应,不能出现死码。

(4)内在启发式搜索。不采用确定的转换规则,而是采用概率转换原则来指导搜索方向;概率仅仅是作为一种工具来引导其搜索过程。

GA 算法的缺点是:①对于大范围、非线性、多参数的优化问题,GA 算法收敛速度慢,耗时较长;②不容易得到最优解,得到的往往是最优值附近的值,即它是一种全局性的优化算法,局部搜索能力偏弱。

3) GA－LM 融合算法的基本思想

GA－LM 融合算法的基本思想如图 6.8 所示。

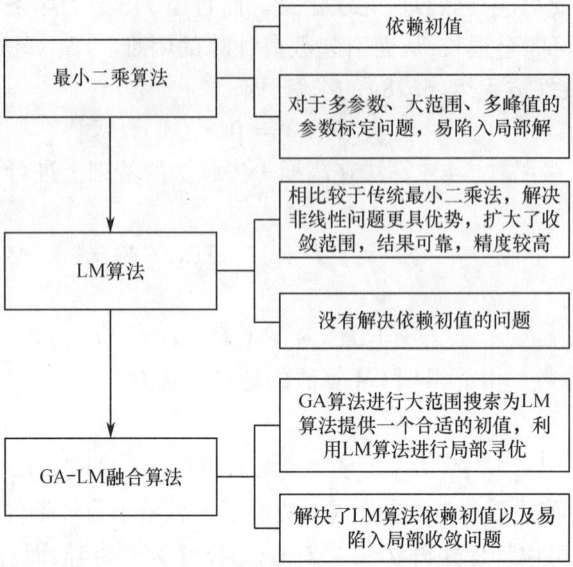

图 6.8　GA－LM 融合算法的基本思想

星敏感器标定是一个多参数、大范围、非线性的复杂函数优化问题，利用最小二乘法进行参数标定时，会有三个缺点：一是强烈依赖初值；二是容易陷入局部收敛；三是对于非线性、多目标问题，精度标定不理想。

利用改进的最小二乘法——LM 算法可以扩大收敛范围，使标定过程不易很快陷入局部最优解[25]，但是没有解决依赖初值的问题。而 GA 算法是以群体搜索特性为最突出特点的一种优化方法，全局搜索能力较强，但标定效率不够高，标定结果不易达到最优解，只能近似于最优解[21]。

为了充分利用 GA 算法全局搜索以及 LM 算法局部寻优能力强的优势，提出一种基于 GA－LM融合的星敏感器参数标定算法，即：利用 GA 算法进行大范围搜索，为 LM 算法提供一个合理适的初值；利用 LM 算法进行局部寻优，解决 LM 算法依赖初值以及 GA 算法标定效率低、标定精度不理想的问题。

4) GA 算法与 LM 算法的衔接点

融合算法需要解决的问题是 GA 算法与 LM 算法的衔接点。这里将通过设定判定准则来解决这一问题，即适应度差值计算法。

连续若干代个体的平均适应度值的差值小于某一极小值 ε，例如：设目标函数的适应度函数为 fitness(x)，第 k 代个体适应度的平均值为 fitness(x_k)，GA 算法终止的条件需满足

$$|\text{fitness}(x_{k+1}) - \text{fitness}(x_k)| \leqslant \varepsilon \tag{6.32}$$

式中：n 为连续 n 代个体；ε 根据多次仿真试验确定，以标定过程的最终收敛值作为 ε 的最终值。

第 k 代的代数确定可以根据收敛过程观察计算法进行确定，即：运用 GA 算法得到多次优化过程，比较收敛图的走势，通过观察收敛过程的方法，初步判断趋于稳定或者优化效果不明显的迭代数。如果优化过程各不相同，可以增加优化的次数，或者取迭代数的平均值。

6.5.2 大视场星敏感器光学畸变对焦距标定影响分析

1. 最小二乘标定方法分析

星敏感器焦距的标定方法多采用最小二乘法[30]，其数学模型采用针孔模型，但实际成像模型和针孔模型有较大差异，其成像原理图如图6.9所示。图6.9中星敏感器焦距为f，主点位于成像平面$O_s(c_x, c_y)$处，恒星星光$\boldsymbol{v}_1$经光学系统在成像平面$\boldsymbol{\pi}$上成像，像点坐标位于(x_1, y_1)。

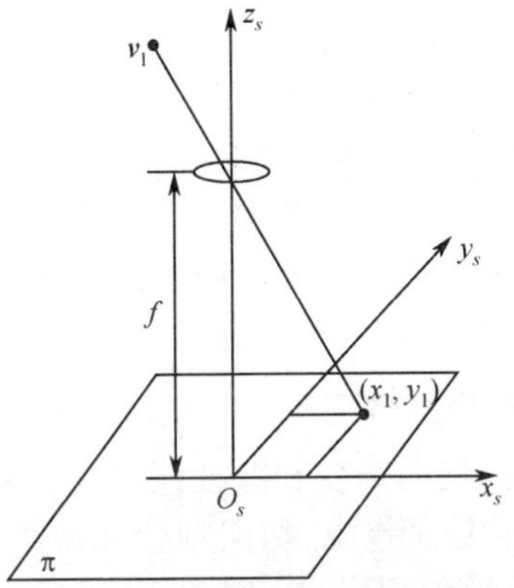

图6.9 星敏感器成像原理图

根据理想模型，不考虑星敏感器的测量噪声和光学畸变，成像平面上的第$i(i=1,2,\cdots N)$颗恒星像点坐标为(x_i, y_i)，对应的测量向量可以表示[36]为

$$\boldsymbol{w}_i = \frac{1}{\sqrt{(x_i - c_x)^2 + (y_i - c_y)^2 + (f_0)^2}}\begin{pmatrix} -(x_i - c_x) \\ -(y_i - c_y) \\ f \end{pmatrix} \tag{6.33}$$

导航星表中与之对应的第$i(i=1,2,\cdots,N)$颗导航星赤经和赤纬坐标为(α_i, δ_i)，参考向量可表示为

$$\boldsymbol{v}_i = \begin{pmatrix} \cos\alpha_i \cos\delta_i \\ \sin\alpha_i \cos\delta_i \\ \sin\delta_i \end{pmatrix} \tag{6.34}$$

在理想情况下，星敏感器测量的恒星向量$\boldsymbol{w}_i$和$\boldsymbol{w}_j$之间的角距，与导航星表中与之对应恒星向量$\boldsymbol{v}_i$和$\boldsymbol{v}_j$之间的角距保持不变[37]。测量向量与参考向量满足

$$\hat{\boldsymbol{v}}_i^{\mathrm{T}}\hat{\boldsymbol{v}}_j \approx \hat{\boldsymbol{w}}_i^{\mathrm{T}}\hat{\boldsymbol{w}}_j = \boldsymbol{g}_{ij}(c_x^t, c_y^g, f^g) \tag{6.35}$$

式中：(c_x^g, c_y^g, f^g)为(c_x, c_y, f)的估计值。估计值与真实值之间的偏差记作$(\Delta c_x, \Delta c_y, \Delta f)$，由此可得

$$\boldsymbol{R}_{ij} = \hat{\boldsymbol{v}}_i^{\mathrm{T}}\hat{\boldsymbol{v}}_j - \boldsymbol{g}_{ij}(c_x^g, c_y^g, f^g) = \begin{bmatrix} \dfrac{\partial g_{ij}}{\partial c_x} & \dfrac{\partial g_{ij}}{\partial c_y} & \dfrac{\partial g_{ij}}{\partial f} \end{bmatrix} = A\begin{bmatrix} \Delta c_c \\ \Delta c_y \\ \Delta f \end{bmatrix} \tag{6.36}$$

式中：R_{ij}为理想情况下的星间角距θ_{ij}与实际情况下的星间角距θ_{ij}方向余弦之间的偏差。

对于大视场星敏感器，捕获的有效恒星数量一般大于3颗，其得到的$n(n \geqslant 3)$对测量向量及对应的参考恒星向量，则可列出超定方程组为

$$\begin{bmatrix} R_{12} \\ R_{13} \\ \vdots \\ R_{nn-1} \end{bmatrix} = \boldsymbol{A} \begin{bmatrix} \Delta c_x \\ \Delta c_y \\ \Delta f \end{bmatrix} \tag{6.37}$$

式中:$\boldsymbol{A}$ 矩阵为由偏导数构成的雅克比矩阵;$\boldsymbol{R}$ 为星间角距的方向余弦偏差构成的列向量。采用最小二乘法[35]求解,可得

$$\Delta z = [\Delta c_x \quad \Delta c_y \quad \Delta f]^{\mathrm{T}} = (\boldsymbol{A}^{\mathrm{T}}\boldsymbol{A})^{-1}\boldsymbol{A}^{\mathrm{T}}\boldsymbol{R} \tag{6.38}$$

由式(6.38)可知,当得到3个以上测量向量对时,则可以通过最小二乘法解得 Δz。

可以看出,基于最小二乘方法的焦距及主点偏差标定方法的优点是简单快速,稳定性好。但是大视场星敏感器的光学畸变比较严重,不同误差之间存在的相互耦合作用,将影响误差标定精度,而该方法不能消除光学畸变对焦距等参数的标定带来的影响。为提高大视场条件下的焦距标定精度,本节从光学畸变和焦距误差的产生机理出发,分析光学畸变对焦距标定精度的影响。

2. 光学畸变对焦距标定的影响分析

光学畸变主要包括径向畸变、切向畸变和薄棱镜畸变,如图6.10所示,dr 表示径向畸变,dt 表示切向畸变。径向畸变是主要误差源,切向畸变和薄棱镜畸变很小,可以忽略。阶次越高,模型越复杂,而精度却得不到有效提高[31],因此,畸变模型取一阶径向畸变模型。

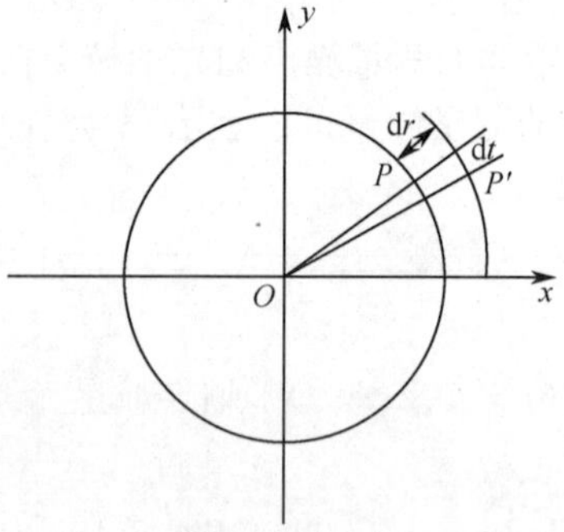

图6.10　光学畸变示意图

径向畸变模型[38]为

$$\delta x = q_1 x r^2 + q_2 x r^4 + q_3 x r^6 + \cdots \tag{6.39}$$

$$\delta y = q_1 y r^2 + q_2 y r^4 + q_3 y r^6 + \cdots \tag{6.40}$$

取式(6.39)、式(6.40)的一次项,得一阶径向畸变公式为

$$\delta x = q_1 x r^2 \tag{6.41}$$

$$\delta y = q_1 y r^2 \tag{6.42}$$

式中:q_1 为一阶径向畸变系数;$r = \sqrt{x^2 + y^2}$;(x, y)为理想星点位置坐标。

为建立大视场星敏感器光学畸变与焦距之间耦合影响的数学模型,不失问题一般性,考虑星点落在 x 轴上的情况。如图6.11所示,$P_1(x,0)$ 是导航星 P 在成像平面上的理想星点,由于畸变的影响,实际成像的位置是 P_2,P_1 与 P_2 之间的距离即为畸变量 δx,由畸变引起的等效焦距误差为 $\Delta f'$。

根据小孔成像模型,有如下几何关系,即

$$\frac{f}{f + \Delta f'} = \frac{x}{x + \delta x} \tag{6.43}$$

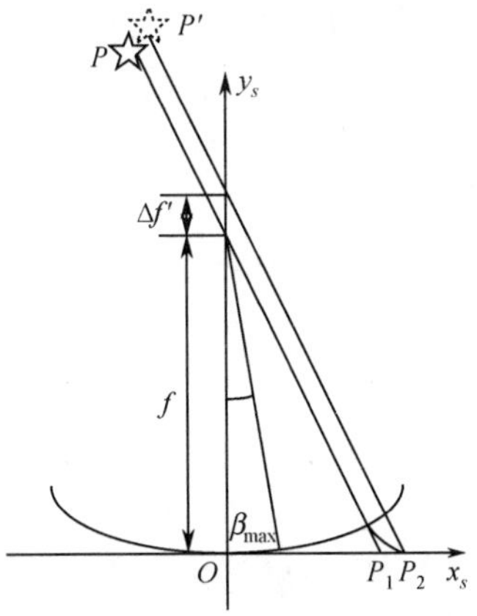

图 6.11　畸变对焦距的影响示意图

由式(6.43)可以得到等效焦距误差 $\Delta f'$ 与畸变量 δx 之间的关系式为

$$\Delta f' = \frac{f}{x}\delta x \tag{6.44}$$

同理,可推导出等效焦距误差 $\Delta f'$ 与畸变量 δy 之间的关系为

$$\Delta f' = \frac{f}{y}\delta y \tag{6.45}$$

由式(6.44)、式(6.45)可知畸变量与等效焦距误差呈线性关系,畸变量越大,其产生的等效焦距误差就越大,对焦距标定带来的影响也越严重。

将式(6.41)代入式(6.44),推导出在星点 (x_1, y_1) 处,由于畸变引起的等效焦距误差为

$$\Delta f' = q_1 f r^2 \tag{6.46}$$

式中:$r^2 = x_1^2 + y_1^2$。由式(6.46)得 $r = \sqrt{\frac{\Delta f'}{q_1 f}}$,此时的入射角为

$$\beta = \arctan(r/f) = \arctan\left(\sqrt{\frac{\Delta f'}{q_1 f^3}}\right) \tag{6.47}$$

当畸变引起的最大等效焦距误差给定,记为 $\Delta f'_{max}$,即:当畸变引起的等效焦距误差小于 $\Delta f'_{max}$ 时,光学畸变对焦距标定影响可以忽略。将星敏感器所给的标准参数 q_1 和 f 及 $\Delta f'_{max}$ 代入式(6.47)可以得到相应的入射角阈值 β_{max},上述公式推导步步可逆。因此,当星光入射角小于等于 β_{max} 时,光学畸变对焦距标定的影响可以忽略不计。

3. 仿真验证及结果分析

为验证光学畸变对焦距标定的耦合影响,本节在仿真实验中采用的星敏感器的主要参数指标如表 6.3 所列。

表 6.3　星敏感器主要参数指标

几何参数	指标
视场/(°)	20×20
焦距/mm	43.56
像素阵列/pixel	1024×1024
像素大小/mm	0.015
星等观测阈值/Mv	6.0

参数误差根据不同型号的星敏感器实际加工、装配、测量及经验进行设计，具体如下：焦距误差一般应在2%以内；主点偏移根据经验一般不超过10个像素，取$\Delta C_x \leqslant 0.15\text{mm}$，$\Delta C_y \leqslant 0.15\text{mm}$，；根据各种不同型号的星敏感器情况，镜头一阶畸变系数取为$q_1 \leqslant 5 \times 10^{-4}$；为保证仿真验证可靠性，取所有光学系统误差均为其误差限的上限，即$\Delta f = 0.02f = 0.87\text{mm}$，$\Delta C_x = \Delta C_y = 0.15\text{mm}$，$q_1 = 5 \times 10^{-4}$，由光学畸变引起的最大等效焦距误差$\Delta f'_{\max} = 0.05\text{mm}$。在上述仿真试验条件[35]下，按照式(6.47)计算得到光学畸变对焦距标定可忽略的入射角阈值$\beta_{\max} = 2°$，在星敏感器相机光轴向量指向赤经10°、赤纬35°的条件下，产生100幅模拟星图。

下面分三种情况进行仿真试验分析。

(1)导航星的入射角α均小于入射角阈值$\beta_{\max}$($\alpha < \beta_{\max}$)；

(2)一部分导航星的入射角α小于$\beta_{\max}$，一部分导航星的入射角α大于$\beta_{\max}$($|\alpha - \beta_{\max}| \leqslant \gamma$)，在本仿真试验中取$\gamma = 1°$；

(3)导航星的入射角α均大于入射角阈值$\beta_{\max}$($\alpha < \beta_{\max}$)。

在上述三种情况下分别选取满足条件的标定用导航星，得到其星点坐标等测试数据，如图6.12所示。

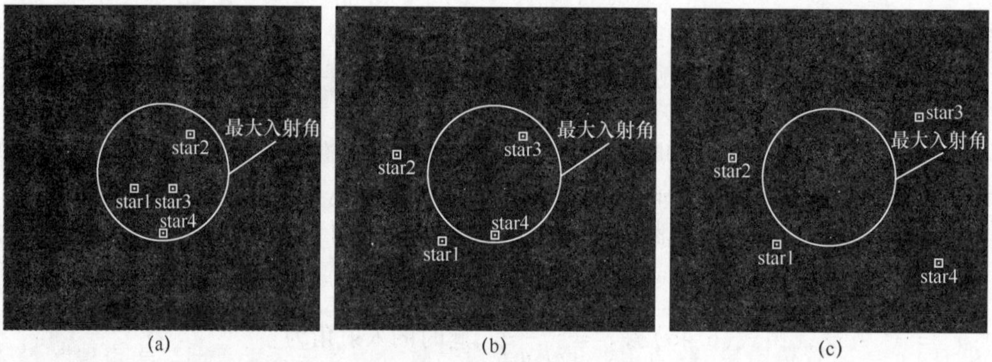

图6.12 导航星选取示意图

(a)条件(1)下导航星选取；(b)条件(2)下导航星选取；(c)条件(3)下导航星选取。

对于得到的100幅模拟星图，对每幅星图选取的导航星点数据采用最小二乘法，对焦距误差进行标定；取100次焦距误差标定的平均值，作为最终焦距误差的标定值，得到焦距误差标定结果对比如表6.4所列。

表6.4 焦距误差标定结果对比($\gamma = 1°$)

参数条件	导航星入射角α	标定结果/mm	标定精度/mm
$\Delta f = 0.02f = 0.87\text{mm}$	$\alpha < \beta_{\max}$	0.8816	0.0116
$\Delta C_x = \Delta C_y = 0.15\text{mm}$	$\lvert\alpha - \beta_{\max}\rvert \leqslant \gamma$	0.9261	0.0561
$q_1 = 5 \times 10^{-4}$	$\alpha > \beta_{\max}$	0.9924	0.1224

仿真得到焦距误差标定结果如图6.13所示。

由表6.4可以看出，在给定的三种导航星入射角条件下，对某型大视场星敏感器的焦距进行标定，其焦距的标定精度分别为0.0116mm、0.0561mm、0.1224mm。可知，在仿真条件(1)下选取的导航星作为标定用导航星，焦距标定精度分别比仿真条件(2)和(3)下平均提高了5倍和10倍左右。因此，随着选取标定用导航星入射角的增大，星敏感器焦距标定的精度也逐渐降低，特别是当选取标定用的导航星入射角大于$\beta_{\max}$时，焦距标定精度的降低尤为显著，图6.13也可以得出更加直观的结果。因此，对于不同参数的大视场星敏感器，为尽量避免或减少由于光学畸变导致星敏感器焦距标定精度的降低，应根据式(6.47)计算出入射角阈值 β_{max}，选取入射角小于 β_{max} 的导航星作为星敏感器标定用导航星。

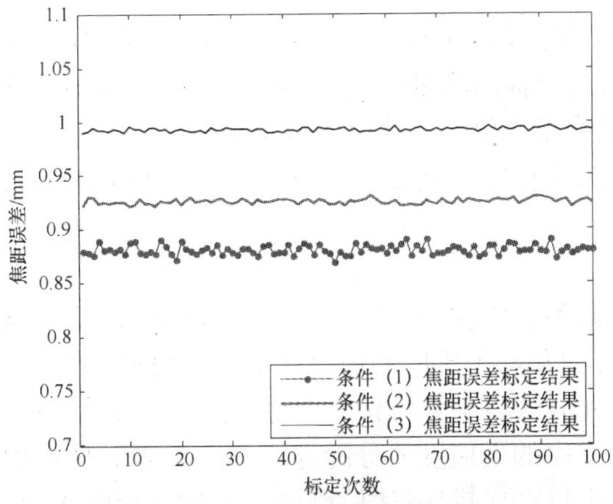

图6.13　焦距误差标定结果

6.5.3　基于GA－LM融合的星敏感器参数标定算法

1. 基于GA－LM融合的星敏感器参数标定算法流程

下面将详细介绍融合算法的具体流程。

由于焦距误差、主点偏移及镜头畸变是影响星敏感器测量精度的主要因素，所以主要标定的星敏感器参数(见表6.5)包括[1,2]：主点 (x_0, y_0)；归一化焦距 f_x, f_y $\left(f_x = \dfrac{f}{dx}, f_y = \dfrac{f}{dy}\right.$，$dx$，$dy$ 为每个像素在坐标轴上的物理尺寸)；径向畸变系数 k_1，k_2。因此，可以将 $q = [f_x, f_y, x_0, y_0, k_1, k_2]$ 看作是一个个体的编码串。

表6.5　需要标定的星敏感器参数

归一化焦距	主点	径向畸变
f_x	x_0	k_1
f_y	y_0	k_2

1)初始种群的产生

首先，需要明确星敏感器各个参数的取值范围。归一化焦距 f_x, f_y，主点 (x_0, y_0) 的取值范围可以通过星敏感器的具体情况得知，k_1，k_2 通常接近于0，初始种群 Q^0 可以在一定范围内随机得到，即

$$Q^t = [q_1^t, q_2^t, q_3^t, \cdots, q_M^t] \tag{6.48}$$

式中：Q^t 为 t 代种群；$t \in \{0,1,2,\cdots\}$ q_j^t 为 t 代中第 j 个个体；种群规模 M 取较大值，如 $M = 200$。由于采用实值编码的方法，初始种群的产生会大大提高编码的效率。

2)计算适应度值

下面将根据实验室的相关设备对提出的融合算法进行试验验证，主要是利用星敏感器的成像模型可以将星模拟器的模拟星点投影到成像的平面，从而获得模拟星点的像点坐标。星敏感器参数标定的原理就是要使通过星敏感器成像模型获得的像点坐标值 $(x'_i, y'_i)(i = 1, 2, \cdots, M)$ 与实际成像星点坐标的测量值 $(x_i, y_i)(j = 1,2,\cdots,M)$ 之间距离的平均值最小。因此，定义适应度函数为

$$f(\theta_j) = \frac{\sum_{i=1}^{N}\sum_{j=1}^{M}\sqrt{[x'(\theta_j) - x(\theta_j)]^2 + [y'(\theta_j) - y(\theta_j)]^2}}{N \times M} \tag{6.49}$$

式中：$f(\theta_j)$ 是第 j 个个体的适应度函数值；$(x(\theta_j), y(\theta_j))$ 为对应于染色体 θ_j 和第 i 幅图像的第 j 个个体的实际成像星点坐标的测量值；$(x'(\theta_j), y'(\theta_j))$ 为对应于染色体 θ_j 和第 i 幅图像的第 j 个个体的利用星敏感器成像模型获得的像素坐标。

所以，星敏感器系统参数标定的优化目标就是通过求解适应度函数 $f(\theta_j)$ 的极小值来确定标定的结果。

3）选择

在进行选择前，应该给种群中的个体分配一个选择概率值。个体选择概率的常用分配方法有按比例的适应度值分配和基于排序的适应度值分配两种。如果个体之间适应度值相差较大，按比例的适应度值分配方法将会导致优良个体快速占领整个种群空间，使得种群丧失多样性。因此，这里采用基于排序的适应度值分配方法，即：首先对种群中所有个体进行适应度值的求解，按照适应度大小进行降序排序；然后设计一个概率分配表，将各个概率值按上述排列次序分配给每个个体。该分配方法主要着眼于个体适应度之间的大小关系，对个体适应度之间的数值差异程度并没有特别的要求。

分配完选择概率后，对个体进行选择操作。对于第 t 代种群 Q^t，首先采用随机遍历抽样法，按照分配的选择概率选择出 M 个个体，组成种群 Q^{t+1}，然后采用最优保存策略。具体的操作过程是：①找出 Q^t 当前种群中适应度值最大和最小的个体；②若 Q^t 中最佳个体的适应度比当前总的最佳个体的适应度值还要大，则以 Q^t 中得到的最佳个体作为种群中迄今为止最佳的个体；③用得到的迄今为止最好的个体替换掉 Q^t 中最差的个体。

4）交叉

采用实值编码常用的双个体算术交叉。对于 Q^t 的两个个体 q_i^t，q_j^t，首先根据式(6.50)得到交叉概率 P_c，即

$$P_c = \begin{cases} P_{c1}\ \dfrac{(P_{c1} - P_{c2})(f' - f_{avg})}{f_{max} - f_{avg}} & f' \geqslant f_{avg} \\ P_{c1} & f' < f_{avg} \end{cases} \tag{6.50}$$

式中：$P_{c1} = 0.9$；$P_{c2} = 0.5$；f_{max} 为当代种群中最大适应度值；f_{avg} 为当代种群适应度的平均值；f' 为即将进行交叉的两个父代个体中较大的适应度值。

然后以此交叉概率 P_c 进行如下交叉，可得

$$q_i^{t+1} = aq_i^t + (1 - a)q_j^t \tag{6.51}$$

$$q_j^{t+1} = aq_j^t + (1 - a)q_i^t \tag{6.52}$$

其中，随机数 $a \in (0,1)$。

5）变异

对于 Q^t 中任意个体 q_i^t，首先计算出变异概率 P_m，即

$$P_m = \begin{cases} P_{m1}\ \dfrac{(P_{m1} - P_{m2})(f_{max} - f)}{f_{max} - f_{avg}} & f \geqslant f_{avg} \\ P_{m1} & f < f_{avg} \end{cases} \tag{6.53}$$

式中：$P_{m1} = 0.1$；$P_{m2} = 0.001$；f_{max} 为当代种群中最大适应度值；f_{avg} 为当代种群适应度的平均值；f 为即将进行变异的个体的适应度值。依次指定 q_i^t 中的每个基因作为其变异点，然后对每个变异点以变异概率 P_m，从相应基因的取值范围内取一个随机数来替换原基因值。

6)迁移

迁移操作是并行遗传算法引入的一个新的算子,它是指在算法进化过程中子群体间交换个体的一个过程,通常的迁移方法是将子群中最好的个体发给其他的子群体来取代另一个子种群中最差的个体。个体从一个子种群迁移到另一个子种群是复制,即在源子种群中并未被转移走。

本节采用的是环状迁移模型,个体转移只会发生在相邻的两个子种群上,即第 N 个子种群迁移到 $N-1$ 以及第 $N+1$ 个子种群。当迁移到最后一个子种群处时将继续迁移回来,如图 6.14 所示。

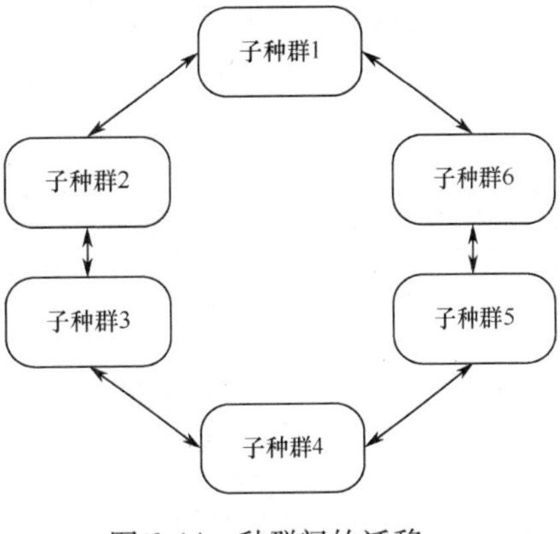

图 6.14 种群间的迁移

7)判定 GA 算法的终止条件

通过适应度差值计算法判定 GA 的停滞时间点,若没有达到上述的终止条件,返回第 2 步继续进行;若已经满足了终止条件,停止运行 GA 算法,继续进行下一步。

8)LM 算法优化

在 GA 算法结束后,以 GA 算法的结果作为 LM 算法的初值,继续进行优化。当式(6.54)达到设定的一极小值 ε_0(同样根据标定过程的最终收敛值确定)时,停止运行,并将当前种群中得到的最佳个体作为最优解的输出,即

$$f(\theta_j) = \frac{\sum_{i=1}^{N}\sum_{j=1}^{M}\left\{\sqrt{[x'(\theta_j) - x(\theta_j)]^2 + [y'(\theta_j) - y(\theta_j)]^2}\right\}}{N \times M} \leqslant \varepsilon_0 \tag{6.54}$$

运用 GA-LM 融合算法进行星敏感器系统参数标定的流程框图如图 6.15 所示。

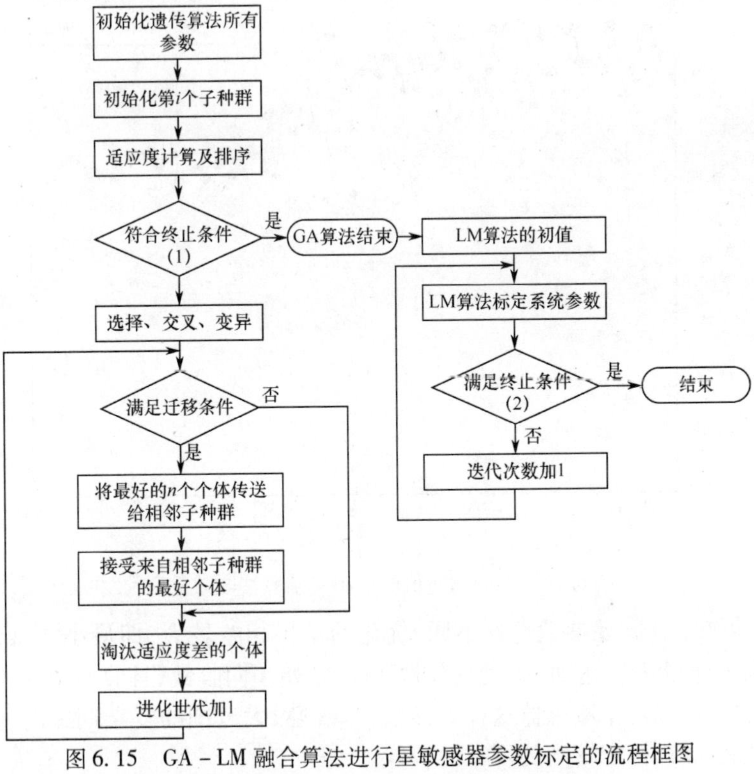

图 6.15 GA-LM 融合算法进行星敏感器参数标定的流程框图

2. 仿真验证及结果分析

下面通过仿真试验中设定星敏感器的理论几何参数指标[32]如表6.6所示。

表6.6 星敏感器理论几何参数指标

几何参数	指标
视　场	20°×20°
焦距真实值	87.11 mm
主点 x_0 真实值	75μm
主点 y_0 真实值	45μm
面阵	2048×2048
像素大小	0.015 mm
星等观测阈值	6.0Mv

仿真试验中,主点初始值设为经 $x_0 = y_0 = 55\mu m$,焦距初始值81mm,径向畸变系数 $k_1 = k_2 = 0.00005$,生成星敏感器光轴指向,根据星敏感器视场以及标定参数真实值,可得到星敏感器视场和标定参数真实值,可得到星敏感器当前光轴指向对应天区的恒星在像面上投影的位置坐标。

1)最小二乘算法仿真结果

为表明最小二乘法受初值参数选择影响较大,在本次仿真试验中,设置两种不同的初始参数,收敛过程如图6.16所示。

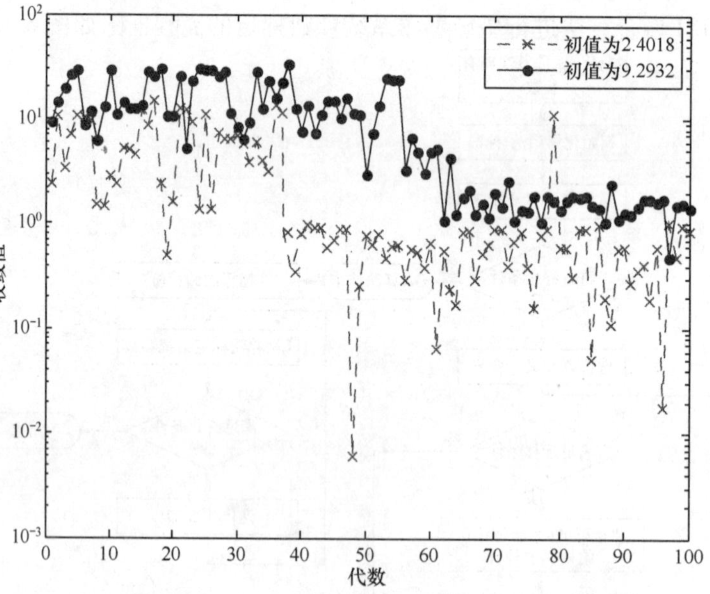

图6.16 不同初始值的最小二乘算法收敛过程

由图6.16可知:① 初始参数选择不同,优化的结果相差较大,即最小二乘法的精度受初值参数选择的影响较大;② 达到40代左右时,就已开始趋向收敛,且收敛值在不断变化,得不到科学的最优解。在标定星敏感器这种多参数、非线性、大范围的复杂问题时,优化结果不稳定,易陷入局部最优解,标定精度的可靠性较低。

2)LM 算法仿真结果

LM 算法的优化与最小二乘法的优化是相似的,不同之处在于迭代方程的变化。

设置不同的初始值,按照 LM 算法的迭代方程,即

$$\begin{cases} x_{k+1} = x_k + d_k \\ d_k = -(\boldsymbol{J}(x_k)^{\mathrm{T}}\boldsymbol{J}(x_k) + \lambda_k \boldsymbol{I})^{-1}\boldsymbol{J}(x_k)^{\mathrm{T}}F(x_k) \end{cases} \tag{6.55}$$

得到 LM 算法仿真结果如图 6.17 所示。

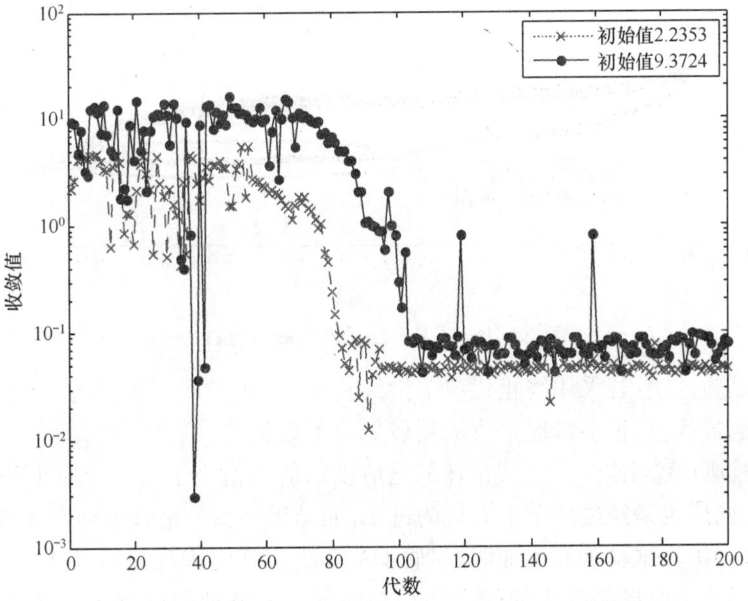

图 6.17 不同初始值的 LM 算法收敛过程

从图 6.17 看出:①迭代到 80 代左右时趋于收敛,相比最小二乘法,扩大了收敛范围;② 最后得到的优化值变化幅度不大,相比传统算法,稳定性较高,可靠度有较大提高;③ 不同的初始值,得到的优化结果也相差较大,即 LM 算法没有从本质上解决受初始值影响较大的问题。

3)GA 算法仿真结果

设置 GA 算法的初始值,如表 6.7 所列。

表 6.7 GA 算法的参数设置

设置参数	选择参数	交叉参数	变异参数	变异概率	迁移概率
数值	0.48	0.3	300,3	0.3	0.4
设置参数	迁移频率	子种群大小	子种群数目	最大运行代数	最长运行时间
数值	20	63	4	1000	50

为了充分体现融合算法的特点,进行两次仿真过程,得到 GA 算法适应度值(平均适应度值和最佳适应度值)的收敛过程,如图 6.18 所示。收敛结果为 $6.320056423608148 \times 10^{-4}$。

从图 6.18 可以看出:前 200 代左右的收敛速度较快;400 代以后,收敛速度变得非常缓慢,基本不发生变化。这个现象说明了传统的 GA 算法虽然以其种群搜索特性使得它在大范围寻优上非常具有优势,但对于局部范围的搜索,GA 算法并不占优势。

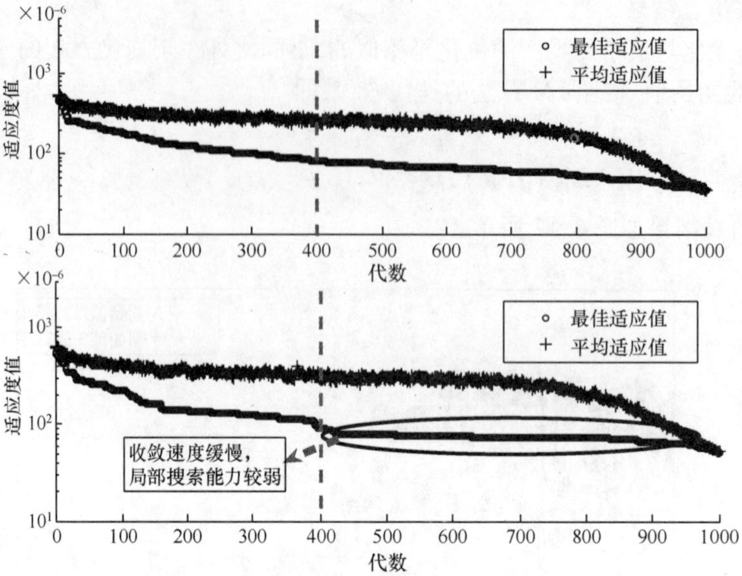

图 6.18　GA 算法的两次收敛过程

通过仿真试验证明：若采用终止代数 T 为终止条件，在 T 取到 1000 代以上时仍然不一定能很好地收敛到最优值，很多情况是收敛到最优值附近的值，然而已经耗费了大量的时间；若采用某种判定准则（例如连续若干代个体的适应度值的差值小于某一个极小的设定值），在达到这一准则时，同样也是经过成千上万代的进化，而结果仍然只是收敛到最优值附近的值。

事实上，许多仿真试验研究也证明，尽管 GA 算法比其他传统搜索算法具有明显的优势，但它更擅长全局搜索而局部搜索的能力却相对较弱。一系列的试验证明，GA 算法可以用极快的速度达到最优解的 95% 左右，但要想达到真正的最优解则需要花费较长的时间。因此，要想进一步改进 GA 算法的性能，提高局部搜索能力，缩短优化时间，可以选择将 GA 与 LM 算法相结合的策略。

4）GA – LM 融合算法仿真结果

利用 GA – LM 融合算法标定星敏感器参数，即：运用适应度差值计算法判定 GA 算法终止的条件，在 400 代左右时收敛变得异常缓慢，优化效率较低；从 400 代开始，运用 LM 算法进行寻优，将 GA 算法的优化结果作为 LM 算法的初值。通过 Matalab 仿真程序得到适应度值（最佳和平均适应度值）的两次收敛过程以及个体间距离的变化过程，如图 6.19 所示。得到的收敛结果为 $1.3808634236056605\times10^{-7}$。

从图 6.19 可以看出：①融合算法在前 400 代进行全局搜索，为 LM 算法提供一个合理的初值，LM 算法进行 100 代左右时收敛到最优解；② 相比于常用标定算法，提出的基于 GA – LM 融合的星敏感器参数标定算法得到的标定结果更接近真实值。

对比各标定算法仿真结果可看出：最小二乘法存在受初值参数选择影响较大、易陷入局部收敛、标定精度不理想等问题；LM 算法改进了传统最小二乘算法，扩大了收敛范围，使标定过程不易很快陷入局部最优解，且对于非线性、多目标的问题稳定性更高，但是没有解决强烈依赖初值的问题；GA – LM 融合算法利用 GA 算法的全局搜索以及 LM 算法局部寻优能力强的优势，且 GA 算法进行大范围搜索为 LM 算法提供一个合理的初值，使得标定精度要远远高于传统标定算法的精度。

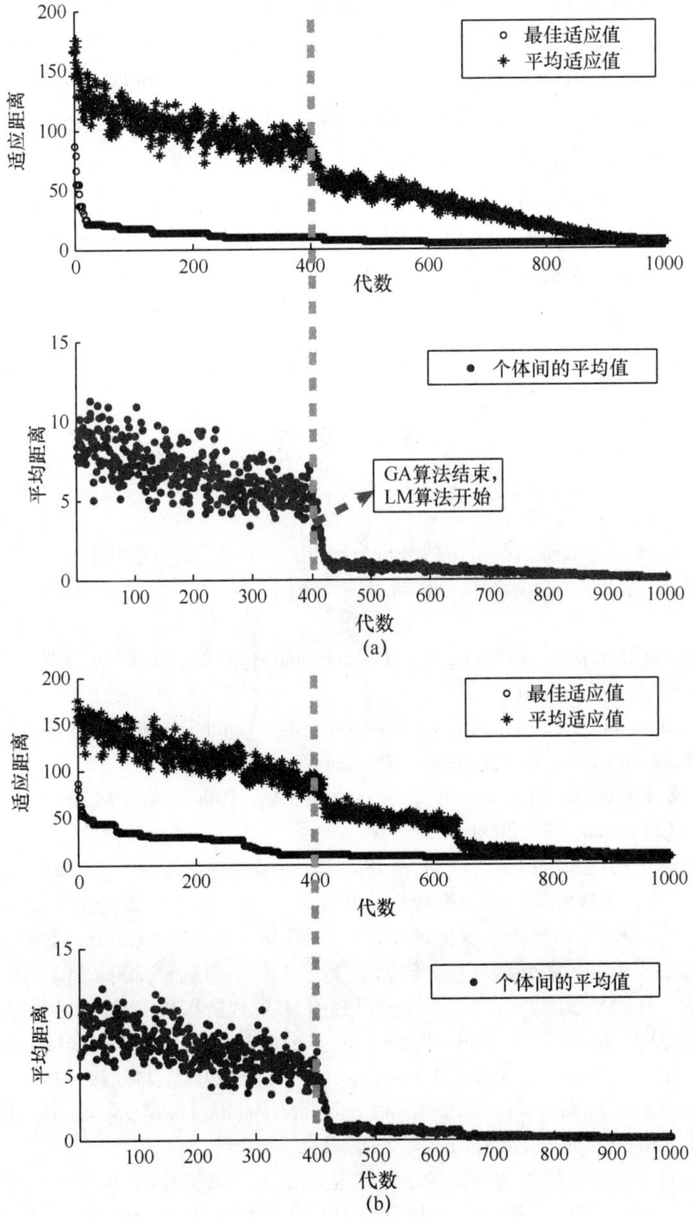

图 6.19　GA－LM 融合算法的两次收敛过程

6.6　本章小结

星敏感器虽为高精度仪器，但多种参数误差会极大影响其测量精度[19,33,34]。因此，为提高星敏感器的测量精度和可靠性，获得高测角精度，必须要对星敏感器参数误差进行标定补偿[9]。本章主要开展了星敏感器参数误差分析及参数标定方法等方面的研究，主要包括：

(1)明确了星敏感器参数误差分析及参数标定时必要的准备工作。

(2)分析了星敏感器的典型误差源；建立了星敏感器参数误差的成像模型，推导了实测星象点坐标到理想成像点坐标的误差校正公式；根据星敏感器单星及星间角距测量精度的评价指标,基于几何成像理论,分析了焦距误差、主点偏移、光学镜头畸变、焦平面倾斜以及焦平面绕视轴方向的旋转等误差因素对星光成像向量测量精度以及视场内星间角距测量精度的影响;并设计了仿真试验,定量分析及验证了不同参数误差值、不同观星方位角对星敏感器测量精度的影响,证明了焦距误差、主点偏移及镜头畸变等参数误差对测量精度的影响较大,星敏感器使用时必须要考虑这些误差因素。

(3)总结了星敏感器标定的一般原则及基本算法,分析了传统标定算法的流程及特点;针对传统标定方法的局限性,提出了一种基于 GA - LM 融合的星敏感器参数标定算法,并提出了一种适应度差值计算法来确定两种算法的衔接点;给出了融合算法标定星敏感器参数的具体流程。

参 考 文 献

[1] 郝雪涛,张广军,江洁. 星敏感器模型参数分析与校准方法研究[J]. 光电工程,2005,32(3):6 - 8.

[2] 刑飞,董瑛,武延鹏,等. 星敏感器参数分析与自主校正[J]. 清华大学学报(自然科学版),2005,45(11):1484 - 1488.

[3] Travis H D. Attitude Determination Using Star Tracker Data with Kalman Filters [M]. Naval Post - graduate School,Monterey,CA. , 2001:2 - 11.

[4] Samman M. Recursive mode star Comparison between Implicit and Explicit Spacecraft Gyro Calibration[J]. WSEAS Transactions on Circuits and Systems, 2003,2(4):728 - 734.

[5] Mortari D, Neta B. K - vector range searching techniques [A]. 10th Annual AIAA/AAS Space Flight Mechanics Meetlllg [C]. Claearwater FL, 2000.

[6] 彭媛. 基于遗传算法的摄像机标定方法研究[D]. 长沙:国防科学技术大学,2009.

[7] 刘垒,张路,郑辛,等. 星敏感器技术研究现状及发展趋势[J]. 红外与激光工程,2007,36:529 - 533.

[8] 张辉,田宏,袁家虎,等. 星敏感器参数标定及误差补偿[J]. 光电工程,2005,32(9):2 - 4.

[9] 袁彦红,耿云海,陈雪芹. 星敏感器自主在轨标定算法[J]. 上海航天,2008,3:6 - 10.

[10] 刘朝山,刘光斌. 弹载星敏感器应用方案比较研究[J]. 现代防御技术,2012,40(1):81 - 84.

[11] Singla P, Griffith D T, Junkins J L. Attitude determination and autonomous on - orbit calibration of star tracker for GIFTS mission [J]. Advances in the Astronautical Sciences, 2002, 112:19 - 38.

[12] Griffith D T, Singla P, Junkins J L. Autonomous on - orbit calibration of approaches for star tracker cameras [J]. Advances in the Astronautical Sciences, 2002, 112:39 - 57.

[13] 张伟娜,全伟. 基于改进遗传算法的星图畸变校正方法[J]. 航天控制,2012,29 (5) :3 - 7.

[14] 钟红军,杨孟飞,卢欣. 星敏感器标定方法研究[J]. 光学学报,2010,30(5):1334 - 1348.

[15] 王永胜. 弹载星敏感器参数标定算法研究[D]. 西安: 第二炮兵工程大学,2013.

[16] Uwe Schmidt. ASTRO APS—The Next Generation Hi - Rel Star Tracker Based on Active Pixel Sensor Technology[C]. AIAA Guidance, Navigation and Control Conference and Exhibit,San Francisco, California,2005,5925:1 - 10.

[17] 张靖,朱大勇,张志勇. 摄像机镜头畸变的种非量测校正方法[J]. 光学学报,2008,28(8):1552 - 1557.

[18] 钟兴,金光,王栋,等. CMOS 星敏感器焦平面装配及标定[J]. 光电工程,2011,38(9):1 - 5.

[19] 宋亮. 星敏感器陀螺姿态确定系统在轨标定研究[D]. 哈尔滨: 哈尔滨工业大学,2011.

[20] 孙高飞,张国玉,郑茹,等. 星敏感器标定方法的研究现状与发展趋势[J]. 长春理工大学学报(自然科学版),2010,33(4):9 - 14.

[21] 彭姗. 基于遗传算法的摄像机标定方法研究[D]. 长沙:国防科学技术大学,2009.

[22] 袁彦红. 星敏感器在轨标定算法研究[D]. 哈尔滨:哈尔滨工业大学, 2007:1 - 74.

[23] Lu Jinghui, Wang Hongli, Wen Tao, et al. Error Calibration Method for Star Sensor[C]. 2011 2nd Interna-

tional Conference on Information, Networking and Automation, 2011.
[24] 梁芳. 遗传算法的改进及其应用[D]. 武汉:武汉理工大学,2008.
[25] 王腾蛟. 基于 Levenberg - Marquardt 算法图像拼接研究[D]. 长沙:国防科学技术大学,2009.
[26] 杨朝辉. 基于 Levenberg - Marquardt 算法的非量测数码相机影像纠正[J]. 苏州科技学院学报,2011,28(1):66 - 69.
[27] 席少霖. 非线性最优化方法[M]. 北京:高等教育出版社,1992.
[28] 陈国良,王煦法,庄镇泉,等. 遗传算法及其应用[M]. 北京:人民邮电出版社,1996.
[29] 黄海赟,戚飞虎. 利用遗传算法精确标定摄像参数[J]. 上海交通大学学报,2000,34(7):948 - 951.
[30] 王洪涛,罗长洲,王渝,等. 星敏感器模型参数分析及校准方法研究[J]. 电子科技大学学报,2010,39(6):880 - 885.
[31] 樊巧云,李小娟,等. 星敏感器光学畸变模型的选择[J]. 红外与激光工程,2012,41(3):665 - 670.
[32] DAVENPORT P, WELTER G. Algorithm for in - flight calibration of gyros flight mechanics/estimation theory symposium[R]. CP - 3011, NASA,1988.
[33] 王涛,冯展军,尤太华,等. 基于星敏感器的飞行器姿态确定方法[J]. 导航与控制,2005,4(1):15 - 17.
[34] 雪芹,耿云海. 一种利用星敏感器对陀螺进行在轨标定的算法[J]. 系统工程与电子技术,2005,27(12):2112 - 2116.
[35] 王永胜,王宏力,刘杰梁,等. 星敏感器误差模型与参数分析[J]. 电光与控制,2014,21(2):85 - 89.
[36] 王洪涛,罗长洲,王渝,等. 星敏感器模型参数分析及校准方法研究[J]. 电子科技大学学报,2010,39(6):880 - 885.
[37] 乔培玉,何昕,魏仲慧,等. 高精度星敏感器的标定[J]. 红外与激光工程,2012,41(10):2779 - 2784.
[38] 郝雪涛,张广军,江洁. 星敏感器模型参数分析与校准方法研究[J]. 光电工程,2005,32(3):5 - 8.

第7章 捷联惯性/星光组合导航原理与方法

7.1 引 言

在飞行器组合导航的工程实践中,经常遇到飞行器惯导系统的初始对准、飞行器的姿态估计以及导弹姿态运动模型[1]等非线性问题,这些问题将会给系统精度带来很大影响。因此,如何找到有效的非线性滤波方法,在线、实时地估计和预测出系统状态及误差统计量,已成为科研人员面临的重要挑战,也催生了大量的非线性滤波算法[2],如 EKF 滤波算法(Extended Kalman Filter,EKF)、UKF(Unscented Kalman Filter,UKF)、PF(Particle Filter,PF)以及它们的改进算法等。虽然各种非线性滤波算法具有一定的处理非线性问题的能力,但也存在一定局限性。因此,可以从应用背景出发,针对问题选择合适的非线性滤波算法开展相关研究。

在前述章节研究的基础上,本章主要针对星光制导在中远程弹道导弹上的应用,研究了基于星光观测的导弹姿态滤波算法;分析卡尔曼滤波算法在 SINS/CNS 组合导航中的应用;针对弹道导弹运动方程非线性强、噪声的先验信息不准确、未知或虽然已知但具有时变性,给出了一种改进的强跟踪 UKF 滤波算法;针对中远程弹道导弹采用 SINS/CNS 组合导航系统,其滤波模型的状态维数高达20多维,是一个典型的高维数据处理问题,若直接使用 PF 滤波算法容易产生"维数灾难",研究其线性/非线性混合模型,并给出一种改进的边缘 Rao - Blackwellized 粒子滤波器以解决该问题。

7.2 惯性/星光组合导航系统构成

7.2.1 系统的工作模式

从结构上来说,惯性导航系统可分为平台惯性导航系统和捷联惯性导航系统。平台惯性导航系统按照惯导平台模拟的坐标系不同,又可分为当地水平惯性导航系统和空间稳定惯性导航系统。目前,平台惯性导航系统是中远程导弹和飞机广泛采用的导航系统,虽然精度很高,但是其成本昂贵。捷联惯导系统将惯性器件固联在载体上,用计算机(数学)平台代替物理平台,具有结构简单、成本低、可靠性高的优点,但其精度不高。近年来随着陀螺精度的不断提高,捷联惯性导航技术取得了快速发展,但是其精度仍难以满足中远程导弹和飞机制导的要求。将惯性导航系统与星光导航系统组合,利用星敏感器测星数据修正惯性测量装置的位置计算或指向计算,以改善导航定位精度[3-5]。

惯性/星光组合导航系统有多种工作模式,根据惯性器件和星敏感器安装方式的不同,可分为以下三种[6]。

(1)全平台模式。全平台模式采用平台式惯导,星敏感器安装在三轴稳定平台的台面上,比较典型的是美国"三叉戟"ⅠC4 导弹所用的 MK5 惯性测量组合和"三叉戟"ⅡD5 导弹所用的 MK6 惯性测量组合。其特点是星敏感器工作在相对静态的环境中,测星精度较高。但是由于星敏感器安装在三轴平台的台面上,给平台结构设计造成了很大的困难,同时该模式的信息输入、输出方式及驱动电路等也比较复杂,在目前国内的技术条件下,难以满足其制造要求。

(2)惯导平台与星敏感器捷联模式。该工作模式采用平台式惯导,星敏感器捷联安装在载体上,没有安装在平台上,因而对平台结构无要求。其特点是对原有的平台系统不需做任何改动,便可实现星光/捷联惯导系统的组合。在用星敏感器观测星时,必须精确地转动载体,以使捷联安装其上的星敏感器能准确对星。由于对星、测量时间比较长,所以该模式对于运行时间长的飞船比较适合,而对于短时间工作的弹道导弹却不适用。该模式由于星敏感器捷联安装,以及载体自身机动和各种扰动产生的振动问题,使星敏感器工作在动态环境中,影响其测星精度,对星敏感器的动态性能要求较高,且其初始安装误差不易精确补偿。另外,由于采用平台惯导,该模式具有体积大,成本高的缺点。

(3)全捷联模式。全捷联模式即惯导系统和星敏感器都采用捷联方式安装,在几种工作模式中是最灵活的。捷联惯导系统由计算机完成实时的捷联矩阵修正来模拟平台系统,与平台系统相比有成本低、可靠性高等多方面的优越性;但对陀螺和加速度计的性能要求较高。随着各种新型陀螺及加速度计的出现,捷联惯导系统更具有竞争力。捷联方式对星敏感器的动态性能要求较高,20 世纪 90 年代初 CMOS APS 星敏感器的出现使这一问题的解决成为可能。

尽管捷联方案在精度方面与平台方案相比还有一定的差距,但在使用灵活性、成本价格方面占优,能满足战略导弹中等精度制导要求,尤其利用星光惯性复合制导能大大降低瞄准精度要求,增强导弹的快速机动性。近年来随着各种新型陀螺及加速度计的出现,特别是激光陀螺仪的出现,捷联方案得到广泛地使用。从未来发展趋势看,全捷联工作模式的组合导航系统更具有发展前景。本章的组合导航系统采用全捷联工作模式。

7.2.2 系统的组合模式

惯性/星光组合模式一般可分为惯性/星光简单组合模式和基于最优估计的惯性/星光组合模式[6]。

(1)简单组合模式。该模式是最简单、最成熟的惯性/星光组合方式,如图 7.1 所示。惯性导航系统独立工作,提供姿态、速度、位置等各种导航数据;星光导航系统解算出星光位置和姿态,对惯性导航系统的位置、姿态数据进行校正。这种组合模式在国内外已得到广泛应用,如国内潜艇组合导航系统和美国 B2 等大型轰炸机上的 NAS-26 系列惯性/星光组合导航系统都采用此组合模式。

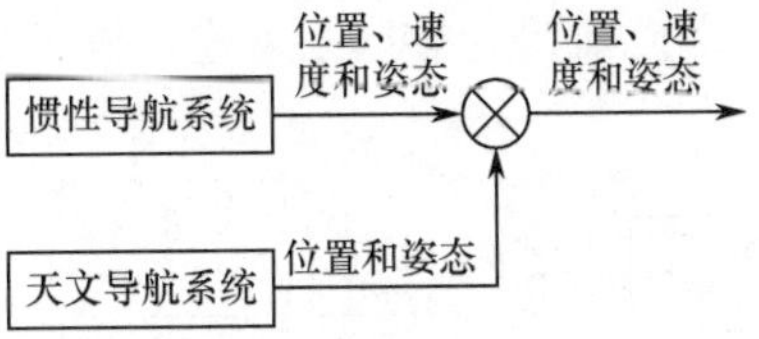

图 7.1 简单惯性/星光组合模式

(2)基于最优估计的惯性/星光组合模式。该模式采用星光导航系统的量测信息,通过最优估计的方法来精确补偿陀螺漂移,如图 7.2 所示。其原理是星光导航系统利用星敏感器,对实时拍摄的星空信息进行星图识别,精确地提供航行载体坐标系相对于惯性系的高精度姿态信息。而捷联惯导利用陀螺组件敏感载体相对于惯性空间的角速度,通过积分求出载体坐标系相对于惯性坐标系的姿态信息;但由于陀螺漂移的存在,精度随时间增长而降低。因此,采用最优估计方法处理星光量测数据,对惯导系统进行补偿,来提高组合导航系统的精度。本章选用此组合模式。

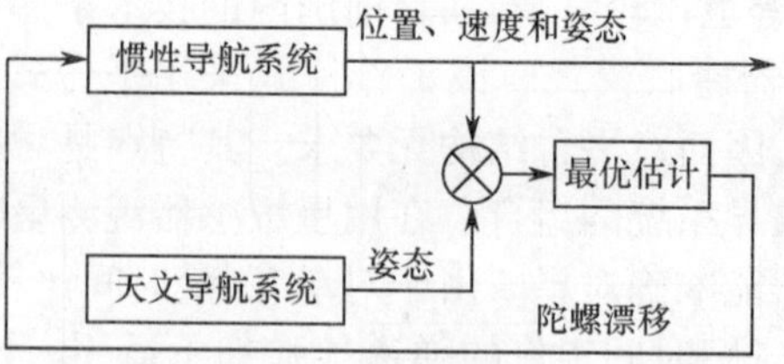

图 7.2 基于最优估计的惯性/星光组合模式

7.2.3 星光量测信息修正惯性器件误差的方法

惯性/星光组合导航系统比纯惯导系统的精度高是因为在惯性空间里恒星的方位基本保持不变,尽管星敏感器的像差、地球极轴的进动和章动以及视差等因素使恒星方向有微小的变化,但是它们所造成的姿态误差小于1″,因此星敏感器就相当于没有漂移的陀螺,所以可以用星光量测信息修正惯性器件误差[7]。

在全捷联工作模式下,由星敏感器输出的姿态信息可以得到导弹的三轴姿态信息(俯仰角 ϕ',航向角 ψ' 和滚动角 γ'),而惯性导航系统通过惯导解算也会给出导弹的三轴姿态信息(俯仰角 ϕ,航向角 ψ 和滚动角 γ),因此将两者相减可得到导弹的三轴姿态误差角 $\Delta\boldsymbol{\varepsilon}$ 为

$$\Delta\boldsymbol{\varepsilon}=\begin{bmatrix}\varepsilon_{\phi}\\ \varepsilon_{\varphi}\\ \varepsilon_{\gamma}\end{bmatrix}=\begin{bmatrix}\phi-\phi'\\ \varphi-\varphi'\\ \gamma-\gamma'\end{bmatrix} \tag{7.1}$$

由于捷联惯导系统的误差模型为数学平台误差角方程,因此需要将姿态误差角转换成数学平台误差角才能作为卡尔曼滤波器的观测量。将姿态误差角转换成数学平台误差角表达式为

$$\boldsymbol{\theta}=\boldsymbol{M}\times\Delta\boldsymbol{\varepsilon} \tag{7.2}$$

式中:$\boldsymbol{M}$ 为姿态误差角转换矩阵,且有

$$\boldsymbol{M}=\begin{bmatrix}0 & \cos\phi & -\cos\varphi\sin\phi\\ 0 & \sin\phi & \cos\varphi\sin\phi\\ 1 & 0 & \sin\varphi\end{bmatrix} \tag{7.3}$$

在组合导航系统中将 θ 作为观测值建立系统的量测模型,通过最优估计的方法实时估计导航系统中惯性器件的误差,并以此对组合导航系统进行修正。其解算框图如图 7.3 所示。

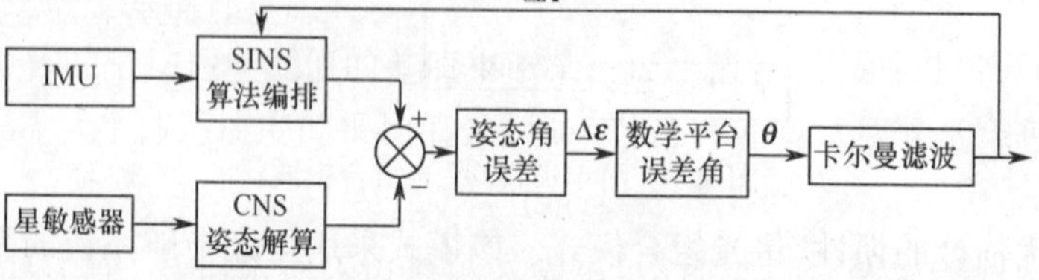

图 7.3 SINS/CNS 组合导航系统解算框图

一般星敏感器数据的输出频率比惯导系统采集角增量、比力等原始数据的频率低,所以通常在捷联惯导子系统计算若干周期以后,再将解算结果同星敏感器数据一起输入最优估计滤波器进行滤波处理,并进行适当校正。

7.3 卡尔曼滤波算法在 SINS/CNS 中的应用

组合导航的方式有许多,目前卡尔曼滤波及其相关技术受到了很大关注。它在两个导航系统输出的基础上,通过滤波算法去估计系统参数,达到综合两个导航系统的目的。卡尔曼滤波器是多输入多输出的数字滤波器,算法简单,只需要建立系统的状态方程和量测方程,就可以应用于组合导航系统。由于本节只有惯性天文两个子系统,且其组合模式相对简单,本节将基于卡尔曼滤波技术及其自适应滤波进行组合导航系统融合的探讨。

卡尔曼滤波器是卡尔曼、布西等于20 世纪60 年代初提出的对随机信号进行估计的经典算法。与最小二乘、维纳滤波等估计算法相比,卡尔曼滤波具有显著的优点:采用状态空间法在时域内设计滤波器,用状态方程描述任何复杂多维信号的动力学特性,不必在频域内对信号进行功率谱分析,滤波器设计简单易行;不要求保存过去的测量数据,当前数据测得后,根据新数据和前一时刻的估计值,借助系统本身的状态转移方程,按照一套递推公式,即可推算出新的估计值,是一种递推线性最小方差估计。卡尔曼滤波方法的主要问题是:由于模型误差和计算误差会引起发散性,即随着时间的推移,递推状态估计与真实状态之间的偏差越来越大,以至于发散[8]。

7.3.1 卡尔曼滤波算法

1. 线性离散随机系统的卡尔曼滤波

设 t_k 时刻的被估计状态 x_k 受系统噪声序列 $\boldsymbol{W}_k$ 驱动,驱动机理由下述状态方程描述[9],即

$$\boldsymbol{X}_k = \boldsymbol{F}_{k/k-1}\boldsymbol{X}_{k-1} + \boldsymbol{G}_{k-1}\boldsymbol{W}_{k-1} \tag{7.4}$$

对 $\boldsymbol{X}_k$ 的量测满足线性关系,量测方程为

$$\boldsymbol{Z}_k = \boldsymbol{H}_k\boldsymbol{X}_k + \boldsymbol{V}_k \tag{7.5}$$

式中:$\boldsymbol{X}_k$ 为 k 时刻的 n 维状态向量,也是被估计向量;$\boldsymbol{W}_{k-1}$ 为 $k-1$ 时刻 $n\times r$ 维的系统噪声矩阵,反映 $k-1$ 时刻到 k 时刻的各个系统噪声分别影响 k 时刻各个状态的程度;$\boldsymbol{Z}_k$ 为 k 时刻的 m 维观测向量;$\boldsymbol{V}_k$ 为 k 时刻的 m 维量测噪声向量;$\boldsymbol{F}_{k/k-1}$ 为 $n\times n$ 维 $k-1$ 时刻至 k 时刻的一步转移矩阵;$\boldsymbol{G}_{k-1}$ 为 $n\times p$ 维系统噪声驱动矩阵;$\boldsymbol{H}_k$ 为 k 时刻的 $m\times n$ 维量测矩阵。

(1) $\boldsymbol{W}_k$ 和 $\boldsymbol{V}_k$ 均为零均值高斯白噪声向量,且 $\boldsymbol{W}_k$ 和 $\boldsymbol{V}_k$ 互相独立,在采样间隔时间内,$\boldsymbol{W}_k$ 和 $\boldsymbol{V}_k$ 为常值,其统计特性为

$$\begin{cases} E[\boldsymbol{W}_k] = 0, \mathrm{Cov}[\boldsymbol{W}_k, \boldsymbol{W}_j] = E[\boldsymbol{W}_k\boldsymbol{W}_j^{\mathrm{T}}] = \boldsymbol{Q}_k\delta_{kj} \\ E[\boldsymbol{V}_k] = 0, \mathrm{Cov}[\boldsymbol{V}_k, \boldsymbol{V}_j] = E[\boldsymbol{V}_k\boldsymbol{V}_j^{\mathrm{T}}] = \boldsymbol{R}_k\delta_{kj} \\ \mathrm{Cov}[\boldsymbol{W}_k, \boldsymbol{V}_j] = E[\boldsymbol{W}_k\boldsymbol{V}_j^{\mathrm{T}}] = 0 \end{cases} \tag{7.6}$$

$$\delta_{kj} = \begin{cases} 1 & (k = j) \\ 0 & (k \neq j) \end{cases} \tag{7.7}$$

式中:δ_{kj} 为 Kronecker δ 函数;Q_k 为系统噪声向量的方差阵,为 $p\times p$ 维对称的非负定矩阵;R_k 为量测噪声向量的方差阵,为 $m\times m$ 维对称的正定矩阵。

(2) $\boldsymbol{X}_k$ 的初始值 $\boldsymbol{X}_0$ 是一个随机变量,$\boldsymbol{X}_0$ 的统计特性为

$$E[\boldsymbol{X}_0] = \mu_0 \tag{7.8}$$

$$\mathrm{Var}[\boldsymbol{X}_0] = E[(\boldsymbol{X}_0 - \mu_0)(\boldsymbol{X}_0 - \mu_0)^{\mathrm{T}}] = P_0 \tag{7.9}$$

(3) $\boldsymbol{X}_0$ 和 $\boldsymbol{W}_k$, $\boldsymbol{V}_k$ 互不相关,即

$$E[W_k X_0] = 0 \quad E[V_k X_0] = 0 \tag{7.10}$$

因此,可得线性离散系统的卡尔曼滤波方程如下[10]。

(1)状态一步预测估计方程为

$$\hat{X}_{k/k-1} = F_{k/k-1} \hat{X}_{k-1} \tag{7.11}$$

式中:$\hat{X}_{k-1}$ 是状态 X_{k-1} 的卡尔曼滤波估计值,它是利用 $k-1$ 时刻和以前时刻的量测值计算得到的。$\hat{X}_{k/k-1}$ 是利用 $\hat{X}_{k-1}$ 计算得到的 X_k 对的一步预测,也可以认为是利用 $k-1$ 时刻及以前时刻的量测值的 k 时刻的一步预测。

(2)系统状态估计方程为

$$\hat{X} = \hat{X}_{k/k-1} + K_k (Z_k - H_k \hat{X}_{k/k-1}) \tag{7.12}$$

它是在一步预测 $\hat{X}_{k/k-1}$ 的基础上,根据量测值计算出来的。式中,$Z_k - H_k \hat{X}_{k/k-1}$ 可以根据量测方程改写为

$$Z_k - H_k \hat{X}_{k/k-1} = H_k X_k + V_k - H_k \hat{X}_{k/k-1} = H_k (X_k - \hat{X}_{k/k-1}) + V_k \tag{7.13}$$

式(7.13)只有两部分组成:一部分是一步预测的误差 $X_k - \hat{X}_{k/k-1}$;另一部分是量测误差 V_k。而 $X_k - \hat{X}_{k/k-1}$ 是进行系统状态估计所需的信息,因此式(7.13)一般称为新息方程。

令

$$Z_k - H_k \hat{X}_{k/k-1} = \tilde{Z}_k \tag{7.14}$$

则 $\{\tilde{Z}_k\}$ 称为新息过程或新息序列。

(3)滤波增益方程为

$$K_k = P_{k/k-1} H_k^{\mathrm{T}} (H_k P_{k/k-1} H_k^{\mathrm{T}} + R_k)^{-1} \tag{7.15}$$

K_k 选取的标准就是卡尔曼滤波的估计准则,也就是使估计值的均方误差阵最小。式(7.15)的 $H_k P_{k/k-1} H_k^{\mathrm{T}}$ 和 R_k 分别是新息中两部分内容 $H_k(X_k - \hat{X}_{k/k-1})$ 和 V_k 的均方阵。如果状态量和量测量都是唯一的,通过式(7.15)可以看出:如果 R_k 大则 K_k 就小,说明新息中的 $X_k - \hat{X}_{k/k-1}$ 比例小,也就是对量测值的信赖程度小;反之,如果 R_k 小则 K_k 就大,对量测值的信赖程度就大。

(4)一步预测估计误差方程为

$$P_{k/k-1} = F_{k/k-1} P_{k-1} F_{k/k-1}^{\mathrm{T}} + G_{k-1} Q_{k-1} G_{k-1}^{\mathrm{T}} \tag{7.16}$$

为求增益矩阵,必须先求出一步预测方差。一步预测均方误差阵 $P_{k/k-1}$ 是从均方误差阵 P_{k-1} 转移过来的,并且加上了系统噪声方差的影响。

(5)滤波误差方差方程为

$$P_k = (l - K_k H_k) P_{k/k-1} (l - K_k H_k)^{\mathrm{T}} + K_k R_k K_k^{\mathrm{T}} \tag{7.17}$$

$$P_k = (l - K_k H_k) P_{k/k-1} \tag{7.18}$$

比较式(7.17)和式(7.18),式(7.18)的计算量小,在计算机开始有舍入误差的条件下,不能始终保证计算出的只是对称的;而式(7.17)相反,在实际中可以根据实际情况来选择。

式(7.4)~式(7.18)为离散型卡尔曼滤波基本方程。只要给定初始值 $\hat{X}_0$ 和 P_0,根据 k 时刻的量测 Z_k,就可递推计算得 k 时刻的状态估计 $\hat{X}_k (k = 1,2,\cdots)$。

2. 连续性卡尔曼滤波的离散化

设连续系统的状态方程和量测方程为

$$\begin{cases} \dot{X}(t) = F(t)X(t) + G(t)W(t) \\ Z(t) = H(t)X(t) + V(t) \end{cases} \tag{7.19}$$

根据线性系统理论,对式(4.19)进行离散化处理,在时间间隔 $[t_0, t]$ 上,以 Δt 为时间间隔连续截取时间段,在第 i 个时间段 $[t_i, t_{i+1}]$ 中分别以 $W(t_i)$、$V(t_i)$ 代替 $W(t)$、$V(t)$,根据 $W(t)$、$V(t)$ 的统计特性规定有

$$\begin{cases}E[\boldsymbol{W}(t_i)] = 0,\mathrm{Cov}[\boldsymbol{W}(i),\boldsymbol{W}(t_j)] = \dfrac{\boldsymbol{Q}(t)}{\Delta t}\delta_{ij}\\ E[\boldsymbol{V}(t_i)],\mathrm{Cov}[\boldsymbol{V}(t_i),\boldsymbol{V}(t_j)] = \dfrac{\boldsymbol{R}(t)}{\Delta t}\delta_{ij}\end{cases} \tag{7.20}$$

当 $\Delta t \to 0$ 时,式(7.20)中的 $\boldsymbol{W}(t_i),\boldsymbol{V}(t_i)$ 的统计特性可以反映 $\boldsymbol{W}(t),\boldsymbol{V}(t)$ 的统计特性,且当 Δt 足够小时,有

$$\begin{cases}\boldsymbol{F}(t_i+\Delta t,t_i) = \boldsymbol{F}(t_i,t_i) + \hat{\boldsymbol{F}}(t,t_i)\mid_{i=i_i}\Delta t + o(\Delta t^2)\\ \boldsymbol{G}(t_i+\Delta t,t_i) = \boldsymbol{G}(t_i,t_i) + \hat{\boldsymbol{G}}(t,t_i)\mid_{i=i_i}\Delta t + o(\Delta t^2)\end{cases} \tag{7.21}$$

与之对应的离散观测方程为

$$\boldsymbol{Z}(t_i) = \boldsymbol{H}(t_i)\boldsymbol{X}(t_i) + \boldsymbol{V}(t_i) \tag{7.22}$$

与式(7.19)对应的离散系统为:

$$\begin{cases}\boldsymbol{X}(t_i) = \boldsymbol{F}(t_i)\boldsymbol{X}(t_i) + \boldsymbol{G}(t_i)\boldsymbol{W}(t_i)\\ \boldsymbol{Z}(t_i) = \boldsymbol{H}(t_i)\boldsymbol{X}(t_i) + \boldsymbol{V}(t_i)\end{cases} \tag{7.23}$$

3. 卡尔曼滤波中的发散现象与抑止

理想条件下,卡尔曼滤波是线性无偏最小方差估计。在实际应用中,由滤波得到的状态估计可能是有偏的,且估计误差的方差也可能很大,远远超出了按计算公式计算的方差所定出的范围;更有甚者,滤波误差的均值与方差都有可能趋于无穷大,这种现象在滤波理论中称为滤波的发散现象。当滤波发散时,就完全失去了滤波的最优作用,在实际中必须抑制滤波发散现象[11,12]。

1)引起滤波发散的原因

(1)描述系统动力学特性的数学模型和噪声的统计模型不准确,不能真实反映物理过程,使模型与获得的观测值不匹配,导致滤波器发散。

(2)卡尔曼滤波是递推过程,随着滤波步数的增加,舍入误差逐渐积累。如果计算机步长有限,这种积累有可能使估计的误差方差阵失去非负定性甚至失去对称性,使增益矩阵的计算值逐渐失去合适的加权作用而导致发散。

2)判断滤波发散的依据

滤波器如果发散,那么就要对滤波器的计算进行干预,抑止滤波的发散。如果滤波器不发散,那么滤波器的计算正常进行。所以,就要有一个判据来判断滤波器发散与否。

式(7.13)称为新息方程,对式(7.13)进行改写,得

$$\tilde{\boldsymbol{Z}}_k = \boldsymbol{Z}_k - \boldsymbol{H}_k\hat{\boldsymbol{X}}_{k/k-1} \tag{7.24}$$

根据理论和实践证明

$$\tilde{\boldsymbol{Z}}_k\tilde{\boldsymbol{Z}}_k > r\times\mathrm{Tr}\{E[\tilde{\boldsymbol{Z}}_k\tilde{\boldsymbol{Z}}_k^{\mathrm{T}}]\} \tag{7.25}$$

式(7.25)可以作为判断滤波器发散与否的判据,其中有

$$E[\tilde{\boldsymbol{Z}}_k\tilde{\boldsymbol{Z}}_k^{\mathrm{T}}] = \boldsymbol{H}_k\boldsymbol{P}_{k/k-1}\boldsymbol{H}_k^{\mathrm{T}} + \boldsymbol{R}_k \tag{7.26}$$

将式(7.26)代入式(7.25),同时结合式(7.24),得到实际应用的判据为

$$\begin{cases}\tilde{\boldsymbol{Z}}_k^{\mathrm{T}}\tilde{\boldsymbol{Z}}_k > r\times\mathrm{Tr}\{\boldsymbol{H}_k\boldsymbol{P}_{k/k-1}\boldsymbol{H}_k^{\mathrm{T}} + \boldsymbol{R}_k\}\\ \tilde{\boldsymbol{Z}}_k = \boldsymbol{Z}_k - \boldsymbol{H}_k\hat{\boldsymbol{X}}_{k/k-1}\end{cases} \tag{7.27}$$

3)滤波发散的抑止

针对造成滤波发散的不同原因,已经出现了几种抑止滤波发散的方法,常用的方法有限定下界法滤波、扩充状态法滤波、衰减记忆滤波、限定记忆滤波、平方根滤波和自适应滤波等[13-19]。下面主要讨论自适应滤波方法。

4. 自适应卡尔曼滤波技术

经典的卡尔曼滤波器的应用要求具有系统的数学模型和噪声统计特性的先验知识,但在

许多情况下，它们是未知或近似未知的。应用这种卡尔曼滤波器会导致大的状态估计误差，甚至是滤波器发散。对于惯导系统而言，由于工作环境干扰、加速度计的物理特性、电子伺服系统回路中噪声的影响，加速度计的误差特性会发生变化，很难用一个准确的统计特性噪声来表示。采用自适应卡尔曼滤波技术可以解决以上问题。自适应滤波的目的之一是在利用观测数据进行滤波递推的同时，不断地由滤波本身去判断目标在动态上是否有变化。当判断有变化时，要进一步决定是把这种变化看作随机干扰而归到模型噪声中去，还是对原动态模型进行修正，使之适应目标变化后的动态。自适应滤波的另一个目的是当系统噪声方差阵 $\boldsymbol{Q}_k$ 和观测噪声方差阵 $\boldsymbol{R}_k$ 未知或近似已知时，利用观测数据带来的信息，由滤波本身不断地估计和修正噪声统计特性或滤波器增益阵，以减少状态估计误差，提高滤波器的精度。

为了减小滤波给出的系统及量测噪声与实际值之间存在差异，Sage – Husa 等提出了一种在线实时估计系统及量测噪声的算法，该算法已经在许多领域得到应用，不过该算法在实际应用中仍存在问题：一是系统噪声和测量噪声难以同时精确给出；二是对于高阶状态阵仍会出现滤波发散。考虑到 LSINS/CNS 组合实际应用情况，这里提出了应用在 LSINS/CNS 容错组合导航中的 Sage – Husa 算法。首先用 Sage – Husa 噪声统计估值器来实现噪声统计特性的在线估计，然后利用卡尔曼滤波器进行最优估计和滤波[9,20]。

1) Sage – Husa 噪声统计估值器

考虑如下线性动态系统，即

$$\begin{cases} \boldsymbol{X}_k = \boldsymbol{A}\boldsymbol{K}_{k-1} + \boldsymbol{B}\boldsymbol{W}_{k-1} \\ \boldsymbol{Z}_k = \boldsymbol{H}\boldsymbol{X}_k + \boldsymbol{V}_k \end{cases} \tag{7.28}$$

式中：$\boldsymbol{W}(k)$ 和 $\boldsymbol{V}(k)$ 为相互独立的正态白噪声。噪声统计特性为

$$E(\boldsymbol{W}(k)) = 0 \quad \boldsymbol{r}_{ww}(k,j) = \boldsymbol{Q}\delta_{kj}$$

$$E(\boldsymbol{V}(k)) = 0 \quad \boldsymbol{r}_{ww}(k,j) = \boldsymbol{R}\delta_{kj}$$

假设噪声协方差是 $\boldsymbol{Q}$,$\boldsymbol{R}$ 是未知的定常矩阵，自适应滤波问题就是基于观测量求噪声统计和状态 $\boldsymbol{X}(k)$。采用极大后验（MAP）估计 $\boldsymbol{Q}$,$\boldsymbol{R}$，该估计值可以通过极大化如下条件概率密度来求得，即

$$\boldsymbol{J} = p[\boldsymbol{X}(k), \boldsymbol{q}, \boldsymbol{Q}, \boldsymbol{r}, \boldsymbol{R} \mid \boldsymbol{Z}(k)] \tag{7.29}$$

由此，可以得到 Sage – Husa 的递推次优无偏的 MAP 估值器为

$$\begin{aligned} \hat{\boldsymbol{Q}}(k+1) = \frac{1}{k+1}[& k\hat{\boldsymbol{Q}}(k) + \boldsymbol{K}(k+1)(\boldsymbol{Z}(k) - \boldsymbol{H}\boldsymbol{X}(k/k-1)) \\ & * \boldsymbol{Z}(k) - \boldsymbol{H}\boldsymbol{X}(k/k-1)^{\mathrm{T}}\boldsymbol{K}^{\mathrm{T}}(k+1) + \boldsymbol{P}(k+1/k+1) - \boldsymbol{A}\boldsymbol{P}(k/k)\boldsymbol{A}^{\mathrm{T}}] \end{aligned} \tag{7.30}$$

$$\hat{\boldsymbol{R}}(k+1) = \frac{1}{k+1}[k\hat{\boldsymbol{R}}(k) + (\boldsymbol{Z}(k) - \boldsymbol{H}\boldsymbol{X}(k/k-1)(\boldsymbol{Z}(k) - \boldsymbol{H}\boldsymbol{X}(k/k-1)^{\mathrm{T}}\boldsymbol{H}\boldsymbol{P}(k+1/k)\boldsymbol{H}^{\mathrm{T}}] \tag{7.31}$$

2) 带遗忘因子的时变噪声统计估值器

Sage – Husa 噪声统计估值器用来估计未知的定常的统计值，从式（7.30）和式（7.31）可以看出该估计值是算术平均，不能应用于时变噪声的统计特性的估计。鉴于此，这里引入一个遗忘因子。遗忘因子的存在，可以强调新近数据的作用，并对过于陈旧的数据逐渐遗忘，从而使该估值器可以应用于时变噪声的估计。

选择遗忘因子 $0 < b_f < 1$，并取加权系数为

$$\rho_j = d_k b_f^j \quad d_k = \frac{1 - b_f}{1 - b_j^{k+1}} \quad (j = 0,1,2,\cdots,k)$$

可以验证 $\sum_{j=0}^{k}\rho_j = 1$，因此可以采用 ρ_j 代替式(7.30)和式(7.31)中的加权系数 $\frac{1}{k+1}$，便可以得到时变噪声统计估值器，写成递推形式为

$$\begin{aligned}\hat{\boldsymbol{Q}}(k+1) = (1-d_k)\hat{\boldsymbol{Q}}(k) + d_k\{&\boldsymbol{K}(k+1)[\boldsymbol{Z}(k) - \boldsymbol{HX}(k/k-1)] \\ &*[\boldsymbol{Z}(k) - \boldsymbol{HX}(k/k-1)]^{\mathrm{T}}\boldsymbol{K}^{\mathrm{T}}(k+1) + \boldsymbol{P}(k+1/k+1) - \boldsymbol{AP}(k/k)\boldsymbol{A}^{\mathrm{T}}\}\end{aligned} \tag{7.32}$$

$$\begin{aligned}\hat{\boldsymbol{R}}(k+1) = (1-d_k)\hat{\boldsymbol{R}}(k) + d_k\{&[\boldsymbol{Z}(k) - \boldsymbol{HX}(k/k-1)] \\ &*[\boldsymbol{Z}(k) - \boldsymbol{HX}(k/k-1)]^{\mathrm{T}} - \boldsymbol{HP}(k+1/k)\boldsymbol{H}^{\mathrm{T}}\}\end{aligned} \tag{7.33}$$

在 Sage－Husa 自适应滤波算法中，遗忘因子 b_f 的选择是一个重要问题，遗忘因子选择是否合适是滤波发散与否和滤波精度好坏的关键。一般情况下采用试凑的方法，也有学者利用最优估计理论将滤波中每一步迭代的遗忘因子利用公式求出，达到滤波算法最佳的目的[21]。在实际的工程应用中，通常采用预报残差来计算一个检验量，进而考虑滤波状态是否正常。由前述内容可知，新息序列为 $\{\tilde{\boldsymbol{Z}}(k)\}$，滤波算法达到最佳估计效果时，有[22]

$$\tilde{\boldsymbol{Z}}_{k+1}^{\mathrm{T}}\tilde{\boldsymbol{Z}}_{k+1} = \mathrm{tr}[E(\tilde{\boldsymbol{Z}}_{k+1}\tilde{\boldsymbol{Z}}_{k+1}^{\mathrm{T}})] \tag{7.34}$$

同时有

$$E(\tilde{\boldsymbol{Z}}_{k+1}\tilde{\boldsymbol{Z}}_{k+1}^{\mathrm{T}}) = \boldsymbol{H}_{k+1}[\boldsymbol{\Phi}_{k+1,k}\boldsymbol{b}_k\boldsymbol{P}_A\boldsymbol{\Phi}_{k+1,k}^{\mathrm{T}} + \boldsymbol{Q}_k]\boldsymbol{H}_{k+1}^{\mathrm{T}} + \boldsymbol{R}_{k+1} \tag{7.35}$$

则最佳遗忘因子为

$$b_k = \frac{\tilde{\boldsymbol{Z}}_{k+1}^{\mathrm{T}}\tilde{\boldsymbol{Z}}_{k+1} - \mathrm{tr}[\boldsymbol{H}_{k+1}\boldsymbol{Q}_k\boldsymbol{H}_{k+1}^{\mathrm{T}} + \boldsymbol{R}_{k+1})]}{\mathrm{tr}[\boldsymbol{H}_{k+1}\boldsymbol{\Phi}_{k+1,k}\boldsymbol{P}_k\boldsymbol{H}_{k+1}^{\mathrm{T}}\boldsymbol{\Phi}_{k+1,k}^{\mathrm{T}}\boldsymbol{H}_{k+1}^{\mathrm{T}}]} \tag{7.36}$$

7.3.2 卡尔曼滤波算法下的系统建模

导弹在惯性空间中的运动方程很复杂，在飞行中除受推力和空气动力作用外，还受到地球及其他行星的引力，但由于弹道导弹的攻击目标是地球上的目标，应主要考虑其相对于地球的运动。由于弹道导弹近地飞行，因此除地球外的其他行星的引力场均可视为平行的常引力场，它们不影响导弹与地球的相对运动，可以将导弹相对于地球的运动作为二体问题描述。又由于导弹飞行时间短，地球绕太阳的公转速度可视为常值，于是以地心为原点、在惯性空间定向的坐标系可视为惯性参考系，弹道导弹就采用发射点惯性坐标系作为导航坐标系。

采用发射点惯性坐标系建立弹道导弹 LSINS/CNS 组合导航系统的状态方程和量测方程[23]。

1. 系统状态方程

弹道导弹状态方程由加速度误差、速度误差、位置误差和数学平台角误差方程构成[9]。

1)加速度误差方程

弹道导弹惯导系统与一般惯导系统相比，其特殊性在于陀螺仪漂移率在数值上等于相对导航坐标系的漂移率，忽略加速度计一次项和二次项的误差，加速度误差方程为

$$\delta\dot{a} = \theta \times \dot{a} + \boldsymbol{M}_{Ib}(\nabla + a_{\nabla}) \tag{7.37}$$

写成分量形式为

$$\begin{bmatrix}\delta\dot{a}_x\\ \delta\dot{a}_y\\ \delta\dot{a}_z\end{bmatrix} = \begin{bmatrix}0 & \dot{a}_z & -\dot{a}_y\\ -\dot{a}_z & 0 & \dot{a}_x\\ \dot{a}_y & -\dot{a}_x & 0\end{bmatrix} + \begin{bmatrix}\boldsymbol{M}_{11} & \boldsymbol{M}_{12} & \boldsymbol{M}_{13}\\ \boldsymbol{M}_{21} & \boldsymbol{M}_{22} & \boldsymbol{M}_{23}\\ \boldsymbol{M}_{31} & \boldsymbol{M}_{32} & \boldsymbol{M}_{33}\end{bmatrix}\begin{bmatrix}\nabla_x + a_{\nabla_x}\\ \nabla_y + a_{\nabla_y}\\ \nabla_z + a_{\nabla_z}\end{bmatrix} \tag{7.38}$$

式中：$\dot{a}$为加速度计敏感到的视加速度；θ 为平台误差角；∇为加速度计的常值偏置；a_{v} 为加速度计模型高斯白噪声；$\boldsymbol{M}_{Ib}$为由弹体系到发射点惯性系的姿态转移阵，且可表示为

$$
\boldsymbol{M}_{Ib} = \begin{bmatrix} \boldsymbol{M}_{11} & \boldsymbol{M}_{12} & \boldsymbol{M}_{13} \\ \boldsymbol{M}_{21} & \boldsymbol{M}_{22} & \boldsymbol{M}_{23} \\ \boldsymbol{M}_{31} & \boldsymbol{M}_{32} & \boldsymbol{M}_{33} \end{bmatrix}
= \begin{bmatrix} \cos\phi\cos\psi & -\sin\phi\cos\gamma + \cos\phi\sin\psi\sin\gamma & \sin\phi\sin\gamma + \cos\phi\sin\psi\cos\gamma \\ \sin\phi\cos\psi & \cos\phi\cos\gamma + \sin\phi\sin\psi\sin\gamma & -\cos\phi\sin\gamma + \sin\phi\sin\psi\cos\gamma \\ -\sin\psi & \cos\psi\sin\gamma & \cos\psi\cos\gamma \end{bmatrix} \tag{7.39}
$$

2)速度位置误差方程[24,25]

在发射点惯性坐标系中,弹道导弹速度位置误差方程为

$$
\begin{bmatrix} \delta\dot{V}_x \\ \delta\dot{V}_y \\ \delta\dot{V}_z \\ \delta\dot{x} \\ \delta\dot{y} \\ \delta\dot{z} \end{bmatrix} = \begin{bmatrix} 0 & 0 & 0 & f_{14} & f_{15} & f_{16} \\ 0 & 0 & 0 & f_{24} & f_{25} & f_{26} \\ 0 & 0 & 0 & f_{34} & f_{35} & f_{36} \\ 1 & 0 & 0 & 0 & 0 & 0 \\ 0 & 1 & 0 & 0 & 0 & 0 \\ 0 & 0 & 1 & 0 & 0 & 0 \end{bmatrix} \begin{bmatrix} \delta V_x \\ \delta V_y \\ \delta V_z \\ \delta x \\ \delta y \\ \delta z \end{bmatrix} + \begin{bmatrix} \delta\dot{W}_x \\ \delta\dot{W}_y \\ \delta\dot{W}_z \\ 0 \\ 0 \\ 0 \end{bmatrix} \tag{7.40}
$$

式中:系数$f_{14}, f_{15}, \cdots, f_{36}$为引力加速度对位置坐标的偏导数,它们随导弹位置的变化而变化。这里简化引力场模型为球形有心力场,特别是弹道导弹的主动段高度较低时,这些系数为

$$
\begin{aligned}
f_{14} &= \frac{\partial g_x}{\partial x} = -\frac{GM}{r^3}\left(1 - 3\frac{x^2}{r^2}\right) \\
f_{15} &= \frac{\partial g_x}{\partial y} = 3\frac{GM}{r^3}\frac{x(y + R_0)}{r^2} \\
f_{16} &= \frac{\partial g_x}{\partial z} = 3\frac{GM}{r^3}\frac{xz}{r^2} \\
f_{24} &= \frac{\partial g_y}{\partial x} = \frac{\partial g_x}{\partial y} = f_{15} \\
f_{25} &= \frac{\partial g_y}{\partial y} = -\frac{GM}{r^3}\left(1 - 3\frac{(R_0 + y)^2}{r^2}\right) \\
f_{26} &= \frac{\partial g_y}{\partial z} = 3\frac{GM}{r^3}\left(\frac{(R_0 + y)z}{r^2}\right) \\
f_{34} &= \frac{\partial g_z}{\partial x} = \frac{\partial g_x}{\partial z} = f_{16} \\
f_{35} &= \frac{\partial g_z}{\partial y} = \frac{\partial g_y}{\partial z} = f_{26} \\
f_{36} &= \frac{\partial g_z}{\partial z} = -\frac{GM}{r^3}\left(1 - 3\frac{z^2}{r^2}\right) \\
r &= \sqrt{x^2 + (y + R_0)^2 + z^2}
\end{aligned} \tag{7.41}
$$

式中:x, y, z 为弹道导弹在发射点惯性坐标系下的位置。

3)数学平台角误差方程

忽略陀螺仪一次项和二次项的误差,数学平台误差角方程为

$$
\dot{\theta} = \boldsymbol{M}_{Ib}(\varepsilon + W_\varepsilon) \tag{7.42}
$$

写成分量形式为

$$\begin{bmatrix} \dot{\theta}_x \\ \dot{\theta}_y \\ \dot{\theta}_z \end{bmatrix} = \begin{bmatrix} \boldsymbol{M}_{11} & \boldsymbol{M}_{12} & \boldsymbol{M}_{13} \\ \boldsymbol{M}_{21} & \boldsymbol{M}_{22} & \boldsymbol{M}_{23} \\ \boldsymbol{M}_{31} & \boldsymbol{M}_{32} & \boldsymbol{M}_{33} \end{bmatrix} \begin{bmatrix} \varepsilon_x + W_{\varepsilon_x} \\ \varepsilon_y + W_{\varepsilon_y} \\ \varepsilon_z + W_{\varepsilon_z} \end{bmatrix} \tag{7.43}$$

式中：ε 为陀螺仪的常值漂移；W_ε 为陀螺仪模型高斯白噪声。

4）状态方程

将上述数学平台误差角、速度误差和位置误差方程联立起来，得到系统状态方程为

$$\dot{\boldsymbol{X}}(t) = \boldsymbol{F}(t)\boldsymbol{X}(t) + \boldsymbol{G}(t)\boldsymbol{W}(t) \tag{7.44}$$

$$\boldsymbol{F}(t) = \begin{bmatrix} 0_{3\times3} & 0_{3\times3} & 0_{3\times3} & \boldsymbol{M}_{Ib} & 0_{3\times3} \\ \boldsymbol{F}_b & 0_{3\times3} & \boldsymbol{F}_a & 0_{3\times3} & \boldsymbol{M}_{Ib} \\ 0_{3\times3} & I_{3\times3} & 0_{3\times3} & 0_{3\times3} & 0_{3\times3} \\ 0_{3\times3} & 0_{3\times3} & 0_{3\times3} & 0_{3\times3} & 0_{3\times3} \\ 0_{3\times3} & 0_{3\times3} & 0_{3\times3} & 0_{3\times3} & 0_{3\times3} \end{bmatrix}_{15\times15} \tag{7.45}$$

$$\boldsymbol{G}(t) = \begin{bmatrix} \boldsymbol{M}_{Ib} & 0_{3\times3} \\ 0_{3\times3} & \boldsymbol{M}_{Ib} \\ 0_{3\times3} & 0_{3\times3} \\ 0_{3\times3} & 0_{3\times3} \\ 0_{3\times3} & 0_{3\times3} \end{bmatrix}_{15\times6} \tag{7.46}$$

$$\boldsymbol{F}_a = \begin{bmatrix} f_{14} & f_{15} & f_{16} \\ f_{24} & f_{25} & f_{26} \\ f_{34} & f_{35} & f_{36} \end{bmatrix} \quad \boldsymbol{F}_b = \begin{bmatrix} 0 & \dot{a}_z & -\dot{a}_y \\ -\dot{a}_z & 0 & \dot{a}_x \\ \dot{a}_y & -\dot{a}_x & 0 \end{bmatrix}$$

$$\boldsymbol{W}(t) = [W_{\varepsilon_x} \quad W_{\varepsilon_y} \quad W_{\varepsilon_z} \quad W_{\nabla_x} \quad W_{\nabla_y} \quad W_{\nabla_z}]^{\mathrm{T}} \tag{7.47}$$

$$\boldsymbol{X}[\theta_x \quad \theta_y \quad \theta_z \quad \delta V_x \quad \delta V_y \quad \delta V_z \quad \delta x \quad \delta y \quad \delta z \quad \varepsilon_x \quad \varepsilon_y \quad \varepsilon_z \quad \nabla_x \quad \nabla_y \quad \nabla_z]^{\mathrm{T}}$$

式中：$\theta_x,\theta_y,\theta_z$ 为三个数学平台失准角；$\delta V_x,\delta V_y,\delta V_z$ 为发射点惯性坐标系下的三个速度误差；$\delta_x,\delta_y,\delta_z$ 为发射点惯性坐标系下的三个位置误差；$\varepsilon_x,\varepsilon_y,\varepsilon_z$ 为三个陀螺仪常值漂移；$\nabla_x,\nabla_y,\nabla_z$ 为三个加速度计常值偏置；$\boldsymbol{F}(t)$ 为状态转移矩阵；$\boldsymbol{W}(t)$ 为系统噪声；W_{ε_x}，W_{ε_y}，W_{ε_z} 为陀螺仪误差；W_{∇_x}，W_{∇_y}，W_{∇_z} 为加速度计误差。系统的噪声方差阵为

$$\boldsymbol{Q}(t) = \mathrm{diag}[\sigma^2_{\varepsilon_x} \quad \sigma^2_{\varepsilon_y} \quad \sigma^2_{\varepsilon_z} \quad \sigma^2_{\nabla_x} \quad \sigma^2_{\nabla_y} \quad \sigma^2_{\nabla_z}] \tag{7.48}$$

2. 系统量测方程

弹道导弹的量测方程采用发射点惯性坐标系下的数学平台失准角方程。LSINS/CNS 组合导航系统中配置两台光轴相互正交的星敏感器，星敏感器的光轴分别与弹体坐标系的 Y_b 轴和 Z_b 轴重合。系统利用星光信息测量导弹在地心惯性坐标系下的姿态，通过坐标转换得到发射惯性坐标系下的姿态角，进而求得数学平台失准角[26]。观测量取为数学平台失准角 θ_x,θ_y 和 θ_z，则量测方程为

$$\boldsymbol{Z}(t) = \begin{bmatrix} \theta_x \\ \theta_y \\ \theta_z \end{bmatrix} = \boldsymbol{H}\boldsymbol{X}(t) + \boldsymbol{V}(t) \tag{7.49}$$

$$\boldsymbol{H} = [I_{3\times3} \quad 0_{3\times3} \quad 0_{3\times3}]$$

$$\boldsymbol{V}(t) = [VX_S \quad VY_S \quad VZ_S]^{\mathrm{T}}$$

式中：VX_S，VY_S，VZ_S 为量测噪声。

3. 仿真验证与结果分析

1)仿真条件

为考察所设计滤波器的性能,验证 LSINS/CNS 组合导航系统修正弹道导弹 LSINS 误差的可行性,这里进行了计算机仿真。仿真中的初始条件及一些参数设置如下：

(1)导弹发射经度 110°40′,纬度为 34°2′,瞄准方位角为 70°10′；

(2)初始俯仰角、偏航角、滚动角为 90′,0′,0′;

(3)陀螺仪随机常值漂移为 $0.5° \times 10^{-4}$/s, 加速度计随机常值偏置为 20μg;

(4)星敏感器的精度为 10″(1σ),假设星敏感器在关机点(280s)后开始工作,295s 时采用星光直接修正,310s 时开始最优估计修正。

2)仿真曲线及结果分析

通过对 LSINS 和 LSINS/CNS 组合导航系统的仿真曲线图 7.4~图 7.6 进行分析,可以得到以下结论:

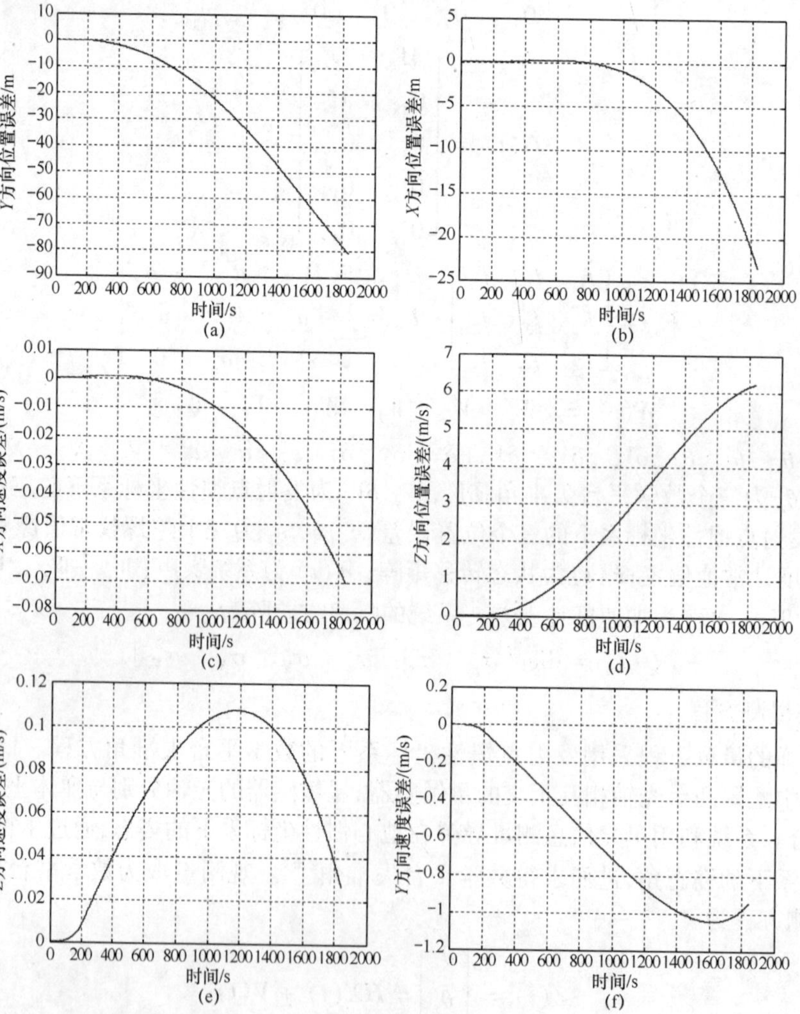

图 7.4　轨迹参数误差

(a)y 方向位置误差与时间的关系;(b)x 方向位置误差与时间的关系;(c)x 方向速度误差与时间的关系;(d)z 方向位置误差与时间的关系;(e)z 方向速度误差与时间的关系;(f)y 方向速度误差与时间的关系。

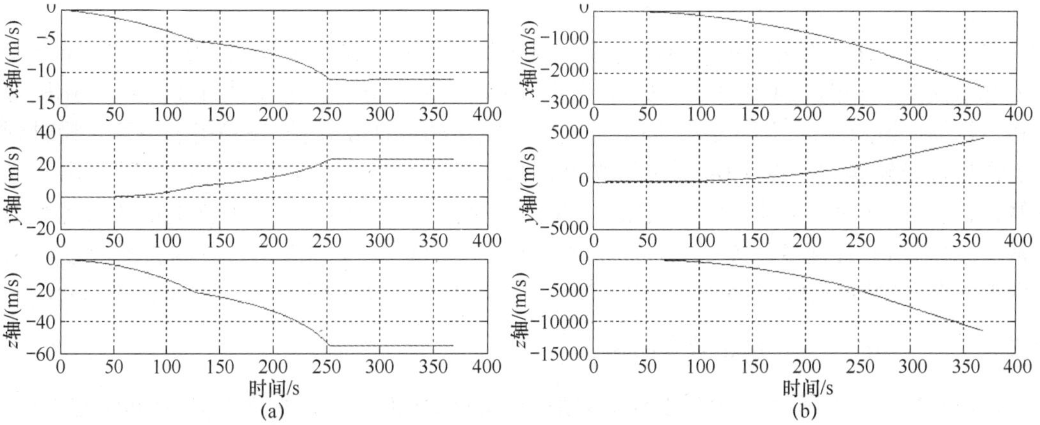

图 7.5　未加修正的 SINS 位置、速度误差

(a) SINS 速度误差；(b) SINS 位置误差。

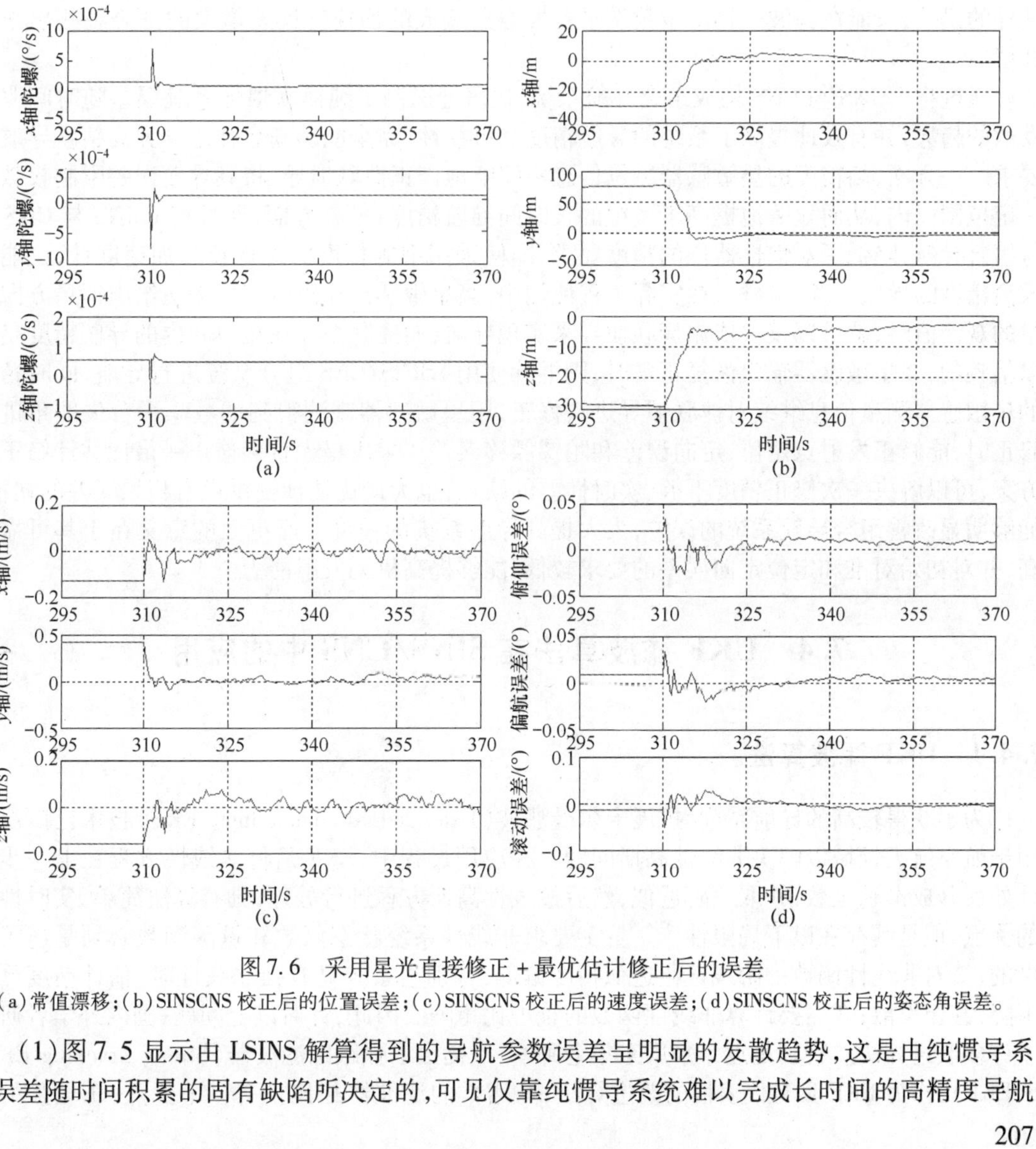

图 7.6　采用星光直接修正 + 最优估计修正后的误差

(a) 常值漂移；(b) SINSCNS 校正后的位置误差；(c) SINSCNS 校正后的速度误差；(d) SINSCNS 校正后的姿态角误差。

(1) 图 7.5 显示由 LSINS 解算得到的导航参数误差呈明显的发散趋势，这是由纯惯导系统误差随时间积累的固有缺陷所决定的，可见仅靠纯惯导系统难以完成长时间的高精度导航任务。

(2)图7.6分别为采用星光直接修正+最优估计修正后的陀螺漂移、位置误差、速度误差和姿态角误差。和图7.4相比,在295s采用星光直接修正能够较准确估计出陀螺的随机常值漂移,对导弹速度误差、位置误差、姿态角误差有明显的修正效果,较好修正了由发射瞬时到修正点的累计导航误差。在310s利用星光直接修正后的导航信息对组合导航系统采用最优估计修正,由图7.6可以看出,此方法能够在星光直接修正的基础上更为准确地估计出陀螺的随机常值漂移,对导弹速度误差、位置误差、姿态角误差有进一步的修正,即:滤波器收敛后的速度误差为0.0309m/s,0.0278m/s,0.0372m/s;位置误差为2.1989m,2.0911m,3.0315m(误差定义为$\frac{1}{n}\sum_{i=1}^{n}|\mathrm{d}P(i)|$),修正效果明显。

LSINS/CNS采用新的组合导航模式以后,在精度、性能等方面都明显优于单独的子系统,不仅有效地抑制了陀螺漂移引起的误差,而且还及时修正了系统输出的各项导航参数,所以这种模式是提高组合导航系统精度和速度的有效途径。

(3)由图7.6可以看出,滤波并不能完全修正所有误差,这是因为星敏感器不能观测加速度计的误差,只能在滤波中将由于数学平台失准角造成的加速度误差增大的部分观测出来而补偿掉。

通过将LSINS与CNS构成组合导航系统,显著地遏制了纯捷联惯导系统误差随时间明显发散的趋势,并有效地提高了系统的导航精度和可靠性,完全能够满足弹道导弹高精度导航的要求。一方面,高精度的星敏感器测量信息不间断地修正捷联惯导,将其导航误差限制收敛在一定范围以内,从而显著地提高了系统的长时间导航精度;另一方面,通过将LSINS与CNS进行组合导航,降低了对惯性器件的精度要求,即使采用中等精度的陀螺仪和加速度计,也能完成高精度的导航任务。这样,在实际工程使用中,当星敏感器在短时间内无法给出恒星方向向量的观测值时,就可以仅仅依靠捷联惯导来实现导航,而捷联惯导在短时间内的导航精度是可以信赖的;在星敏感器输出恢复正常时,则继续使用LSINS/CNS组合系统进行导航,同时精确的星敏感器测量信息继续对捷联惯导进行修正,用星敏感器观测得到的数学平台失准角进行修正时,能修正发射点定位、定向误差和陀螺漂移误差。采用星光直接修正+最优估计修正的方案,可以解决一次修正精度不够、实时性差的缺点,也为最优估计提供没有积累误差的初值,能够明显改善组合导航系统的误差,大大提高导航系统的精度。而更大的意义在于其可靠性高,并对初始对准和定位定向误差的要求较低,能够提高机动发射能力。

7.4 UKF滤波算法在SINS/CNS中的应用

7.4.1 UKF滤波算法

为了获得较高的导航精度,扩展卡尔曼滤波(Extended Kalman Filter, EKF)技术已广泛应用于航空航天领域以解决非线性高斯问题。在应用过程中,EKF是将非线性方程在上一步估计处展开成泰勒级数,并取一阶近似,然后按线性高斯方程进行处理,具有算法简单、实时性好的优点,但是其存在以下局限性[27-29]:①要求非线性系统状态函数和量测函数必须是连续可微的;②对非线性函数一阶线性化近似精度偏低,特别当系统具有强非线性时,估计精度严重下降,甚至发散;③需要计算非线性函数的雅可比矩阵。因此,针对以上问题,国内外学者研究了许多改进算法。特别是近年来周东华老师[30-32]提出了强跟踪滤波器(Strong Tracking EKF, STEKF),作为EKF具有代表性的改进算法,与通常的滤波器相比具有以下优点:①较强的关于模型不确定性的鲁棒性；②很强的关于突变状态的跟踪能力；③适中的计算复杂度。虽然强跟踪滤波器对 EKF 的滤波性能有很大的改进，但是仍然存在着要求非线性函数连续可微、需要计算雅可比矩阵以及引进的多重渐消因子只是按照固定的比例关系调节等局限性。

UKF(Unscented Kalman Filter)是 Julier 和 Uhlmann 提出的一种通过 Unscented 变换来逼近非线性系统状态后验分布的 Unscented 卡尔曼滤波[33,34]。通过确定性采样后得到的 Sigma 点来表示系统的统计特性，对系统统计特性的估计比 EKF 算法更为准确，可以直接使用系统非线性模型，不需要对非线性系统进行线性化，也无需计算雅可比矩阵，且具有和 EKF 方法相同的算法结构。但在应用过程中，传统的 UKF 存在要求噪声的先验统计特性精确已知，在噪声统计特性未知时变情况下滤波精度下降甚至发散，不具备应对噪声统计变化的自适应能力[35,36]。

为此，针对传统 UKF 在噪声统计未知或时变情况下，存在滤波精度下降甚至发散问题，以及强跟踪滤波器的多重渐消因子只是按照固定的比例关系调节的不足，设计了不依赖于固定关系调节的多重渐消因子，推导了一种改进的强跟踪 UKF 滤波算法。

1. 非线性系统模型

考虑如下的非线性离散系统，即

$$\begin{cases}\boldsymbol{x}_{k+1} = \boldsymbol{f}_x(\boldsymbol{x}_k) + \boldsymbol{w}_k \\ z_k = \boldsymbol{h}_k(\boldsymbol{x}_k) + \boldsymbol{v}_k\end{cases} \tag{7.50}$$

式中：$\boldsymbol{x}_k$ 和 z_k 分别为 n 维状态向量和 m 维系统量测向量；$\boldsymbol{w}_k$ 和 $\boldsymbol{v}_k$ 分别为 n 维系统噪声和 m 维量测噪声；$\boldsymbol{f}_k(\cdot)$ 和 $\boldsymbol{h}_k(\cdot)$ 分别为系统非线性状态函数和量测函数。

假设 1：$\boldsymbol{w}_k$ 和 $\boldsymbol{v}_k$ 是互不相关的高斯白噪声，且满足如下统计特性，即

$$\begin{cases}E[\boldsymbol{w}_k] = \boldsymbol{q}_k, \mathrm{Cov}[\boldsymbol{w}_k, \boldsymbol{w}_j^{\mathrm{T}}] = \boldsymbol{Q}_k\delta_{kj} \\ E[\boldsymbol{v}_k] = \boldsymbol{r}_k, \mathrm{Cov}[\boldsymbol{v}_k, \boldsymbol{v}_j^{\mathrm{T}}] = \boldsymbol{R}_k\delta_{kj} \\ \mathrm{Cov}[\boldsymbol{w}_k, \boldsymbol{v}_j^{\mathrm{T}}] = 0\end{cases} \tag{7.51}$$

式中：$\boldsymbol{Q}_k$ 和 $\boldsymbol{R}_k$ 均为正定对称阵；δ_{kj} 为 Kronecker－δ 函数。

假设 2：初始状态 $\boldsymbol{x}_0$ 与 $\boldsymbol{w}_k$、$\boldsymbol{v}_k$ 互不相关，且服从高斯正态分布，其均值和协方差为

$$\begin{cases}\hat{\boldsymbol{x}}_0 = E[\boldsymbol{x}_0] \\ \boldsymbol{p}_0 = \mathrm{cov}(\boldsymbol{x}_0, \boldsymbol{x}_0^{\mathrm{T}}) = E[(\boldsymbol{x}_0 - \hat{\boldsymbol{x}}_0)(\boldsymbol{x}_0 - \hat{\boldsymbol{x}}_0)^{\mathrm{T}}]\end{cases} \tag{7.52}$$

问题是在系统噪声和量测噪声统计特性未知或时变情况下，根据测量值 $Z_k = \{z_1, z_2, \cdots, z_k\}$，求强跟踪 UKF 滤波算法，并将其应用于弹道导弹 SINS/CNS 组合导航系统中。

2. 强跟踪滤波器

1）强跟踪滤波器描述

根据文献[37]，非线性系统模型（见式(7.50)）以及假设 1 和 2，给出 STEKF 的递推公式为

$$\hat{\boldsymbol{x}}_{k+1|k} = f_k(\hat{\boldsymbol{x}}_k) + \boldsymbol{q}_k \tag{7.53}$$

$$\boldsymbol{p}_{k+1|k} = L_{md}\boldsymbol{F}_{k+1,k}\boldsymbol{p}_k\boldsymbol{F}_{k+1,k}^{\mathrm{T}} + \boldsymbol{Q}_k \tag{7.54}$$

$$\hat{z}_{k+1|k} = \boldsymbol{h}_{k+1}(\hat{\boldsymbol{x}}_{k+1|k}) + \boldsymbol{r}_{k+1} \tag{7.55}$$

$$\hat{\boldsymbol{x}}_{k+1} = \hat{\boldsymbol{x}}_{k+1|k} + \boldsymbol{K}_{k+1}(z_{k+1} - \hat{z}_{k+1|k}) \tag{7.56}$$

$$\boldsymbol{K}_{k+1} = p_{k+1|k}\boldsymbol{H}_{k+1}^{\mathrm{T}}(\boldsymbol{H}_{k+1}\boldsymbol{p}_{k+1|k}\boldsymbol{H}_{k+1}^{\mathrm{T}} + \boldsymbol{R}_{k+1})^{-1} \tag{7.57}$$

$$\boldsymbol{P}_{k+1} = (\boldsymbol{I} - \boldsymbol{K}_{k+1}\boldsymbol{H}_{k+1})\boldsymbol{P}_{k+1|k} \tag{7.58}$$

$$\begin{cases}\boldsymbol{x}_{k+1} \approx \boldsymbol{f}_k(\hat{\boldsymbol{x}}_k) + \boldsymbol{F}_{k+1,k}(\boldsymbol{x}_k - \hat{\boldsymbol{x}}_k) + \boldsymbol{w}_k \\ z_{k+1} \approx \boldsymbol{h}_k(\hat{\boldsymbol{x}}_{k+1|k}) + \boldsymbol{H}_{k+1}(\boldsymbol{x}_{k+1} - \hat{\boldsymbol{x}}_{k+1|k}) + \boldsymbol{v}_k\end{cases} \tag{7.59}$$

$$\begin{cases} \boldsymbol{F}_{k+1,k} = \left.\dfrac{\partial f_k(\boldsymbol{x}_k)}{\partial \boldsymbol{x}_k}\right|_{x_k=\hat{x}_k} \\ \boldsymbol{H}_{k+1} = \left.\dfrac{\partial h_{k+1}(\boldsymbol{x}_{k+1})}{\partial \boldsymbol{x}_{k+1}}\right|_{x_{k+1}=\hat{x}_{k+1|k}} \end{cases} \tag{7.60}$$

式中：$L_{md} \geqslant 1$ 为渐消因子。

2）固定比例多重渐消因子的不足及改进

对于一般强跟踪滤波，单重次优渐消因子 EKF 中的 $\boldsymbol{L}_{md}$ 为标量，多重次优渐消因子 EKF（Suboptimal Multiple Fading EKF，SMFEKF）中的 $\boldsymbol{L}_{md}$ 是对角阵。SMFEKF 中，令 $\boldsymbol{L}_{md} = \mathrm{diag}(\lambda_1,\lambda_2,\cdots,\lambda_n)$，在求取 $\boldsymbol{L}_{md}$ 时，首先选定 $\boldsymbol{L}_{md}$ 的初值，使之满足设定的比例关系 $\lambda_1:\lambda_2:\cdots\lambda_n = a_1:a_2:\cdots:a_n$，则可进行递推。在递推的过程中，$\boldsymbol{L}_{md}$ 的取值与初始确定的 $\lambda_1:\lambda_2:\cdots\lambda_n = a_1:a_2:\cdots:a_n$ 有很大关系，因此降低了滤波器的自适应能力。所以，为了使滤波器能完全自适应地工作，在多重次优渐消因子的选择上，采用的推导方法如下。

假设理论输出残差 $\boldsymbol{\varepsilon}_{k+1} = z_{k+1} - \hat{z}_{k+1|k}$，为了区别引入渐消因子前后各误差方差阵，$\boldsymbol{P}_{k+1|k}^{(0)}$ 表示引入渐消因子前的状态预测误差方差阵，$\boldsymbol{P}_{k+1|k}$ 表示引入渐消因子后的状态预测误差方差阵。将预测误差方差阵公式(7.54)改写为

$$\boldsymbol{P}_{k+1|k} = L_{md}(k+1)\boldsymbol{F}_{k+1,k}\boldsymbol{P}_k F_{k+1,k}^{\mathrm{T}} L_{md}^{\mathrm{T}}(k+1) + Q_k \tag{7.61}$$

由引入渐消因子之前的 EKF 滤波可知

$$\boldsymbol{P}_{k+1|k}^{(0)} = \boldsymbol{F}_{k+1,k}\boldsymbol{P}_k\boldsymbol{F}_{k+1,k}^{\mathrm{T}} + \boldsymbol{Q}_k \tag{7.62}$$

滤波器为最优估计时，应该满足关系式[38]，即

$$\boldsymbol{P}_{k+1|k}\boldsymbol{H}_{k+1,k}^{\mathrm{T}} - \boldsymbol{K}_{k+1}\boldsymbol{V}_0(k+1) \equiv 0 \tag{7.63}$$

根据滤波增益阵式(7.44)并将其代入式(7.50)得

$$P_{k+1|k}H_{k+1}^{\mathrm{T}}\{I - [H_{k+1}P_{k+1|k}H_{k+1}^{\mathrm{T}} + R_{k+1}]^{-1}V_0(k+1)\} = 0 \tag{7.64}$$

式中：$P_{k+1|k}$ 为对称正定。若 H_{k+1} 非 0，则式(7.64)化简为

$$V_0(k+1) - R_{k+1} = \boldsymbol{H}_{k+1}\boldsymbol{P}_{k+1|k}\boldsymbol{H}_{k+1}^{\mathrm{T}} \tag{7.65}$$

将式(7.61)代入式(7.65)，得

$$V_0(k+1) = R_{k+1} + \boldsymbol{H}_{k+1}\boldsymbol{Q}_k\boldsymbol{H}_{k+1}^{\mathrm{T}} + \boldsymbol{H}_{k+1}L_{md}(k+1)\boldsymbol{F}_{k+1,k}\boldsymbol{P}_k\boldsymbol{F}_{k+1,k}^{\mathrm{T}}L_{md}^{\mathrm{T}}(k+1)\boldsymbol{H}_{k+1}^{\mathrm{T}} \tag{7.66}$$

假设 H_{k+1} 为非奇异的方矩阵，由式(7.66)得

$$H_{k+1}^{-1}[V_0(k+1) - R_{k+1} - \boldsymbol{H}_{k+1}Q_k\boldsymbol{H}_{k+1}^{\mathrm{T}}](\boldsymbol{H}_{k+1}^{\mathrm{T}})^{-1} = L_{md}(k+1)\boldsymbol{F}_{k+1,k}\boldsymbol{P}_k\boldsymbol{F}_{k+1,k}^{\mathrm{T}}L_{md}^{\mathrm{T}}(k+1) \tag{7.67}$$

令

$$M(k+1) = F_{k+1,k}\boldsymbol{P}_k\boldsymbol{F}_{k+1}^{\mathrm{T}} \tag{7.68}$$

$$N(k+1) = \boldsymbol{H}_{k+1}^{-1}[\eta V_0(k+1) - \xi R_{k+1} - \boldsymbol{H}_{k+1}Q_k\boldsymbol{H}_{k+1}^{\mathrm{T}}](\boldsymbol{H}_{k+1}^{\mathrm{T}})^{-1} \tag{7.69}$$

式中：η 为调整系数，$\eta > 1$ 则跟踪性强，$\eta < 1$ 则滤波性强；ξ 为弱化因子，可改善滤波性能。

由式(7.62)可知

$$M(k+1) = P_{k+1|k}^{(0)} - Q_k \tag{7.70}$$

则有

$$L_{md}(k+1) = \mathrm{diag}[\lambda_1(k+1),\lambda_2(k+1),\cdots,\lambda_n(k+1)] \tag{7.71}$$

$$\lambda_1(k+1) = \begin{cases} \lambda_{0i}(k+1) & (\lambda_{0i}(k+1) > 1) \\ 1 & (\lambda_{0i}(k+1) \leqslant 1) \end{cases} \tag{7.72}$$

式中：$i = 1,2,\cdots,n$；$\lambda_{0i}(k+1) = \sqrt{\dfrac{N_{ii}(k+1)}{M_{ii}(k+1)}}$，$N_{ii}(k+1)$ 和 $M_{ii}(k+1)$ 分别为 $N(k+1)$ 和 $M(k+1)$ 主对角线第 i 个元素。

由于上述 $V_0(k+1)$ 是未知的，可以估算近似为

$$V_0(k+1) = \begin{cases} \boldsymbol{\varepsilon}_1\boldsymbol{\varepsilon}_1^{\mathrm{T}}, & (k=1) \\ \dfrac{\rho V_0(k) + \boldsymbol{\varepsilon}_{k+1}\boldsymbol{\varepsilon}_{k+1}^{\mathrm{T}}}{1+\rho} & (k \geqslant 1) \end{cases} \tag{7.73}$$

式中：$0 < \rho \leqslant 1$ 为遗忘因子，通常 $\rho = 0.95$。

3. 基于强跟踪 UKF 滤波器设计

将假设 1 中噪声的统计特性改为时变，Q_k 为正定对称阵。那么在该假设条件下，对于时变噪声统计特性而言，传统的 UKF 滤波器在解决该类非线性问题时滤波精度下降甚至发散。

文献[38,39]证明了强跟踪滤波器具有很强的处理时变噪声的能力，文献[40]也从理论上证明：UT 变换对后验均值和协方差的近似精度高于 EKF，且无需计算雅可比矩阵，具有实现简单、适用于不连续或不可微的非线性系统滤波的特点。因此，将 7.4.1 节设计的多重渐消因子，应用于 UKF 滤波器中，从而得到基于强跟踪的 UKF 滤波器。

1）UKF 中多重渐消因子的求取

将强跟踪滤波器引入 UKF 中，求取多重渐消因子 L_{md} 是关键。在假设 2 条件下，引入渐消因子前状态预测协方差 $\boldsymbol{P}^{(0)}_{\tilde{x}_{k+1}\tilde{x}_{k+1}}$，输出预测协方差 $\boldsymbol{P}^{(0)}_{\tilde{z}_{k+1}\tilde{z}_{k+1}}$ 以及互协方差 $\boldsymbol{P}^{(0)}_{\tilde{x}_{k+1}\tilde{z}_{k+1}}$ 的表达式为

$$\boldsymbol{P}^{(0)}_{\tilde{x}_{k+1}\tilde{x}_{k+1}} = \boldsymbol{P}^{(0)}_{k+1|k} = E[(\boldsymbol{x}_{k+1} - \hat{\boldsymbol{x}}_{k+1|k})(\boldsymbol{x}_{k+1} - \hat{\boldsymbol{x}}_{k+1|k})^{\mathrm{T}}] \tag{7.74}$$

$$\begin{aligned} \boldsymbol{P}^{(0)}_{\tilde{z}_{k+1}\tilde{z}_{k+1}} &= E[(z_{k+1} - \tilde{z}_{k+1|k})(z_{k+1} - \tilde{z}_{k+1|k})^{\mathrm{T}}] \\ &= E\{[\boldsymbol{H}_{k+1}(\boldsymbol{x}_{k+1} - \hat{\boldsymbol{x}}_{k+1|k}) + v_{k+1} - r_{k+1}] - [\boldsymbol{H}_{k+1}(\boldsymbol{x}_{k+1} - \hat{\boldsymbol{x}}_{k+1|k}) + v_{k+1} - r_{k+1}]^{\mathrm{T}}\} \\ &= \boldsymbol{H}_{k+1}E[(\boldsymbol{x}_{k+1} - \hat{\boldsymbol{x}}_{k+1|k})(\boldsymbol{x}_{k+1} - \hat{\boldsymbol{x}}_{k+1|k})^{\mathrm{T}}]\boldsymbol{H}^{\mathrm{T}}_{k+1} + E[(v_{k+1} - r_{k+1})(v_{k+1} - r_{k+1})^{\mathrm{T}}] \\ &= \boldsymbol{H}_{k+1}\boldsymbol{P}^{(0)}_{k+1|k}\boldsymbol{H}^{\mathrm{T}}_{k+1} + R_{k+1} \end{aligned} \tag{7.75}$$

同理，有

$$\begin{aligned} \boldsymbol{P}^{(0)}_{\tilde{x}_{k+1}\tilde{z}_{k+1}} &= E[(\boldsymbol{x}_{k+1} - \hat{\boldsymbol{x}}_{k+1|k})(\boldsymbol{z}_{k+1} - \tilde{\boldsymbol{z}}_{k+1|k})^{\mathrm{T}}] \\ &= \boldsymbol{P}^{(0)}_{k+1|k}\boldsymbol{H}^{\mathrm{T}}_{k+1} \end{aligned} \tag{7.76}$$

用 $\boldsymbol{P}_{k+1|k}$ 表示引入渐消因子 L_{md} 后的状态预测协方差阵，因此用 $\boldsymbol{P}_{k+1|k}$ 取代式(7.75)、式(7.76)中的 $\boldsymbol{P}^{(0)}_{k+1|k}$，可得

$$\boldsymbol{P}_{\tilde{z}_{k+1}\tilde{z}_{k+1}} = \boldsymbol{H}_{k+1}\boldsymbol{P}_{k+1|k}\boldsymbol{H}^{\mathrm{T}}_{k+1} + R_{k+1} \tag{7.77}$$

$$\boldsymbol{P}_{\tilde{x}_{k+1}\tilde{z}_{k+1}} = \boldsymbol{P}_{k+1|k}\boldsymbol{H}^{\mathrm{T}}_{k+1} \tag{7.78}$$

因为 Q_k 为正定对称阵，所以 $P^{(0)}_{k+1|k}$ 和 $P_{k+1|k}$ 的逆矩阵一定存在，那么由式(7.76)和式(7.77)可知

$$\boldsymbol{H}_{k+1} = [\boldsymbol{P}^{(0)}_{\tilde{x}_{k+1}\tilde{z}_{k+1}}]^{\mathrm{T}}[\boldsymbol{P}^{(0)}_{k+1|k}]^{-1} \tag{7.79}$$

$$\boldsymbol{H}^{\mathrm{T}}_{k+1} = [\boldsymbol{P}^{(0)}_{k+1|k}]^{-1}\boldsymbol{P}^{(0)}_{\tilde{x}_{k+1}\tilde{z}_{k+1}} \tag{7.80}$$

$$\boldsymbol{H}_{k+1} = \boldsymbol{P}^{\mathrm{T}}_{\tilde{x}_{k+1}\tilde{z}_{k+1}}\boldsymbol{P}^{-1}_{k+1|k} \tag{7.81}$$

将式(7.77)、式(7.78)、式(7.81)代入式(7.57)和式(7.58)可得

$$\boldsymbol{K}_{k+1} = \boldsymbol{P}_{\tilde{x}_{k+1}\tilde{z}_{k+1}}\boldsymbol{P}^{-1}_{\tilde{z}_{k+1}} \tag{7.82}$$

$$\boldsymbol{P}_{k+1} = \boldsymbol{P}_{k+1|k} - k_{k+1}\boldsymbol{P}_{\tilde{z}_{k+1}\tilde{z}_{k+1}}\boldsymbol{K}^{\mathrm{T}}_{k+1} \tag{7.83}$$

由式(7.79)和式(7.80)可以得到 $M(k+1)$ 的表达式,即

$$M(k+1) = \boldsymbol{P}^{(0)}_{\tilde{x}_{k+1}\tilde{x}_{k+1}} - \boldsymbol{Q}_k \tag{7.84}$$

由式(7.79)、式(7.80)和式(7.69)可以得到 $N(k+1)$ 的表达式,即

$$\begin{aligned} N(k+1) &= \boldsymbol{H}_{k+1}^{-1}[\boldsymbol{\eta} V_0(k+1) - \zeta R_{k+1} - \boldsymbol{H}_{k+1} Q_k \boldsymbol{H}_{k+1}^{\mathrm{T}}](\boldsymbol{H}_{k+1}^{\mathrm{T}})^{-1} \\ &= [P^{(0)}_{k+1|k}]\{[P^{(0)}_{\tilde{x}_{k+1}\tilde{z}_{k+1}}]^{\mathrm{T}}\}^{-1}[\boldsymbol{\eta} V_0(k+1) - \zeta R_{k+1}][P^{(0)}_{\tilde{x}_{k+1}\tilde{z}_{k+1}}]^{-1}[P^{(0)}_{k+1|k}] - Q_k \end{aligned} \tag{7.85}$$

将式(7.84)和式(7.85)代入式(7.61)即可求出渐消因子 L_{md}。

2)强跟踪 UKF 滤波器的实现

UKF 是 UT 变换在贝叶斯递归估计中的直接扩展,即将 EKF 中统计特性传播方式的线性化近似用 UT 变换代替,就得到 UKF。根据 STF 和 UKF 的递推框架,基于时变噪声的非线性系统强跟踪滤波器的具体算法流程如下[41]。

(1)采样策略的选择。为了保证输出变量协方差的半正定性,采用基于对称采样策略的比例修正采样框架[42-44]。

(2)预测方程。按照选择的采样策略,根据 $\hat{\boldsymbol{x}}_k$ 和 $\boldsymbol{P}_k$ 计算 Sigma 点 $\boldsymbol{\xi}^{(0)}_{i,k}$ $(i=0,1,\cdots,2L+1)$,其通过非线性状态方程传播为 $\boldsymbol{\chi}_{i,k+1|k}$,由 $\boldsymbol{\chi}_{i,k+1|k}$ 可以得到一步状态预测值 $\hat{\boldsymbol{x}}_{k+1|k}$ 和误差协方差阵 $\boldsymbol{P}^{(0)}_{k+1|k}$,即

$$\boldsymbol{\chi}_{i,k+1|k} = f_k(\xi_{i,k}) + \boldsymbol{q}_k \quad (i=0,1,\cdots,2L+1) \tag{7.86}$$

$$\hat{\boldsymbol{x}}_{k+1|k} = \sum_{i=0}^{2n+1} W_i^m \boldsymbol{\chi}_{i,k+1|k} = \sum_{i=0}^{2n+1} W_i^m \boldsymbol{f}_k(\xi_{i,k}) + \boldsymbol{q}_k \tag{7.87}$$

$$\boldsymbol{P}^{(0)}_{k+1|k} = \sum_{i=0}^{2n+1} W_i^c[(\boldsymbol{\chi}_{i,k+1|k} - \hat{\boldsymbol{x}}_{k+1|k})(\boldsymbol{\chi}_{i,k+1|k} - \hat{\boldsymbol{x}}_{k+1|k})^{\mathrm{T}}] + \boldsymbol{Q}_k \tag{7.88}$$

根据式(7.74)、式(7.75)计算出来的 $\hat{\boldsymbol{x}}_{k+1|k}$ 和 $\boldsymbol{P}^{(0)}_{k+1|k}$,按照采样策略计算 Sigma 点 $\boldsymbol{\xi}^{(0)}_{i,k+1|k}$,$(i=0,1,\cdots,2L+1)$。通过非线性量测方程传播为 $\boldsymbol{Y}^{(0)}_{i,k+1|k}$。根据 $\boldsymbol{Y}^{(0)}_{i,k+1|k}$ 可以得到输出预测 $\hat{z}_{k+1|k}$、自协方差 $\boldsymbol{P}^{(0)}_{\tilde{z}_{k+1}}$ 和互协方差 $\boldsymbol{P}^{(0)}_{\tilde{x}_{k+1}\tilde{z}_{k+1}}$,即

$$\boldsymbol{Y}^{(0)}_{i,k+1|k} = h_{k+1}(\boldsymbol{\xi}^{(0)}_{i,k+1|k}) + \boldsymbol{r}_{k+1} \tag{7.89}$$

$$\hat{\boldsymbol{z}}_{k+1|k} = \sum_{i=0}^{2L+1} W_i^m \boldsymbol{Y}^{(0)}_{i,k+1|k} = \sum_{i=0}^{2L+1} W_i^m h_{k+1}(\boldsymbol{\xi}^{(0)}_{i,k+1|k}) + \boldsymbol{r}_{k+1} \tag{7.90}$$

$$\boldsymbol{P}^{(0)}_{\tilde{z}_{k+1}\tilde{z}_{k+1}} = \sum_{i=0}^{2n+1} W_i^c[(\boldsymbol{Y}^{(0)}_{i,k+1|k} - \hat{\boldsymbol{z}}_{k+1|k})(\boldsymbol{Y}^{(0)}_{i,k+1|k} - \hat{\boldsymbol{z}}_{k+1|k})^{\mathrm{T}}] + \boldsymbol{R}_{k+1} \tag{7.91}$$

$$\boldsymbol{P}^{(0)}_{\tilde{x}_{k+1}\tilde{z}_{k+1}} = \sum_{i=0}^{2n+1} W_i^c[(\boldsymbol{\xi}^{(0)}_{i,k+1|k} - \hat{\boldsymbol{x}}_{k+1|k})(\boldsymbol{Y}^{(0)}_{i,k+1|k} - \hat{\boldsymbol{z}}_{k+1|k})^{\mathrm{T}}] \tag{7.92}$$

(3)在获得新的量测数据 z_{k+1} 后,进行 UKF 滤波更新,有

$$\hat{\boldsymbol{x}}_{k+1} = \hat{\boldsymbol{x}}_{k+1|k} + \boldsymbol{K}_{k+1}\boldsymbol{\varepsilon}_{k+1} \tag{7.93}$$

$$\boldsymbol{\varepsilon}_{k+1} = \hat{\boldsymbol{z}}_{k+1|k} = \hat{\boldsymbol{z}}_{k+1} - \hat{\boldsymbol{z}}_{k+1|k} \tag{7.94}$$

$$K_{k+1} = \boldsymbol{P}_{\tilde{x}_{k+1}\tilde{z}_{k+1}}(\boldsymbol{P}_{\tilde{z}_{k+1}})^{-1} \tag{7.95}$$

$$\boldsymbol{P}_{k+1} = \boldsymbol{P}_{k+1|k} - K_{k+1}\boldsymbol{P}_{\tilde{z}_{k+1}}(K_{k+1})^{\mathrm{T}} \tag{7.96}$$

式中:K_{k+1} 为滤波增益矩阵。

从以上 UKF 滤波器的递推方程可以看出,若实现强跟踪滤波器,需要将求取的渐消因子 L_{md} 引入式(7.88),则与式(7.88)相比,引入渐消因子后的误差协方差阵为

$$\boldsymbol{P}_{k+1|k} = L_{md}(k+1)\left\{\sum_{i=0}^{2n+1} W_i^c[(\boldsymbol{\chi}_{i,k+1|k} - \hat{\boldsymbol{x}}_{k+1|k})(\boldsymbol{\chi}_{i,k+1|k} - \hat{\boldsymbol{x}}_{k+1|k})^{\mathrm{T}}]\right\} L_{md}^{\mathrm{T}}(k+1) + \boldsymbol{Q}_k \tag{7.97}$$

利用求得的 $\hat{\boldsymbol{x}}_{k+1|k}$ 和 $\boldsymbol{P}_{k+1|k}$，按照采样策略计算 Sigma 点 $\xi_{i,k+1|k}(i=1,2,\cdots,L)$，经过非线性量测函数传播可以得到 $\boldsymbol{Y}_{i,k+1|k}$。将 $\boldsymbol{\xi}_{i,k+1|k}$ 和 $\boldsymbol{Y}_{i,k+1|k}$ 代入式(7.89)~式(7.92)替换引入渐消因子前的 $\boldsymbol{\xi}_{i,k+1|k}^{(0)}$ 和 $\boldsymbol{Y}_{i,k+1|k}^{(0)}$，可以得到引入渐消因子后的自协方差阵 $\boldsymbol{P}_{\tilde{z}_{k+1}\tilde{z}_{k+1}}$ 和互协方差阵 $\boldsymbol{P}_{\tilde{x}_{k+1}\tilde{z}_{k+1}}$。将引入渐消因子后计算得到的 $\boldsymbol{\xi}_{i,k+1|k}$、$\boldsymbol{Y}_{i,k+1|k}$ 和 $\boldsymbol{P}_{\tilde{z}_{k+1}\tilde{z}_{k+1}}$、$\boldsymbol{P}_{\tilde{x}_{k+1}\tilde{z}_{k+1}}$ 代入式(7.95)、式(7.96)，按照 UKF 滤波器递推公式，即可实现基于强跟踪的 UKF 滤波器。

7.4.2 UKF 滤波算法下的系统建模

中远程导弹采用 SINS/CNS 组合导航系统，SINS 需要实时解算捷联矩阵(又称转换矩阵、姿态矩阵)，CNS 作为辅助导航系统需要对捷联惯导系统进行定时或不定时地修正。捷联惯导系统的解算精度、计算速度和姿态更新算法的性能很大程度上影响着捷联惯导的性能。目前，用来描述姿态的方法很多，如方向余弦、欧拉角、旋转向量、四元数、Rodrigues 参数(RPs)等[44]，得到最广泛应用的描述姿态的方法是四元数。它是英国数学家哈密顿(Hamilton)在 1843 年首先建立的，在捷联惯导系统的实时姿态解算时，它要求的计算机容量较小，计算精度较高。但是，四元数方法也存在一个约束条件，这种非最小实现的缺陷在一定程度上制约了四元数的应用效果[45]。1840 年法国数学家 Rodrigues 提出了用于描述刚体定点转动的 Rodrigues 参数法，该方法参数只有三个，计算效率很高，是姿态描述的最小实现。但 RPs 不适合描述全姿态运动，因为在等效旋转角为 180°时会出现奇异，为克服这一缺点，提出了修正 RPs(Modified RPs，MRPs)，虽然它也不是全局非奇异的，但是可以通过切换方法解决奇异性问题。本节从中远程弹道导弹的实际应用背景，考虑到弹道导弹在姿态控制作用下不会出现过大姿态，同时由文献[28，46]可知，四元数和 RPs 在姿态解算精度上几乎相当，在算法的消耗时间上 RPs 比四元数要少得多，因此，本节采用 RPs 对导弹进行姿态解算。

1. 系统状态方程

由于导弹在运动过程中要求其姿态保持相对稳定，俯仰角变动最大，但其绝对值小于 90°，偏航角和滚动角要求近似为零[27]。在描述导弹全姿态的算法中，Rodrigues 参数法在接近正负 180°时，其才出现奇异，精度下降。因此，从导弹的飞行特性出发，可以采用 Rodrigues 参数法来描述导弹的姿态运动方程。

导弹的姿态用 Rodrigues 参数描述，设 RPs 为 $\boldsymbol{R}$[47-50]，则有

$$\boldsymbol{R}=[R_1 \quad R_2 \quad R_3]^{\mathrm{T}}=\tan\frac{\theta}{2}e \tag{7.98}$$

式中：θ 和 e 分别为旋转角和旋转轴。$\boldsymbol{R}$ 的各分量独立，其取值范围是$(-\infty,+\infty)$。假设导弹的角运动为刚体角运动，其基于 Rodrigues 参数的运动方程可表示为

$$\dot{\boldsymbol{R}}=\frac{1}{2}[\omega+\boldsymbol{R}\times\omega+(\boldsymbol{R}\cdot\omega)\boldsymbol{R}] \tag{7.99}$$

陀螺的输出模型为

$$\omega_b=\omega+\omega_0+\boldsymbol{n}_g \tag{7.100}$$

式中：ω_b 为陀螺的输出值；ω_0 为陀螺的随机常值漂移；$\boldsymbol{n}_g$ 为陀螺噪声。取系统状态为 6 维，则有

$$\boldsymbol{x}=[R_1 \quad R_2 \quad R_3 \quad \omega_{0x} \quad \omega_{0y} \quad \omega_{0z}]^{\mathrm{T}} \tag{7.101}$$

系统状态方程为

$$\dot{\boldsymbol{x}}=\boldsymbol{f}(\boldsymbol{x},t)+\boldsymbol{\Gamma}(\boldsymbol{x},t)\boldsymbol{n}(t) \tag{7.102}$$

$$f(\boldsymbol{x},t)=\begin{bmatrix}\frac{1}{2}\{(\boldsymbol{I}+[\boldsymbol{R}\times])(\omega_b-\omega_0)+[\boldsymbol{R}\cdot(\omega_b-\omega_0)]\boldsymbol{R}\}\\ \boldsymbol{0}_{3\times1}\end{bmatrix}$$

$$[\boldsymbol{R}\times]=\begin{bmatrix}0 & -R_3 & R_2\\ R_3 & 0 & -R_1\\ -R_2 & R_1 & 0\end{bmatrix}$$

$$\boldsymbol{\Gamma}(t)=\begin{bmatrix}-0.5(\boldsymbol{I}_{3\times3}+[\boldsymbol{R}\times]+\boldsymbol{R}\boldsymbol{R}^{\mathrm{T}})\\ \boldsymbol{0}_{3\times3}\end{bmatrix}_t$$

$$\boldsymbol{n}(t)=[\boldsymbol{n}_g]_t^{\mathrm{T}}$$

设 $\boldsymbol{n}$ 的统计特性为

$$E[\boldsymbol{n}(t)]=0$$
$$E[\boldsymbol{n}(t)\boldsymbol{n}^{\mathrm{T}}(t-\tau)]=\boldsymbol{Q}(t)\delta(t-\tau)$$
$$\boldsymbol{Q}(t)=\begin{bmatrix}\sigma_g^2\boldsymbol{I}_{3\times3} & \boldsymbol{0}_{3\times3}\\ \boldsymbol{0}_{3\times3} & \sigma_d^2\boldsymbol{I}_{3\times3}\end{bmatrix}$$

2. 系统量测方程

采用大视场星敏感器来确定导弹的姿态，主要是通过星图识别的方法确定视场中的导航星，一般而言获得的导航星数目 ≥3 颗，而通过处理多个观测向量来确定导弹姿态时主要采用 QUEST 算法。首先，根据标定已知的弹体坐标系和星敏感器坐标系之间的变换矩阵 $\boldsymbol{C}_b^s$，得到星光观测向量向弹体坐标系下的转换为

$$\boldsymbol{b}_k=\boldsymbol{C}_s^b\boldsymbol{v}_k \tag{7.103}$$

再根据赤道坐标系与发射点惯性坐标系在任一时刻的对应关系，有

$$\boldsymbol{r}_k=\boldsymbol{C}_c^i\boldsymbol{s}_k \tag{7.104}$$

$\boldsymbol{C}_c^i$ 的求解参照文献[27]。由此式(7.104)将赤道直角坐标系下的星光向量转换到发射点惯性坐标系下。由式(7.103)、式(7.104)得

$$\begin{cases}\boldsymbol{b}_k=[x_b\quad y_b\quad z_b]^{\mathrm{T}}\\ \boldsymbol{r}_k=[x_i\quad y_i\quad z_i]^{\mathrm{T}}\end{cases} \tag{7.105}$$

式中：$k=1,2,\cdots,n$，其中 n 为观测星的数目。利用 QUEST 算法得到导弹姿态的 Rodrigues 参数估计为

$$R=[(\lambda_{\max}+\sigma)\boldsymbol{I}_{3\times3}-\boldsymbol{S}]^{-1}\boldsymbol{z} \tag{7.106}$$

式中：$\lambda_{\max}$ 为方程 $\lambda^4-(a+b)\lambda^2-c\lambda+(ab+c\sigma-d)=0$ 的最大解，利用该方程从 $\lambda_{\max}=1$ 迭代计算得到；σ、$\boldsymbol{S}$、$\boldsymbol{z}$、a、b、c、d 的值利用 $\boldsymbol{b}_k$ 和 $\boldsymbol{r}_k$ 向量计算得到[48]。将 Rodrigues 参数作为观测值，建立量测方程

$$z_k=\boldsymbol{R}=\boldsymbol{H}\boldsymbol{x}_k+\Delta\boldsymbol{R}_k \tag{7.107}$$

式中：$\boldsymbol{H}=[\boldsymbol{I}_{3\times3}\quad \boldsymbol{0}_{3\times3}]$；$\Delta\boldsymbol{R}$ 为观测噪声，其均值为零，信息阵为[49]

$$\boldsymbol{P}_{RR}^{-1}=4\sum_{i=1}^{n}\frac{1}{\sigma_i}(\boldsymbol{I}-\boldsymbol{b}_i\boldsymbol{b}_i^{\mathrm{T}}) \tag{7.108}$$

3. 仿真验证与结果分析

以中远程弹道导弹采用 SINS/CNS 组合导航系统为例，分析不存在干扰和存在随机干扰两种情况下，本节改进的强跟踪 UKF 滤波器在弹道导弹 SINS/CNS 组合导航系统中的应用性能[51]。

1)不存在干扰时滤波算法仿真比较

设导弹中制导采用 SINS/CNS 组合导航系统,射程为 6800km,飞行时间为 1500s。导弹的俯仰角、偏航角和滚动角以弹道理论计算值为真值,SINS 输出周期为 0.02s,星敏感器输出周期为 1s,滤波周期均为 1s,在第 120s 启动星光制导,并进行组合导航,星敏感器精度为 10″。在组合导航阶段分别采用 STEKF、UKF 和 STUKF 进行参数最优估计,比较估计精度,如图 7.7 ~ 图 7.12 所示。

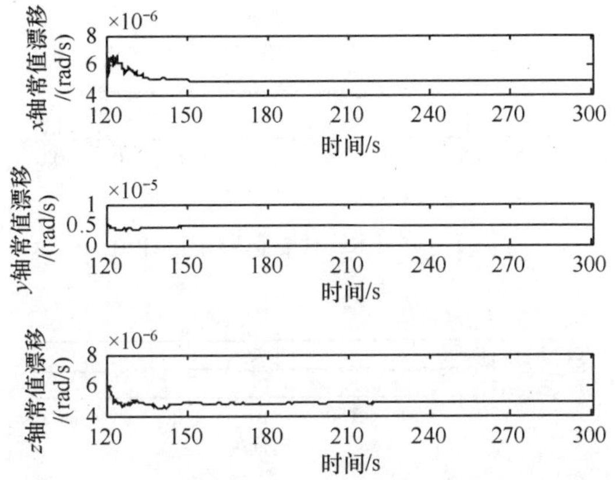

图 7.7　STEKF 对陀螺常值漂移的估计

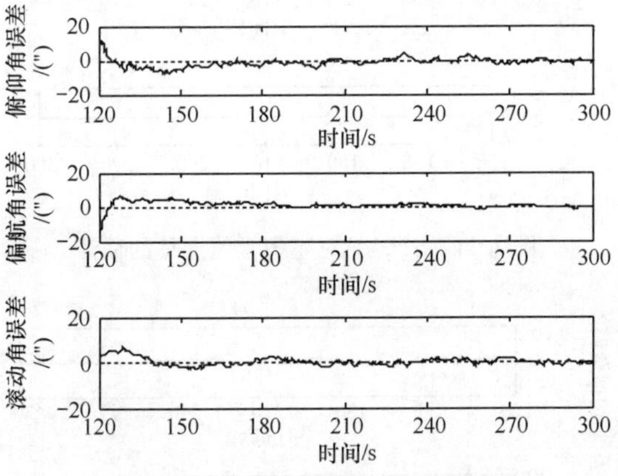

图 7.8　STEKF 对姿态误差估计值

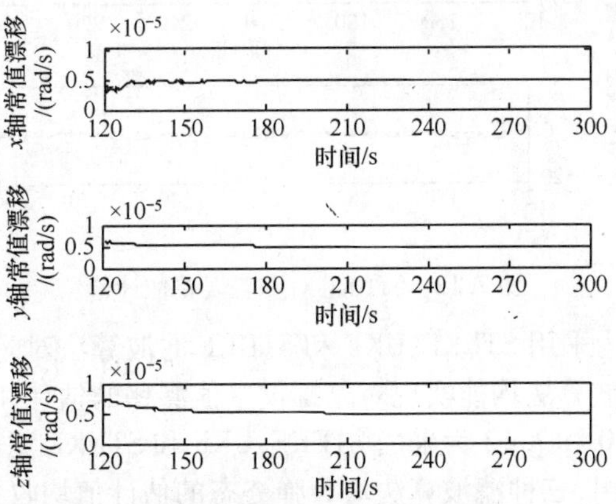

图 7.9　UKF 对陀螺常值漂移的估计

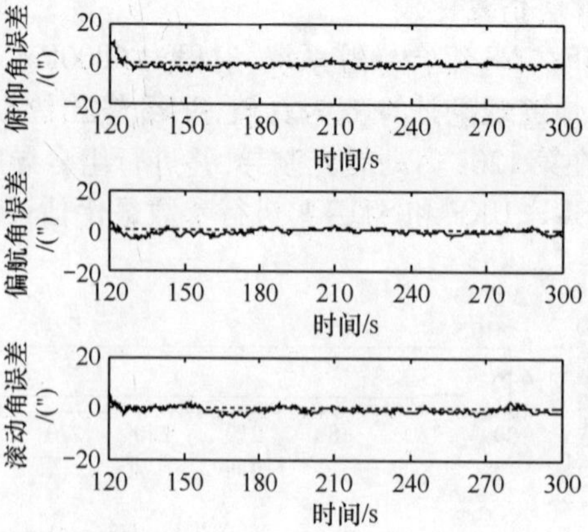

图 7.10 UKF 对姿态误差估计值

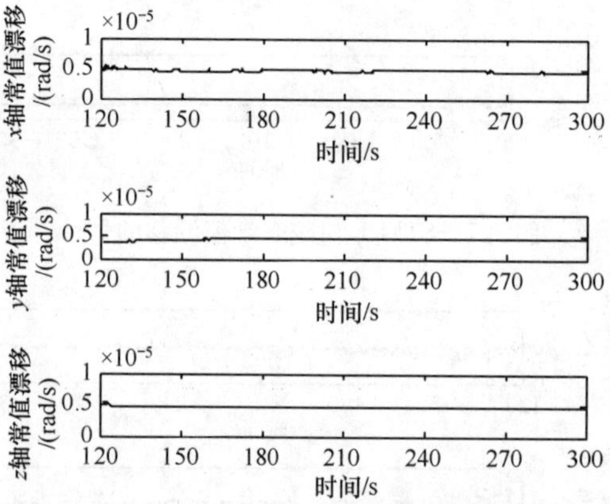

图 7.11 STUKF 对陀螺常值漂移的估计

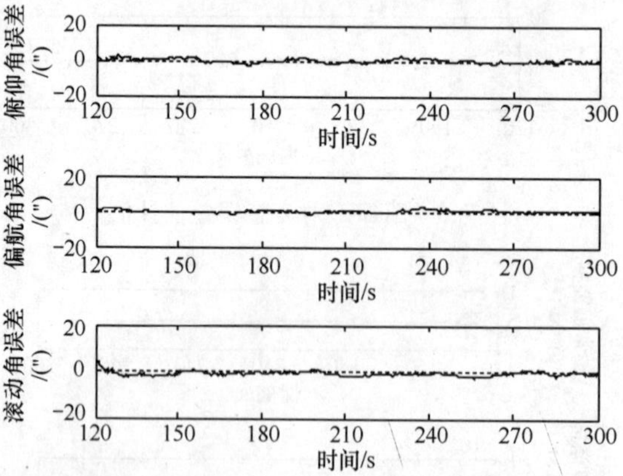

图 7.12 STUKF 对姿态误差估计值

图 7.7、7.9 和 7.11 为采用 STEKF、UKF 和 STUKF 滤波算法对陀螺仪常值漂移进行估计，从图中可以看出，三种滤波算法均能实现对陀螺仪常值漂移的估计，STUKF 和 UKF 精度相当，STEKF 稍差。图 7.8、7.10 和 7.12 为采用 STEKF、UKF 和 STUKF 滤波算法对导弹的姿态误差进行估计，从图中可以看出，三种滤波算法对导弹姿态的估计值均收敛，从精度上讲 STUKF 和 UKF 的滤波精度均高于 STEKF 滤波器，这是由三种滤波算法的性质决定的，即：STEKF 是一种

改进的 EKF 算法,是将非线性模型线性化并给出最佳估计的一阶泰勒近似,存在着模型误差;STUKF 和 UKF 是一种基于 Sigma 点采样来逼近非线性高斯系统状态分布的 Unscented 变换(UT)的滤波算法,文献[52,53]指出,不论系统非线性程度如何,UT 变换至少能以三阶泰勒精度逼近任何非线性高斯系统状态的后验均值和协方差。因此,STUKF 和 UKF 的精度高于 STEKF 滤波。

2)加入干扰条件下滤波算法比较

仍以上一仿真条件为例,在第 120s 启动星光制导,在第 155s 加入某一随机干扰,在组合导航阶段分别采用 STEKF、UKF 和 STUKF 进行参数最优估计,比较各滤波算法在随机干扰条件下对参数估计的能力。仿真结果如图 7.13 ~ 图 7.18 所示。

由仿真结果及分析可知:图 7.13 和图 7.14 为一般强跟踪(STEKF)的估计结果,图 7.15 和图 7.16 是 UKF 的估计结果,图 7.17 和图 7.18 是本节改进的 STUKF 估计结果。从图 7.13、图 7.15 和图 7.17 中可以看出,在第 120s 启动星光后,STEKF、UKF 和 STUKF 对陀螺常值漂移的估计均收敛,STUKF 和 UKF 的估计精度均比 STEKF 高,但是在第 155s 加入干扰噪声后,UKF 受干扰的影响较大,收敛较慢,STEKF 次之,本节改进 STUKF 算法能够很好地处理随机

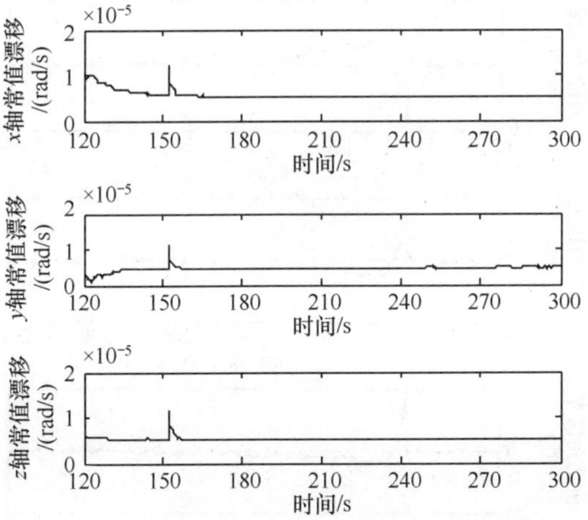

图 7.13　STEKF 对陀螺常值漂移的估计

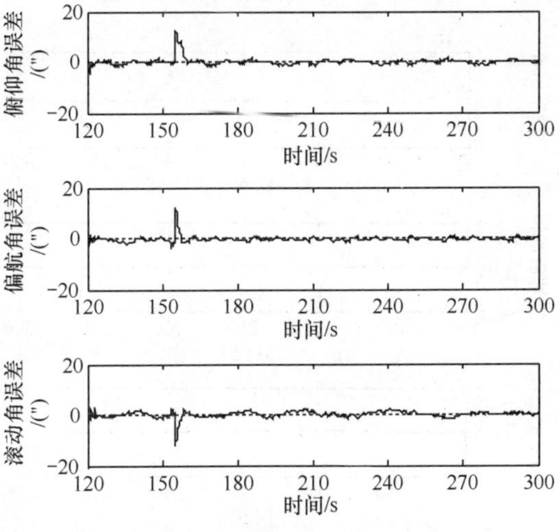

图 7.14　STEKF 对姿态误差估计值

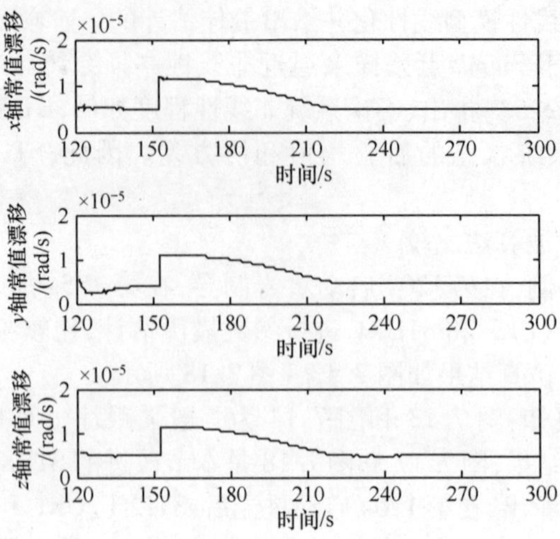

图 7.15　UKF 对陀螺常值漂移的估计

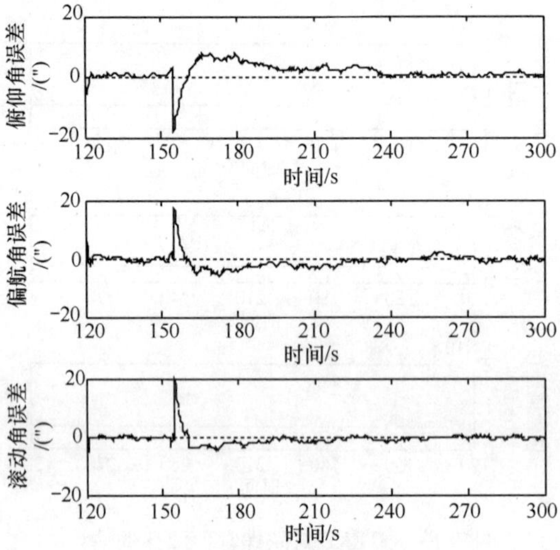

图 7.16　UKF 对姿态误差估计值

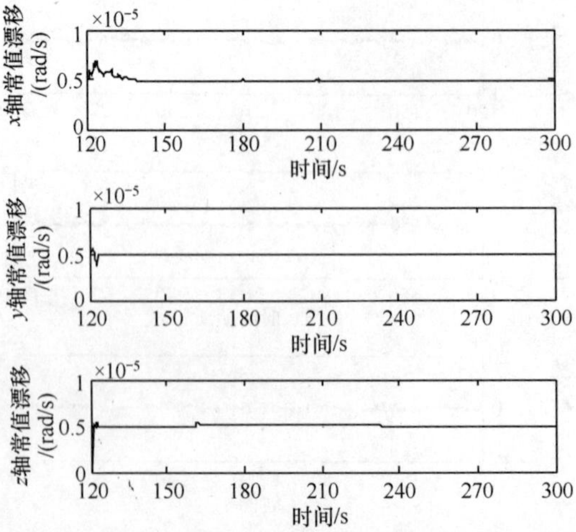

图 7.17　STUKF 对陀螺常值漂移的估计

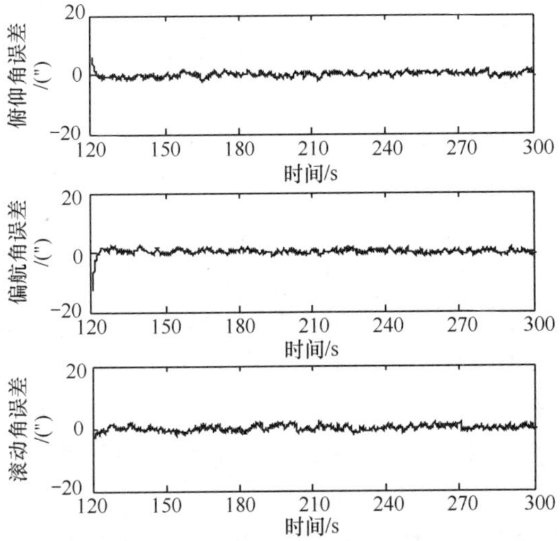

图 7.18　STUKF 对姿态误差估计值

噪声的干扰。从图 7.14、7.16 和 7.18 中可以看出，在第 155s 受到随机干扰后，UKF 受到影响较大，收敛较慢，STEKF 次之，在干扰结束后，姿态估计误差也可以收敛，本节改进的 STUKF 滤波算法最好，收敛较快。

综合以上仿真结果，可以看出 UKF 对随机干扰的处理能力相对较差，一般强跟踪滤波(STEKF)也受到影响，但在干扰消失后也可以收敛，其产生的原因主要是由于多重渐消因子按照固定的比例设定，限制了其对随机干扰的自适应处理能力；本节提出 STUKF 滤波算法，采用改进的多重渐消因子能够很好地对随机干扰进行自适应，精度较高、收敛速度快，能满足导弹 SINS/CNS 组合导航对姿态估计要求，体现了强跟踪滤波的鲁棒性能，也充分显示本节算法的优点。

7.5　粒子滤波算法在 SINS/CNS 中的应用

SINS/CNS 组合导航滤波模型的状态维数高达 20 多维，是一个典型的高维数据处理问题[54]。其中，对基于星敏感器观测向量的高精度姿态的估计，一般可归结为一个非线性滤波问题[55,56]，对其余状态(位置误差、速度误差、陀螺漂移等)的估计可归结为一个线性滤波问题。这种既有线性状态又有非线性状态的混合系统称为线性/非线性系统[57]。对于线性/非线性系统，可以采用非线性滤波算法进行估计，如 EKF、UKF 等。但传统的非线性滤波一般都在高斯假设下进行的，难于胜任现实复杂环境下具有较强非线性、非高斯系统的估计问题。另外，采用非线性滤波算法对线性状态分量进行估计，并不能给出最理想的估计结果，或者更确切地说估计结果还有待进一步提高[57]。

近来兴起的粒子滤波器(Particle Filter，PF)是一种极具潜力的非线性滤波算法，因其能处理非线性、非高斯系统而备受关注[58]。但若直接采用 PF 算法处理高维问题会引起“维数灾难”的发生，即随着滤波模型维数的增加，为了模拟后验概率密度，需要选取更多的粒子，使滤波计算量急剧增加，从而导致滤波过程失败[55]。文献[59]提出了一种混合线性/非线性粒子滤波器(Rao - blackwellized Particle Filter，RBPF)来处理系统状态含有线性分量和非线性分量的混合系统状态估计问题，主要思路是使用线性滤波器(KF)对线性分量进行估计，使用粒子滤波器对非线性分量进行估计[54,56]。然而,RBPF 在处理非线性状态分量时使用的是常规粒子滤波算法,其在处理线性/非线性滤波问题时存在较明显的不足[57,60]:一是在估计非线性状态分量时,PF 首先估计的是状态的联合概率,再从中忽略当前时刻前所有时刻的状态粒子,得到感兴趣的边缘分布,这样就导致了粒子权重方差的增大、独立粒子数的退化,从而降低了滤波性能。二是在标准粒子滤波器的设计过程中,不可避免地会出现粒子退化现象,即经过几次递推之后,除了很少的几个粒子以外,大部分粒子的权值几乎接近零,致使大量的计算资源浪费在对结果毫无意义的粒子上。针对粒子退化问题,目前已经提出了多种改进算法,其中最著名的是扩展卡尔曼粒子滤波算法(PF - EKF)和基于样本 Unscented 变换的卡尔曼粒子滤波算法(PF - UKF),它们分别使用 EKF 和 UKF 生成更好的重要性函数,由于考虑了最新观测信息,这两种方法的估计效果都有所改善。但 EKF 采用泰勒展开近似,又需要计算雅可比矩阵,改进效果不明显。三是算法运算量大,一定程度上限制了其在导弹导航等实时性要求较高的工程领域中的应用。

为了解决 RBPF 存在的上述不足,首先结合边缘化粒子滤波器(Marginalized Filter, MPF)和差分线性化扩展卡尔曼滤波器(Differential Linearization Extended Kalman Filter, DLEKF),提出了一种改进的边缘 Rao - Blackwellized 粒子滤波器[61,62]。

7.5.1 改进的边缘 Rao - Blackwellized 粒子滤波器设计

1. 边缘 Rao - Blackwellized 粒子滤波算法

考虑如下混合线性/非线性状态空间模型[57],即

$$X_{k+1}^n = f_k^n(X_k^n) + A_k^n X_k^l + B_k^n w_k^n \tag{7.109}$$

$$X_{k+1}^l = A_k^l X_k^l + B_k^l w_k^l \tag{7.110}$$

$$Y_k = f(X_k^n) + v_k \tag{7.111}$$

式中:X_k^n 为非线性状态分量;X_k^l 为线性状态分量。根据贝叶斯定理,状态的后验概率密度(PDF)可表示为

$$\begin{aligned} p(X_k/Y_{1:k}) &= p(X_k^n, X_k^l/Y_{1:k}) \\ &= p(X_k^l/X_k^n, Y_{1:k})\,p(X_k^n/Y_{1:k}) \end{aligned} \tag{7.112}$$

$$X_k = (X_k^n, X_k^l)^{\mathrm{T}}$$

在式(7.112)中,$p(X_k^n/Y_{1:k})$ 是非线性滤波模型,因此,这里采用 PF 算法对其进行估计,即

$$\begin{aligned} p(X_k^n/Y_{1:k}) &= \frac{p(Y_k/X_k^n)\,p(X_k^n/Y_{1:k-1})}{\int p(Y_k/X_k^n)\,p(X_k^n/Y_{1:k-1})\,\mathrm{d}X_k^n} \propto p(Y_k/X_k^n)\,p(X_k^n/Y_{1:k-1}) \\ &= p(Y_k/X_k^n)\int p(X_k^n/X_{k-1}^n, Y_{1:k-1})\,p(X_{k-1}^n/Y_{1:k-1})\,\mathrm{d}X_{k-1}^n \end{aligned} \tag{7.113}$$

当 $X_{0:k-1}^n$ 给定时,$Y_{1:k-1}$ 是独立的,根据蒙特卡罗仿真原理,则有

$$p(X_k^n/Y_{0:k}) \propto p(Y_k/X_k^n)\sum_{i=1}^{N}\omega_{k-1}^{n(i)}\,p(X_k^n/X_{0:k-1}^{n(i)}) \tag{7.114}$$

实际操作中,往往很难直接从后验概率分布中抽取样本,一种有效的解决方法是引入一个容易抽样的已知分布的重要性密度函数(建议分布),且其满足如下形式,即

$$q(X_k^n/Y_{1:k}) = \sum_{i=1}^{N} \omega_{k-1}^{n(i)} q(X_k^n/X_{0:k-1}^{n(i)}, Y_{1:k}) \tag{7.115}$$

粒子权重可以表示为

$$\omega_{k-1}^{n(i)} = \frac{p(X_k^n/Y_{0:k})}{q(X_k^n/Y_{0:k})} \propto \frac{p(Y_k/X_k^n)\sum_{i=1}^{N}\omega_{k-1}^{n(i)} p(X_k^n/X_{0:k-1}^{n(i)})}{\sum_{i=1}^{N}\omega_{k-1}^{n(i)} q(X_k^n/X_{0:k-1}^{n(i)}, Y_k)} \tag{7.116}$$

然后,将粒子权重进行规一化处理,即

$$\omega_k^{n(i)} = \omega_k^{n(i)} / \sum_{i=1}^{N} \omega_k^{n(i)} \tag{7.117}$$

在式(7.112)中,$p(X_k^l/X_k^n, Y_{1:k})$ 是线性滤波模型,因此,采用 KF 对状态进行估计。当给定 X_k^n 时,测量 $Y_{1:k}$ 是独立的,与 X_k^l 无关,则有

$$p(X_k^l/X_k^n, Y_{1:k}) = p(X_k^l/X_k^n) \tag{7.118}$$

将式(7.110)模型的状态方程改写为

$$\begin{cases} X_{k+1}^1 = A_k^l X_k^l + B_k^l w_k^l \\ z_k = X_{k+1}^n - f(X_k^n) = A_k^n X_k^n + B_k^n w_k^n \end{cases} \tag{7.119}$$

如果将 z_k 看作观测,X_k^l 看作状态,式(7.110)所述系统为线性高斯的,由 KF 给出最优估计,即

$$p(X_k^l/X_{0:k}^n) \sim N(X_{k-1,k}^l, P_{k-1,k}^l) \tag{7.120}$$

式中:$X_{k-1,k}^l$,$P_{k-1,k}^l$ 分别为线性状态的一步预测和一步预测方差,即

$$K_k = P_{k/k-1}^l (A_k^n)^{\mathrm{T}} (A_k^n P_{k/k-1}^l (A_k^n)^{\mathrm{T}} + B_k^n Q_k^n (B_k^n)^{\mathrm{T}})^{-1} \tag{7.121}$$

$$\hat{X}_{k+1,k}^l = A_k^l(\hat{X}_{k,k-1}^l + K_k(Z_k - A_k^n \hat{X}_{k,k-1}^l)) \tag{7.122}$$

$$P_{k+1,k}^l = A_k^l(P_{k,k-1}^l - k_k A_k^n P_{k,k-1}^l)(A_k^l)^{\mathrm{T}} + B_k^l Q_k^l (B_k^l)^{\mathrm{T}} \tag{7.123}$$

在 MPF - KF 流程中,k 表示时间序列,i 表示粒子序列。综上,对于 MPF - KF 中的 MPF 算法来说,无论是初始化、粒子和权值的更新、重采样过程和其他形式的粒子滤波基本没什么大的区别,只是在各阶段都把 X_k 的最新信息当已知输入即可。

2. 边缘 Rao - Blackwellized 粒子滤波改进与实现

1)差分线性化扩展卡尔曼滤波

本节讨论一种利用差分方式实现非线性函数线性化的 EKF 算法(DLEKF),基本思路是用差商代替 EKF 算法的雅可比矩阵中的偏导数。这种方法不需要计算复杂的雅克比矩阵中的偏导数,而且还能得到更好的跟踪精度 [59,63]。

考虑非线性方程 $y = h(x) + v$,比较以下两式,即

$$H(x', \hat{x}_{k,k-1}) = \frac{h(x') - h(\hat{x}_{k,k-1})}{x' - \hat{x}_{k,k-1}} \tag{7.124}$$

$$H(\hat{x}_{k,k-1}, \hat{x}_{k,k-1}) = \left.\frac{\partial h}{\partial x}\right|_{x=\hat{x},k-1} = \lim_{x \to \hat{x}_{k,k-1}} \frac{h(x) - h(\hat{x}_{k,k-1})}{x - \hat{x}_{k,k-1}} = H(\hat{x}_{k,k-1}) \tag{7.125}$$

显然,$H(x', \hat{x}_{k,k-1})$ 就是连接 $h(x')$ 和 $h(\hat{x}_{k,k-1})$ 的直线的斜率。$H(\hat{x}_{k,k-1}, \hat{x}_{k,k-1})$ 就是 $h(x)$ 在 $\hat{x}_{k,k-1}$ 的切线斜率,如图 7.19 所示。

EKF 是在保证 $\hat{x}_{k,k-1}$ 充分小的前提下才有较好的滤波性能,同时假设在小区间 $[\hat{x}_{k,k-1}, x]$ 内函数 $h(x)$ 的凹凸性不变,这个条件一般很容易满足,这样便能保证 DIEKF 的有效性。

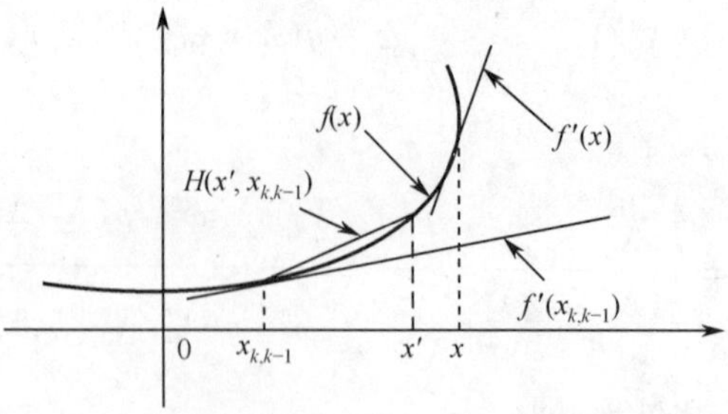

图 7.19　两种线性化过程比较

根据导数逼近原理显然可得，相对于式(7.125)，式(7.124)是对$f(x)$更好的近似，具有更好的线性化性能(如图7.18所示)。而且，式(7.124)的线性化模型不包括雅克比矩阵的计算，非常利于工程实现。对于某些非线性函数比较复杂、难于求导和分析计算的情况，更显示出此方法的优越性。

综上，只需用 $F(x', \hat{x}_{k,k-1})$ 和 $H(x', \hat{x}_{k,k-1})$ 取代 EKF 迭代方程中的雅克比矩阵计算 $F(\hat{x}_{k,k-1}) = \left.\frac{\partial f}{\partial x}\right|_{x=\hat{x}_{k,k-1}}$ 和 $H(\hat{x}_{k,k-1}) = \left.\frac{\partial h}{\partial x}\right|_{x=\hat{x}_{k,k-1}}$，便可实现 DLEKF 算法。

2)MPF－DLEKF 算法流程

粒子滤波算法中，重要性密度函数的选择是其中的关键问题之一。本节采用比 EKF 性能更好的滤波算法 DLEKF 来产生重要性密度函数，得到一种新的基于 DLEKF 的边缘粒子滤波算法——MPF－DLEKF，其具体的实现流程可总结如下。

(1)产生建议分布。在$k-1$时刻，利用 DLEKF 和最新的系统观测对粒子集中的每个粒子进行更新，预测粒子的$\hat{X}_k^i$和$\hat{P}_k^i$，从而得到由一簇高斯分布构成的建议分布，即

$$q(X_k^i/X_{0:k-1}^i, Y_{1:k}) = N(X_k^i; \hat{X}_k^i, \hat{P}_k^i) \tag{7.126}$$

(2)抽取粒子。用式(7.126)所示的重要性密度函数来产生预测样本集$\{X_k^i, i=1,\cdots,N\} \sim N(X_k^i; \hat{X}_k^i, \hat{P}_k)$，新支持样本集由于充分利用了新的系统观测，因而改进了粒子抽样的精度。

(3)按式(7.116)、式(7.117)计算粒子的权值，并归一化。

(4)重采样。如果有效样本数$N_{\mathrm{eff}} < N/3$，对粒子进行重采样，即保留或复制权值较大的粒子，删除权值较小的粒子，得到等权样本集$\{X_k^i, N^{-1}i = 1,\cdots,N\}$。

(5)输出滤波分布的后验概率密度及系统状态估计和方差。

(6)令$k=k+1$，从步骤(2)重复上述过程。

MPF－DLEKF 直接计算边缘分布，绕过了计算联合分布这一步骤，有效降低了粒子权重的方差。同时，该算法使用 DLEKF 生成重要性密度函数，将更符合状态变量的实际后验概率分布，从而提高了粒子滤波性能。

3)MPF－DLEKF 算法

使用 MPF－DLEKF 处理混合线性/非线性系统的非线性状态分量，使用 KF 处理线性分量，使用 MPF－DLEKF 处理非线性分量，即可得到 MPF－DLEKF－KF 的算法。

7.5.2　粒子滤波算法下的系统建模

1. 系统状态方程

四元数因具有全局非奇异、计算简单等优点，得到了广泛的应用，但在姿态解算过程中必

须进行规范化处理,增加了载体计算机的运算负担,否则将出现较大的误差。Rodrigues 参数(RPs)是姿态描述的一个最小实现,因此,采用 RPs 描述姿态以寻求更简洁、高效的姿态解算方案[27,64]。其姿态运动学方程为

$$\dot{\boldsymbol{R}} = \frac{1}{2}[\omega + \boldsymbol{R}\times\omega + (\boldsymbol{R}\cdot\omega)\boldsymbol{R}] \tag{7.127}$$

同时,由误差量构成的滤波模型中有更多的线性部分,从而可以充分利用 RBPF 分块处理以减少滤波计算量。因此,这里选取的状态变量为[65,66]

$$\begin{aligned} X = [&R_1,R_2,R_3,\delta V_x,\delta V_y,\delta V_z,\delta x,\delta y,\delta z,\\ &w_{bx},w_{by},w_{bz},w_{rx},w_{ry},w_{rz},\nabla_x,\nabla_y,\nabla_z,\delta\Omega_x,\delta\Omega_y,\delta\Omega_z]^{\mathrm{T}} \end{aligned} \tag{7.128}$$

式中:R 为罗德里格参数;δV 为速度误差;$\delta x,\delta y,\delta z$ 为位置误差;这里假设陀螺输出模型 $w' = w + w_{bi} + w_{ri} + w_{gi}(i = x,y,z)$,$w_b$ 为陀螺输出值,w 为真实值,w_{bi} 为陀螺常值漂移,w_{ri} 为相关漂移,设为一阶马尔科夫过程,即 $\dot{w}_{ri} = -Dw_{ri} + w_{ri}$,$D$ 为陀螺相关系数,w_{gi} 为陀螺噪声;加速度计误差模型为 $\nabla_i = \nabla_{bi} + \nabla_{gi}$,$\nabla_{bi}$ 为常值漂移,∇_{gi} 为加速度计噪声;$\delta\Omega$ 为星跟踪器测量误差,由一阶马尔可夫过程及白噪声组成,即 $\delta\dot{\Omega} = C_b^i G_\beta \delta\Omega + w_\beta$,$G_\beta = \mathrm{diag}(-\beta_x,-\beta_y,-\beta_z)$ 为星跟踪器测量误差中的马尔可夫过程反自相关时间对角矩阵,C_b^i 为载体系向惯性系的转换矩阵,w_β 为星跟踪器噪声。

2. 系统量测方程

基于星光的姿态观测采用 QUEST 算法,该方法虽然是四元数估计算法,但也可直接得到 RPs 参数,将 $\boldsymbol{R}$ 作为观测,可得观测方程[64],即

$$Z_k = \boldsymbol{R} = \boldsymbol{H}X_k + v_k \tag{7.129}$$

式中:$\boldsymbol{H} = [I_{3\times3}0_{3\times18}]$;$v_k$ 为观测噪声。

3. 粒子滤波在组合导航中具体实现过程

MPF－DLEKF－KF 是为处理系统状态含有线性分量和非线性分量的滤波问题而设计的,式(7.128)中的状态可以分为线性分量和非线性分量两部分,即 $\boldsymbol{X} = [X^n,X^l]^{\mathrm{T}}$,其中:$\boldsymbol{X}^n = [R_1,R_2,R_3]^{\mathrm{T}}$ 为非线性分量,$\boldsymbol{X}^l = [\delta V,\delta x,\delta y,\delta z,\boldsymbol{\varepsilon}_b,\boldsymbol{\varepsilon}_r,\nabla,\boldsymbol{\delta\Omega}]^{\mathrm{T}}$ 为线性分量。式(7.126)的状态模型可归纳为[54]

$$\boldsymbol{X}_{k+1} = \begin{bmatrix} X_{k+1}^n \\ X_{k+1}^l \end{bmatrix} = \begin{bmatrix} f_k(X_k^n,X_k^l) \\ A_k^l X_k^l \end{bmatrix} + \begin{bmatrix} B_k^n & 0 \\ 0 & B_k^l \end{bmatrix}\begin{bmatrix} w_k^n \\ w_k^l \end{bmatrix} \tag{7.130}$$

$$\begin{aligned} f_k(X_k^n,X_k^l) &= \left[\frac{1}{2}(I + [R\times] + RR^{\mathrm{T}})(w' - w_b - w_r - w_g)\right] \\ &= \begin{bmatrix} \frac{1}{2}(I + [R\times] + RR^{\mathrm{T}})w' - \frac{1}{2}(I + [R\times] + RR^{\mathrm{T}})w_b - \frac{1}{2}(I + \lfloor R\times\rfloor + RR^{\mathrm{T}}) \\ w_r - \frac{1}{2}(I + [R\times] + RR^{\mathrm{T}})w_g \end{bmatrix} \\ &= f_k^n(X_k^n) + A_k^n(X_k^n)X_k^l + B_k^n(X_k^n)w_k^n A_k^n(X_k^n) \\ &= B_k^n(X_k^n) = \left[-\frac{1}{2}(I + [R\times] + RR^{\mathrm{T}})\right][\Phi\times] \end{aligned}$$

因此,根据分块处理技术可把滤波概率密度改写成式(7.131)的形式,即各子空间可用式(7.132)、式(7.133)表示。其中,$p(X_k^n/Z_k)$ 为典型的非线性状态模型,可由 PF 算法估计出,即

$$\begin{aligned} p(X_k^n/Z_k) &= p(X_k^n,X_k^l/Z_{1:k}) \\ &= p(X_k^l/X_k^n,Z_{1:k})p(X_k^n/Z_{1:k}) \end{aligned} \tag{7.131}$$

$$\begin{cases} X_{k+1}^n = f_k(X_k^n, X_k^l) + A_k^n X_k^l + B_k^n w_k^n \\ Z_k = A_k X_k^l + B_k X_k^n + C_k v_k^n \end{cases} \tag{7.132}$$

$$\begin{cases} X_{k+1}^l = A_k^l X_k^l + B_k^l w_k^l \\ X_k^n = f_k(X_k^n, X_k^l) + A_k^n X_k^l + B_k^n w_k^n \end{cases} \tag{7.133}$$

$$\begin{cases} X_{k,k}^l = \sum_{i=1}^{N} w_{k,k}^l X_{k,k}^{l(i)} \\ p_{k,k}^l = \sum_{i=1}^{N} w_{k,k}^l (P_{k,k}^{l(i)} + (X_{k,k-1}^{l(i)} - X_{k,k-1}^l) \cdot (X_{k,k-1}^{l(i)} - X_{k,k-1}^l)^{\mathrm{T}}) \end{cases} \tag{7.134}$$

根据上述分块模型,可以写出 MPF－DLEKF－KF 在 SINS/CNS 组合导航中实现的具体流程。

(1)初始化。当 $k = 0$ 时,$j = 1,2,\cdots,N$,置 $x_{0,0}^{n(j)} \sim p_0(x_0^n)$,$w_0 = 1/N$;$x_{0,0}^{l(j)} \sim x_{0,0}^l$,$p_{0,0}^{l(j)} = p_{0,0}^l$ 。

(2)时间更新过程。用 MPF－DLEKF 算法对 x^n 实现时间更新:对 $j = 1,2,\cdots,N$,根据式(7.132)求出 $X_{k,k-1}^{n(j)}$,$X_{k,k-1}^{n(j)} = p(X_{k,k-1}^{n(j)}/X_k^{n(j)}, Z_{1:k-1})$ 。对 X^l 采用 KF 观测更新算法修正,把式(7.132)求得的 $X_{k,k-1}^{n(j)}$ 当作已知量,根据式(7.130)和 KF 量测更新算法修正 X^l 得到 $X_{k-1,k-1}^{l*(j)}$ 。对 X^l 采用 KF 实现时间更新,把修正的 $X_{k-1,k-1}^{l*(j)}$ 带入状态方程,根据 KF 时间更新算法,得到 X^l 的预测值 $X_{k,k-1}^{l*(j)}$ 。

(3)量测更新过程。根据最新观测信息 Z_k 对 X 各子状态进行量测更新。对 X^n 用 MPF－DLEKF 算法实现量测更新,根据最新观测 Z_k 更新权值,计算粒子权值,并归一化,如果有 $N_{\mathrm{eff}} < N/3$,进行重采样。然后,根据权值和粒子进行滤波输出。对 X^l 采用 KF 算法实现量测更新,由于式(7.124)中的观测方程不包含 X_k^l 的信息,所以量测更新可简单地表示为 $X_{k,k}^{l(j)} = X_{k,k-1}^{l(j)}$,$p_{k,k}^{l(j)} = p_{k,k-1}^{(j)l}$,然后根据式(7.125)求出 $X_{k,k}^l$ 、$P_{k,k}^l$ 。

(4)置 $k = k+1$,返回步骤(2),重复上述过程。

4. 仿真验证与结果分析

为了检验本节方法的有效性,选取某型导弹的弹道作为标准弹道,对 SINS/CNS 混合线性/非线性组合导航系统进行了仿真试验。具体的仿真设置参见文献[64],CNS 在 120s 启动(此时导弹已经飞出大气层,SINS/CNS 作为中制导,星光观测不受天气影响)进行组合导航。仿真产生三个不共线向量,来模拟三个星光观测向量,并将其单位化。其中:单位向量的观测误差分别设置为 $\sigma_1 = 0.01$ 、$\sigma_2 = 0.02$ 、$\sigma_3 = 0.05$;滤波周期为 1s;仿真时间 1200s。

在对粒子滤波算法的误差进行度量时,一般用均方根误差(RMSE),单次运行的 RMSE 按式(7.126)计算。采用 RBPF 和本节改进的 MPF－DLEKF 进行比较,有

$$\mathrm{RMSE} = \sqrt{\frac{1}{N} \sum_{k=1}^{N'} (x_k^* - x_k)^2} \tag{7.135}$$

式中:N 为迭代步数;x_k 为第 k 步的状态真实值;x_k^* 为第 k 步的状态估计值。

仿真结果如图 7.20～图 7.23 所示。图 7.20、图 7.21 是采用 RBPF 对导弹的姿态角误差估计及放大图,图 7.22、图 7.23 是采用本节改进的 MPF－DLEKF 对导弹的姿态角误差估计及放大图。在粒子滤波中,由于粒子数目的选取对仿真结果影响较大,若选择较大的粒子数目对提高精度有好处,但是计算量也相应增大,因此,在本节仿真中选取粒子数目为 600。从仿真结果来看,经过星光制导对姿态进行修正后,RBPF 和 MPF－DLEKF 估计的姿态角误差都迅速收敛,说明改进的 MPF－DLEKF 滤波算法和 RBPF 一样,都具有较强的自适应和鲁棒性。

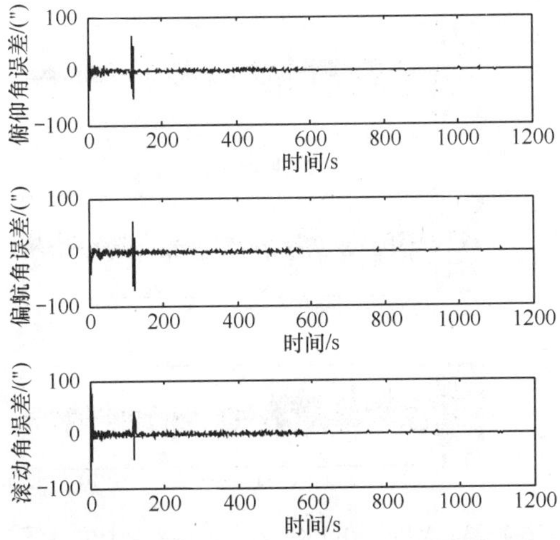

图 7.20　RBPF 姿态角误差估计

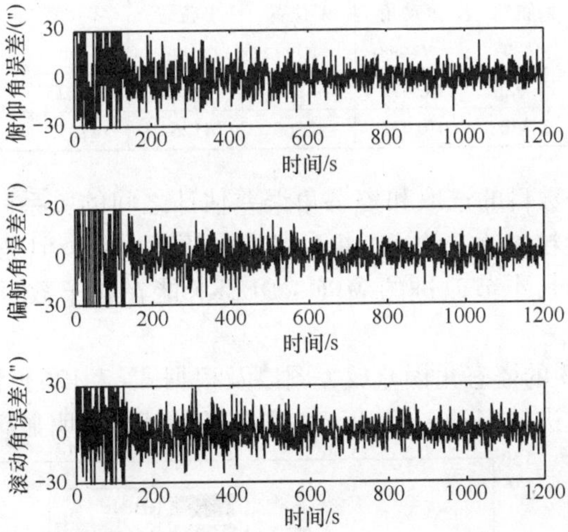

图 7.21　RBPF 姿态角误差估计放大图

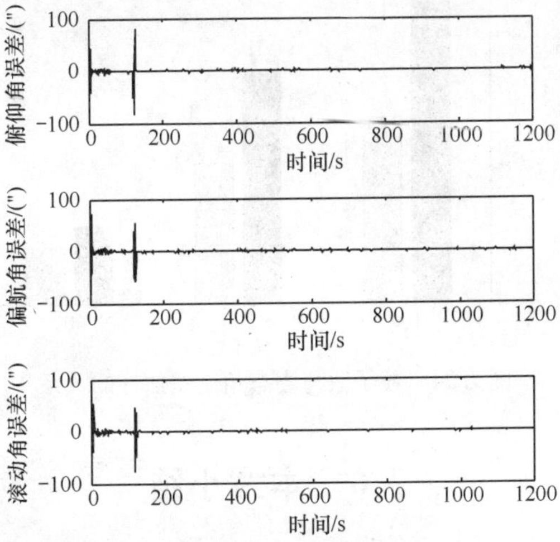

图 7.22　MPF – DLEKF 姿态角误差估计

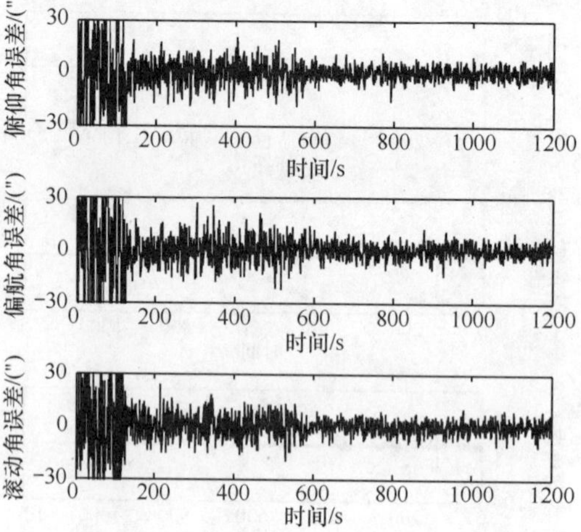

图 7.23　MPF - DLEKF 姿态角误差估计放大图

表 7.1　滤波估计误差比较

RMSE	俯仰角 /arc sec	偏航角 /arc sec	滚动角 /arc sec	X 位置 /m	Y 位置 /m	Z 位置 /m	X 速度 /(m/s)	Y 速度 /(m/s)	Z 速度 /(m/s)
RBPF	12.172	12.928	14.472	55.68	52.69	50.23	0.4986	0.4206	0.4806
MPF - DLEKF	10.360	9.336	10.932	47.63	41.64	41.32	0.3365	0.3517	0.3379

图 7.24 给出了粒子数目的选取和姿态角误差估计之间的关系。从图 7.24 可以看出,随着粒子数目的增加,两种粒子滤波的滤波精度都有大幅度提高。但是在实时组合导航系统中,当粒子数目的选取受限时,本节改进的 MPF - DLEKF 能在粒子数目比较少的情况下取得比 RBPF 更好的滤波效果。

从图 7.21 和图 7.23 的姿态角误差放大图以及根据式(7.126)计算表 7.1 中的滤波估计误差值,可以说明本节改进的 MPF - DLEKF 对姿态的估计精度明显高于 RBPF。

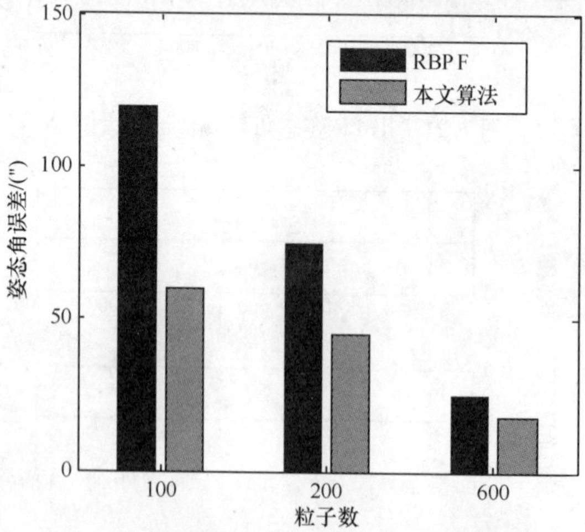

图 7.24　粒子数与姿态角误差估计的关系

7.6　本章小结

姿态滤波算法的精度和可靠性直接影响到 SINS/CNS 组合导航的精度和可靠性。本章从

SINS/CNS 在中远程弹道导弹的实际应用背景出发,研究了基于星光观测的导弹姿态滤波算法,主要研究内容总结如下:

(1)在分析一般强跟踪滤波器的缺陷和传统 UKF 滤波器不足的基础上,提出了一种基于强跟踪 UKF 滤波算法。该算法可以根据每一个状态变化来自适应调整相应的强跟踪多重渐消因子,克服传统 UKF 滤波在未知噪声统计特性的情况下滤波精度不高甚至发散的不足。在分析 Rodrigues 参数在描述导弹姿态优势的基础上,建立了基于 Rodrigues 参数的导弹系统状态方程和导弹系统量测方程,并将其应用于 SINS/CNS 组合导航系统中。仿真结果表明,改进的算法能够克服随机干扰的影响,收敛较快,具有很好的鲁棒性,并且克服了一般强跟踪滤波算法的缺陷。

(2)针对 SINS/CNS 组合导航系统是一高维数据处理问题,直接采用 PF 容易产生"维数灾难",提出了一种改进的边缘 Rao - Blackwellized 粒子滤波器。将 SINS/CNS 滤波模型构造成线性/非线性混合模型,利用改进的滤波算法以解决线性和非线性滤波问题。仿真结果表明,改进的算法能够实现导弹姿态的估计,与 RBPF 相比具有较强的自适应性和鲁棒性。

参考文献

[1] 权太范. 目标跟踪新理论与技术[M]. 国防工业出版社, 2008.

[2] 曲从善. 临近空间飞行器组合导航关键技术研究[D]. 西安: 第二炮兵工程学院, 2008.

[3] Blumhagen V A. Stellar Inertial Navigation Applied to Cruise Vehicles[J]. IEEE T. ANE - 10, 1963, (3): 235 - 246.

[4] 张宗美. 星光惯性制导系统[J]. 国外导弹技术, 1985,(2): 11 - 25.

[5] 张宗美, 翟彬. 复合制导系统[R]. 中国运载火箭技术研究院, 1995.

[6] 房建成, 宁晓琳. 天文导航原理及运用[M]. 北京: 北京航空航天大学出版社, 2006.

[7] 宁小磊, 王宏力, 代国锋, 等. 扩展区间 kalman 滤波器及其在陀螺/星敏感器姿态估计中的应用[J]. 第二炮兵工程学院学报, 2010, 26(3): 28 - 32.

[8] 敖宏奎, 王宏力, 张明源. INS/GNSS/CNS 组合导航系统仿真研究[J]. 弹箭与制导学报, 2007, 27(4): 78 - 80.

[9] 宁小磊, 王宏力. 粒子滤波在弹道导弹 SINS/CNS 组合导航中的应用[C]. 火力控制与航空电子系统综合技术会议, 2009.

[10] 李真真. 弹道导弹 LSINS/CNS 组合导航信息融合技术研究[D]. 西安:第二炮兵工程学院, 2008.

[11] 黄晓瑞, 崔远平, 崔祜涛. 多传感器信息融合技术及其在组合导航系统中的运用[J]. 高技术通讯, 2002, 02.

[12] 张明源, 王宏力, 李康伟, 等. INS/CNS/GPS 组合导航数据融合算法与仿真研究[J]. 电光与控制, 2008, 15(4): 42 - 49.

[13] K A Mers, B D Tapley. Adaptive Sequential Estimation with Unknown Noise Statistics. IEEE TAC, 1976, AC - 21: 520 - 523.

[14] 王志贤. 最优状态估计与系统辨识[M]. 西安: 西北工业大学出版社, 2004.

[15] 陈新海. 最优状态估计[M]. 北京: 北京航空航天大学出版社, 1982.

[16] 敬喜. 卡尔曼滤波器及其应用基础[M]. 北京: 国防工业出版社, 1976.

[17] Reddy P B. On identification of adaptive filtering[J]. IEEE Trans on Automatic Control, 1972, AC - 17(5): 693 - 698.

[18] H T 库索夫可夫, 等. 控制系统最优滤波与辨识方法[M]. 章燕申, 译. 北京: 国防工业出版社, 1984.

[19] 程云鹏. 矩阵论[M]. 2 版. 西北工业大学出版社, 2001.

[20] 李真真，王宏力，王世方．SINS/CNS 组合导航应用现状与前景展望[J]．装备制造技术，2008，12：158－160.
[21] Carlson N A. Federated Filter for Fault－tolerant Integrated Navigation. AGARDOCRAPH[J]. Aerospace Navigation Systems，1993.
[22] Carlson N A，Berarducci M P. Federated Kalman Filter Simulation Results[J]. Navigation Journal of ION，1994，41(3)：297－321.
[23] 敖宏奎，王宏力，侯青剑，等．弹道导弹轨迹发生器的设计[J]．兵工自动化，2007，26(8)：66－68.
[24] 秦永元，张洪钺，汪叔华．卡尔曼滤波与组合导航原理[M]．西北工业大学出版社，1998.
[25] 秦永元．惯性导航[M]．北京：科学出版社，2006.
[26] 敖宏奎．弹道导弹 LSINS/CNS 组合导航方法研究[D]．西安：第二炮兵工程学院，2007.
[27] 王新国，李爱华，许化龙．SUKF 在导弹姿态估计中的应用[J]．系统工程与电子技术，2009，31(1)：170－173.
[28] 王新国．弹道导弹 FSINS/CNS 复合制导关键技术研究[D]．西安：第二炮兵工程学院，2008.
[29] 邹益民，汪渤．基于强跟踪滤波器的滚转弹姿态估计[J]．兵工学报，2007，28(7)：854－858.
[30] Norgaard M，Poulsen N K，Ravn O. New Developments in State Estimation for Nonlinear System[J]. Automatica，2001，36：1627－1638.
[31] 周东华，席裕庚，张钟俊．一种带多重次优渐消因子的扩展卡尔曼滤波器[J]．自动化学报，1991，17(6)：689－695.
[32] 李建文，郝顺义，黄国荣．基于 UD 分解的改进型强跟踪滤波器[J]．系统工程与电子技术，2009，31(8)：153－157.
[33] Julier S J，Uhlmann J K. A New Approach for Filtering Nonlinear System[C]. Washington，Seattle：Proc of the American Control Conference，1995.
[34] Schaubl H Maruthi. Adaptive Control of Nonlinear Attitude Motions Realizing Linear Closed－Loop Dynamics[C]. Proceedings of the Amencan Control Conference，San Diego，California，1999.
[35] 赵琳，王小旭，孙明，等．基于极大后验估计和指数加权的自适应 UKF 滤波算法[J]．自动化学报，2010，36(7)：1007－1119.
[36] Marques，Sonia C，Roberts L，et al. Comparision of Small Satellite Attitude Determination Methods[C]. Guidance Navigation and Control Conferene and Exhibit，Denver，CO，2000.
[37] 王小旭，赵琳，夏全喜，等．基于 Unscented 变换的强跟踪滤波器[J]．控制与决策，2010，25(7)：1063－1068.
[38] 李建文，郝顺义，黄国荣．基于 UD 分解的改进型强跟踪滤波器[J]．系统工程与电子技术，2009，31(8)：153－157.
[39] 张文玲，朱明清，陈宗海．基于强跟踪 UKF 的自适应 SLAM 算法[J]．机器人，2010，32(2)：190－195.
[40] Julier S J，Uhlmann J K. A New Method for the Nonlinear Transformation of Means and Covariances in Filters and Estimators[J]. IEEE Trans on Automatic Control，2000，45(3)：477－482.
[41] 陆敬辉．面向中远程弹道导弹的星图识别及姿态滤波算法研究[D]．第二炮兵工程大学，2011.
[42] Julier S J. The scaled unscented transformations[C]. Proc of American Control Conf. Jefferson City，2002.
[43] 王小旭，赵琳．基于 MEP－UKF 的组合导航滤波算法[J]．宇航学报，2010，31(2)：432－439.
[44] 周江华，苗育红，王明海．姿态运动的 Rodrigues 参数描述[J]．宇航学报，2004，25(5)：514－519.
[45] Markley F L. Simultaneous Quaternion Estimation (QUEST) and Bias Determination [R]. N90－13413－05－13，1989：51－63.
[46] 陈世年．控制系统设计[M]．北京：宇航出版社，1996.
[47] 杨永，张根宝，宁小磊．刚体姿态估计的类 Rodrigues 参数算法研究[J]．上海航天，2011，28(4)：27－32.
[48] Shuster M D，Oh S D. Three－Axis Attitude Determination from Vector Observations[J]. AIAA－81－4003，1981：70－77.

[49] Shuster M D. Algorithms For Determining Optimal Attitude Solutions [R]. Computer Sciences Corporation, 1978.
[50] Bar - Itzhack L Y. A Recursive QUEST Algorithm for Sequential Attitude Determination[J]. Journal of Guidance Control and Dynamics, 1996, 19(5): 1034 - 1038.
[51] 宁小磊. 粒子滤波算法及其在组合导航中的应用研究[D]. 西安: 第二炮兵工程学院,2009.
[52] Wan E A, Merwe R V. The Unscented Kalman Filter for Nonlinear Estimation[C]. Proc. of IEEE Symposium 2000, Lake Louise, Alberta, Canada. 2000.
[53] Chen Y Q, Huang T, Yong R. Parametric Contour Tracking Using Unscented KalmanFilter[C]. International Conference on Image Processing, 2002: 613 - 616.
[54] 周翟和, 刘建业, 赖际舟, 等. Rao - Blackwellized 粒子滤波在 SINS/GPS 深组合导航系统中的应用研究[J]. 宇航学报, 2009, 30(2): 515 - 520.
[55] Lefferts E J, Markly F L, Shuster M D. Kalman Filter for Spacecraft Attitude Estimation [J]. Journal of Guidance Control and Dynamics, 1982, 5(5): 417 - 429.
[56] 姜雪原, 马广富, 胡庆雷. 基于 Marginalized 粒子滤波的卫星姿态估计算法[J]. 控制与决策, 2007, 22(1): 39 - 44.
[57] Yin Jianjun, Zhang Jianqiu, Mike Klass. The Marginal Rao - Blackwellized Particle Filter for Mixed Linear/nonliner State Space Models[J]. Chines Journal of Aeronautics, 2007,20(4): 346 - 352.
[58] 向礼, 刘雨, 苏宝库. 一种新的粒子滤波算法在 INS/GPS 组合导航系统中的应用[J]. 控制理论与用, 2010, 27(2): 159 - 163.
[59] Schon T, Gustafsson F, Nordlund P J. Marginalized Particle Filters for Mixed Linear/nonlinear State Space Models[J]. IEEE Transactions on SignalProcessing, 2005, 53(7): 2279 - 2289.
[60] 宁小磊, 王宏力, 周勇, 等. 混沌摄动粒子滤波器[J]. 第二炮兵工程学院学报, 2010, 24(1): 26 - 29.
[61] 宁小磊, 王宏力, 张琪, 等. 区间衍生粒子滤波器[J]. 物理学报, 2010, 59(7): 4426 - 4433.
[62] 宁小磊, 王宏力, 崔祥祥. 加权逼近粒子滤波算法及其应用[J]. 控制理论与应用, 2011, 28(1): 118 - 124.
[63] 邹卫军, 薄煜明. 差分线性化 EKF 滤波方法研究[J]. 计算机工程与应用, 2009, 45(9): 64 - 66.
[64] Bar - Itzhack L Y, Oshman Y. Attitude Determination From Vector Observations: Quaternion Estimation[J]. IEEE Transactions on Aerospace and Electronic Systems, 1985,21(1): 128 - 135.
[65] 何秀凤, 杨光. 扩展区间 Kalman 滤波器及其在 GPS/INS 组合导航中的应用[J]. 测绘学报, 2004, 33(1): 47 - 52.
[66] 高为广, 杨元喜, 张婷. 神经网络辅助的 GPS/INS 组合导航自适应滤波算法[J]. 测绘学报, 2007, 36(1): 26 - 30.

第 8 章 捷联惯性/星光制导半实物仿真

8.1 引 言

星敏感器的飞行试验,设计复杂、难度较大,而且成本昂贵,国内外普遍采用半实物仿真技术开展星敏感器试验研究。与飞行试验相比,半实物仿真具有成本较低、试验周期短、可模拟多种试验环境、试验结果较真实等优点,从而受到了广大研究者的青睐。

星敏感器星光制导半实物仿真系统,由轨迹发生器、星模拟器、星敏感器和导航计算机构成。该系统可以对星敏感器的星提取、星图识别、姿态确定等关键技术进行验证研究,对天文导航的新技术进行验证,仿真系统的输出可以作为飞行器滤波算法研究的信息源之一。该系统还可对星敏感器样机进行测试和验证,对基于星敏感器的星光制导技术进行研究。因此,构建捷联惯性/星光制导半实物仿真系统具有重要的理论意义和工程应用价值。

8.2 半实物仿真系统结构及组成

8.2.1 系统总体结构

星光制导半实物仿真系统结构如图 8.1 所示[1]。

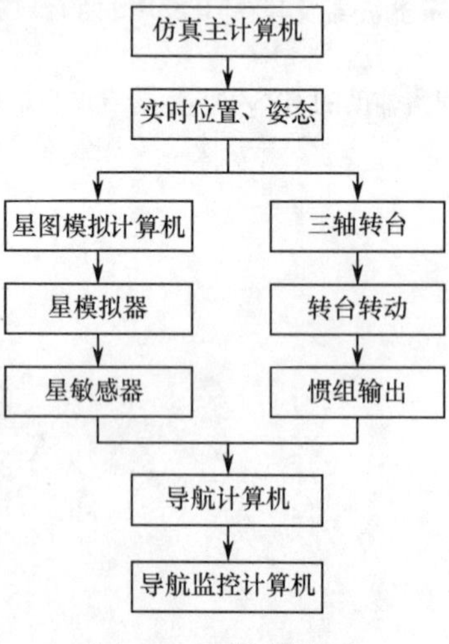

图 8.1 系统结构图

8.2.2 部件组成及功能

星光制导半实物仿真系统由以下几部分组成。

(1)仿真主计算机:安装有轨迹生成软件,可以提供飞行器的实时位置、姿态等信息。

(2)星图模拟计算机:接收仿真主计算机给出的飞行器当前姿态和轨道信息,确定光轴指向,然后装载星表文件,根据星敏感器视场范围确定以光轴为中心的视场内的导航星,并读出每颗导航星的赤经、赤纬及星等数据。最后,对各恒星的赤经、赤纬进行坐标变换,得到星敏感器的平面坐标,生成模拟星空图像。

(3)星模拟器:接收星图模拟计算机生成的模拟星空图像,通过星模拟器显示系统,转换成可见光辐射,进入准直光学系统,实现模拟星空中恒星可见光辐射的平行输出。

星模拟器的基本参数如表 8.1 所列。

表 8.1 星模拟器的基本参数

视场大小/(°)	10×8(软件可调整,实际显示的视场为模拟软件的视场)
光谱范围/μm	可见光波段 0.42~0.75
分辨率/pixels	1024×768
单星分辨率	优于 40"
对比度	2000 : 1
模拟星等/Mv	0~6
图像显示刷新频率/Hz	50~80

(4)星敏感器。星敏感器由图像采集单元和图像处理单元组成,其结构如图 8.2 所示。

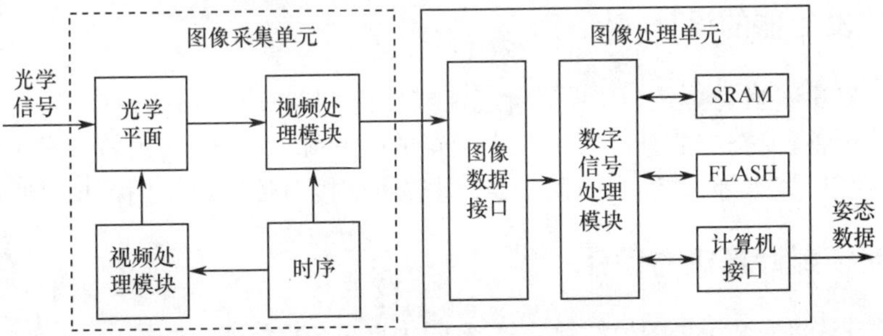

图 8.2 星敏感器结构

在图 8.2 中,由图像采集单元实时采集投射到像平面的星光图像信息,图像处理单元则对星图进行去噪、聚心等处理,得出相应的星点位置及其他特征信息,然后进行星图识别、姿态解算等处理操作,最终输出相应姿态数据。其外观如图 8.3 所示。

图 8.3 星敏感器外观

星敏感器的基本参数如表 8.2 所列。

表 8.2　星敏感器基本参数

参数	指标
视场大小/(°)	20×16
面阵规模/pixels	670×520
曝光时间/ms	100
灵敏度/Mv	≤6.0
数据更新率/Hz	5
动态性能/(°/s)	2.5

(5)导航监控计算机。导航监控计算机收到导航计算机的结果和三轴转台的三轴真实值,根据用户需要,可以实时显示导航结果、三轴转台的三轴真实值以及导航结果与真实值的差,并把这些值实时保存,用户可以回放保存的数据,用于数据分析。

(6)导航计算机。导航计算机接收到惯导系统和星敏感器的输出结果,利用开发的导航算法计算导航数据,并通过 RS-422 把导航数据发送给导航监控计算机。

8.3　系统模块设计

星光制导半实物仿真系统由轨迹发生器、星模拟器、星敏感器、导航计算机等模块组成[2,3]。

8.3.1　轨迹发生器的设计

轨迹发生器由一台计算机(安装了轨迹生成软件)和相应通信接口组成,主要任务是生成飞行器实时的位置、姿态等数据。根据预先设定的时间和飞行轨迹,由轨迹发生器生成飞行器的实时位置、速度、姿态等,并结合时间信息,通过通信接口传送给星图模拟计算机。

8.3.2　星图模拟计算机的设计

星图模拟计算机安装了星图模拟软件,具有同仿真主计算机通信的接口,并通过视频连接线同星模拟器相连。首先,星图模拟计算机通过接收仿真主计算机给出的飞行器当前姿态和轨道信息,确定光轴指向;然后,装载星表文件,根据星敏感器视场范围确定以光轴为中心的视场内的导航星,并读出每颗导航星的赤经、赤纬及星等数据;最后,对各恒星的赤经、赤纬进行坐标变换,得到恒星在星敏感器像平面上的坐标,生成模拟星空图像。该图像通过视频连接线传输到星模拟器。

8.3.3　星模拟器的设计

星模拟器接收星图模拟计算机生成的模拟星空图像,通过星模拟器显示系统,转换成可见光辐射,进入准直光学系统,实现模拟星空中恒星可见光辐射的平行输出。

星模拟器的设计,采用了数字光处理(Digital Light Procession,DLP)技术。DLP 技术是一种独创的、采用光学半导体产生数字式多光源显示的解决方案,由于实现了全数字化处理,能产生高亮度、高对比度的显示图像。DLP 技术的核心是德州仪器公司生产的数字微镜元件(Digital Micromirror Device, DMD),其由数以万计的可以移动翻转的微小反射镜构成光开关阵列。当 DLP 投影显示系统接收数字视频信号输入时,DMD 控制器将代表图像信息的数据存入每个 DMD 微镜下面的 CMOS 单元内,然后根据此数据控制 DMD 微镜的翻转状态,使各微镜分别在“开/关”两种状态间进行高速切换,实现对入射照明光的调制,形成数字光输出,实现星敏感器视场对应星空中不同星等恒星可见光辐射强度的模拟[4]。

由于恒星距离地球都非常遥远,星敏感器实际接收到的恒星光线是平行光,因此需要对模拟的可见光进行平行化输出。通过综合考虑,选定7个镜片构成准直光学系统,如图8.4所示。7个镜片均为球面镜,其中前3个镜片为柯克三片式,后4个镜片口径均小于15.8mm,入瞳位于第7个镜片。

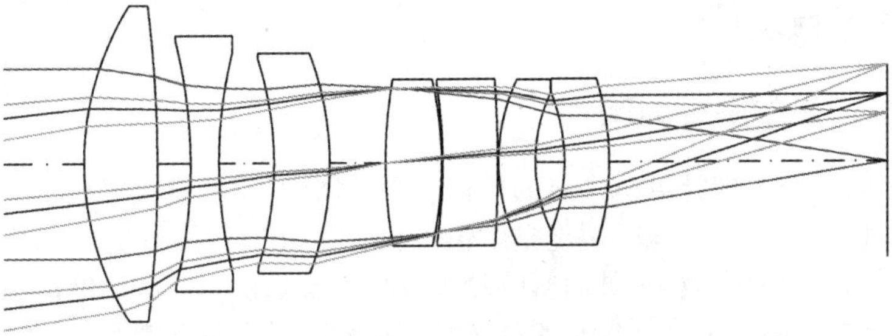

图8.4 准直光学系统结构图

8.3.4 星敏感器的设计

星敏感器的设计采用星敏感器工程样机方案,实现了"星光入,姿态出"功能,但保留了程序注入接口,可以更改星图预处理、星提取、星图识别及姿态确定的程序,为进一步开展星光制导相关技术的半实物仿真验证研究奠定了基础。星敏感器的硬件结构如图8.5所示,包括光学系统、图像传感器和控制与数据处理计算机三部分组成[5]。

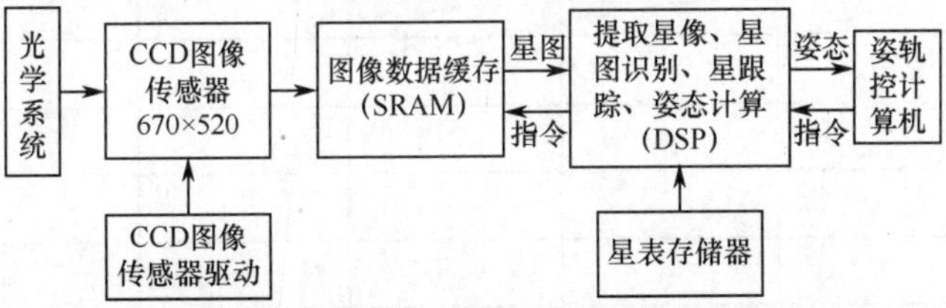

图8.5 星敏感器的硬件结构框图

星光经过光学系统,在CCD图像传感器的像平面上成像,形成星图。CCD图像传感器驱动电路对CCD发出时序控制信号,CCD将图像数据保存到SRAM中。星敏感器软件从SRAM中读取星图数据,完成星图预处理和星提取,得到星像坐标。星图识别算法根据存储在星敏感器中的星表,完成星图时别,之后基于识别结果计算星敏感器姿态[1]。

8.3.5 导航计算机的设计

导航计算机的主要功能是接收惯导系统和星敏感器的输出结果,利用开发的导航算法计算导航数据,并通过RS-422把导航数据发送给导航监控计算机。系统总体框图如图8.6所示。

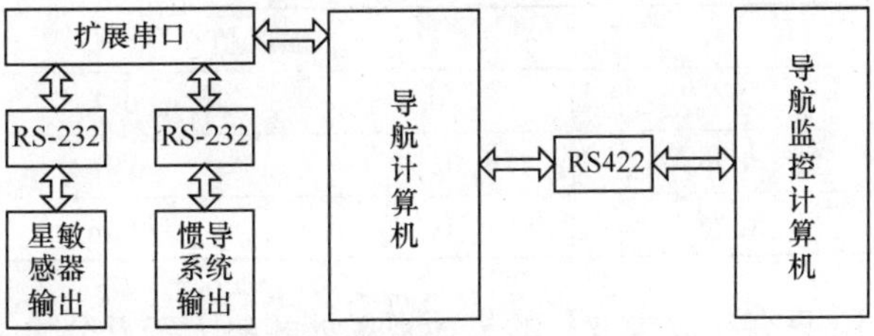

图8.6 导航计算机的系统总体框图

8.4 星光制导半实物仿真系统测试及标定

基于星敏感器的星光制导半实物仿真系统设计完成后，需要对系统硬件进行测试和标定，以确保系统满足设计要求[6]。

8.4.1 星模拟器光学系统测试

星模拟器接收星图模拟计算机生成的模拟星空图像，通过星模拟器显示系统，转换成可见光辐射，进入准直光学系统，实现模拟星空中恒星可见光辐射的平行输出。其中，准直光学系统的性能直接影响星模拟的效果，进而影响星光制导半实物仿真系统的性能。因此，开展准直光学系统性能测试，对确保星光制导半实物仿真系统性能具有重要意义。

准直光学系统传递函数 MTF 如图 8.7 所示，在奈奎斯特频率 50 对线/mm 处，除 1 视场弧矢 MTF 稍微小于 0.7 外，其余各视场 MTF 都接近衍射极限，且 MTF 值均大于 0.7。各视场具体 MTF 值如表 8.3 所列。

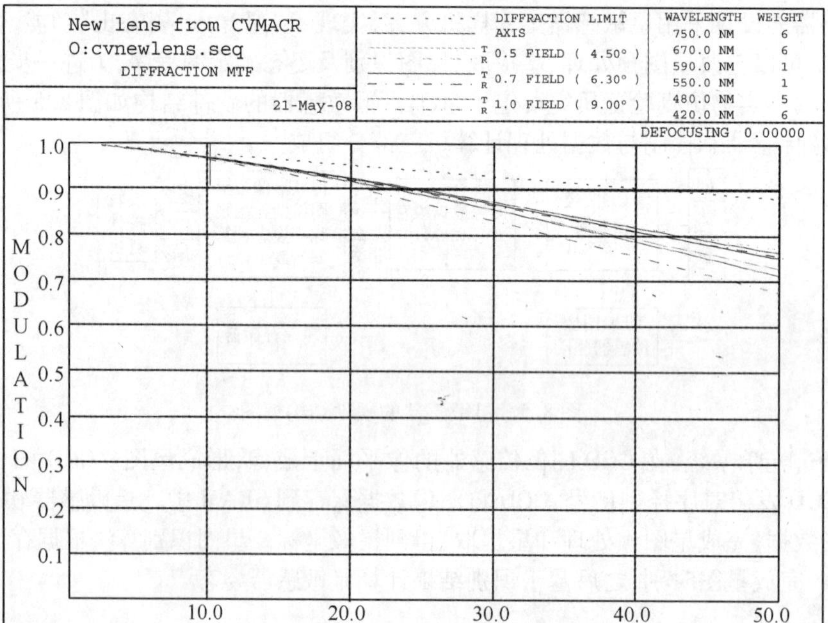

图 8.7 光学系统传递函数 MTF

表 8.3 各视场 MTF 值

参数	MTF 值			
视场	0	0.5	0.7	1
子午	0.76	0.73	0.75	0.71
弧矢	0.76	0.77	0.76	0.68

光学系统畸变很小，只有在边缘波长的最大视场处才略大于万分之一，其余各视场畸变均小于万分之一，如表 8.4 所列。

表 8.4 不同波长各视场畸变(%)

视场/(°)	750nm	670nm	590nm	550nm	480nm	420nm
0	0	0	0	0	0	0
0.1	-0.00023	-0.00022	-0.00021	-0.00020	-0.00017	-0.00010
0.2	-0.00089	-0.00086	-0.00082	-0.00077	-0.00064	-0.00036
0.3	-0.00191	-0.00184	-0.00173	-0.00163	-0.00131	-0.00068
0.4	-0.00314	-0.00301	-0.00279	-0.00262	-0.00203	-0.00088
0.5	-0.00438	-0.00416	-0.00380	-0.00351	-0.00255	-0.00068
0.6	-0.00534	-0.00500	-0.00444	-0.00399	-0.00254	0.00027
0.7	-0.00567	-0.00515	-0.00432	-0.00365	-0.00155	0.00246
0.8	-0.00487	-0.00412	-0.00292	-0.00197	0.00981	0.00651
0.9	-0.00233	-0.00126	0.00043	0.00175	0.00579	0.00989
1	0.00274	0.00423	0.00657	0.00837	0.01013	0.01382

光学系统各视场弥散圆如表 8.5 所列和图 8.8 所示。各视场弥散圆直径均小于 8.2μm，小于 CCD 像素尺寸 10μm，且弥散圆分布比较集中且均匀，证明各种像差都比较小。

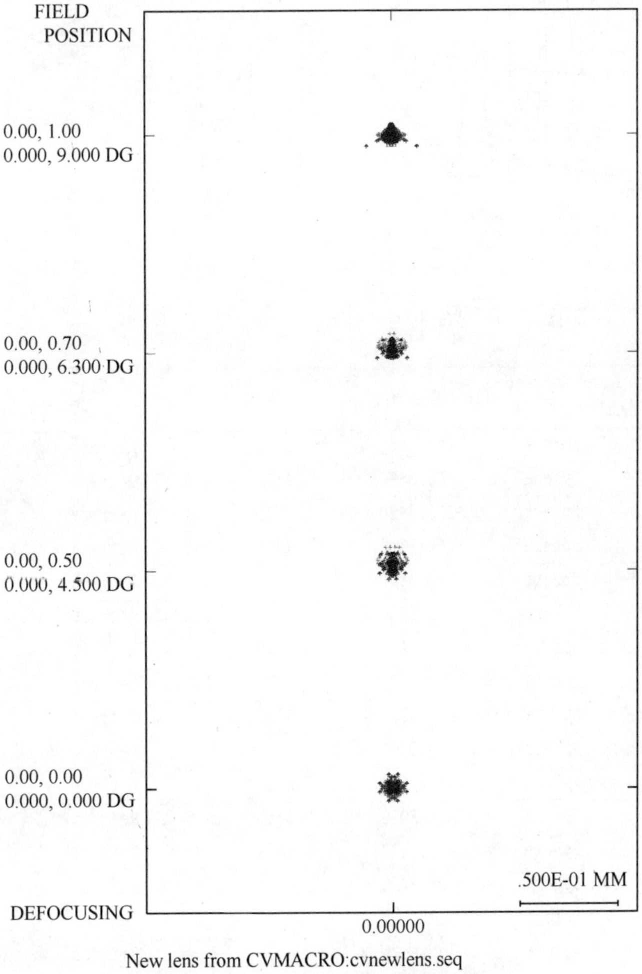

图 8.8 光学系统弥散圆

表 8.5　不同波长各视场弥散圆(μm)

视场/(°)	750nm	670nm	590nm	550nm	480nm	420nm
0	5.81	7.26	6.00	3.69	3.70	7.05
0.5	6.56	8.11	6.96	4.78	3.72	6.05
0.7	6.19	7.78	6.88	4.81	3.47	5.21
1	6.52	7.02	7.00	5.96	5.79	8.20

以上结果表明,准直光学系统具有较好的光学性能,能够满足星光制导半实物仿真系统对星图模拟的要求。

8.4.2　星敏感器光学系统测试

星敏感器的光学系统实现对模拟星光的聚焦,是星敏感器进行恒星测量的重要分系统,其二维结构图如图 8.9 所示。

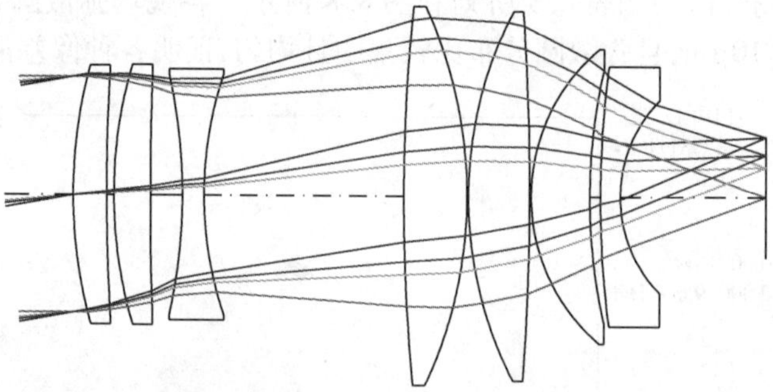

图 8.9　光学系统二维结构图

光学系统结构参数如图 8.10 所示。

Surface #	Surface Name	Surface Type	Y Radius	Thickness	Glass	Refract Mode	Y Semi-Aperture
Object		Sphere	Infinity	Infinity		Refract	O
Stop		Sphere	59.5880	4.4400	LAF5_CH	Refract	15.0000 O
2		Sphere	233.4400	0.9760		Refract	15.3022 O
3		Sphere	56.1700	4.7730	LAK11_C	Refract	15.3493 O
4		Sphere	380.6400	4.1560		Refract	15.0509 O
5		Sphere	-70.1400	2.8580	ZF6_CHI	Refract	14.7212 O
6		Sphere	46.1900	26.1100		Refract	14.8086 O
7		Sphere	235.4700	8.1530	LAK11_C	Refract	22.3948 O
8		Sphere	-56.8290	0.2000		Refract	22.7177 O
9	H-Lak	Sphere	50.0970	7.9570	HLAK52_	Refract	22.1405 O
10		Sphere	-337.1600	0.2000		Refract	21.6473 O
11		Sphere	24.1000	7.6360	LAF5_CH	Refract	17.4693 O
12		Sphere	70.6170	1.3930		Refract	16.0647 O
13	H-ZF6	Sphere	121.9200	2.5780	HZF62_C	Refract	15.3503 O
14		Sphere	17.1100	18.9000		Refract	11.7687 O
Image		Sphere	Infinity	0.0000		Refract	7.6851 O

图 8.10　结构参数

对其进行测试,得其弥散斑大小如表 8.6 所列和图 8.11 所示。

表 8.6 不同视场弥散斑直径

视场/(°)	0	0.5	0.7	1
弥散斑/μm	3.182	3.656	3.983	9.557

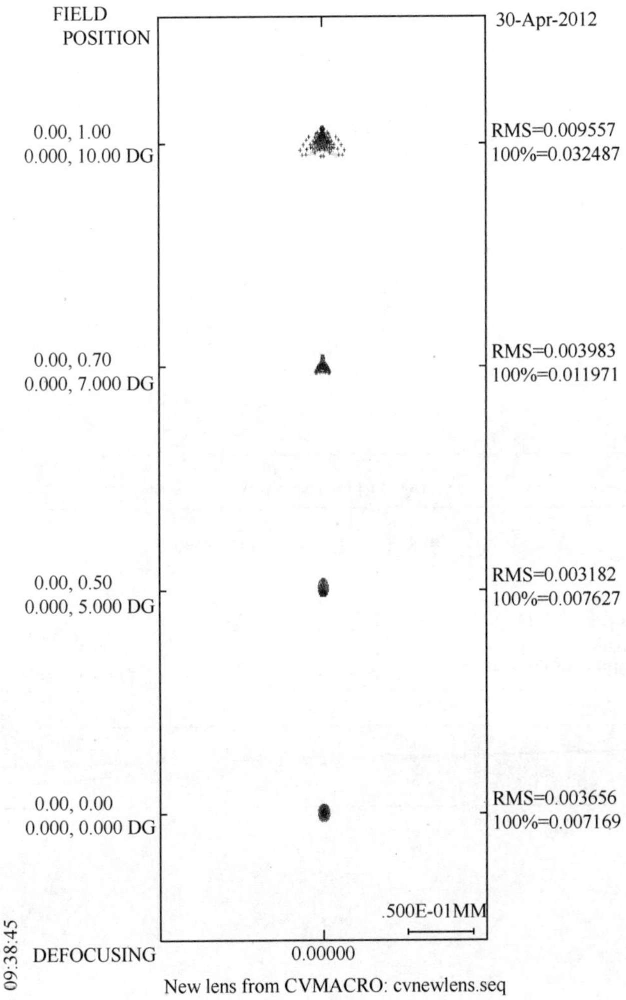

图 8.11 弥散斑图

传递函数曲线如图 8.12 和图 8.13 所示。

以上结果表明,星敏感器的光学系统设计具有较好的光学性能,能够满足星光制导半实物仿真系统中星敏感器拍摄星图的要求。

8.4.3 星敏感器的标定

在星敏感器研制过程中,由于加工、装配等引入的偏差,造成实际星敏感器测量模型偏离设计值,包括焦距误差、主点偏差、镜头畸变、图像传感器倾斜、图像传感器旋转等,从而引入测量误差。这些误差是可以标定和校正的,通过标定试验,估计出这些偏差值并代入星敏感器测量模型,可以显著提高星敏感器的精度。其中,焦距误差和主点偏差对星敏感器精度影响最

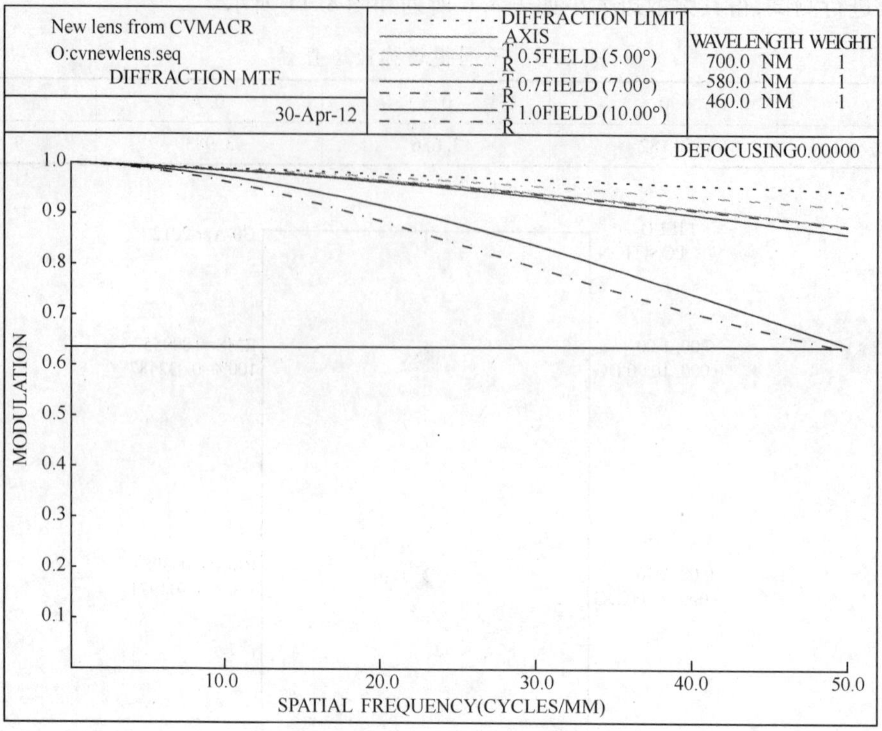

图 8.12　50 对线 MTF 曲线

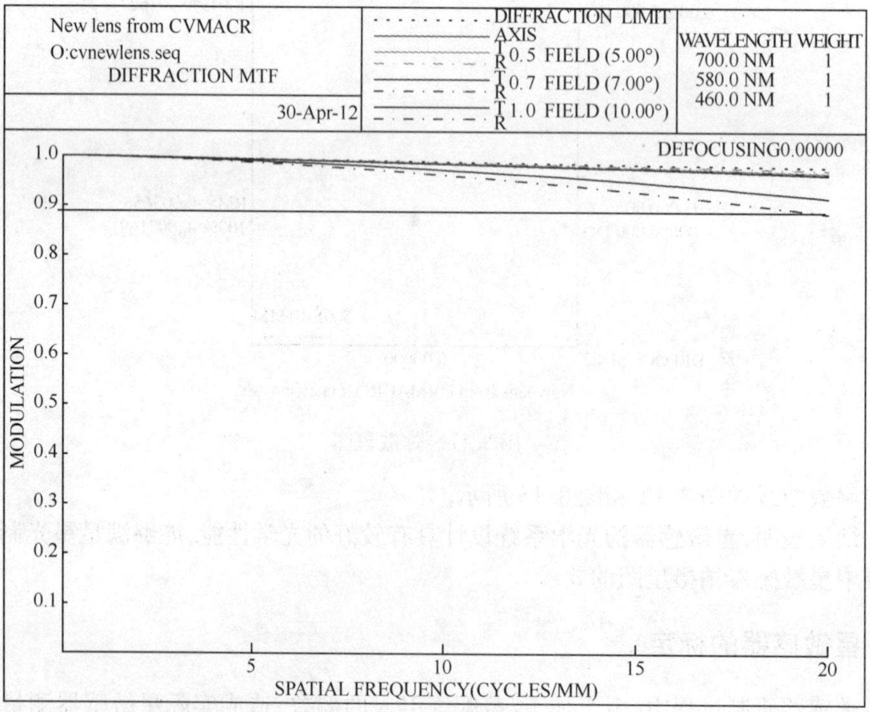

图 8.13　20 对线 MTF 曲线

大,是星敏感器标定的主要参数[6]。

可以采用多种算法对焦距误差和主点偏差进行标定,这里采用基于星对角距不变的标定算法对焦距误差和主点偏差进行估计。在标定的过程中采用最常用的最小二乘星敏感器参数标定方法。具体的标定算法原理及过程见 6. 5. 1 节。

采用上述步骤，进行实际标定试验，测得星敏感器焦距为 44. 8106（mm），主点偏差为横向 335. 463（像素）、纵向 260. 536（像素），与产品说明书一致。

8.5 SINS/CNS 复合制导半实物仿真

星光制导半实物仿真试验，是根据轨迹发生器生成的飞行器位置、速度、姿态和时间等导航信息，计算星敏感器实时光轴指向，然后装载星表文件，根据星敏感器视场范围确定以光轴为中心的视场内的导航星，进行星图模拟；由星敏感器完成星图获取，经过星图预处理、星像质心提取、星图识别、姿态解算得出飞行器的姿态信息；结合惯导数据进行状态估计实现星光制导[1,7]。

本节以中远程弹道导弹的星光制导为例，利用星光制导半实物仿真系统进行试验，并给出试验结果。仿真系统连接图如图 8. 14 所示，操作台如图 8. 15 所示。

图 8. 14　星敏感器与星模拟器连接图

图 8. 15　SINS/CNS 组合导航系统操作台

8.5.1 仿真条件

仿真使用的弹道导弹轨迹数据由轨迹发生器产生。轨迹发生器主要用于生成惯性器件的原始输出,其主要思想是:根据预先设定的初始条件(包括初始位置、姿态、发射方位角和时间,以及模拟导弹的推力、空气阻力等),由动力学方程得到导弹的导航数据(包括时间、位置、速度、姿态等)。将上述导航数据转换到发射点惯性坐标系下,并结合惯性器件误差模型,反推出惯导系统输出的比力和角速率信息[7]。具体仿真条件如下。

(1)地球模型参数:地球扁率 $e=1/298$;地球赤道半径 $R=6378\text{km}$;地球自转角速率 $w_e=15°/\text{h}$;重力加速度 $g_0=9.78\text{m/s}^2$。

(2)发射参数设置:发射点经度 E116.34°;发射点纬度 N39.98°;发射方位角 90°。

(3)导弹飞行参数设置:推力加速度 $a=40\text{m/s}^2$;发动机关机时刻 $t_k=160\text{s}$。

(4)星敏感器参数设置:视场大小 16°×12°;分辨率 670×520;探测星等:6 等(依巴谷星表,4524 颗);精度为 10″(偏航,俯仰)和 50″(滚动)。

经过简化的动力学方程可表示为

$$\begin{cases}\boldsymbol{v}_i = \boldsymbol{a} + \boldsymbol{g}(\boldsymbol{r}_i)\\ \boldsymbol{p}_i = \boldsymbol{v}_i\\ \boldsymbol{r}_i = \boldsymbol{R}_i + \boldsymbol{p}_i\end{cases} \tag{8.1}$$

式中:p_i 为发射惯性坐标系中坐标原点至导弹的位置向量;v_i 为发射惯性坐标系中导弹的绝对速度向量;R_i 为发射惯性坐标系中由地心至坐标原点的位置向量。初始时刻 $\boldsymbol{p}_i=0$;$\boldsymbol{v}_0=\Omega\times\boldsymbol{R}_i+\boldsymbol{v}_{g0}$($\boldsymbol{v}_{g0}$是指发射瞬间导弹载体相对地面的速度向量)。

8.5.2 仿真分析

利用设定的条件和导弹动力学方程,由轨迹发生器生成导弹轨迹和姿态,结合惯性器件误差模型反推出惯导输出,得到的纯惯导制导结果和星光制导结果如图 8.16 ~ 图 8.29 所示。

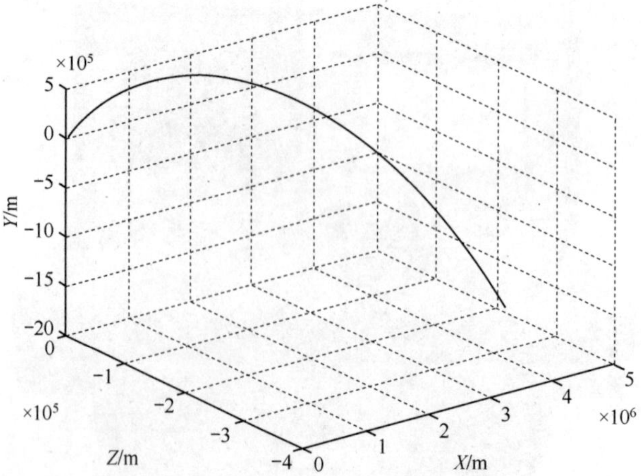

图 8.16 发射点惯性系下的真实弹道

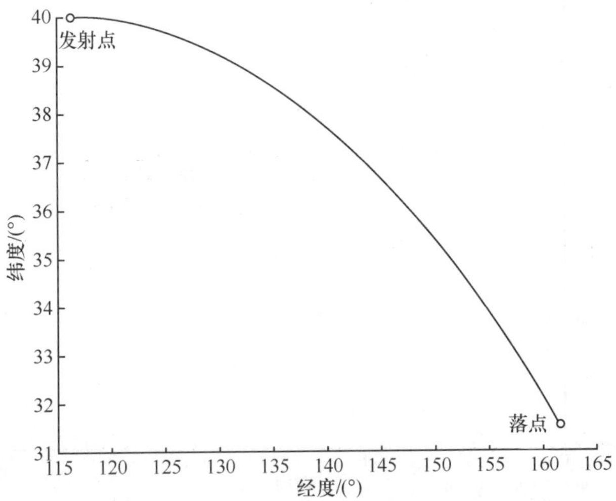

图 8.17　弹道在地球表面的投影

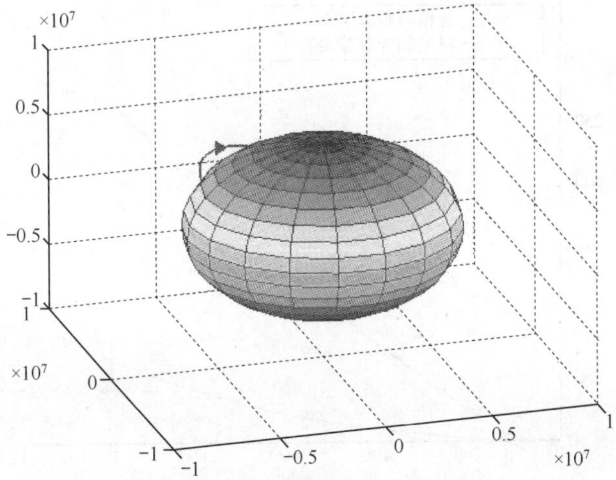

图 8.18　地球上的三维弹道

图 8.19　仿真中的模拟星图

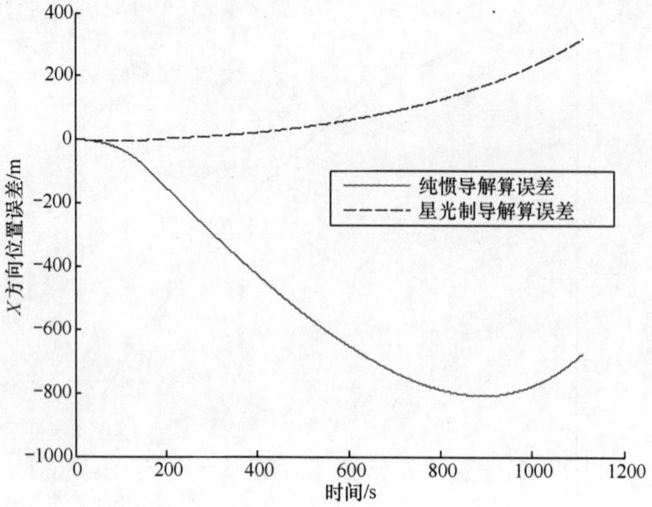

图 8.20　x 轴方向位置误差

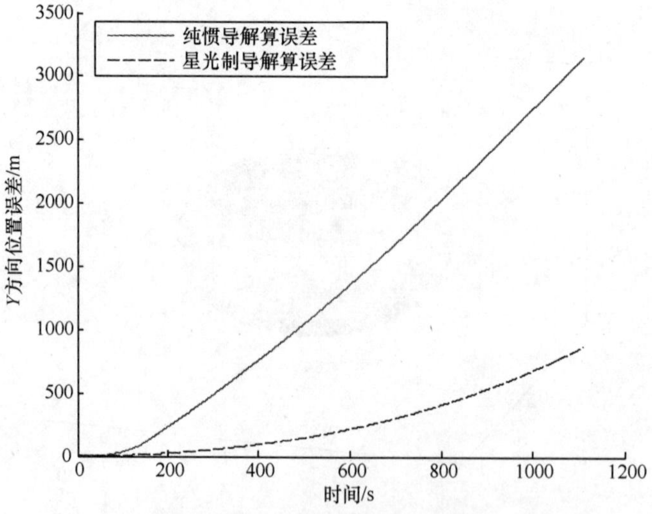

图 8.21　y 轴方向位置误差

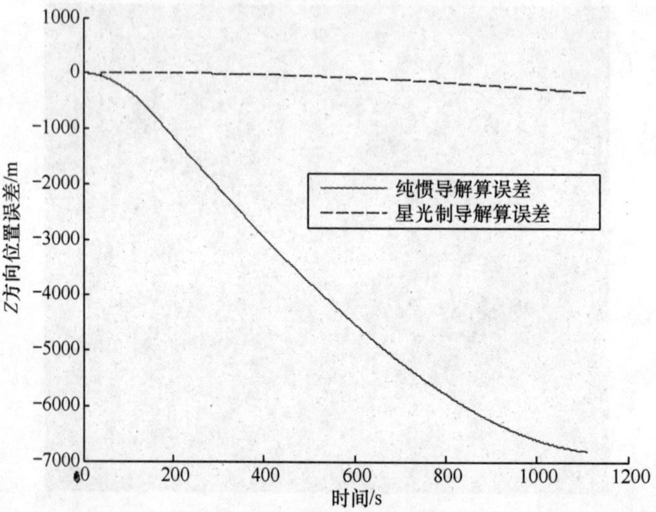

图 8.22　z 轴方向位置误差

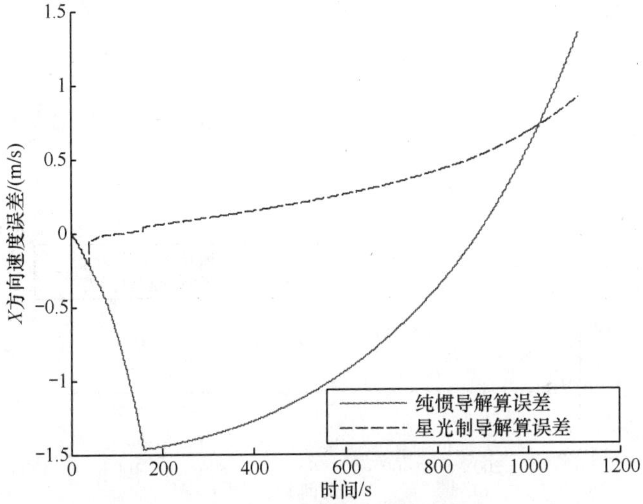

图 8.23　x 轴方向速度误差

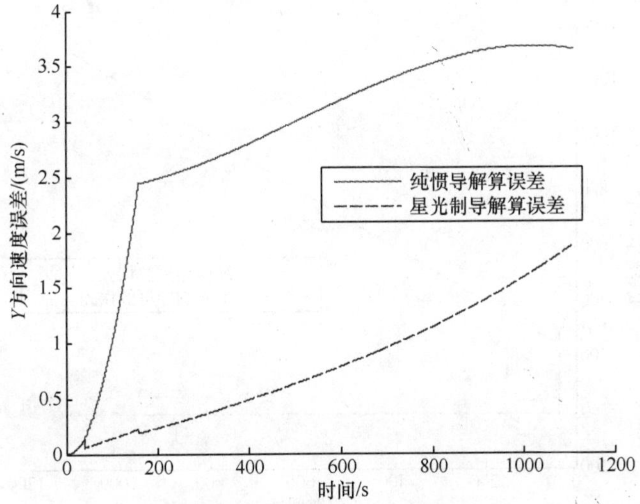

图 8.24　y 轴方向速度误差

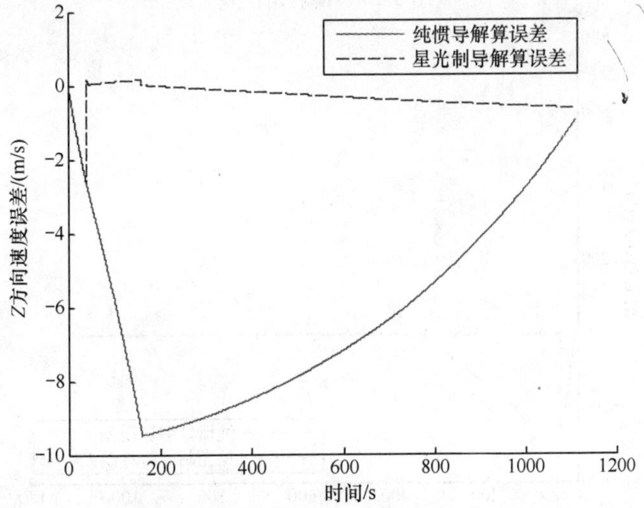

图 8.25　z 轴方向速度误差

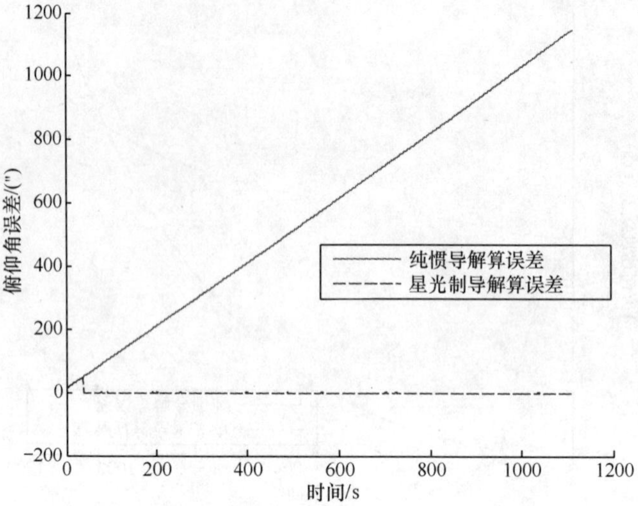

图 8.26　俯仰角误差

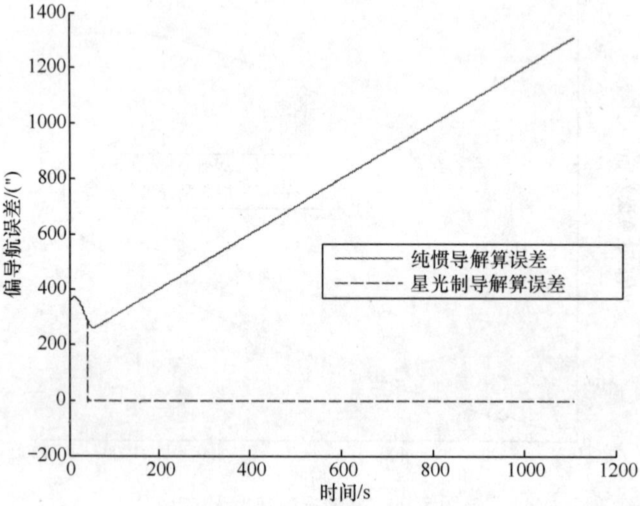

图 8.27　偏航角误差

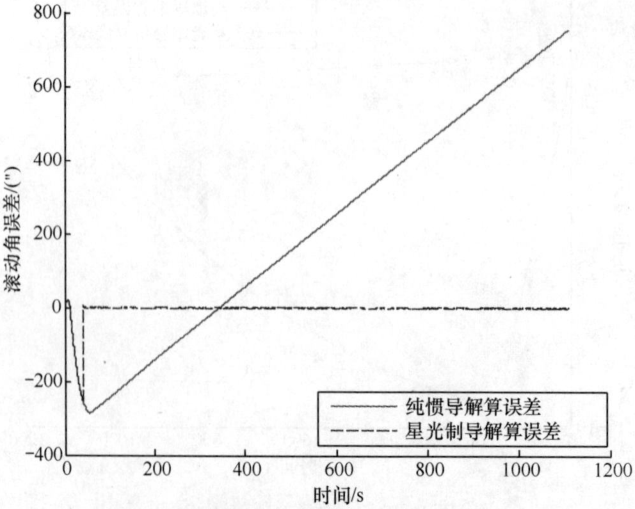

图 8.28　滚动角误差

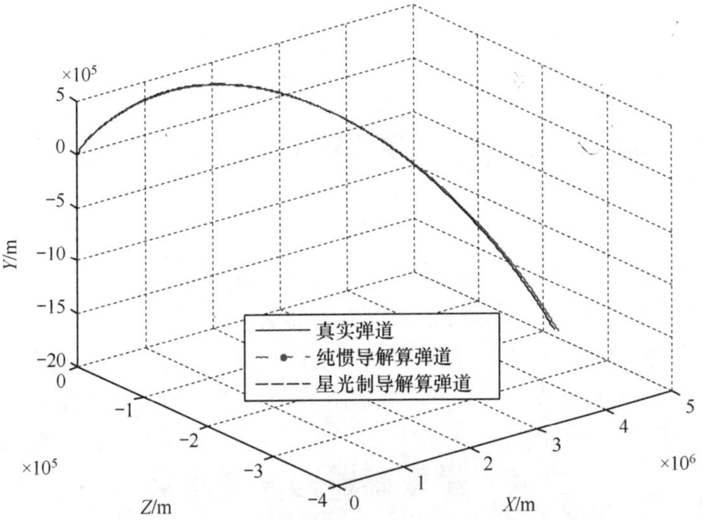

图 8.29　发射点惯性系下的真实弹道与解算弹道

从图 8.18 ~ 图 8.31 可以看出,采用星光制导技术后,导弹的姿态角误差迅速减小,俯仰、偏航姿态误差接近于5″,滚动姿态误差接近于10″;制导精度得到很大提升,位置误差降到数百米,速度误差降到数米每秒。试验结果说明,星光制导技术能显著提高远程弹道导弹的命中精度。

通过半实物仿真可以对相关算法的性能进行检验,对开展星光制导技术研究具有重要意义。

8.6　本章小结

为了对星敏感器和星光制导相关算法的性能进行有效的测试和验证,需要构建星光制导半实物仿真实验系统,为此本章对该系统的设计及实现进行了论述。首先,对系统的总体结构、系统组成模块及功能进行了介绍;其次,对系统模块的设计进行了详细介绍;再次,对系统的标定技术进行了介绍;最后,以远程弹道导弹的星光制导为例,进行了星光制导半实物仿真试验。

星光制导半实物仿真系统可以为星光制导技术的新思想、新方法和新方案进行可信度较高的验证研究,具有很高的工程价值,其对星光制导技术的发展将起到非常重要的作用。

参考文献

[1] 陆敬辉. 面向中远程弹道导弹的星图识别及姿态滤波算法研究[D]. 西安:第二炮兵工程大学,2011. 12.
[2] 敖宏奎,王宏力,侯青剑,等. 弹道导弹轨迹发生器的设计[J]. 兵工自动化,2007,26(8):66 - 68.
[3] 敖宏奎. 弹道导弹 LSINS/CNS 组合导航方法研究[D]. 西安:第二炮兵工程学院,2007. 12.
[4] 李葆华. 捷联惯性/星光组合导航试验系统星模拟器测试报告[R]. 哈尔滨工业大学,2012.
[5] 王永胜. 弹载星敏感器参数标定算法研究[D]. 西安:第二炮兵工程大学,2013.
[6] 李真真. 弹道导弹 LSINS/CNS 组合导航信息融合技术研究[D]. 西安:第二炮兵工程学院,2008.

第9章 基于大视场星敏感器星光制导技术展望

星敏感器最早出现于1946年左右，由于其具有质量轻、精度高、可靠性好、成本低等优点，特别适合在空间飞行器上应用。随着20世纪人类航天事业的快速发展，星敏感器迎来了历史上最好的发展阶段，在短短的几十年间就出现了三次更新换代，其性能也出现了质的飞跃。随着21世纪人类新一轮太空开发热的兴起，星敏感器迎来了新的历史发展机遇。

9.1 星敏感器的发展趋势

随着航天器空间任务需求的分化，目前，星敏感器正朝着两个方向发展：一是追求高性能；二是追求低成本。

在提高星敏感器性能方面，主要是两个指标：精度和更新率。目前，主流的星敏感器可以达到角秒级的姿态精度，但这还不能满足某些航天器的高精度姿态稳定需求。例如，SNAP (SuperNova Acceleration Probe) 卫星项目中，为了能完成对超新星的观测，要求姿态控制系统 (Attitude Control System, ACS) 必须保证卫星在观测过程中达到0.03arc sec的指向精度[1]。其姿态测量装置就采用了高精度星敏感器。星敏感器的姿态更新率一般在10Hz左右，不能满足姿态控制系统对姿态测量的实时性要求。实际应用中，通常将星敏感器与陀螺仪组合，以满足姿态数据更新率的要求。为了提高星敏感器的姿态更新率，以实现仅依靠星敏感器的高更新率姿态测量系统，Texas A&M大学的Katake等通过将光增强技术应用到星敏感器光学系统中，得到了姿态更新率超过100Hz的高速星敏感器[2]。

但在追求高性能的过程中，不可避免会导致星敏感器的体积、质量及成本增加，而对于某些空间任务来说，这是不必要的。特别是近几年，微卫星技术发展很快，由于受到载荷限制，微卫星对质量、体积和价格的要求更严格，而对精度的要求相对较低，这推动了星敏感器向小型化、低功耗、低成本发展。例如，Huffman等进行了满足微小卫星中等姿态精度要求的低成本星敏感器研究[3]。通过增大星敏感器视场，其选取的导航星亮度较高，且数目很少。但由于角分辨率下降，导致星敏感器的定姿精度下降到100arc sec量级。

同时，也有部分研究人员另辟蹊径，试图通过改进算法，来实现低成本、小视场星敏感器的自主高精度定姿。例如，日本的天体红外探测卫星 (Nano – Japan Astrometry Satellite Mission for Infrared Exploration, Nano – JASMINE)，质量20kg，由东京大学的智能空间系统实验室 (Intelligent Space Systems Lab, ISSL) 开发[4]。为了满足必须的低成本和小体积，其星敏感器的视场也必须减小。但小视场会影响星敏感器的性能，更准确地说，影响太空迷失状态下星敏感器的识别成功率。这是因为小视场在很多情况下会导致星敏感器不能获得足够多的星进行识别。因此，通过采用结合陀螺仪的拓展星图法，将图像拓展到较大的范围；或将多个星敏感器的图像进行组合（组合星图法），增加了星识别特征，提高了识别率，一定程度上增强了小视场星敏感器的自主性。

此外，研究人员也在不断发掘星敏感器的应用潜力，期望在航天器上以星敏感器代替惯组/星敏感器组合系统。如，Liebe等[5]分析了目前航天器应用的惯组/星敏感器组合导航系统存在质量大(3 ~ 20kg)、功耗高(15 ~ 200W)的问题,提出了“星光陀螺”的概念,并进行了概念设计和性能仿真。结果表明,只依靠星光陀螺完成姿态确定是切实可行的。理论上,当载体姿态角速度小于420°/s 时,星光陀螺可以实现姿态角速度的测量;当载体姿态角速度小于50°/s 时,星光陀螺可以实现姿态角的测量。

随着科学技术的进步,追求高性能和低成本的统一,将是人们长期的目标。充分挖掘单台仪器的潜力,同时努力寻找更恰当的组合方式,是实现该目标的有效途径。

9.2 星图识别算法的发展趋势

星图识别是星敏感器姿态确定的关键步骤,经过几十年的发展,出现了很多成熟的算法,如三角形算法、栅格算法、匹配组算法等,但都存在各自的不足。目前,星图识别研究主要集中在算法改进方面,同时也有学者不断尝试将新理论、新方法应用于星图识别。

随着技术的发展,人们对星敏感器的性能要求越来越高,改进算法成为人们的优先选项。

(1)为了克服三角形算法由于特征维数低导致高冗余匹配的问题,Mortari 等[6]提出了金字塔算法。通过使用4 颗星的6 个角距构造类四面体结构,显著提高了算法的识别可靠性。同时,k - vector 技术的引入,提高了角距匹配的速度,也开辟了三角形算法改进的一个方向。之后,星对角距存储成为一种实用且很受欢迎的星表。进而,Rao 等[7]提出了基于 Hash 映射的星表快速检索方法,Needelman 等[8]提出了基于 Bucket 结构的星对存储方法,并分析了该结构在星表生成、星表在线更新所具有的优势。

(2)栅格算法需要依赖直角坐标系来定义周围星的分布,而用来定义坐标系方向的星,在实际观测中是不可靠的。北京航空航天大学的魏新国等[9]提出了不依靠最近邻域星确定方向的极坐标识别模式,依靠半径和幅角特征进行星识别,取得了较好的效果。

(3)韩国学者 Yoon 等[10]基于模式识别的原理提出了相关函数星图识别算法。该算法与栅格算法较近似,都是基于星间位置关系建立唯一识别模式,而相关算法的识别过程借鉴了图像匹配中的相关匹配法,相关函数最大的就是识别结果。仿真表明基于相关函数的算法具有较高的识别可靠性,而且在识别速度和算法存储量上,相对栅格算法也有较大优势。

(4)离散姿态变量算法(Discrete Attitude Variation,DAV)[11-13],采取假设检验方式进行星识别,一般被作为其他识别算法失效时的最后方案。其基本思想是:假设载体的惯性姿态,将观测星转换到惯性参考坐标系上,当与星载导航星表匹配时,就接受假设的姿态;否则就测试另一个姿态,直到所有可能情况都测试过。该算法的优点是,当完成星图识别后,就可以立即得到载体姿态,而不像其他方法给出导航星编号。然而,该算法需要大量的搜索,以确定某颗星是否存在识别。而且,算法的迭代特征意味着大量的计算。Rao 等[14]提出在星对角距匹配的基础上,增加星等匹配,提高了识别信息的维数,较好地剔除了部分错误星对,也为该方法的发展开辟了一条道路。

同时,理论的进步、认识的深化,促进了新方法的产生。

(1)Juang 等[15]通过对测量向量矩阵和参考向量矩阵进行奇异值分解,得到了一种新的模式识别和姿态确定算法,称为奇异值分解算法。该算法识别速度快,模式识别和姿态确定同时进行,但识别过程需要使用仪器星等信息,受星等误差影响较大。

(2)Paladugu 等[16]提出了将遗传算法应用到星敏感器的星图识别中,建立了实际视场和候选视场的距离函数,通过随机生成星敏感器候选姿态参数,然后实际视场和候选视场的距离函数,对候选姿态参数进行变异,寻找最优的星敏感器姿态参数。仿真表明,该方法可以得到与现行方法相当的结果。

(3)Hong 等[17]提出了使用模糊逻辑神经网络来进行自主星识别,达到了较高的识别精度和速度。Roberts 等[18]提出将反向传播(Counter Propagation ,CP)神经网络应用于星图识别,在得到识别结果的同时,算法还给出了结果正确概率的估计。仿真结果说明,该算法是一种快速精确可靠的星图识别算法。

(4)JiaHui 等[19]提出了基于光学相关器的星图识别算法,充分利用了光学相关器具有的速度快、精度高、可并行处理的优点。仿真试验表明,该算法完成全天星图识别所需时间小于100ms,星图位置跟踪精度达到 0.01 像素,显示了算法优异的性能。

未来,星图识别算法正朝着提高识别速度和可靠性的方向发展。随着科技水平的不断提高,特别是计算机技术的发展,改进传统算法还有较大的空间。同时,寻求神经网络、粒子群优化、遗传算法等智能算法与星图识别的深度结合,也是重要的发展方向。此外,研究新的星图识别原理,可能会带来星图识别技术的突破。

9.3 姿态确定算法发展趋势

星敏感器的姿态确定算法分为两类:确定性算法和估计算法。

确定性算法根据某时刻的一组向量测量值求解星敏感器的姿态,一般需要两个或两个以上不平行的观测向量,无需先验姿态信息,计算量小,但其精度受限于星敏感器的观测噪声(某些不确定因素,如 CCD 噪声)。主要方法有 TRIAD(Tri – Axial Attitude Determination)算法、q – method 算法、QUEST(Quaternion Estimator)算法、SVD(Singular Value Decomposition)算法和 FOAM(Fast Optimal Attitude Matrix)算法[20]。其中,TRIAD 算法和 QUEST 算法应用最广泛[21]。TRIAD 算法只需要两个观测星向量就可以完成姿态确定,但精度不高。QUEST 算法是一种单点批处理算法,其显著特点是简单、可靠,已经过很多航天任务验证。确定性算法很难克服参考向量的不确定性,其精度很难进一步提高。

估计算法需要建立载体姿态运动的状态方程和观测方程,然后利用连续时间点上的观测信息估计载体姿态,从一定程度上消除星敏感器观测噪声的影响,从而提高姿态估计精度。由于姿态运动的状态方程和观测方程具有非线性特征,因此姿态估计需要采用非线性滤波算法。

(1)扩展卡尔曼滤波(EKF)是实际中应用最多的,因为它相对简单,可以灵活地处理多种类型的测量值,但在面临强非线性时,EKF 的精度较差。EKF 方法的基础是对非线性函数的简单线性化,如果 EKF 的初始估值精度较高,则能提升 EKF 的性能,研究人员正沿着提高初始估值精度方向努力。

(2)无迹卡尔曼滤波可以处理强非线性滤波问题,但其要求误差的概率分布是近似高斯的。由于不需要 EKF 的线性化过程,因此它对解决复杂函数模型的滤波问题具有优势,同时其特殊的滤波方式使其能够实现并行计算,但其运算量较大。

(3)粒子滤波(PF)可以处理误差分布非高斯的情况,但如果要估计较多参数,其将面临维数灾难问题,目前还不实用。如果未来计算机的性能足够强,且维数灾难问题能得到缓解,则该算法将会得到广泛应用。

短期内,估计算法仍将主要使用 EKF,对其进行改进仍是一项重要工作。粒子滤波(PF)算法具有广阔的前景,相关研究受到了大批学者的关注,取得突破后能实际应用。

9.4 组合导航技术发展趋势

单一导航系统都存在各自的局限性,星敏感器也不例外,其通常与惯导等导航系统组合使用。由于利用多种信息,组合导航系统在可靠性和精度上具有优势,是导航技术的发展方向。未来组合导航技术仍会将提高可靠性和精度作为主要研究目标。

提高系统的故障检测隔离能力,是增强系统可靠性的重要手段。组合导航系统的可用信息多,如果其中某个子系统出现故障,其导航信息就会变差,若不及时隔离就会对整个系统产生影响。模糊方法是模拟人主观评价的一种数学方法,在组合导航系统中融入模糊推理决策,可以提高系统的故障检测和隔离能力。

研究先进的数据融合算法,是提高组合导航系统精度的重要手段。由于组合导航系统利用的多元信息可能不是同一类信息,同一类信息也可能来自不同的传感器,因此需要使用数据融合算法对信息进行处理。卡尔曼滤波是目前研究较广泛的数据融合算法,但其只能处理具有高斯噪声的线性系统,而星敏感器是非线性系统,需要采用非线性滤波手段。当前主要的非线性滤波方法具体如下。

1)EKF(扩展卡尔曼滤波)和 UKF(无迹卡尔曼滤波)

EKF 是非线性估计领域的经典算法。20 世纪 90 年代以前,有关非线性滤波的研究工作主要集中在对 EKF 算法的改进方面,表现为提出各种分解、补偿算法来改善 EKF 算法的稳定性、估计精度和计算效率等。但 EKF 仍有很多不完善的地方[22]:EKF 只适合于弱非线性系统,对于强非线性系统 EKF 滤波性能极不稳定甚至发散;必须计算 Jacobian 矩阵甚至其幂,计算复杂且极易出错;需要清楚了解非线性函数的具体形式,无法做到黑盒封装,从而难以模块化应用;缺少可操作的理论证明,无法保证 EKF 的收敛性。

为了克服 EKF 的以上弱点,Julier 和 Uhlmann 等[23]认为"对概率分布进行近似要比对非线性函数进行近似容易得多",进而于 1995 年提出了 UKF,其后得到美国学者 Wan 和 Van der Merwe 的进一步发展。UKF 仍然继承了卡尔曼滤波器的基本结构,与 EKF 不同的是 UKF 不是对非线性系统模型进行近似,而是对状态的概率密度函数做近似。UKF 算法的特点如下:若将非线性方程采用泰勒级数展开式表示,可看出 UKF 方法将精确到与三阶泰勒级数展开式相当的均值和方差;经过 U 变换后不需要计算状态方程和量测方程的 Jacobian 矩阵,实现相对简单;可以处理非加性噪声以及离散系统,扩展了应用范围;对于线性系统,UKF 和 EKF 具有同样的估计能力,但是对于非线性系统,UKF 方法可以得到更好的估计结果。UKF 算法存在的不足是仍受限于系统的随机部分服从高斯分布,且运算量较大等。

2)PF(粒子滤波)

粒子滤波是 20 世纪 90 年代中后期发展起来的一种新型滤波算法,其基本思想是用随机样本及其权重来近似描述概率分布,用带权重的样本均值近似状态估计,因其能通过蒙特卡罗抽样与贝叶斯推理的组合实现非线性、非高斯系统参数和状态的在线估计,掀起了非线性滤波理论研究的新热潮,吸引了来自不同领域的很多学者的关注。但该算法也存在性能退化和实时性不强等问题。

近年来,针对滤波算法的改进层出不穷。针对组合导航系统的实际应用条件,选择合理的滤波算法进行研究,对推进组合导航技术的发展具有重要意义。

参考文献

[1] Secroun M Lampton, M Levi. A high - accuracy, small field of view star guider with application to SNAP[J]. Experimental Astronomy, 2001, 12: 69 - 85.

[2] A B Katake. Modeling, image processing and attitude estimation of high speed star sensors[D]. Texas A&M University, 2006.
[3] K M Huffman, R J Sedwick, J Stafford, et al. Designing star trackers to meet micro – satellite requirements[C]. SpaceOps 2006 Conference, AIAA 2006 – 5654.
[4] Koki Ho, Shinichi Nakasuka. Novel star identification algorithm utilizing images of two star trackers[R]. IEEE-AC paper #1052, Version 1, 2009.
[5] C C Liebe, K Gromov, D M Meller. Toward a Stellar Gyroscope for Spacecraft Attitude Determination [J]. Journal of Guidance, Control, and Dynamics, 27(1), 2004, 91 – 99.
[6] D Mortari, J L Junkins, M A Samaan. Lost – In – Space Pyramid Algorithm for Robust Star Pattern Recognition [R]. Paper AAS 01 – 004, Guidance and Control Conference, Breckenridge, Colorado, 31 Jan. – 4 Feb. 2001.
[7] Rao G N, M S Bhat, T K Alex. Fast Access Method for Onboard Star Catalog[J]. Journal of Guidance, Control, and Dynamics, 2005, 28(5): 1032 – 1037.
[8] D D Needelman, J P Alstad, P C Lai, et al. Fast Access and Low Memory Star Pair Catalog for Star Pattern Identification[J]. Journal of Guidance, Control, and Dynamics, 2010, 33(5): 1396 – 1403.
[9] Wei Xinguo, Zhang Guangjun, Jiang Jie. Star Identification Algorithm Based on Log – Polar Transform[J]. Journal of Aerospace Computing, Information, and Communication, 2009, 6: 483 – 490.
[10] Hyosang Yoon, Yeerang Lim, and Hyochoong Bang. New Star – pattern Identification Using a Correlation Approach for Spacecraft Attitude Determination[J]. Journal of Spacecraft and Rocket, 2011, 48(1): 182 – 186.
[11] Blanton J N. Star Identification for Sensors with Nonsimultaneous Acquisition Times[J]. Journal of the Astronautical Sciences, 1982, 30(3): 277 – 285.
[12] Shuster M D, Oh S D. Three Axis Attitude Determination from Vector Observations[J]. Journal of Guidance, Control, and Dynamics, 1981, 4(1): 70 – 77.
[13] Markley F L. Attitude Determination Using Vector Observations: A Fast Optimal Matrix Algorithm[J]. Journal of the Astronautical Sciences, 1993, 41(2): 261 – 280.
[14] G N Rao, M S Bhat, T K Alex. Star Pattern Identification Using Discrete Attitude Variation Technique[J]. Journal of Guidance, Control, and Dynamics, 2005, 28(6): 1140 – 1149.
[15] Jer – Nan Juang, Hye Young Kim, John L Junkins. An Efficient and Robust Singular Value Method for Star Pattern Recognition and Attitude Determination[R]. NASA/TM – 2003 – 212142.
[16] L Paladugu, E Seisie – Amoasi, B G Williams, et al. Intelligent Star Pattern Recognition for Attitude Determination: the "Lost in Space" Problem[J]. Journal of Aerospace Compupting, Information, and Communication, 2006, 3: 538 – 549.
[17] J Hong, J A Dickerson. Neural – Network – Based Autonomous Star Identification Algorithm[J]. Journal of Guidance, Control, and Dynamics, 2000, 23(4): 728 – 735.
[18] P J Roberts, R A Walker. Application of a Counter Propagation Neural Network for Star Identification[C]. AIAA Guidance, Navigation, and Control Conference and Exhibit. August 2005, San Francisco, California. AIAA 2005 – 6469.
[19] Jia Hui, Yang Jiankun, Li Xiujian, et al. Optical Correlator for Star Identification and Tracking[C]. OCS 2009, LNCS 5882: 145 – 153.
[20] 张锐. 基于CCD星敏感器的星图识别算法的设计与实现[D]. 郑州:解放军信息工程大学,2007.
[21] 张晨. 基于星跟踪器的航天器姿态确定方法研究[D]. 武汉:华中科技大学,2005.
[22] 尹建君. 线性/非线性系统的混合动态滤波理论及应用[D]. 上海:复旦大学, 2008.
[23] S J Julier, J K Uhlmann, H F Durrant – Whyte. A New Approach for Filtering Nonlinear system[C]. Proc. Am. Contr. Seattle, WA, 1995.

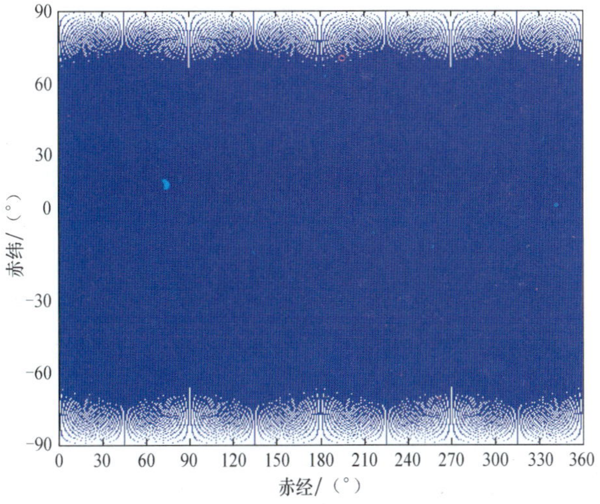

图4.17　指向圆圆心的赤经赤纬分布（524288个）

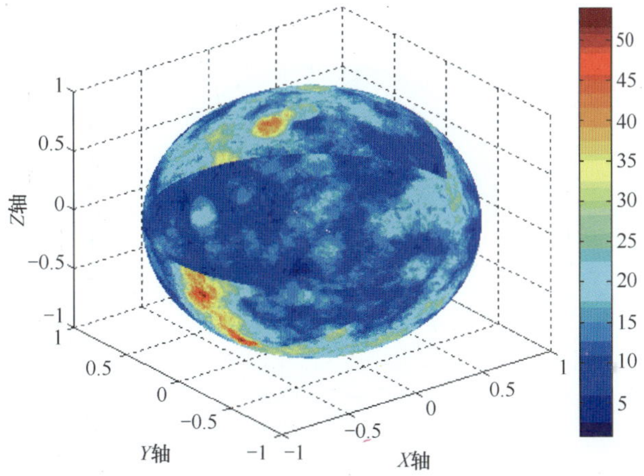

图4.18　指向圆对应的恒星上限

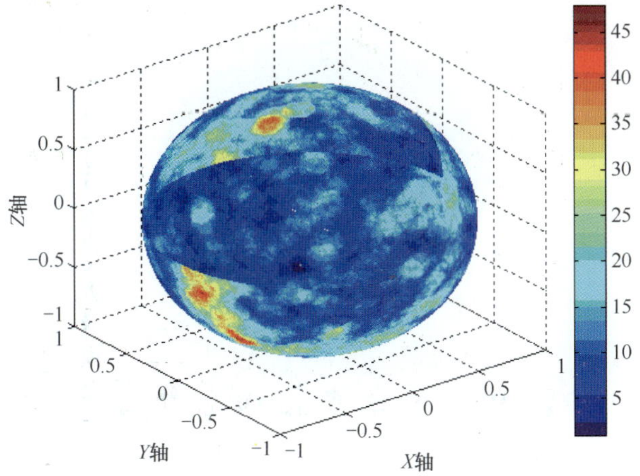

图4.19　指向圆对应的恒星下限

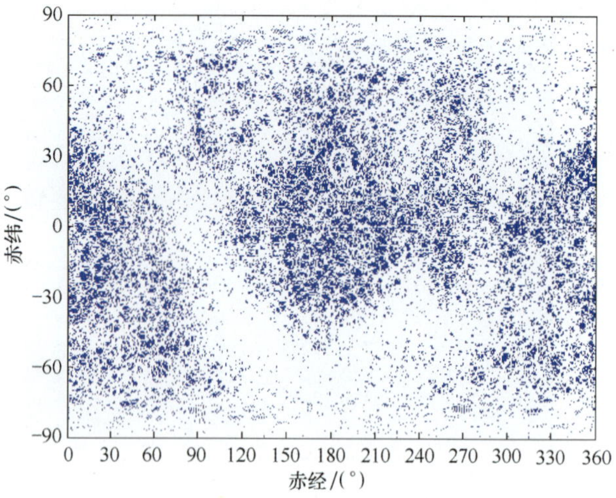

图4.20　可确定指向圆的圆心分布

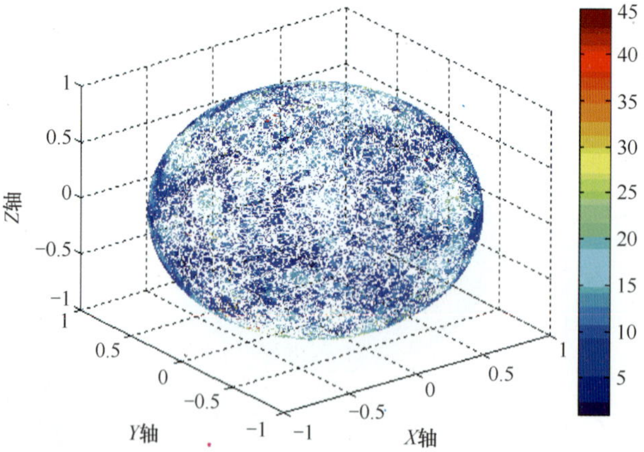

图4.21　可确定指向圆对应恒星数目分布

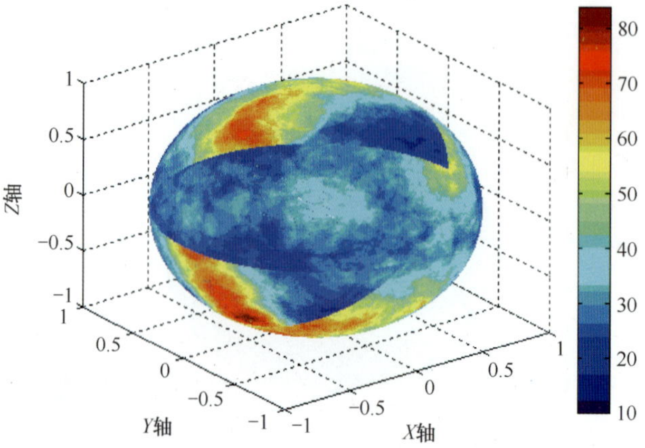

图4.25　大视场导航星待选下限子集恒星数目分布

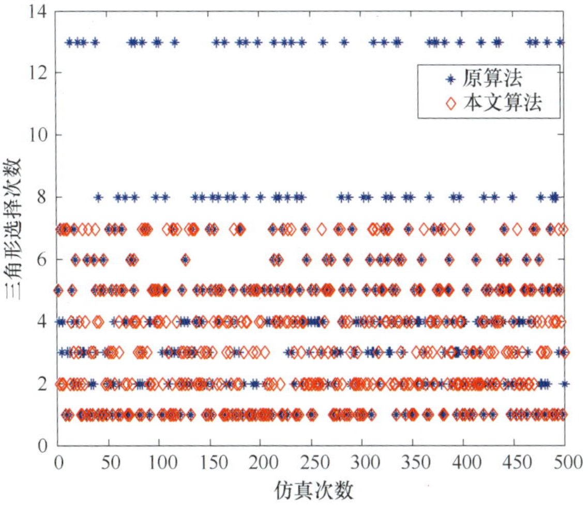

图5.34　两种三角形序列的选择次数对比

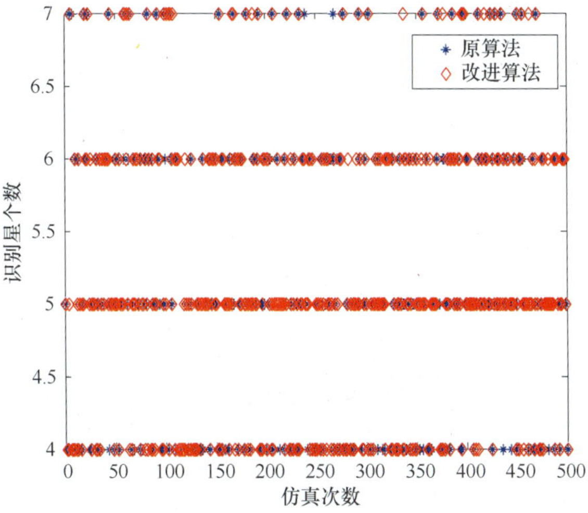

图5.36　原算法和改进算法的识别星个数对比

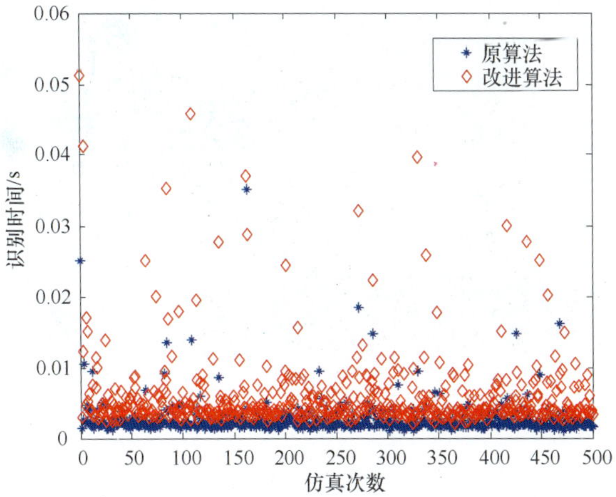

图5.37　原算法和改进算法的识别时间对比

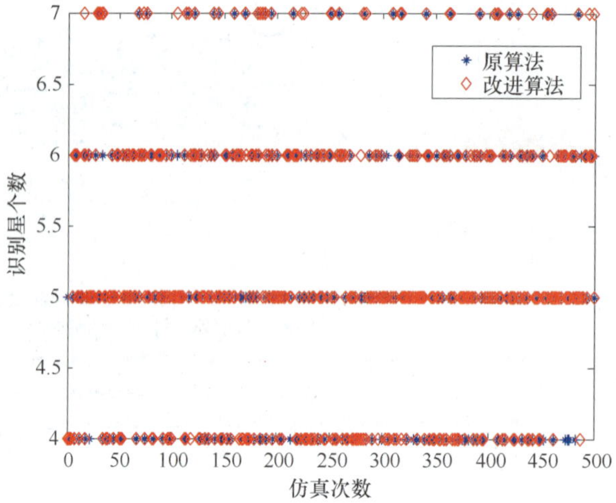

图5.38　相同三角形识别法，原算法和改进算法的识别星个数对比

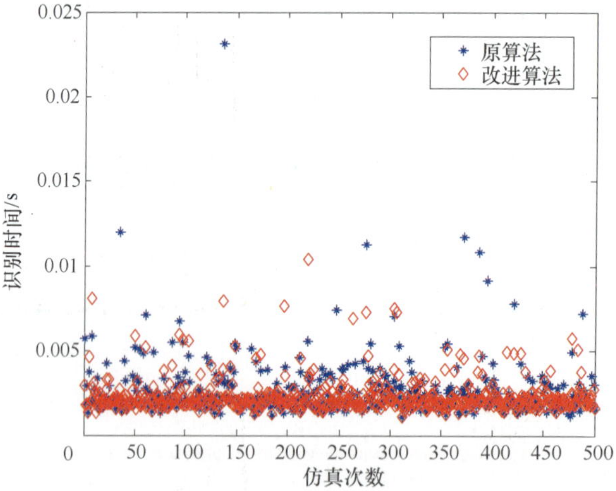

图5.39　相同三角形识别法，原算法和改进算法的识别时间对比

图8.3　星敏感器外观